金属材料与热处理

JINSHU CAILIAO
YU RECHULI

周龙德　主编

张培军　刘锐　副主编

化学工业出版社
·北京·

内容简介

本书作为高职本科教材，按照《国家职业教育改革实施方案》、教育部办公厅关于印发《"十四五"职业教育规划教材建设实施方案》通知的有关精神和要求，优化教材知识体系，充分体现高职本科教育的培养目标、教学要求，突出科学性、实践性、生动性和思想性。按照职业教育体现"校企合作"、"岗课赛证"、"科教融汇"的要求，将新技术、新材料、新工艺、新规范及典型工作任务、工程案例编入教材，使教材紧贴近生产实际，符合产业转型升级需要。

本书主要内容包括：金属的性能；金属的晶体结构与结晶；金属的塑性变形与再结晶；铁碳合金；钢的热处理；低合金钢与合金钢；铸铁；非铁合金与粉末冶金材料；非金属工程材料；典型零件的选材及热处理工艺分析等。

本书可作为职业本科院校智能制造工程专业及高职专科相关专业教学用书，也可供相关专业技术人员参考。

图书在版编目（CIP）数据

金属材料与热处理 / 周龙德主编 ； 张培军，刘锐副主编. -- 北京 ： 化学工业出版社，2025. 4. --（高等职业教育本科教材）. --ISBN 978-7-122-48069-9

Ⅰ. TG14；TG15

中国国家版本馆 CIP 数据核字第 2025218HR4 号

责任编辑：廉　静
文字编辑：李　欣
责任校对：王　静
装帧设计：王晓宇

出版发行：化学工业出版社
　　　　　（北京市东城区青年湖南街 13 号　邮政编码 100011）
印　　装：北京云浩印刷有限责任公司
787mm×1092mm　1/16　印张 16¼　字数 427 千字
2025 年 8 月北京第 1 版第 1 次印刷

购书咨询：010-64518888
售后服务：010-64518899
网　　址：http://www.cip.com.cn
凡购买本书，如有缺损质量问题，本社销售中心负责调换。

定　　价：59.80 元　　　　　　　　　版权所有　违者必究

前言
PREFACE

"金属材料与热处理"是智能制造工程专业及相关专业的专业基础课。通过该课程学习，学生对专业相关领域应用的各种金属材料有一个较为全面、概括性的了解，为学生学习专业课程和毕业后从事相关岗位工作奠定基础。

本书作为职业本科教材，编写过程中按照《国家职业教育改革实施方案》、教育部办公厅关于印发《"十四五"职业教育规划教材建设实施方案》通知的有关精神和要求，优化教材知识体系，充分体现职业本科教育的培养目标、教学要求，突出科学性、实践性、生动性和思想性。本书以大国工匠、高技能人才培养为依据，编写理实一体化新形态教材，坚持立德树人理念，将思政目标写入教材中；融入多媒体技术，运用"互联网+"形式，在重要知识点嵌入视频、动画二维码，以二维码形式嵌入课程相关现行最新国家标准，方便读者理解相关知识，进行更深入的学习。

主要内容包括：金属材料的性能、金属及合金晶体结构与结晶、金属的塑性变形与再结晶、铁碳合金、钢的热处理、低合金钢与合金钢、铸铁、非铁合金与粉末冶金材料、非金属材料、典型零件的选材及热处理工艺分析等。

编写过程中着力突出少学时、宽口径、重技能的教学要求，侧重于技术应用，由浅入深、循序渐进。本书以掌握基本概念、强化应用、扩大知识面为教学重点，以注重能力培养为宗旨，尽量列举常见的典型机械零件选材及工艺实例，并增加实际生产所用的图表资料等，以便查阅使用；力求做到图解直观形象，尽量联系现场实际；每一章包含知识模块、技能模块与思维训练模块，符合职业教育特点，增强了职业本科教育的针对性；全书名词、术语、牌号均采用了最新国家标准，使用法定计量单位。

参加本书编写的有兰州石化职业技术大学周龙德（绪论、第一章、第三章、第四章、第五章、第六章）；兰州石化职业技术大学张培军（第二章、第七章、思维模块、国家标准整理）；山西工程科技职业大学史同心（第八章）；长春工程学院蔡晓龙（第九章、第十章）；兰州兰石石油装备工程股份有限公司刘锐（技能模块），同时，为本书编写提供了企业相关案例、最新工艺及标准。全书由周龙德任主编，张培军、刘锐任副主编，丁文溪教授任主审。

本书可作为职业本科院校智能制造工程专业及高职专科相关专业教学用书，也可供相关专业技术人员参考。

由于编者理论水平和教学经验所限，书中难免有不妥之处，恳请各位老师和读者给予批评指正。

编者

2025 年 3 月

目 录
CONTENTS

二维码资源目录

序号	二维码编码	资源名称	资源类型	页码
23	3.5	加工硬化	视频	050
24	3.6	回复	视频	052
25	3.7	再结晶	视频	053
26	3.8	热变形	视频	055
27	4.1	铁碳合金概论	视频	060
28	4.2	铁素体	视频	061
29	4.3	奥氏体	视频	061
30	4.4	渗碳体	视频	061
31	4.5	珠光体	视频	062
32	4.6	平衡图分析	视频	065
33	4.7	典型合金结晶过程	视频	069
34	4.8	相图与性能的关系	视频	069
35	4.9	铁碳相图的应用	视频	070
36	4.10	GB/T 700—2006 碳素结构钢	国标	073
37	4.11	GB/T 699—2015 优质碳素结构钢	国标	075
38	4.12	GB/T 1299—2014 工模钢	国标	076
39	4.13	GB/T 11352—2009 一般工程用铸造碳钢件	国标	076
40	5.1	热处理	视频	085
41	5.2	GB/T 7232—2023 金属热处理术语	国标	086
42	5.3	奥氏体形成	视频	087
43	5.4	GB/T 6394—2017 金属平均晶粒度测定方法	国标	088
44	5.5	奥氏体晶粒长大	视频	088
45	5.6	贝氏体转变	视频	091
46	5.7	珠光体转变	视频	091
47	5.8	马氏体转变	视频	092
48	5.9	连续冷却	视频	093
49	5.10	完全退火	视频	095

序号	二维码编码	资源名称	资源类型	页码
77	7.7	GB/T 9437—2009 耐热铸铁件	国标	185
78	7.8	GB/T 8491—2009 高硅耐蚀铸铁件	国标	186
79	8.1	GB/T 1173—2013 铸造铝合金	国标	194
80	8.2	GB/T 16474—2011 变形铝及铝合金牌号表示方法	国标	195
81	8.3	GB/T 29091—2012 铜及铜合金牌号和代号表示方法	国标	198
82	8.4	GB/T 8063—2017 铸造有色金属及其合金牌号表示方法	国标	198
83	8.5	GB/T 5153—2016 变形镁及镁合金牌号和化学成分	国标	201
84	8.6	GB/T 1177—2018 铸造镁合金	国标	201
85	8.7	GB/T 3620.1—2016 钛及钛合金牌号和化学成分	国标	203
86	8.8	GB/T 1174—2022 铸造轴承合金	国标	205
87	8.9	GB/T 3500—2008 粉末冶金术语	国标	207

绪　论

1. 材料的发展与分类

材料是人类用来制作各种产品的物质，是人类赖以生存和发展的重要物质基础，人类生活与生产都离不开材料。人类使用材料制作各种有用器件，不断改善自身的生存环境和生活质量。纵观人类利用材料的历史，历史学家以石器时代、陶瓷时代、铜器时代来划分古代史各阶段，每一类重要新材料的发现和应用，都会引起生产技术的革命，并大大加速社会文明发展的进程。在当代，科学技术和生产飞速发展，材料、能源与信息作为现代社会和现代技术的三大支柱，发展格外迅猛。现代材料种类繁多，据粗略统计，目前世界上的材料种类已达 40 多万种，并且每年还在以大约 5% 的速度增长。

工程材料广泛应用于机械制造、交通运输、石油化工、生物医学、航空航天等各个领域，是生产和生活的物质基础。其种类繁多，按材料的化学组成分类，可将工程材料分为金属材料、高分子材料、无机非金属材料、复合材料四类。

① 金属材料　金属材料是以金属键结合为主的材料，是指具有光泽、延展性、容易导电、传热等性质的材料。金属材料具有正的电阻温度系数，一般具有良好的导电性、导热性、塑性、金属光泽等，是目前工程领域中应用最广泛的工程材料。

② 高分子材料　是以高分子化合物为基体，再配有其他添加剂（助剂）所构成的材料，高分子材料按来源分为天然高分子材料和合成高分子材料。天然高分子是存在于动物、植物及生物体内的高分子物质，可分为天然纤维、天然树脂、天然橡胶、动物胶等。合成高分子材料主要是指塑料、合成橡胶和合成纤维三大合成材料，此外还包括胶黏剂、涂料以及各种功能性高分子材料。合成高分子材料具有天然高分子材料所没有的或较为优越的性能——较小的密度、较高的力学、耐磨性、耐腐蚀性、电绝缘性等。

③ 无机非金属材料　是以某些元素的氧化物、碳化物、氮化物、卤素化合物、硼化物以及硅酸盐、铝酸盐、磷酸盐、硼酸盐等物质组成的材料，主要包括二氧化硅气凝胶、水泥、玻璃、陶瓷等。在晶体结构上，无机非金属的晶体结构远比金属复杂。具有比金属键和纯共价键更强的离子键和混合键。这种化学键所特有的高键能、高键强赋予这一大类材料以高熔点、高硬度、耐腐蚀、耐磨损、高强度和良好的抗氧化性等基本属性，以及宽广的导电性、隔热性、透光性及良好的铁电性、铁磁性和压电性。

④ 复合材料　复合材料由基体材料和增强材料两个部分复合而成。基体材料主要有金属、塑料、陶瓷等，增强材料则包括各种纤维、无机化合物颗粒等。根据基体材料不同，可将复合材料分为金属基复合材料、陶瓷基复合材料、聚合物基复合材料；根据组织强化方式的不同，可将复合材料分为颗粒增强复合材料、纤维增强复合材料、层状复合材料等。复合材料具有非同寻常的强度、刚度、高温性能和耐腐蚀性等，这是它的组成材料所不具备的。

2. 金属材料的地位及分类

在漫长的人类发展史中，材料的发展起着至关重要的作用，而其中的金属材料又是整个制造业中作用与地位最为重要的。人类的进步和金属材料息息相关，青铜器、铁器、铝、钛等在人类的文明进程中都扮演着重要的角色。金属材料是目前使用量最大、用途最广的工程材料。金属材料应用广泛的原因是其来源丰富，且具有优良的性能，质量稳定，性价比具有一定的优势。尤为重要的是，通过改变化学成分、热处理或其他加工工艺可以调整金属材料的性能，使其在较大范围内变化，从而满足工程需要。

金属材料可分为黑色金属材料和有色金属材料两类。黑色金属材料是指铁及铁基合金，主要包括碳钢、合金钢、铸铁等；有色金属材料是指铁及铁基合金以外的金属及其合金。有色金属材料的种类很多，根据它们的特性不同，又可分为轻金属、重金属、贵金属、稀有金属等多种类型。

3．金属材料的性能与加工工艺的关系

从使用的角度看，人们总是力求一个机械产品使用性能优异、质量可靠、制造方便、价格低廉。而产品的使用性能又与材料的成分和组织，以及加工工艺之间的关系非常密切。从材料学的角度看，材料的性能取决于其内部结构，而材料的内部结构又取决于成分和加工工艺。所以，正确地选择材料，确定合理的加工工艺，得到理想的组织，获得优良的使用性能，是决定机械制造中产品性能的重要环节。

热处理是改善材料工艺性能和使用性能的重要手段。同一种金属材料，采用不同的热处理工艺，将发生不同的组织转变，生成不同的组织产物，其性能也就截然不同。金属材料若要满足所需要的性能，一般需要经过热处理，因此在研究金属材料时必须研究金属热处理的理论和实践。

我国古代就有许多热处理技术的理论和使用记载，著名的有明代宋应星所著的《天工开物》和明代方以智所著的《物理小识》等。这一时期，我国工匠在淬火"火候"的控制上也有所发明，如采用预冷淬火，其对减小刀具的畸变、提高刀具的强韧性有益。《天工开物》中记载了采用预冷淬火技术制作锉，其中的"退微冷"就指的是预冷淬火工艺。

4．课程的性质、特点和学习方法

金属材料与热处理是职业院校机械类专业必修的一门专业基础课，也是近机类和部分非机械类专业普遍开设的一门选修课，从事工业工程第一线的生产、技术、管理等工作的人员，尤其是机械类专业人员必须具备与此相关的知识与能力。本课程理论与实训相互融合，旨在使学生了解并掌握金属材料与热处理工艺，培养基础理论扎实的、高素质的技术应用型和职业技能型高级专门人才，使他们更具竞争力，有直接上岗工作的能力。

本课程的主要内容包括金属材料的性能、金属学基本知识、热处理基本知识、常用的金属材料及其应用和非铁金属及其合金等。本课程以金属材料的性能为核心，介绍金属材料的成分、加工工艺、组织结构和性能的关系及其变化规律，常用金属材料及其应用等基本知识。

本课程不仅具有一定的理论性，并且具有较强的实践性和综合性，名词、概念、术语众多，较为分散和抽象。对于初学者，应厘清思路，认真掌握基本理论及重要名词、概念，按照材料成分、工艺、组织结构及性能变化规律记忆学习，勤归纳、善总结。此外，还要注意密切联系生产实践，例如平时注意观察和了解接触到的金属材料在机械装置中的应用，运用杂志、互联网等各种学习工具，认真完成练习题、实训等教学环节。同时，在学习中改进思维方式，调整和改进学习方法，注重理解、分析和应用，特别注意前后知识点的综合运用，系统地掌握本课程内容。本课程的教学目标和基本要求可以归纳为：

① 建立工程材料和金属热处理的完整概念，熟悉金属材料的成分、组织结构、加工工艺、性能行为之间的关系与规律；

② 熟悉各类常用结构工程材料，初步具有合理选择金属材料的技能；

③ 掌握强化金属材料的基本途径；

④ 掌握选择零件材料的基本原则和方法步骤，具有综合运用工艺知识，选择毛坯种类、成型方法及工艺分析的初步能力；

⑤ 通过实训实践，具有简单零件成形加工的实践操作能力；

⑥ 了解与本课程有关的成型工艺方法；

⑦ 建立质量与经济观念。

在教学实践中应充分发挥本书"工学结合""理实一体"的特色，积极创造条件，将理论学习和技能训练融为一体，提高教学的信息量和利用效率，培养学生的思维能力和动手能力，为后续学习专业课打下良好的基础。

第一章　金属材料的性能

<　学习目标

知识目标　1. 了解金属材料的物理性能、化学性能及工艺性能。
　　　　　2. 掌握金属的力学性能指标。
　　　　　3. 掌握金属力学性能测定。

技能目标　1. 能独立测量金属材料的强度、塑性、硬度、韧性等力学性能指标。
　　　　　2. 掌握万能材料试验机、冲击试验机、布氏硬度计、洛氏硬度计的调试、操作。

思政目标　学习金属材料力学性能研究需要严谨的科学态度和实事求是的精神，培养
　　　　　学生追求真理、勇攀科学高峰的精神。

<　案例导入

　　某厂仓库有 20 钢、45 钢、T12 钢和白口铸铁，大小和形状都一样，作为仓库管理员，可用哪些简单方法把它们迅速区分开？

<　知识模块

第一节　金属材料的性能分类

　　金属材料具有良好的使用性能和工艺性能，被广泛用来制造机械零件和工程结构。所谓使用性能是指金属材料在使用过程中表现出来的性能，包括力学性能、物理性能（如导电性、导热性等）、化学性能（如耐蚀性、抗氧化性）等。工艺性能是指金属材料在各种加工过程中所表现出来的性能，包括铸造性能、锻造性能、焊接性能、热处理性能和切削加工性能等。

一、力学性能

　　金属材料在载荷的作用下表现出来的性能称为力学性能，其指标有强度、刚度、塑性、硬度、冲击韧性、疲劳强度等。这些极为重要的力学性能指标可通过试验方法测定，如拉伸试验、压缩试验、硬度试验、冲击试验、疲劳试验等。金属材料在加工及使用过程中均要受到各种外力作用，一般将这些外力称为载荷。金属材料在载荷作用下发生的形状和尺寸的变化称为变形。载荷去除后能够恢复的变形称为弹性变形；载荷去除后不能恢复的变形称为塑性变形。由于载荷的形式不同，金属材料可表现出不同的力学性能。载荷按作用性质不同可

分为以下三种。

① 静载荷：大小、方向或作用点不随时间变化或变化缓慢的载荷。

② 冲击载荷：在短时间内以较高速度作用于零构件上的载荷。

③ 循环载荷：大小和（或）方向随时间发生变化的载荷。

二、物理性能

金属材料的物理性能是指金属材料在固态下所表现出的一系列物理现象。物理性能不仅影响金属材料的应用范围和产品质量，而且对其加工工艺，特别是对焊接的工艺性和焊接质量有较大影响。

1. 密度

密度是单位体积物质的质量，是金属材料的特性之一。不同金属材料的密度不同。按密度的大小，将金属材料分为轻金属材料与重金属材料两类。在生产中，常利用金属材料的密度来计算毛坯或零件的质量。此外，密度有时是选择材料的依据。

2. 熔点

金属材料的熔点是指金属材料由固态熔化为液态时的温度。纯金属材料的熔点是固定不变的，合金的熔点取决于它的成分。熔点是金属材料和合金进行冶炼、铸造、焊接时的重要工艺参数。

3. 导热性

金属材料的导热性是指在其内部或相互接触的物体之间存在温差时，热量从高温部分到低温部分或从高温物体到低温物体的移动能力，用热导率表示。导热性是金属材料的重要性能之一，在制定焊接、铸造、锻造和热处理工艺时，必须防止金属材料在加热和冷却过程中形成过大的内应力，产生变形和开裂。

4. 导电性

金属材料传导电流的能力称为导电性，常用电导率表示。电导率是电阻率的倒数。电导率越大，金属材料的导电能力越强。工业上常用电导率高的金属材料制造电器零件，如电线、电缆、电气元件等；用电导率低的金属材料，如镍铬合金和铁铬铝合金制造电阻器或电热元件等。

5. 热膨胀性

热膨胀性是指固态金属材料在温度变化时热胀冷缩的能力，在工程上常用线膨胀系数来表示。熔焊时，热源对焊件进行局部加热，使焊件上的温度分布极不均匀，造成焊件上出现不均匀的热膨胀，从而导致其产生不均匀的变形和焊接应力，而且被焊金属材料的线膨胀系数越大，引发的焊接应力和变形就越大。

6. 磁性

金属材料能导磁的性能称为磁性。金属材料根据在磁场中受到的磁化程度不同，可分为铁磁性材料（如铁、钴等）、顺磁性材料（如锰、铬等）和抗磁性材料（如铜、锌等）三种。

三、化学性能

金属材料的化学性能是指金属材料与周围介质接触时抵抗发生化学或电化学反应的能力。

1. 耐腐蚀性

耐腐蚀性指金属材料在常温下抵抗氧气、水蒸气及其他化学介质腐蚀破坏作用的能力。提高金属材料的耐腐蚀性，对于节约金属材料和延长金属材料的使用寿命，具有现实的经济意义。

2．抗氧化性

抗氧化性指金属材料在加热时抵抗氧化作用的能力。金属材料的氧化会随温度升高而加速，例如钢材在铸造、锻造、热处理、焊接等热加工作业时，氧化比较严重。这不仅会造成材料的过度损耗，还会形成各种缺陷。为此，常在工件的周围制造一种保护气氛，避免金属材料的氧化。

3．化学稳定性

化学稳定性是金属材料耐腐蚀性和抗氧化性的总称。金属材料在高温下的化学稳定性称为热稳定性。在高温条件下工作的设备（如锅炉、加热设备、汽轮机、喷气发动机等）上的部件需要选择热稳定性好的金属材料来制造。

四、工艺性能

工艺性能是指机器零件或工具在加工过程中，金属材料所表现出来的适应能力。金属材料的工艺性能包括铸造性能、锻造性能、焊接性能、切削加工性能和热处理性能等。

1．铸造性能

金属材料适合铸造加工的性能称为铸造性能。衡量铸造性能的指标有流动性、收缩性和偏析等。凡是流动性好、收缩性小及偏析倾向小的金属材料，铸造性能良好，容易制成优良的铸件。常用钢铁材料中，铸铁具有优良的铸造性能，而钢的铸造性能低于铸铁。

2．锻造性能

金属材料利用锻压加工方法成形的难易程度称为锻造性能。锻造性能的好坏主要与金属材料的塑性和变形抗力有关。塑性越好，金属材料的变形抗力越小，则其锻造性能越好。

3．焊接性能

焊接性能是指金属材料对焊接加工的适应性，也就是在一定的焊接工艺条件下，获得优质焊接接头的难易程度。对于碳钢和低合金钢，焊接性能主要同金属材料的化学成分有关，其中碳的影响最大。例如：低碳钢具有良好的焊接性能，而高碳钢和铸铁的焊接性能差。

4．切削加工性能

金属材料接受切削加工的难易程度称为切削加工性能。影响切削加工性能的因素主要有金属材料的化学成分、组织状态、硬度、韧性、导热性和变形强化等。普遍认为具有适当的硬度和足够的脆性的金属材料较易切削。例如：铸铁比钢的切削加工性能好，一般碳钢比高合金钢的切削加工性能好。改善切削加工性能的重要途径是改变金属材料的化学成分和进行适当的热处理。

5．热处理性能

热处理性能是指金属材料接受热处理的能力，包括淬硬性、淬透性、淬火变形开裂倾向、过热敏感性、回火脆性、氧化脱碳倾向等。

第二节　金属材料的力学性能

为了正确、合理地使用金属材料，必须了解其性能。在机械行业中选用材料时，一般以力学性能作为主要依据。常用的力学性能判据有：强度、塑性、硬度、冲击韧性和疲劳强度等。金属力学性能判据是指表征和判定金属力学性能所用的指标和依据。判据的高低表示了金属抵抗各种损伤能力的大小，也是设计金属材料制件时选材和进行强度计算的主要依据。

一、强度

强度是指金属材料在静载荷作用下抵抗塑性变形和断裂的能力。由于所受载荷的形式不同，金属材料的强度可分为抗拉强度、抗压强度、抗弯强度和抗剪强度等。各种强度间有一定的联系，而屈服强度与抗拉强度是最基本的强度判据，这两个指标可通过试验测得。

1. 拉伸试验

拉伸试验是在拉伸试验机上对拉伸试样两端缓慢地施加静载荷，使试样承受轴向拉力，引起试样沿轴向伸长，直至被拉断为止。

拉伸试样应按照 GB/T 228.1—2021《金属材料 拉伸试验 第 1 部分：室温试验方法》国家标准制成一定的形状和尺寸，试样截面一般为圆形、矩形或多边形等。图 1-1 所示为标准比例拉伸试样，图中 d_0 为试样原始直径（mm），L_0 为试样原始标距长度（mm）。试样分为长试样和短试样，对圆形拉伸试样，长试样 $L_0 = 10d_0$，短试样 $L_0 = 5d_0$。

试验时，将标准试样装夹在拉伸试验机上，缓慢地进行拉伸，使试样承受轴向拉力，直至拉断为止。试验机自动记录装置可将整个拉伸过程中的拉伸力和伸长量描绘在以拉伸力 F 为纵坐标，伸长量 ΔL 为横坐标的图上，即得到力-伸长量曲线，如图 1-2 所示为退火低碳钢的 F-ΔL 曲线。

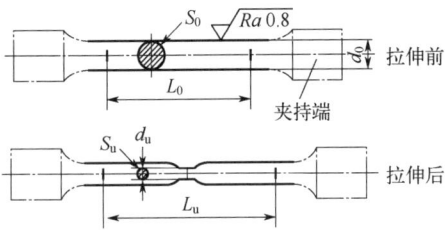

图 1-1　拉伸试样

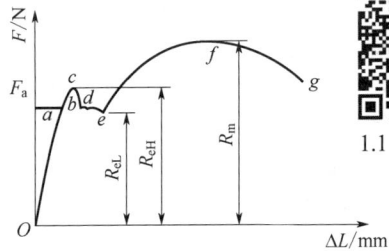

1.1　拉伸试验动画

图 1-2　退火低碳钢的 F-ΔL 曲线

低碳钢的 F-ΔL 曲线可分为弹性变形、屈服、均匀塑性变形、缩颈和断裂等阶段。F-ΔL 曲线中的 Oa 段是直线，即当拉伸力不超过 F_a 时，拉伸力与伸长量成正比，这时试样产生弹性变形，拉伸力去除后，试样将恢复到原来的长度。

当拉伸力超过 F_a 时，试样除产生弹性变形外，还产生部分塑性变形，此时若卸载，则试样的伸长只能部分恢复。若外力不增加或变化不大，试样仍继续伸长，并开始出现明显的塑性变形，F-ΔL 曲线上出现平台或锯齿（de 段），这种现象称为屈服。屈服标志金属材料开始发生明显的塑性变形。屈服现象只出现在具有良好塑性的材料中。

在曲线的 ef 段，载荷增加，试样沿轴向均匀伸长，称为均匀塑性变形阶段。同时，随着塑性变形的不断增加，试样的变形抗力也逐渐增加，产生加工硬化，这个阶段是材料的强化阶段。

在曲线的最高点（f 点），载荷增加到最大值 F_m，试样局部横截面积减小，伸长量增加，形成了缩颈，如图 1-3 所示。随着缩颈处横截面积不断减小，试样的承载能力不断下降，到 g 点时，试样发生断裂。

工程上使用的金属材料，在拉伸试验过程中并不是都有明显的弹性变形、屈服、均匀塑性变形、缩颈和断裂等阶段。例如：灰铸铁、淬火高碳钢等脆性材料在断裂前塑性变形量很小，甚至不发生塑性变形，这种断裂称为脆性断裂。图 1-4 所示为铸铁的 F-ΔL 曲线。

2. 强度指标

金属材料的强度是用应力来度量的，金属材料受外力作用时，其内部产生了大小相等、方向相反且沿横截面均匀分布的抵抗力，称为内力；单位横截面积上的内力称为应力。

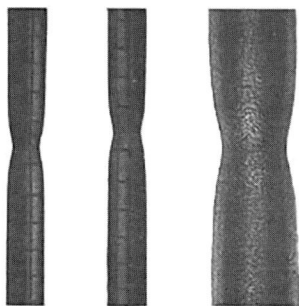

图 1-3　拉伸试样的颈缩现象

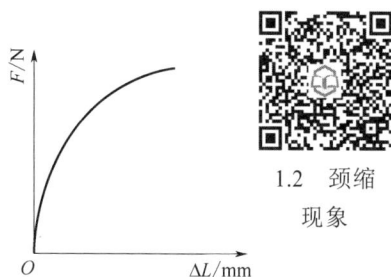

1.2　颈缩
现象

图 1-4　铸铁的 F-ΔL 曲线

（1）屈服强度

屈服强度是指金属材料对塑性变形的抵抗能力，是试样在拉伸试验期间产生塑性变形而试验力不增加的应力点，用符号 R_e 表示。

对于具有明显屈服现象的金属材料，应区分上屈服强度 R_{eH} 和下屈服强度 R_{eL}。上屈服强度是试样发生屈服而试验力首次下降前的最高应力；下屈服强度为屈服期间不计初始瞬时效应的最低应力。

上屈服强度和下屈服强度可用下式计算

$$R_{eH} = \frac{F_{eH}}{S_0} \tag{1-1}$$

$$R_{eL} = \frac{F_{eL}}{S_0} \tag{1-2}$$

式中　F_{eH}，F_{eL} ——试样发生屈服现象时，上、下屈服强度对应的载荷，N；

S_0 ——试样的原始横截面积，mm^2。

高碳淬火钢、铸铁等材料在拉伸试验中没有明显的屈服现象，无法确定其上、下屈服强度。因此，规定一个相当于屈服强度的强度指标，以标距伸长率为 0.2%时的应力值为其屈服强度，称为规定非比例延伸强度，用 $R_{p0.2}$ 表示。

工程构件或机器零件工作时一般不允许发生明显的塑性变形，因此，下屈服强度 R_{eL} 是工程技术上重要的力学性能指标之一，也是大多数工件选材和设计的依据。

（2）抗拉强度

抗拉强度是指材料在断裂前所能承受的最大应力，又称强度极限，用 R_m 表示，即

$$R_m = \frac{F_m}{S_0} \tag{1-3}$$

式中　F_m ——试样被拉断前承受的最大载荷，N；

S_0 ——试样的原始横截面积，mm^2。

抗拉强度表征金属材料在静载荷作用下的最大承载能力，也是机械工程设计和选材的主要指标，特别是对铸铁等脆性材料来讲，因其拉伸过程中一般不出现缩颈现象，故抗拉强度就是其断裂强度，工件在工作中承受的最大应力不允许超过抗拉强度。

（3）屈强比

屈服强度与抗拉强度的比值 $\frac{R_{eL}}{R_m}$ 称为材料的屈强比。屈强比的大小对金属材料意义很大，屈强比越大，材料的承载能力越强，越能发挥材料的性能潜力。但屈强比过大，材料在断裂

前塑性"储备"太少，则其将对应力集中敏感，安全性能会下降。金属材料合理的屈强比一般为 0.60～0.75。

（4）刚度

刚度是指材料对弹性变形的抵抗能力，是试样产生单位弹性变形所需的应力，是 F-ΔL 曲线上的弹性变形阶段应力与伸长量的比值。刚度也称为弹性模量，用 E 表示。有些精密零件对变形要求较高，甚至连弹性变形都不允许，设计零件时需考虑材料的刚度。

二、塑性

塑性是指金属材料在载荷作用下产生塑性变形而不破坏的能力。金属材料的塑性也是通过拉伸试验测得的。常用的塑性指标有断后伸长率和断面收缩率。

1. 断后伸长率

断后伸长率是指试样拉断后标距的伸长量（$L_u - L_0$）与原始标距 L_0 的比值，用 A 表示，即

$$A = \frac{L_u - L_0}{L_0} \times 100\% \tag{1-4}$$

式中　L_u ——试样拉断后标距的长度，mm；

　　　L_0 ——试样的原始标距，mm。

使用长试样（$L_0 = 10d_0$）测得的断后伸长率用 $A_{11.3}$ 表示，使用短试样（$L_0 = 5d_0$）测得的断后伸长率用 A 表示。同一金属材料的试样长短不同，测得的断后伸长率也略有不同。一般来说，短试样的 A 都大于长试样的 $A_{11.3}$，不同材料进行比较时，必须使用相同标准试样测定的数值才有意义。

2. 断面收缩率

断面收缩率是指试样拉断处横截面积的减小量 $(S_0 - S_u)$ 与原始横截面积 S_0 的比值，用 Z 表示，即

$$Z = \frac{S_0 - S_u}{S_0} \times 100\% \tag{1-5}$$

式中　S_u ——试样拉断后断裂处的最小横截面积，mm²；

　　　S_0 ——试样的原始横截面积，mm²。

断面收缩率 Z 的大小与试样的尺寸无关，只取决于材料的性质。

显然，断后伸长率 A 和断面收缩率 Z 越大，说明材料在断裂前产生的塑性变形量越大，也就是材料的塑性越好。

良好的塑性对金属材料的加工和使用具有重要意义。首先，塑性好的材料可以通过各种压力加工方法（锻造、冲压等）获得形状复杂的零件或构件；其次，工程构件或机械零件在使用过程中虽然不允许发生塑性变形，但在偶然过载时，塑性好的材料可发生一定的塑性变形而不致突然断裂；最后，材料的塑性变形可以减弱应力集中，削减应力峰值，使零件在使用时更显安全。

因此，大多数机械零件除满足强度要求外，还必须有一定的塑性。像铸铁、陶瓷等脆性材料的塑性极低，拉伸时几乎不产生明显的塑性变形，超载时会突然断裂，使用时必须注意。

三、硬度

硬度是衡量材料软硬程度的指标，它表示金属材料局部体积内抵抗塑性变形或破裂的能力，是重要的力学性能指标。材料的硬度与强度之间有一定的关系，根据硬度可以大致估计

材料的强度。因此，在机械设计中，零件的技术条件往往标注硬度。热处理生产中也常以硬度作为检验产品是否合格的主要依据。材料的硬度是通过硬度试验测得的。

硬度试验方法较多，生产中常用的是布氏硬度、洛氏硬度和维氏硬度试验法。

1. 布氏硬度

布氏硬度的测定是在布氏硬度试验机上进行的，其试验原理如图 1-5 所示。用直径为 D 的碳化钨合金球做压头，以相应的试验力 F 将压头压入试件表面，经过规定的保持时间后，去除试验力，在试件表面得到一直径为 d 的压痕。以压痕单位表面积上承受的压力表示布氏硬度值，用符号 HBW 表示。

图 1-5 布氏硬度的测试原理

$$HBW = \frac{F}{A_{\text{压}}} = \frac{F}{\pi Dh} = \frac{2F}{\pi D(D - \sqrt{D^2 - d^2})}$$ （试验力 F 的单位为 kgf）

$$HBW = 0.102 \frac{2F}{\pi D(D - \sqrt{D^2 - d^2})}$$ （试验力 F 的单位为 N）

1.3 布氏硬度动画

式中　　$A_{\text{压}}$——压痕表面积，mm^2；

d，D，h——压痕平均直径、压头直径、压痕深度，mm。

上式中只有 d 是变数，只要测出 d 值，即可通过计算或查表得到相应的布氏硬度值。

实验时布氏硬度不需计算，只需根据测出的压痕直径 d 查表即可得到硬度值。d 值越大，硬度值越小；d 值越小，硬度值越大。布氏硬度一般不标注单位，其表示方法为：在符号 HBW 前写出硬度值，符号后面依次用相应数字注明压头直径、试验力和保持时间（10～15s 不标注）。例如，180HBW10/1000/30 表示用直径 10mm 的碳化钨合金球做压头，在 1000kgf（1kgf≈9.8N）试验力作用下，保持 30s 所测得的布氏硬度值为 180HBW。

布氏硬度试验法压痕面积较大，能反映出较大范围内材料的平均硬度，测量结果较准确、稳定，但操作不够简便，主要用来测定灰铸铁、有色金属及退火、正火和调质的钢材等。又因压痕大，故不宜测试薄件和成品件。

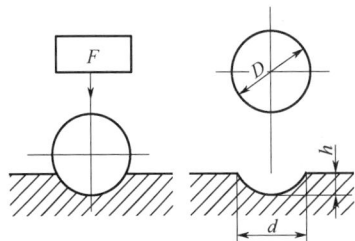

图 1-6 洛氏硬度试验原理

1.4 洛氏硬度动画

2. 洛氏硬度

洛氏硬度的测定在洛氏硬度计上进行。与布氏硬度试验一样，洛氏硬度也是一种压入法硬度试验，洛氏硬度试验原理如图 1-6 所示。它是用顶角为 120° 的金刚石圆锥体或直径为 1.5875mm 或 3.175mm 的碳化钨合金球做压头，在初试验力和总试验力（初试验力+主试验力）先后作用下，将压头压入试件表面，保持规定时间后，去除主试验力，用测量的残余压痕深度增量（增量是指去除主试验力并保持初试验力的条件下，在测量的深度方向上产生的塑性变形量）来计算硬度的一种硬度试验法。

图 1-6 中 0—0 为压头与试件表面未接触的位置；1—1 为加初试验力后，压头经试件表面以压入到 b 处的位置，b 处是测量压入深度的起点（可防止因试件表面不平引起的误差）；2—2 为初试验力和主试验力共同

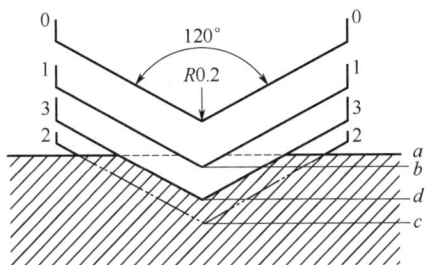

作用下，压头压入到 c 处的位置；3—3 为卸除主试验力，但保持初试验力的条件下，因试件弹性变形的恢复使压头回升到 d 处的位置。因此，压头在主试验力作用下，实际压入试件产生塑性变形的压痕深度为 bd（bd 为残余压痕深度增量）。用 bd 大小来判断材料的硬度，bd 越大，硬度越低；反之，硬度越高。为适应习惯上数值越大，硬度越高的概念，故用一常数 K 减去 $bd/0.002$ 作为硬度值（每 0.002mm 的压痕深度为一个洛氏硬度单位），直接由硬度计表盘上读出。洛氏硬度用符号 HR 表示。

$$HR = K - \frac{bd}{0.002} \qquad (1\text{-}6)$$

金刚石做压头，K 为 100；碳化钨合金球做压头，K 为 130。

为使同一硬度计能测试不同硬度范围的材料，可采用不同的压头和试验力。按压头和试验力不同，GB/T 230.1—2018 规定洛氏硬度的标尺有九种，但常用的是 HRA、HRB、HRC 三种，其中 HRC 应用最广。洛氏硬度表示方法为：在符号前面写出硬度值，如 62HRC、85HRA 等。洛氏硬度的试验条件和应用范围见表 1-1。

表 1-1　洛氏硬度试验条件和应用范围

标尺符号	所用压头	总载荷/N	测量范围 HR	应用举例
HRA	120°金刚石圆锥	588.4	20～95HRA	碳化物、硬质合金、淬火工具钢、浅层表面硬化钢等
HRB	ϕ1.5875mm 球	980.7	10～100HRB	软钢、铜合金、铝合金、可锻铸铁
HRC	120°金刚石圆锥	1471	20～70HRC	淬火钢、调质钢、深层表面硬化钢

注：HRA、HRC 所用刻度为 100，HRB 为 130。

洛氏硬度试验操作简便迅速，可直接从硬度计表盘上读出硬度值。压痕小，可直接测量成品或较薄工件的硬度。但由于压痕较小，测得的数据不够准确，通常应在试样不同部位测定三点取其算术平均值作为硬度值。

人们常用锯条、锉刀划锉来判断金属材料的硬度。当用锯条、锉刀划锉比较容易并有切屑产生时，表明被测金属材料的硬度较低；如果划锉时有明显的"打滑"现象，则说明被测金属材料的硬度较高。

1.5　维氏硬度动画

3. 维氏硬度

维氏硬度试验原理基本上与布氏硬度相同，如图 1-7 所示，也是根据压痕单位表面积上的载荷大小来计算硬度值。所不同的是采用相对面夹角为 136°的正四棱锥体金刚石作压头。

试验时，用选定的载荷 F 将压头压入试样表面，保持规定时间后卸除载荷，在试样表面压出一个四方锥形压痕，测量压痕两对角线长度（d_1、d_2），求其算术平均值，用以计算出压痕表面积，以压痕单位表面积上所承受的载荷大小表示维氏硬度值，用符号 HV 表示。

实际测试维氏硬度时，也是不用计算的，利用刻度放大镜测出压痕两对角线长度，计算出平均值后，通过查表即可得出维氏硬度值。有的维氏硬度机是在显微镜下自动显示压痕两条对角线的长度，并显示计算转换出的硬度值，在屏幕上显示压痕形状和维氏硬度数值，可记录、处理图像及数据。

图 1-7　维氏硬度试验原理

维氏硬度的表示方法为硬度值+硬度符号+测试条件，当试验力的保持时间为 10～15s 时，

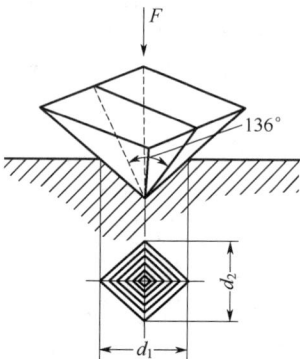

可以不标出。例如：600HV30 表示在 30kgf 试验力作用下，保持 10～15s，测得的维氏硬度值为 600；640HV30/20 表示在 30kgf 试验力作用下，保持 20s，测得的维氏硬度值为 640。

维氏硬度试验法所用试验力小，压痕深度浅，轮廓清晰，数字准确可靠，广泛用于测量金属镀层、薄片材料和化学热处理后的表面硬度。又因其试验力可在很大范围内选择（49.03～980.7N），所以可测量从很软到很硬的材料。但维氏硬度试验不如洛氏硬度试验简便、迅速，不适于成批产品的常规试验。

由于各种硬度试验的条件不同，因此它们相互之间没有理论换算关系。但根据试验数据分析可得粗略换算公式：当硬度在 200～600HBW 范围内时，HRC≈HBW/10；当硬度小于450HBW 时，HBW=HV。

四、冲击韧性

强度、塑性、硬度都是在缓慢加载即静载荷下的力学性能指标。实际上，许多机械零件常在冲击载荷作用下工作，例如锻锤的锤杆、冲床的冲头等。对这类零件，不仅要满足在静力作用下的强度、塑性、硬度等性能判据，还应具有足够的韧性。

金属材料抵抗冲击载荷作用而不破坏的能力称为冲击韧度。材料的冲击韧度值通常采用摆锤式一次冲击试验进行测定。

按 GB/T 229—2020《金属材料 夏比摆锤冲击试验方法》规定，将被测材料制成标准冲击试样，标准试样有 U 型缺口或 V 型缺口两种类型。U 型或 V 型缺口的作用是在缺口附近造成应力集中，保证在缺口处破断。缺口的深度和尖锐程度对冲击吸收能量的大小影响显著，缺口越深、越尖锐，冲击吸收能量越小，金属材料表现的脆性越大。一般情况下，尖锐缺口和深缺口试样适用于冲击韧性较好的材料。当试验材料的厚度在 10mm 以下而无法制备标准试样时，可采用宽度为 7.5mm 或 5mm 的小尺寸试样，试样的其他尺寸及公差与相应缺口的标准试样相同，缺口应开在试样的窄面上。

夏比摆锤式冲击试验的原理如图 1-8 所示。试验时，将标准试样放在冲击试验机的支座上，把质量为 m 的摆锤抬升到一定高度 H_1，使摆锤具有一定的势能 mgH_1，然后释放摆锤，摆锤自由下落冲断试样后，依靠惯性升到 H_2。此时，摆锤的势能为 mgH_2，如果忽略冲击过程中的各种能量损失（空气阻力、摩擦力等），摆锤的势能损失能量就是冲断试样所需要的能量，即试样变形和断裂所消耗的功，称为冲击吸收能量，用符号 K 表示（单位为 J），即

$$K = mgH_1 - mgH_2 = mg(H_1 - H_2) \tag{1-7}$$

按照国家标准 GB/T 229—2020，U 型缺口试样和 V 型缺口试样的冲击吸收能量分别用 KU 和 KV 表示，并用下标数字 2 或 8 表示摆锤切削刃半径，如 KU_2，其单位是焦耳（J）。K值不需计算，可由冲击试验机刻度盘上直接读出。冲击试样缺口底部单位横截面积上的冲击吸收功，称为冲击韧度，用符号 α_K 表示，单位为 J/cm^2。

$$\alpha_K = \frac{K}{S} \tag{1-8}$$

式中　S——试样缺口底部横截面积，cm^2。

冲击吸收功越大，材料韧性越好，越可以承受较大的冲击载荷。一般把冲击吸收能量小的材料称为脆性材料，冲击吸收能量大的材料称为韧性材料。脆性材料在断裂前没有明显的塑性变形，其断口较平直，呈晶状或瓷状，有金属光泽；而韧性材料在断裂前有明显的塑性变形，其断口呈纤维状，无光泽。

冲击吸收功与温度有关。由图 1-9 可知，K 值随温度降低而减小，在不同温度的冲击试

验中,冲击吸收功急剧变化或断口韧性急剧转变的温度区域,称为韧脆转变温度,用 T_1 表示。

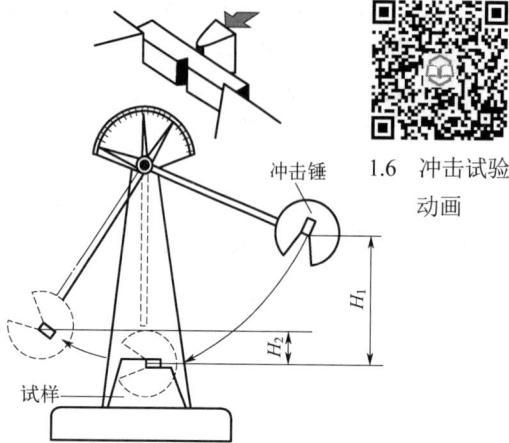

1.6 冲击试验动画

图 1-8　夏比摆锤式冲击试验的原理

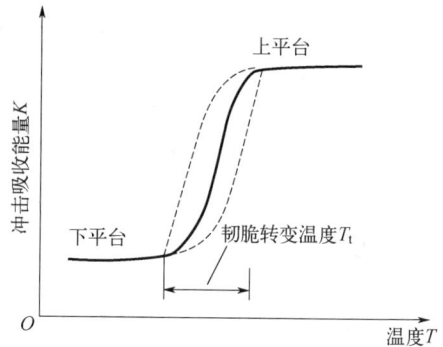

图 1-9　韧脆转变曲线

韧脆转变温度是衡量金属冷脆倾向的重要指标。韧脆转变温度越低,材料的低温抗冲击性能越好。在严寒地区使用的金属材料必须有较低的韧脆转变温度,这样才能保证正常工作,如高纬度地区使用的输油管道、极地考察船等建造用钢的韧脆转变温度应在−50℃以下。

应当指出,冷脆现象主要发生在体心立方晶体金属及合金或某些密排六方晶体金属及合金材料中,并非所有材料都有冷脆现象,如铝合金和铜合金等就没有低温脆性。

五、疲劳强度

许多机械零件（如齿轮、弹簧、连杆、主轴等）都是在循环应力（即应力的大小、方向随时间作周期性变化）作用下工作。按循环应力大小和方向不同,零件承受的应力分为交变应力和重复应力两种。零件在循环应力作用下,在一处或几处产生局部永久性累积损伤,经一定循环次数后产生裂纹或突然发生完全断裂的过程,称为疲劳（疲劳断裂）。疲劳断裂前无明显塑性变形,因此危险性很大,常造成严重事故。据统计,大部分零件的损坏均是由疲劳造成的。

生产中工件正常工作时,其变动应力多为循环应力,循环应力中大小和方向都随时间发生周期性变化的应力称为交变应力,只有大小变化而方向不变的循环应力称为重复应力,如图 1-10 所示。

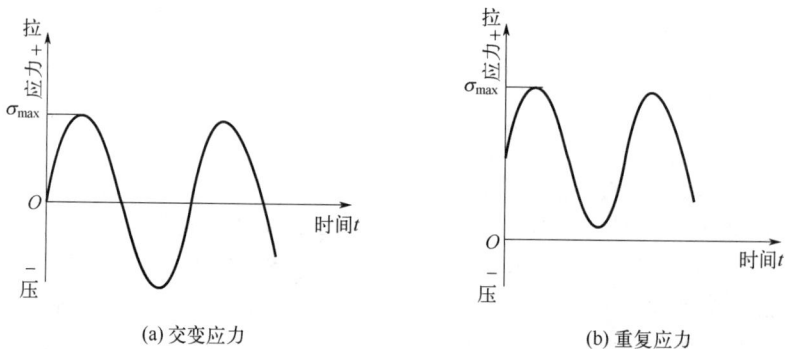

(a) 交变应力

(b) 重复应力

图 1-10　循环应力示意

1. 金属疲劳断裂特点

金属疲劳断裂与静载荷断裂及冲击加载断裂相比，具有以下特点。

① 疲劳断裂是一种循环低应力断裂。其断裂应力往往低于材料的抗拉强度，甚至低于屈服强度。断裂寿命随应力变化而不同，应力大则寿命短，应力小则寿命长。当应力低于某一临界值时，寿命可无限长。

② 疲劳断裂是一种脆性断裂。由于疲劳的断裂应力比屈服强度低，所以无论是韧性材料还是脆性材料，事先均无明显的塑性变形，是一种潜在的突发性断裂，具有很大的危险性。

③ 疲劳断裂对表面缺陷（应力集中、缺口、裂纹及组织缺陷）十分敏感。疲劳裂纹大多产生于金属表面存在上述缺陷的薄弱区，经过裂纹萌生和缓慢拓展，直至裂纹到达临界尺寸时零件就会发生突然断裂。通常，疲劳断口特征非常明显，由三个区域组成，即疲劳裂纹源区、疲劳裂纹扩展区和最后断裂区，如图 1-11 所示，一般将疲劳断口上的裂纹扩展线称为海滩线或贝壳线。

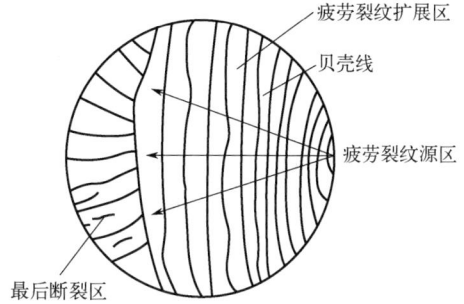

图 1-11 疲劳断口示意

2. 疲劳曲线和疲劳强度

金属材料经受无限次的循环应力也不发生疲劳断裂的最大应力值称为疲劳强度（也称疲劳极限）。通常，材料的疲劳性能是在图 1-12（a）所示的弯曲疲劳试验机上进行的，可测得一条如图 1-12（b）所示的疲劳曲线，或称 S-N 曲线，用来描述疲劳应力（交变应力）与疲劳寿命（应力循环次数 N）的关系。大量的疲劳试验表明，材料所受交变应力的最大值 σ_{max} 越大，则疲劳断裂前所经历的应力循环次数 N 越少，反之越多。

在图 1-12（b）中，当应力低于某值时（图中为 σ_5），材料经无限次应力循环后也不会发生疲劳断裂，这一应力值就是疲劳强度，记作 σ_D，也就是 S-N 曲线中平台位置对应的应力。通常，材料的疲劳强度是在对称弯曲条件下测定的，对称弯曲疲劳强度记作 σ_{-1}。

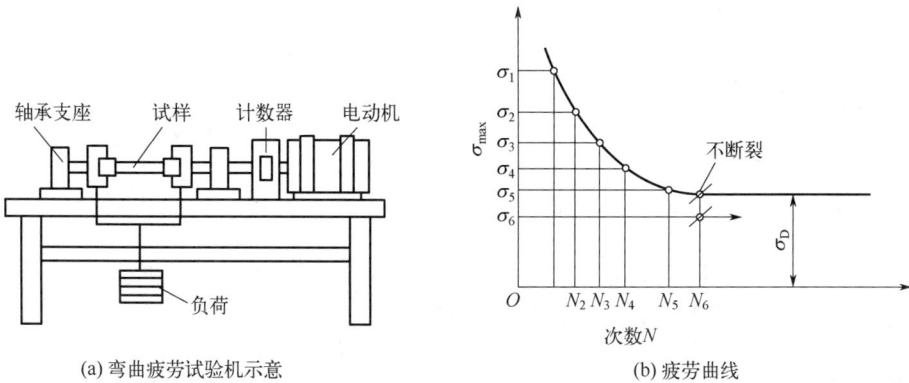

(a) 弯曲疲劳试验机示意　　　　　　　　(b) 疲劳曲线

图 1-12 弯曲疲劳试验

不同材料的疲劳曲线形状不同，但是实际测试时不可能做到无限次循环应力。对于一般中、低强度钢铁材料，当循环次数达到 10^7 次仍不断裂时，就可将其能承受的最大循环应力作为疲劳强度。而对于有色金属材料、高强度钢和腐蚀介质作用下的钢铁材料，它们的疲劳曲线没有水平部分，只是随应力降低，循环周次不断增大。此时，只能根据材料的使用要求规定某一循环周次下不发生断裂的应力为条件疲劳强度（或称有限寿命疲劳强度），即在规定循环周次 N 时不发生疲劳断裂的最大循环应力值，记作 σ_N。一般规定高强度钢、部分有色金属取 $N=10^8$，腐蚀介质作用下的钢铁材料取 $N=10^6$，钛合金取 $N=10^7$。

3. 防止金属疲劳的途径

疲劳断裂一般发生在机件最薄弱的部位或缺陷所造成的应力集中处，疲劳失效对许多因素很敏感，如零件的尺寸和形状、循环应力特性、工作环境、表面状态、内部组织缺陷等。因此，防止金属疲劳有以下途径。

① 零件的形状、尺寸要合理。应尽量避免尖角、缺口和截面突变，这些地方容易引起应力集中而导致出现疲劳裂纹；伴随着尺寸的增加，材料的疲劳强度降低；强度越高，疲劳强度下降得越明显。

② 降低零件的表面粗糙度值，提高表面加工质量。疲劳源多数位于零件的表面，应尽量减少表面缺陷（氧化、脱碳、裂纹、夹杂等）和表面加工损伤（刀痕、磨痕、擦伤等）。

③ 进行表面强化处理。例如：渗碳、渗氮、表面淬火、喷丸和滚压等都可以有效提高疲劳强度。这是因为表面强化处理不仅提高了表面疲劳强度，还在材料表面形成了具有一定深度的残余压应力。在工作时，这部分压应力可以抵消部分拉应力，使零件实际承受的应力降低，从而提高其疲劳强度。

‹ **技能模块**

试验一　金属静拉伸试验

一、试验目的

1. 了解金属静拉伸试验的测试原理。
2. 熟悉金属静拉伸试验的测量步骤和方法。
3. 观察试验过程中的各种现象，并分析各阶段强度极限。

二、试验试样及设备

1. 退火态 20mm 的 40 钢棒料拉伸试样。按 GB/T 228.1—2021《金属材料 拉伸试验 第 1 部分：室温试验方法》的规定，其力学性能指标应为：$R_{eL} \geqslant 335MPa$，$R_m \geqslant 570MPa$，$A \geqslant 19\%$，$Z \geqslant 45\%$。

2. 游标卡尺（量程为 150mm，分度值为 0.02mm）；试样标距打点机。

3. WAW-600 型金属万能试验机，如图 1-13 所示。

三、试验步骤

1. 试样的划线测量

试验前，应先检查试样外观是否符合要求。如果发现试样表面有明显的横向刀痕、磨痕或者扭曲变形，则应重新领取合格试样。

使用游标卡尺测量试样的原始直径 d_0，应在试样平行段的两端及中间处两个互相垂直的方向上各测一次，取其算术平均值，选用三处测得的直径最小值作为试样的原始直径，并根据此值计算原始横截面积 S_0。

1.7 GB/T 228.1—
2021 金属材料 拉
伸试验 第 1 部
分：室温试验方法

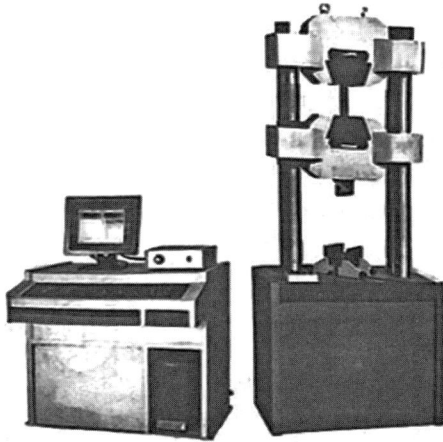

图 1-13 WAW-600 型金属万能试验机

试样原始标距一般采用细划线或细墨线进行标定，所采用的方法不能使试样过早断裂。本试验中因 40 钢是中碳钢，按 $L_0 = 10d_0$ 的比例关系，可用打点机直接在试样平行段上划出原始标距 100mm，并划出 10 个分格线，每格为 10mm。

2. 试样的安装

将试样安装在 WAW-600 型金属万能试验机上，按照试验机的操作流程对试样进行拉伸，在计算机上记录 F-ΔL 曲线及相关试验数据。

3. 试验过程

打开计算机，启动试验控制软件，输入原始直径、原始标距，并设置其他拉伸参数。将初始数据设置为 0，单击"开始"按钮，开始拉伸试验，注意观察试样的变形情况和缩颈现象，试样断裂后立即单击"停止"按钮，并将试样从试验机上取下。

4. 测量断后试样

用游标卡尺测量试样断后标距长度 L_u、缩颈处直径 d_u。注意：要在两个互相垂直的方向上各测一次，取其算术平均值，将结果输入计算机，计算机将自动计算出强度、塑性指标。

四、试验报告

根据试验结果，对比国家标准中的数据：$R_{eL} \geqslant 335\text{MPa}$，$R_m \geqslant 570\text{MPa}$，$A \geqslant 19\%$，$Z \geqslant 45\%$，判断各项力学性能指标是否合格。

单击控制程序界面上的相关按钮，计算机可自动输出试验报告。

试验二 硬度试验

一、试验目的

1. 了解布氏硬度计、洛氏硬度计的测试原理。
2. 掌握布氏硬度计、洛氏硬度计的测量范围、测量步骤和方法。
3. 初步建立碳钢的含碳量与硬度间的关系及热处理能改变材料硬度的概念。

二、试验试样及设备

1. 布氏硬度试样：退火状态下的碳钢。
2. 洛氏硬度试样：淬火状态下的碳钢。
3. HB-3000 型布氏硬度计，如图 1-14 所示。
4. HR-150A 洛氏硬度计，如图 1-15 所示。
5. JC-10 读数显微镜，如图 1-16 所示。

1.8 GB/T 231.1—2018 金属材料 布氏硬度试验 第 1 部分：试验方法

1.9 GB/T 231.1—2018 金属材料 洛氏硬度试验 第 1 部分：试验方法

三、试验步骤

1. 布氏硬度试验

① 硬度检测位置应为平面，不得带有油脂、氧化皮、漆层、裂纹、凹坑和其他污物。

② 根据试样材料的种类、状态及厚度，按布氏硬度试验规范选择压头直径、试验力大小及试验力保持时间。

图 1-14　HB-3000 型布氏硬度计　图 1-15　HR-150A 洛氏硬度计　图 1-16　JC-10 读数显微镜

③ 把试样放在工作台上，顺时针转动工作台升降手轮，使压头与试样接触，直至手轮与升降螺母产生相对运动。

④ 开动电动机将试验力加到试件上，并保持一定时间。

图 1-17　洛氏硬度计指示器表盘指针位置

⑤ 逆时针转动手轮，取下试样。

⑥ 用 JC-10 读数显微镜在两个相互垂直的方向上测出压痕直径 d_1 及 d_2，算出平均压痕直径 d。

⑦ 根据平均压痕直径 d、压头直径 D 和试验力 F 查试验标准，得到试样的布氏硬度值。

2. 洛氏硬度试验

① 硬度检测位置应为平面，不得带有油脂、氧化皮、漆层、裂纹、凹坑和其他污物。

② 根据试样材料的种类、状态选择压头的规格、试验力大小及试验力保持时间。

③ 将试样放在工作台上，顺时针转动手轮使试样升起至指示器的小指针指向红点，此时大指针应垂直向上指向 B 与 C 处（见图 1-17），其偏移量不得超过 ±5 格。

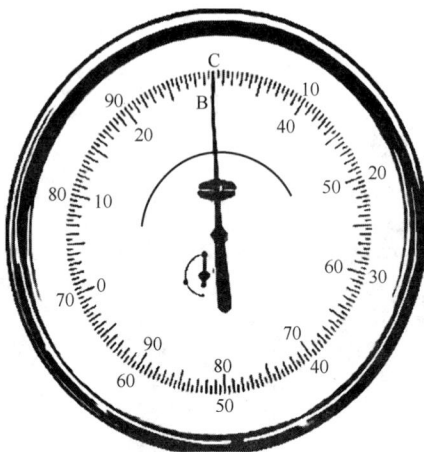

④ 转动指示器的调整盘使标记 B（或 C）对准大指针。

⑤ 将操纵手柄向后推，加上总试验力，直至指示器大指针运动显著变慢至停顿后，保留试验力约 10s，再将操作手柄扳回，以卸除主试验力。

⑥ 按指示器上大指针所指的刻度读数。采用金刚石作压头时，按刻度盘外圈标记为 C 的读数；采用硬质合金球作压头时，按刻度盘内圈标记为 B 的读数。

⑦ 逆时针转动手轮，降下工作台，取下试样或移动试样，选择新的位置继续进行试验。

四、试验报告

1．分别简述布氏、洛氏硬度试验法的优缺点及应用范围。

2．将试验结果分别填入表 1-2（根据平均压痕直径 d、压头直径 D 和试验力 F 查试验规范，得到试样的布氏硬度值）和表 1-3。

表 1-2　布氏硬度试验结果

材料	状态	试验规范			压痕直径/mm			硬度值 HBW
		压头直径 D/mm	试验力 F/N	试验力保持时间/s	d_1	d_2	d	

表 1-3　洛氏硬度试验结果

材料	状态	试验规范		试验结果			硬度平均值 HR
		压头规格	试验力 F/N	1	2	3	

试验三　金属冲击试验

一、试验目的

1．了解冲击韧性的含义及其表达式。

2．掌握金属冲击试验机的操作方法。

3．按 GB/T 229—2020 的规定，分析测量低碳钢的常温冲击吸收能量。

二、试验试样及设备

1．正火态 20 钢试样开 V 型缺口，淬火态 20 钢试样开 U 型缺口，如图 1-18（a）所示。

2．JB-300 冲击试验机 1 台，如图 1-18（b）所示；分度值为 0.02mm 的游标卡尺。

三、试验步骤

1．冲击试样的检查

用分度值为 0.02mm 的游标卡尺测量试样尺寸是否符合有关标准要求。试样缺口底部应光滑，不允许有与缺口轴线平行的明显划痕。

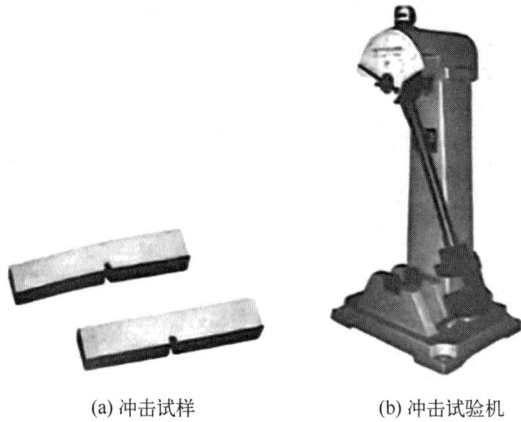

1.10 GB/T 229—2020
金属材料 夏比摆锤冲
击试验方法

(a) 冲击试样   (b) 冲击试验机

图 1-18 冲击试样和冲击试验机

2. 冲击试验过程

① 根据所要测定的材料选用摆锤的能量等级，接通冲击试验机电源。

② 按下冲击试验机控制手柄上的电动机开关，启动电动机。

③ 按下"起摆"按钮，使摆锤扬至最高位置。

④ 冲击试样紧贴支座放置，并使试样缺口的背面朝向摆锤切削刃。用专用的对中钳或定位规对中，其偏差不应大于 0.5mm。

⑤ 确认摆锤摆动范围内无人后，将指针拨至最大值处，按"退销"按钮，再按"冲击"按钮，摆锤下降冲断试样。

⑥ 依次进行冲击试验，记录试验温度和冲击吸收能量值。

⑦ 待全部试验完毕后，按住"放摆"按钮，当摆锤转至铅垂位置时，放开按钮即可停摆。

⑧ 依次关闭控制手柄及机身电源。

注意： 本试验要特别注意安全，先安放试样后再升起摆锤，严禁先升摆锤后安放试样；试验机两侧严禁站人，以免被摆锤或冲断的试样打伤。

四、试验报告

将试验结果填入表 1-4，并按要求完成试验报告。

表 1-4 冲击试验结果

试样			试验温度/℃	摆锤量程/J	冲击吸收能量/J		
牌号	状态	缺口形状			1	2	平均值

> **思维训练模块**

一、判断题

1. 机器中的不同零件，当受到外力作用时，其外力大的，则应力也一定大。

2．对同一机器中受力不同的零件，材料强度高的一般不会变形，材料强度低的一般先产生变形。

3．对没有明显屈服现象的材料，其屈服强度可用条件屈服强度表示。

4．对同一金属材料，短试样的伸长率值大于长试样的伸长率值。

5．不同的材料其屈强比不同，一般合金钢的屈强比高于碳素钢。

6．材料的屈强比愈小，则零件的可靠性愈高；材料的屈强比愈大，则材料的有效利用率愈高。

7．布氏硬度试验时，压痕直径越小，则材料的硬度越低。

8．布氏硬度试验具有测定数据准确、稳定性高等优点，所以主要用于各种成品件的硬度测定。

9．洛氏 HRC 标度硬度试验，压头是顶角为 120° 的金刚石圆锥体，因压头硬度高，试验后压痕小，所以可测定淬火钢零件的硬度。

10．洛氏硬度试验时，一般需测试三次，取三次读数的算术平均值作为硬度值。

二、选择题

1．拉伸试验可测定材料的（　　　）。
 A．强度   B．塑性
 C．硬度   D．冲击韧性

2．有一淬火钢成品零件，需进行硬度测定，应采用（　　　）。
 A．HBW   B．HRA   C．HRB   D．HRC

3．材料库需对部分钢材进行硬度测定，应采用（　　　）。
 A．HV   B．HRB   C．HBW   D．HRC

4．有一渗碳零件，需进行硬度测定，应采用（　　　）。
 A．HBW   B．HRA   C．HRB   D．HRC

三、填空题

1．材料的力学性能是指材料在_____作用下所表现出来的_____，力学性能主要包括有：_____、_____、_____、_____、_____等。

2．强度指材料在外力作用下抵抗_____和____的能力，强度判据主要有_____和_____。

3．塑性指材料在外力作用下产生_____的能力。常用的塑性指标是_____和_____。

4．屈服强度指材料_____的应力。以符号_____表示。抗拉强度指材料所能承受的_____应力。以符号_____表示。

5．断后伸长率指试样被拉断后，标距长度的_____与_____的百分率，以符号_____表示。断面收缩率指试样被拉断后，断裂处横截面积的_____与_____的百分率。以符号_____表示。

6．硬度是指金属材料局部体积内抵抗_____的能力。常用的硬度指标有_____和_____两种。

7．150HBW10/1000/30，表示用直径_____在_____试验力作用下保持_____测得的布氏硬度值为_____。

8．冲击韧度是指材料抵抗_____的能力。冲击韧度值以_____表示。

9. 疲劳指材料在＿＿＿＿＿＿的作用下，在一处或几处产生＿＿＿＿＿＿，经一定循环次数后产生裂纹或突然发生完全断裂的现象。

10. 疲劳强度指材料长期经受＿＿＿＿＿也不发生＿＿＿＿＿的＿＿＿应力值，光滑试样的对称弯曲疲劳强度用＿＿＿＿表示。

四、问答题

1. 说明拉伸曲线的绘制原理，画出低碳钢的拉伸曲线图，并标出开始出现屈服时的载荷和断裂前承受的最大载荷在曲线中相应位置。

2. 比较说明布氏硬度试验和洛氏硬度试验的优缺点及其应用。

五、应用题

一批用同一钢号制成的规格相同的紧固螺栓，用于 A、B 两种机器中，使用中 A 机器中的螺栓出现了明显的塑性变形，B 机器中的螺栓产生了裂纹，试从实际承受的应力值说明出现上述问题的原因，并提出解决该问题的两种方案。

第二章　金属及合金晶体结构与结晶

< **学习目标**

知识目标　1. 了解晶体与非晶体、晶格、晶胞、晶格常数的意义，晶体缺陷及其对金属性能的影响，结晶概念、结晶基本过程，铸锭组织及形成原因和二元合金相图的建立及典型合金结晶过程分析。
2. 掌握三种常见金属晶格类型，实际金属晶体结构，多晶体概念，金属晶粒大小及控制，金属同素异晶转变和合金、组元、相、系、固溶体、金属化合物的概念。

技能目标　1. 能独立分析金属及合金的结晶过程。
2. 能独立建立二元合金相图。

思政目标　通过对结晶规律的学习，掌握科学研究的基本方法和思路，培养辩证唯物主义世界观，提高分析问题和解决问题的能力。

< **案例导入**

连铸技术的迅速发展是当代钢铁工业发展的一个非常引人注目的动向，连铸之所以发展迅速，主要是它与传统的钢锭模浇铸相比具有较大的技术经济优越性，可以大幅提高金属收得率和铸坯质量。

< **知识模块**

不同的材料具有不同的性能，其根本原因在于材料的内部组织结构不同。因此，要掌握材料的性能就必须研究材料的内部组织结构。

第一节　纯金属晶体结构

一、晶体结构的基本知识

晶体结构即晶体的微观结构，是指晶体中实际质点（原子、离子或分子）的具体排列情况。固体材料按内部原子聚集状态不同，分为晶体与非晶体两大类。固态金属及其合金基本上都是晶体物质。金属的晶体结构对其许多重要的物理和力学性质，如强度、韧性、导电性、导热性等都有直接的影响。

1. 晶体与非晶体

原子呈规则排列的物质称为晶体［如图 2-1（a）］，如金刚石、石墨和固态金属及合金等，晶体具有固定的熔点，呈现规则的外形，并具有各向异性特征；原子呈不规则排列的物质称为非晶体，如玻璃、松香、沥青、石蜡等，非晶体没有固定的熔点。

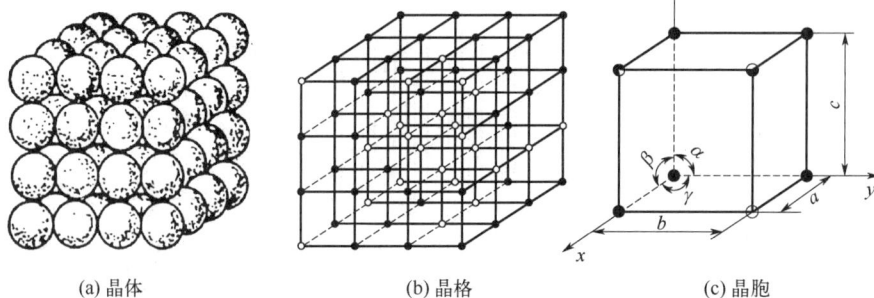

2.1　晶体结构

（a）晶体　　　　　　（b）晶格　　　　　　（c）晶胞

图 2-1　晶体、晶格与晶胞示意图

2. 晶格、晶胞与晶格常数

为了便于研究晶体中原子的排列规律，假定理想晶体中的原子都是固定不动的刚性球体，并用假想的线条将晶体中各原子中心连接起来，便形成了一个空间格架［如图 2-1（b）］，这种抽象的、用于描述原子在晶体中规则排列方式的空间格架称为晶格。晶体中线条的交点称为结点。

晶体是由原子周期性重复排列而成的，因此，通常只从晶格中选取一个能够完全反映晶格特征的、最小的几何单元来分析晶体中原子的排列规律，这个最小的几何单元称为晶胞，如图 2-1（c）所示。实际上整个晶格就是由许多大小、形状和位向相同的晶胞在三维空间重复堆积排列而成的。

晶胞的大小和形状常以晶胞的三条棱边长度 a、b、c 及棱边夹角 α、β、γ 来表示，如图 2-1（c）所示。晶胞的棱边长度称为晶格常数或点阵常数，以埃（Å）为单位来表示（1Å=10^{-8}cm）。

各种晶体由于晶体类型和晶格常数不同，呈现出不同的物理、化学及力学性能。

二、常见金属晶格类型

在已知的金属元素中，除了少数金属具有复杂的晶体结构外，90%以上的金属晶体都属于以下三种晶格类型：体心立方晶格、面心立方晶格和密排六方晶格。

1. 体心立方晶格

体心立方晶格的晶胞是一个立方体，其晶格常数 $a=b=c$，在立方体的八个顶角和立方体的中心各有一个原子（如图 2-2 所示）。每个晶胞中实际含有的原子数为（1/8）×8+1=2（个）。属于体心立方晶格的金属有 α 铁（α-Fe）、铬（Cr）、钨（W）、钼（Mo）、钒（V）等。

2. 面心立方晶格

面心立方晶格的晶胞也是一个立方体，其晶格常数 $a=b=c$，在立方体的八个顶角和立方体六个面的中心各有一个原子（如图 2-3 所示）。每个晶胞中实际含有的原子数为（1/8）×8+6×（1/2）=4（个）。属于面心立方晶格的金属有 γ 铁（γ-Fe）、铝（Al）、铜（Cu）、镍（Ni）、金（Au）、银（Ag）等。

3. 密排六方晶格

密排六方晶格的晶胞是个正六方柱体，该晶胞要用两个晶格常数表示，一个是六边形的边长 a，另一个是柱体高度 c。在密排六方晶胞的十二个顶角上和上、下底面中心各有一个原子，另外在晶胞中间还有三个原子，如图 2-4 所示。每个晶胞中实际含有的原子数为（1/6）×12+(1/2)×2+3=6（个）。具有密排六方晶格的金属有 α 钛（α-Ti）、镁（Mg）、锌（Zn）、铍（Be）等。

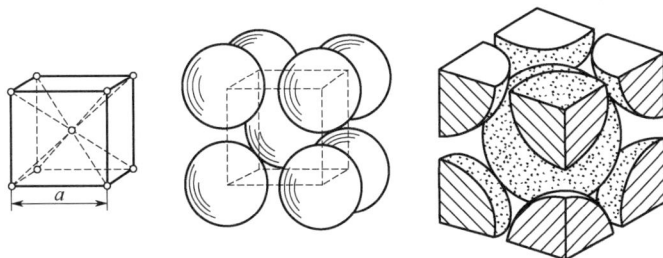

图 2-2　体心立方晶胞示意图

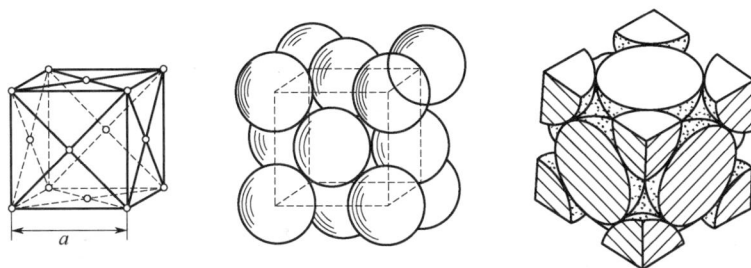

图 2-3　面心立方晶胞示意图

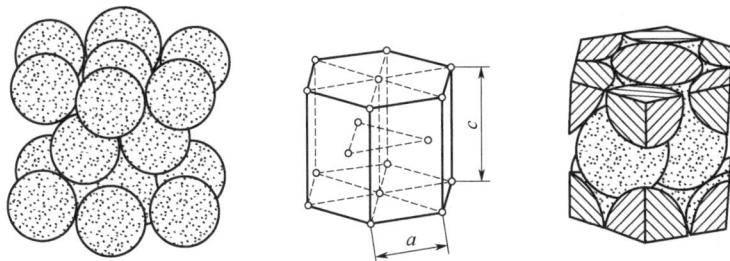

图 2-4　密排六方晶胞示意图

在不同类型晶格的晶体中，原子排列的紧密程度是不同的，通常用晶格的致密度（晶胞中所含原子的体积与该晶胞的体积之比）表示。在三种常见的金属晶体结构中，体心立方晶格的致密度为 68%，面心立方晶格和密排六方晶格的致密度均为 74%。当金属的晶格类型发生转变时，会引起金属体积的变化。若体积的变化受到约束，则会在金属内部产生内应力，而引起工件的变形或开裂。

三、晶面和晶向

在晶格中，由一系列结点所组成的平面都代表晶体的某一原子平面，称为晶面；任意两个结点的连线，都代表晶体中某一原子列的位向，称为晶向。为便于研究和表述不同晶面和晶向的原子排列情况及其在空间的位向，需要给各种晶面和晶向定出一定的符号，即晶面指数和晶向指数。

1. 晶面指数

晶面指数是描述晶体结构的重要参数之一。晶面指数是晶面在晶体的基础晶格中的位置表示。如图 2-5 中所示带影线的晶面，以晶胞的三个棱边为坐标轴（x 轴、y 轴、z 轴），原点选在结点上，以棱边长度（即晶格常数）a、b、c 为相应坐标轴的量度单位，求出待定晶面在各轴上的截距。取各截距的倒数，按比例化为最小整数，并依次写在圆括号内，数字之间不用标点隔开，负号改写到数字的顶部，即所求晶面指数。晶面指数用（hkl）来表示，其中，h、k、l 为整数。

立方晶格中，最具有意义的是如图 2-5 所示的三种晶面，即（100）、（110）与（111）三种晶面。

2. 晶向指数

晶向指数是晶列在通过轴矢坐标系原点的直线上任取一格点，把该格点指数化为最小整数，称为晶向指数。如图 2-6 中所示带箭头的晶向，以晶胞的三个棱边为坐标轴（x 轴、y 轴、z 轴），原点选在待定晶向的直线上，以棱边长度（即晶格常数）a、b、c 为相应坐标轴的量度单位，求出待定晶向上任意一点的三维坐标值，将三个坐标值按比例化为最小整数，并依次写在方括号内，数字之间不用标点隔开，负号改写到数字的顶部，即所求晶向指数。晶向指数的一般形式为 [uvw]。

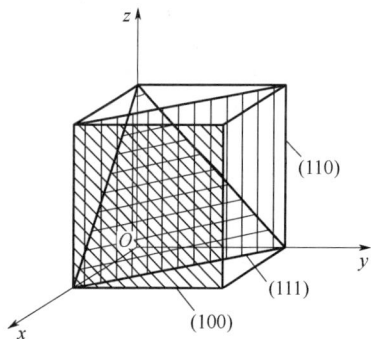

图 2-5　立方晶格中的三种重要晶面　　　图 2-6　立方晶格中的三种重要晶向

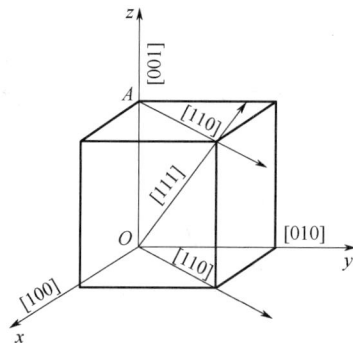

如图 2-6 所示的 [100]、[110] 及 [111] 晶向为立方晶格中最具有意义的三种晶向。将图 2-5 与图 2-6 对比可以看出，在立方晶格中，凡指数相同的晶面与晶向是相互垂直的。晶向指数代表的也是所有平行的晶向。相互平行但方向相反的晶向，其指数相同但符号相反，如 [123] 与 [$\bar{1}\bar{2}\bar{3}$]。

3. 晶面族和晶向族

凡是晶面指数中各数字相同但符号不同或排列顺序不同的所有晶面上的原子排列规律都是相同的，具有相同的原子密度和性质，只是位向不同。这些晶面称为一个晶面族，其指数记为 {hkl}。例如，在立方晶系中，（100）、（010）、（001）三个独立的晶面就组成了 {100} 晶面族；而 {110} 晶面族包括了（110）、（101）、（011）、（$\bar{1}$10）、（$\bar{1}$01）、（0$\bar{1}$1）六个晶面。

同理，原子排列规律相同但空间位向不同的所有晶向组成了一个晶向族，其指数记为 〈uvw〉。例如，在立方晶系中，[100]、[010]、[001] 以及与之相反的 [$\bar{1}$00]、[0$\bar{1}$0]、[00$\bar{1}$] 共六个晶向组成 〈100〉 晶向族；而 〈110〉 晶向族包括了 [110]、[101]、[011]、[$\bar{1}$10]、[$\bar{1}$01]、[0$\bar{1}$1] 及与之相反的 [$\bar{1}\bar{1}$0]、[$\bar{1}$0$\bar{1}$]、[0$\bar{1}\bar{1}$]、[1$\bar{1}$0]、[10$\bar{1}$]、[01$\bar{1}$] 共十二个晶向。

4. 晶体的各向异性

晶体的各向异性指的是晶体在不同方向上的物理和化学特性不同。由于晶体中不同晶面和晶向上原子排列的方式和密度不同，原子间的相互作用力也不相同，因此在同一单晶体内的不同晶面和晶向上的物理、化学和力学性能也会不同。晶体的这种"各向异性"特点是它区别于非晶体的重要标志之一。例如，体心立方的 α-Fe 单晶体，在原子排列最密的〈111〉方向上的弹性模量为 290000MPa，而在原子排列较稀的〈100〉方向上仅为 135000MPa。许多晶体物质（如石膏、云母、方解石等）易于沿着一定的晶面破裂，且具有一定的解理面，也是这个道理。

四、纯金属的实际晶体结构

1. 多晶体结构

晶体内部的晶格排列位向（即原子排列方向）完全一致的晶体称为单晶体，单晶体具有各向异性的特征。单晶体在自然界几乎不存在，现在可用人工方法制成某些单晶体（如单晶硅）。实际工程上用的金属材料都是由许多不规则的、颗粒状的小晶体组成。这种不规则的、颗粒状的小晶体称为"晶粒"。每个晶粒内部的晶格位向是一致的，而各晶粒之间位向却不相同，如图 2-7 所示。由许多晶粒组成的晶体称为多晶体。一般金属材料都是多晶体结构。多晶体材料中晶粒与晶粒之间的交界面称为晶界。由于

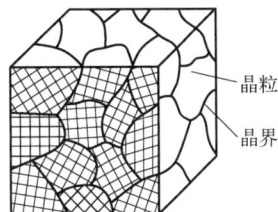

图 2-7 多晶体示意图

多晶体是由许多位向不同的晶粒组成，其中各晶粒间排列的位向不同，从而使各晶粒的有向性相互抵消，所以实际金属材料各向基本同性。

2. 晶体缺陷

实际金属属于多晶体，由于结晶条件、原子热运动及加工条件等原因，会使晶体内部出现某些原子偏离结点位置，出现局部的不完整，这种区域被称为晶体缺陷。根据晶体缺陷的几何特点，可将其分为以下三种类型：

（1）点缺陷

点缺陷是指长、宽、高尺寸都很小的缺陷。最常见的点缺陷是晶格空位、间隙原子和置换原子。如图 2-8 所示。在实际晶体结构中，晶格的某些结点往往未被原子占有，这种空着的结点位置称为晶格空位；处在晶格间隙中的原子称为间隙原子；占据基体原子平衡位置的异类的原子称为置换原子。在晶体中点缺陷的存在，将引起周围原子间的作用力失去平衡，使其周围原子向缺陷处靠拢或被撑开，从而使晶格发生歪扭，这种现象称为晶格畸变。晶格畸变会使金属的强度和硬度提高。

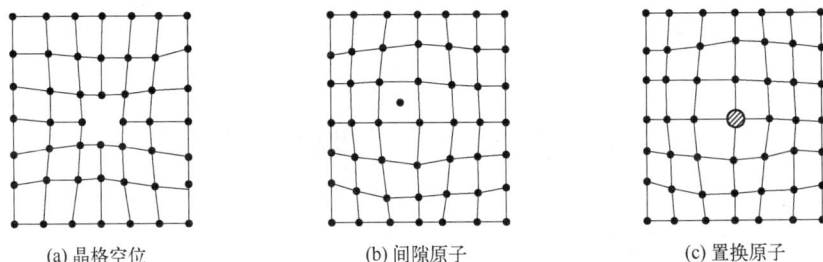

(a) 晶格空位　　　　　(b) 间隙原子　　　　　(c) 置换原子

图 2-8 点缺陷示意图

（2）线缺陷

线缺陷是指在一个方向上的尺寸很大，另两个方向上尺寸很小的一种缺陷，主要是各种类型的位错。所谓位错是晶体中某处有一列或若干列原子发生了有规律的错排现象。位错的形式很多，其中最简单而常见的是刃型位错，如图 2-9 所示。由图可见，晶体的上半部分多出了半个原子面，它像刀刃一样切入晶体中，使上、下两部分晶体间产生了错排现象，因而

称为刃型位错。*EF* 线称为位错线，在位错线附近晶格发生了畸变。位错的存在对金属的力学性能有很大的影响。例如冷变形加工后的金属，由于位错密度的增加，强度明显提高。

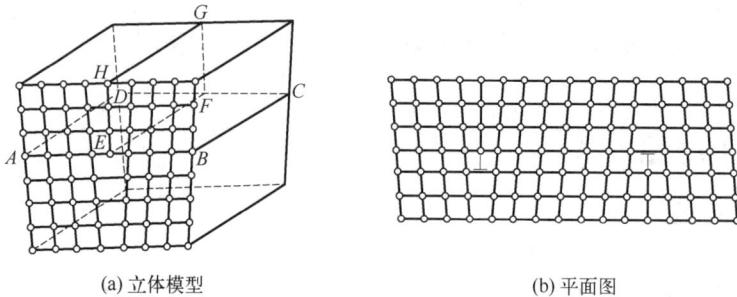

(a) 立体模型   (b) 平面图

图 2-9 刃型位错示意图

晶体中位错的数量可用位错密度 ρ 来表示。

$$\rho = \frac{L}{V}$$

2.2 晶格缺陷

式中 V——晶体的体积，cm^3；

      L——位错线的总长度，cm。

当金属材料处于退火状态时，位错密度为 $10^6 \sim 10^8 cm^{-2}$，强度最低，但经过冷变形加工后，金属材料的位错密度可达到 $10^{11} \sim 10^{12} cm^{-2}$，由于位错密度增加使金属的强度明显提高。

（3）面缺陷

面缺陷是指在两个方向上的尺寸很大，第三个方向上的尺寸很小而呈面状分布的缺陷。面缺陷的主要形式是晶界和亚晶界，它是多晶体中晶粒之间的过渡区域。由于各晶粒之间的位向不同，所以晶界实际上是原子排列从一种位向过渡到另一种位向的过渡层，在晶界处原子排列是不规则的，如图 2-10 所示。

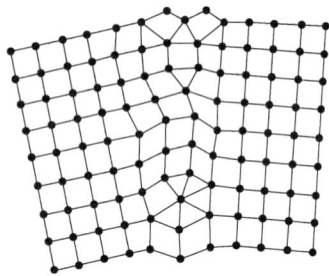

图 2-10 晶界的结构示意图

晶界的存在，使晶格处于畸变状态，在常温下对金属塑性变形起阻碍作用。所以，金属的晶粒愈细，则晶界愈多，对塑性变形的阻碍作用愈大，金属的强度、硬度愈高。

以上各种缺陷处附近晶格均处于畸变状态，直接影响到金属的力学性能，使金属的强度、硬度有所提高。

第二节　纯金属结晶

大多数金属材料都是经过熔化、冶炼和浇铸得到的，即由液态金属冷却凝固而成。由于固态金属是晶体，故液态金属的凝固过程则称为结晶。金属结晶后的组织对金属的性能有很大影响。因此，研究金属的结晶过程，对改善金属材料的组织和性能具有重要的意义。

一、冷却曲线与过冷度

液态金属的结晶过程可用热分析的方法来研究，即将金属加热到熔化状态，然后使其缓慢冷却，在冷却过程中，每隔一定时间测量一次温度，直至冷却到室温，然后将测量数据画在温度-时间坐标图上，便得到一条金属在冷却过程中温度与时间的关系曲线，如图 2-11 所示。这条曲线称为冷却曲线。由图可见，液态金属随着冷却时间的延长，温度不断下降，但当冷却到某一温度时，在曲线上出现了一个水平线段，其所对应的温度就是金属的结晶温度。金属结晶时释放出结晶潜热，补偿了冷却散失的热量，从而使结晶在恒温下进行。结晶完成后，由于散热，温度又继续下降。

金属在极其缓慢的冷却条件下（即平衡条件下）所测得的结晶温度称为理论结晶温度（T_0）。但在实际生产中，液态金属结晶时，冷却速度都较大，金属总是在理论结晶温度以下某一温度开始进行结晶，这一温度称为实际结晶温度（T_n）。金属实际结晶温度低于理论结晶温度的现象称为过冷现象。理论结晶温度与实际结晶温度之差称为过冷度，用 ΔT 表示，即 $\Delta T = T_0 - T_n$。

图 2-11 纯金属的冷却曲线示意图

金属结晶时的过冷度与冷却速度有关，冷却速度愈大，过冷度就愈大，金属的实际结晶温度就愈低。实际上金属总是在过冷的情况下结晶的，所以，过冷度是金属结晶的必要条件。

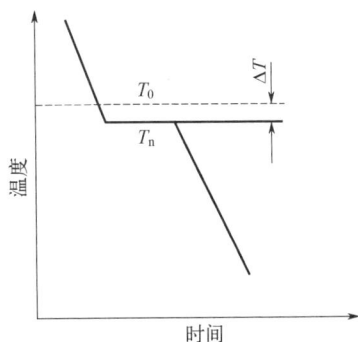

二、纯金属的结晶过程

纯金属的结晶过程是晶核不断形成和晶核不断长大的过程，如图 2-12 所示液态金属中原子进行着热运动，无严格的排列规则。随着温度下降，原子的热运动逐渐减弱，原子活动范围缩小，相互之间逐渐靠近。当冷却到结晶温度时，某些部位的原子按金属固有的晶格，有规则地排列成小的原子集团，这些细小的集团称为晶核，这种形核方式称为自发形核。晶核周围的原子按固有规律向晶核聚集，使晶核长大。在晶核不断长大的同时，又会在液体中产生新的晶核并开始不断长大，直到液态金属全部消失，形成的晶体彼此接触为止。每个晶核长大成为一个晶粒，这样，结晶后的金属便是由许多晶粒所组成的多晶体结构。

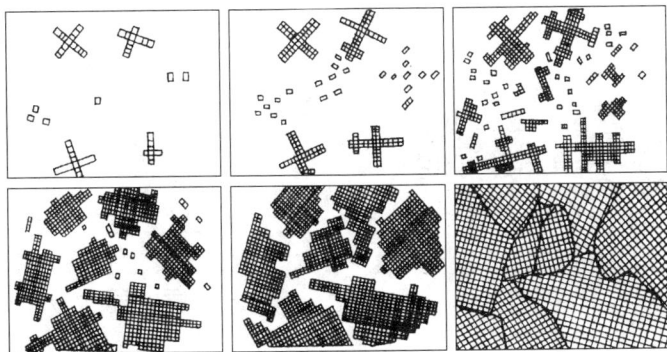

2.3 金属的结晶

图 2-12 金属结晶过程示意图

金属中含有的杂质质点能促进晶核在其表面上形成，这种依附于杂质而形成晶核的方式称为非自发形核。能起非自发形核作用的杂质，其晶体结构和晶格参数应与金属的相似，这样它才能成为非自发形核的基底。自发形核和非自发形核同时存在于金属液中，但非自发形核往往比自发形核更为重要，起优先和主导作用。

晶核形成后，当过冷度较大或金属中存在杂质时，金属晶体常以树枝状的形式长大。在晶核形成初期，外形一般比较规则，但随着晶核的长大，形成了晶体的顶角和棱边，此处散

热条件优于其他部位，因此在顶角和棱边处以较大成长速度形成晶体的主干。同理，在主干的长大过程中，又会不断生出分支，最后填满枝干的空间，结果形成树枝状晶体，简称枝晶。如图 2-13 所示。

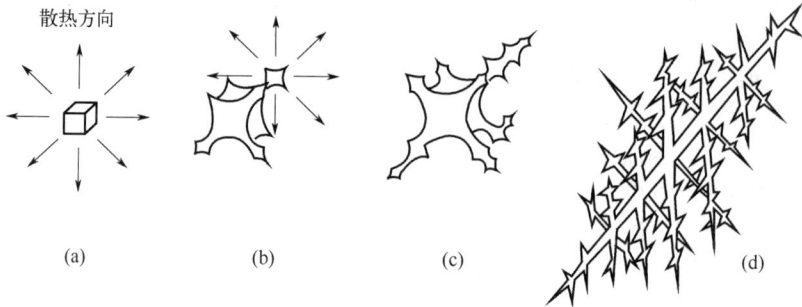

图 2-13　树枝状晶体长大过程示意图

三、金属晶粒的大小与控制

金属结晶后的晶粒大小（用单位面积或单位体积内的晶粒数目或晶粒平均直径定量表征）对金属的力学性能影响很大。一般情况下，晶粒愈细小，金属的强度和硬度愈高，塑性和韧性也愈好。因此，细化晶粒是使金属材料强韧化的有效途径。

晶粒大小主要取决于形核率 N 和长大率 G。形核率是指单位时间内在单位体积液体中产生的晶核数目。长大率是指单位时间内晶核长大的线速度。

凡是能促进形核，抑制长大率的因素，都能细化晶粒。工业生产中，为了获得细晶粒组织，常采用以下方法：

1. 增大过冷度

金属结晶时的冷却速度愈大，则过冷度愈大。实践证明，增加过冷度，使金属结晶时的形核率增加速度大于长大率（如图 2-14 所示），则结晶后获得细晶粒组织。如在铸造生产中，常用金属型代替砂型来加快冷却速度，以达到细化晶粒的目的。

2.4　细化晶粒

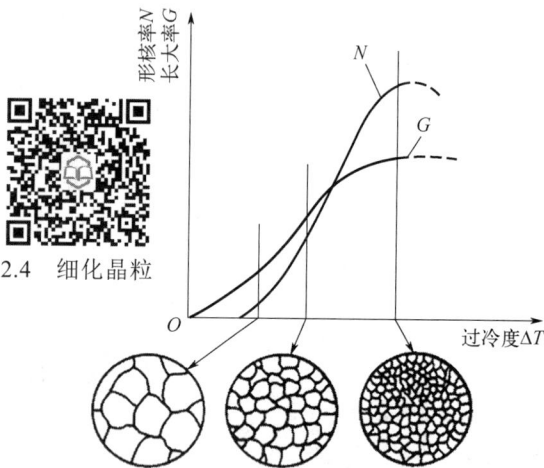

图 2-14　形核率和长大率与过冷度的关系

2. 变质处理

在实际生产中，提高冷却速度来细化晶粒的方法只适用小件或薄壁件的生产，对于大件或厚壁铸件，由于散热较慢，要在整个体积范围内获得大的冷却速度很困难，而且，冷却速度过大往往导致铸件变形或开裂。这时，为了得到细晶粒组织，可采用变质处理。

变质处理是在浇注前向金属液体中加入一些细小的形核剂（又称为孕育剂或变质剂），以起到非自发形核的作用，使金属结晶时的形核率增加速度大于长大率，从而使晶粒细化。例如，向铸铁中加入硅铁或硅钙合金、向铝硅合金中加入钠或钠盐等都是变质处理的典型实例。变质处理是一种细化晶粒的有效方法，因而在工业生产中得到了广泛的应用。

3. 附加振动

在金属结晶过程中，可采用机械振动、超声波振动、电磁振动等方法，使正在长大的晶体折断、破碎。这样不仅使已形成的晶粒因破碎而细化，而且破碎了的细小枝晶又起到新晶核的作用，增加了形核率，从而细化晶粒。

四、铸锭组织

金属制品大多数是先将液态金属浇铸成金属铸锭，再经压力加工成型材，最后经过各种冷、热加工制成成品以供使用。铸锭结晶后的组织不仅影响其加工性能，而且还会影响制品的力学性能。

典型的铸锭结晶组织如图 2-15 所示，一般可以分为表层细等轴晶粒区、柱状晶粒区、中心粗大等轴晶粒区等三层不同特征的晶区。

① 表层细等轴晶粒区　当高温下的液态金属注入铸锭模时，由于铸锭模温度较低，靠近模壁的薄层金属液体便形成了极大的过冷度，加上模壁上的杂质起到了自发形核作用，便形成了一层很细的等轴晶粒层。

② 柱状晶粒区　随着表面层等轴细晶粒层的形成，铸锭模的温度升高，液态金属的冷却速度减慢，过冷度减小；此时，沿垂直于模壁的方向散热最快，晶体沿散热的相反方向择优生长，形成柱状晶粒区。

2.5　铸锭组织

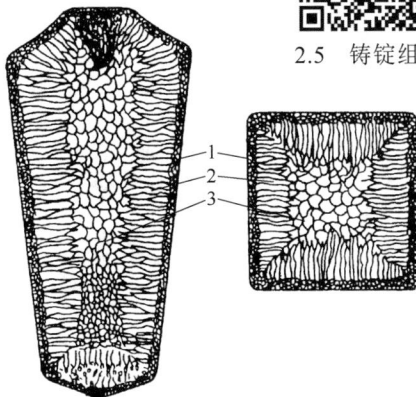

图 2-15　铸锭的结晶组织
1—表层细等轴晶粒区；2—柱状晶粒区；
3—中心粗等轴晶粒区

③ 中心粗等轴晶粒区　随着柱状晶粒区的结晶，铸锭模的模壁温度在不断升高，散热速度减慢，逐渐趋于均匀冷却状态。晶核在液态金属中可以自由生长，在各个不同的方向上其长大速率基本相当，结果形成了粗大的等轴晶粒。

金属铸锭中的细等轴晶粒区，显微组织比较致密，室温下力学性能最高。但该区较薄，故对铸锭性能影响不大。在铸锭的柱状晶粒区，因平行分布的柱状晶粒间的接触面较为脆弱，并常常聚集有易熔杂质和非金属夹杂物等，使金属铸锭在冷、热压力加工时容易沿这些脆弱面产生开裂现象，降低力学性能，所以，对于钢锭一般不希望获得柱状晶粒区；但柱状晶粒区的组织较致密，不易产生疏松等铸造缺陷，对于塑性较好的有色金属及合金，有时为了获得较致密的铸锭组织而希望获得较大的柱状晶粒区，因为这些金属及其合金的塑性良好，在压力加工中不至于产生开裂现象。由于铸锭的中心粗等轴晶粒区在结晶时没有择优取向，不存在脆弱的交界面，但组织疏松，杂质较多，力学性能较低。

在金属铸锭中，除了铸锭的组织不均匀以外，还经常存在各种铸造缺陷，如缩孔、疏松、气泡、裂纹、非金属夹杂物及化学成分偏析等，会降低工件的使用性能。在生产中常常需要对金属铸锭及其压力加工产品进行各种宏观和微观的检验与分析，以便根据实际需要，通过适当的处理工艺改善铸锭的组织，提高其使用性能。

五、金属的同素异晶转变

大多数金属在结晶完成后，其晶格类型不再发生变化。但也有少数金属，如铁、钴、钛等，在结晶之后继续冷却时，还会发生晶体结构的变化，即从一种晶格转变为另一种晶格，这种转变称为金属的同素异晶转变。现以纯铁为例来说明金属的同素异晶转变过程。纯铁的冷却曲线如图 2-16 所示。

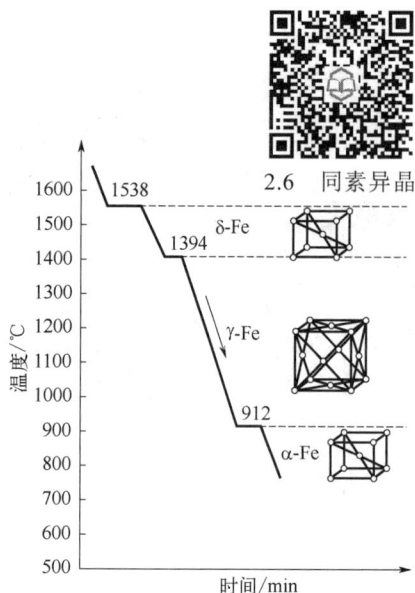

图 2-16 纯铁的冷却曲线

液态纯铁在1538℃时结晶成具有体心立方晶格的δ-Fe；冷却到 1394℃时发生同素异晶转变，由体心立方晶格的 δ-Fe 转变为面心立方晶格的 γ-Fe；继续冷却到 912℃时又发生同素异晶转变，由面心立方晶格的 γ-Fe 转变为体心立方晶格的 α-Fe。再继续冷却，晶格类型不再发生变化。纯铁的同素异晶转变过程可概括如下：

$$\delta\text{-}Fe \xrightleftharpoons{1394℃} \gamma\text{-}Fe \xrightleftharpoons{912℃} \alpha\text{-}Fe$$

体心立方晶格　　面心立方晶格　　体心立方晶格

金属发生同素异晶转变时，必然伴随着原子的重新排列，这种原子的重新排列过程，实际上就是一个结晶过程，与液态金属结晶过程的不同点在于其是在固态下进行的，但它同样遵循结晶过程中的形核与长大规律。为了和液态金属的结晶过程相区别，一般称其为重结晶。纯铁的同素异晶转变是钢铁材料能够进行热处理的理论依据，也是钢铁材料能获得各种性能的主要原因之一。

第三节　合金的晶体结构与结晶

纯金属一般具有良好的导电性、导热性和金属光泽，但其种类有限，生产成本高，力学性能低，无法满足人们对金属材料提出的多品种和高性能要求。因此，实际生产中应用的金属材料大多为合金。碳钢、合金钢、铸铁、黄铜、硬铝等都是常用的合金。

一、合金的基本概念

合金是指由两种或两种以上的金属元素（或金属与非金属元素）组成的，具有金属特性的新物质。

组成合金最基本的、独立的物质称为组元（简称元）。组元可以指组成合金的元素，也可以是具有独立晶格的金属化合物。例如普通黄铜的组元是铜和锌，铁碳合金的组元是铁和碳等。按组元数目，合金分为二元合金、三元合金和多元合金等。

由给定组元按不同比例配制出一系列不同成分的合金，这一系列合金就构成了一个合金系。例如各种牌号的碳钢和铸铁均属于由不同铁、碳含量的合金所构成的铁碳合金系。

在纯金属或合金中，具有相同的化学成分、晶体结构和相同物理性能的组分称为"相"。例如纯铜在熔点温度以上或以下，分别为液相或固相，而在熔点温度时则为液、固两相共存。合金在固态下，可以形成均匀的单相组织，也可以形成由两相或两相以上组成的多相组织，这种组织称为两相或复相组织。"组织"是泛指用金相观察方法看到的由形态、尺寸不同和分布方式不同的一种或多种相构成的总体形貌。

二、合金的相结构

按合金组元间相互作用不同，合金在固态下的相结构分为固溶体和金属化合物两类。

1. 固溶体

固溶体是指合金在固态下，组元间能相互溶解而形成的均匀相。与固溶体晶格类型相同的组元称为溶剂，其他组元称为溶质。根据溶质原子在溶剂晶格中所占位置不同，固溶体分为间隙固溶体和置换固溶体。

① 间隙固溶体　间隙固溶体是指溶质原子溶入溶剂晶格的间隙中而形成的固溶体，如图 2-17（a）所示。

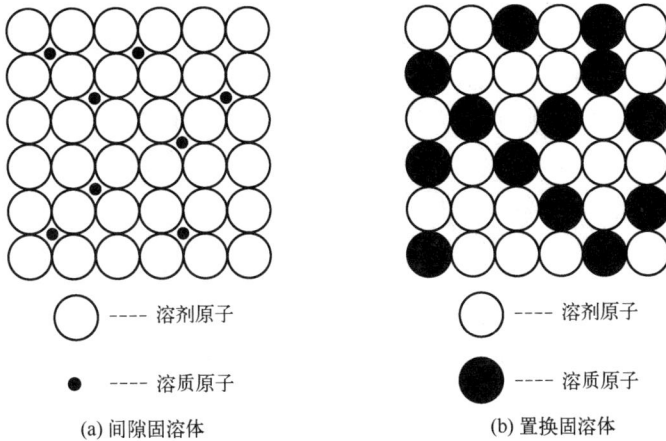

○ ---- 溶剂原子　　　　　　　　○ ---- 溶剂原子

● ---- 溶质原子　　　　　　　　● ---- 溶质原子

(a) 间隙固溶体　　　　　　　　　　(b) 置换固溶体

2.7　合金的晶体结构

图 2-17　固溶体的两种类型

由于溶剂晶格的间隙有限，因此间隙固溶体都是有限固溶体。间隙固溶体形成的条件是溶质原子半径与溶剂原子半径的比值 $r_{溶质}/r_{溶剂} \leqslant 0.59$。因此，形成间隙固溶体的溶质元素通常是原子半径小的非金属元素，如碳、氮、氢、硼、氧等。

溶质原子溶入溶剂晶格中使晶格产生畸变（如图 2-18），增加了变形抗力，因而导致材料强度、硬度提高。这种通过溶入溶质元素，使固溶体强度和硬度提高的现象称为固溶强化。

固溶强化是提高合金力学性能的重要途径之一。

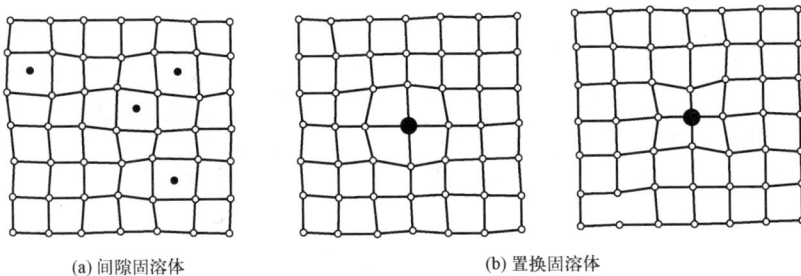

(a) 间隙固溶体　　　　　　　　　　(b) 置换固溶体

2.8　固溶强化

图 2-18　形成固溶体时的晶格畸变

② 置换固溶体　置换固溶体是指溶质原子占据了部分溶剂晶格结点位置而形成的固溶体，如图 2-17（b）所示。

按溶解度的不同，置换固溶体又分为无限固溶体和有限固溶体两种。例如铜镍合金，铜原子和镍原子可按任意比例相互溶解，形成无限固溶体；而铜锌合金只有在 $\omega_{Zn} \leqslant 39\%$ 时，锌才能全部溶入铜中形成单相的 α 固溶体。当 $\omega_{Zn} > 39\%$ 时，组织中除 α 固溶体外，还出现铜与锌形成的金属化合物。溶解度的大小主要取决于组元的晶格类型、原子半径及温度等。只有各组元的晶格类型相同，原子半径相差不大时，才有可能形成无限固溶体，否则只能形成有

2. 金属化合物

金属化合物是指合金组元间发生相互作用而形成的一种新相，一般可用分子式表示。根据形成条件及结构特点，常见的金属化合物有三种类型。

① 正常价化合物　正常价化合物是指严格遵守原子价规律形成的化合物，它们是由元素周期表中相距较远、电化学性质相差较大的元素组成的，如 Mg_2Si、Mg_2Sn、Mg_2Pb、Cu_2Se 等。

② 电子化合物　电子化合物是指不遵守原子价规律，但是遵守一定的电子浓度（化合物中总价电子数与总原子数之比）规律的化合物。电子化合物的晶体结构与电子浓度有一定的对应关系。例如，当电子浓度为 3/2 时，形成体心立方晶格的电子化合物，称为 β 相，如 $CuZn$、Cu_3Al 等；当电浓度为 21/13 时，形成复杂立方晶格的电子化合物，称为 γ 相，如 Cu_5Zn_8、$Cu_{31}Sn_8$ 等；当电子浓度为 7/4 时，形成密排六方晶格的电子化合物，称为 ε 相，如 $CuZn_3$、Cu_3Sn 等。

③ 间隙化合物　间隙化合物是指由过渡族金属元素与原子半径较小的碳、氮、氢、硼等非金属元素形成的化合物。尺寸较大的金属元素原子占据晶格的结点位置，尺寸较小的非金属元素原子则有规律地嵌入晶格的间隙中。按结构特点，间隙化合物分为以下两种：

a. 间隙相　当非金属元素的原子半径与金属元素的原子半径的比值小于 0.59 时，形成具有简单晶格的间隙化合物，称为间隙相，如 TiC、WC、VC 等。

b. 复杂晶体结构的间隙化合物　当非金属元素的原子半径与金属元素的原子半径的比值大于 0.59 时，形成具有复杂晶体结构的间隙化合物，如 Fe_3C、Mn_3C、Cr_7C_3、$Cr_{23}C_6$ 等。

Fe_3C 是铁碳合金中的一种重要的间隙化合物，通常称为渗碳体，其碳原子与铁原子半径之比为 0.61。Fe_3C 的晶体结构为复杂的斜方晶格（如图 2-19），熔点约 1227℃，硬度高（约 1000HV），塑性和韧性很差。

金属化合物的晶格类型和性能不同于组成它的任一组元，一般熔点高、硬而脆，生产中很少使用单相金属化合物的合金。但当金属化合物呈细小颗粒且均匀分布在固溶体基体上时，将使合金强度、硬度和耐磨性明显提高，这一现象称弥散强化。因此，金属化合物主要用来作为碳钢、低合金钢、合金钢、硬质合金及有色金属的重要组成相及强化相。

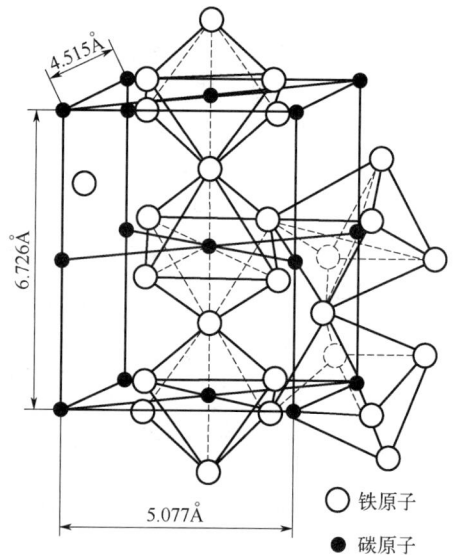

图 2-19　Fe_3C 的晶体结构

○ 铁原子
● 碳原子

三、合金的结晶

合金的结晶同纯金属一样，也遵循形核与长大的规律。但由于合金成分中包含有两个及以上的组元，其结晶过程除受温度影响外，还受到化学成分及组元间相互作用等因素的影响，故结晶过程比纯金属复杂。为了解合金在结晶过程中各种组织的形成及变化规律，以掌握合金组织、成分与性能之间的关系，必须利用合金相图这一重要工具。

合金相图又称合金状态图或合金平衡图。它是表示在平衡条件下合金系中不同成分合金状态、成分和温度之间关系的图形。根据相图可以了解合金系中不同成分合金在不同温度时的组成相，还可了解合金在缓慢加热和冷却过程中的相变规律等。在生产实践中，相图可作为正确制定铸造、锻压、焊接及热处理工艺的重要依据。

1. 二元合金相图的建立

纯金属可以用冷却曲线把它在不同温度下的组织状态表示出来。所以纯金属的相图，只要用一条温度纵坐标轴就能表示。二元合金的组成相的变化不仅与温度有关，而且还与合金成分有关。因此就不能简单地用一个温度坐标轴表示，必须增加一个表示合金成分的横坐标。所以二元合金相图，是以温度为纵坐标、以合金成分为横坐标的平面图形。

合金相图都是用实验方法测定出来的，二元合金相图的建立一般是通过热分析法、热膨胀法、电阻法及 X 射线结构分析法等试验方法进行测绘的，其中最常用的是热分析法。

下面以 Cu-Ni 二元合金系为例，说明应用热分析法测定其临界点及绘制相图的过程。

① 配制一系列成分不同的 Cu-Ni 合金：

a. 100%Cu；　　　　　　b. 80%Cu+20%Ni；　　　　c. 60%Cu+40%Ni；

d. 40%Cu+60%Ni；　　　e. 20%Cu+80%Ni；　　　　f. 100%Ni。

② 用热分析法测出所配制的各合金的冷却曲线，如图 2-20（a）所示。

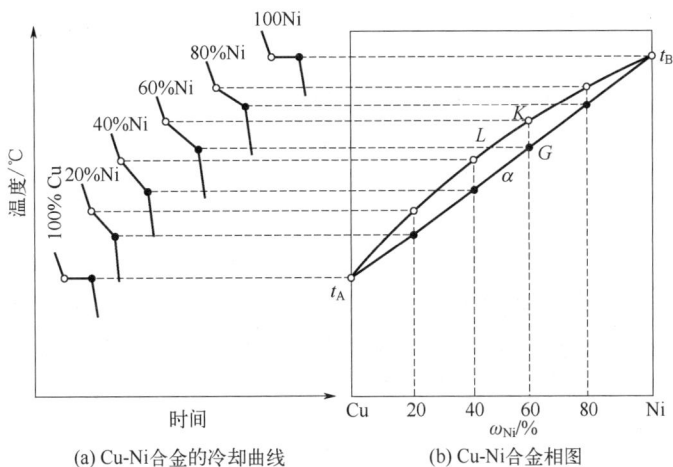

图 2-20 用热分析法测定 Cu-Ni 合金相图

③ 找出各冷却曲线上的临界点，如图 2-20（a）所示。

由 Cu-Ni 合金系的冷却曲线可见，纯铜和纯镍的冷却曲线都有一个平台（水平线段），这说明纯金属的结晶过程是在恒温下进行的，故只有一个临界点。其他四种合金的冷却曲线上不出现平台，但却有两个转折点，即有两个临界点。这表明四种合金都是在一个温度范围内进行结晶的。温度较高的临界点表示开始结晶温度，称为上临界点，在图上用"○"表示（如点 K）；温度较低的临界点表示结晶终了温度，称为下临界点，在图上用"●"表示（如点 G）。

④ 将各个合金的临界点分别标注在温度-成分坐标图中相应的合金线上。

⑤ 连接各相同意义的临界点，所得的线称为相界线。这样就获得了 Cu-Ni 合金相图，如图 2-20（b）所示。图中各开始结晶温度连成的相界线 $t_A L t_B$ 线称为液相线，各终了结晶温度连成的相界线 $t_A \alpha t_B$ 线称为固相线。

2. 二元匀晶相图

凡是二元合金系中两组元在液态和固态下以任何比例均可相互溶解，即在固态下能形成无限固溶体时，该相图属于二元匀晶相图。例如 Cu-Ni、Fe-Cr、Au-Ag 等合金的相图都属于这类相图。下面就以 Cu-Ni 合金相图为例，对相图进行分析。

（1）相图分析

图 2-21（a）所示为 Cu-Ni 合金相图，图中 t_A=1083℃为纯铜的熔点；t_B=1455℃为纯镍的

熔点。$t_A L t_B$ 为液相线，代表各种成分的 Cu-Ni 合金在冷却过程中开始结晶或在加热过程中熔化终了的温度线；$t_A a t_B$ 为固相线，代表各种成分的合金冷却过程中结晶终了或在加热过程中开始熔化的温度。

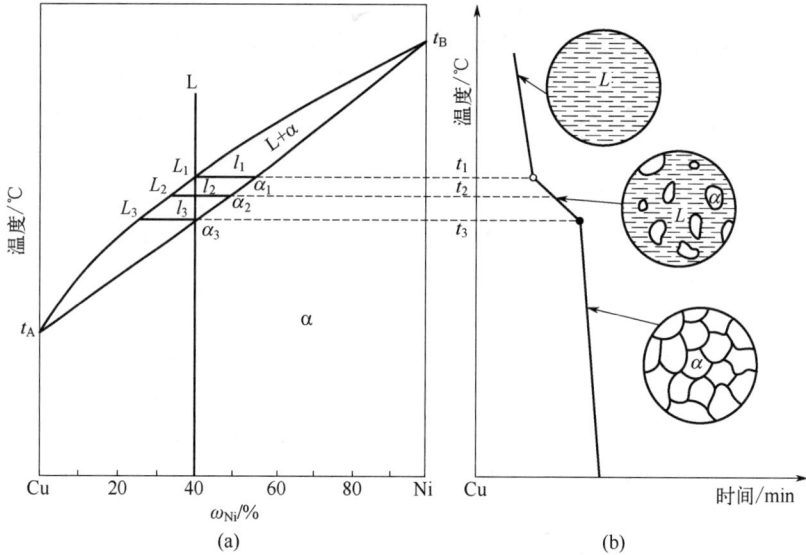

图 2-21　Cu-Ni 合金相图结晶过程分析

　　液相线与固相线把整个相图分为三个相区。在液相线以上是液相区，合金处在液体状态，以"L"表示；固相线以下是单相的固溶体相区，合金处于固体状态，单相组织为 Cu 与 Ni 组成的无限固液体，以"α"表示；在液相线与固相线之间是液相+固相的两相共存区，即结晶区，以"L+α"表示。

　　（2）合金结晶过程分析

　　由于 Cu、Ni 两组元能以任何比例形成单相 α 固溶体。因此，任何成分的 Cu-Ni 合金的冷却过程都相似。现以含 40%Ni 的 Cu-Ni 合金为例，分析其结晶过程，如图 2-21 所示。

　　由图 2-21（a）可见，该合金的成分线与相图上液相线、固相线分别在 t_1、t_3 温度时相交，这就是说，该合金是在 t_1 温度时开始结晶，t_3 温度时结晶结束。

　　因此，当合金自高温液态缓慢冷却到 t_1 温度时，从液相中开始结晶出 α 固溶体，随着温度的下降，α 固溶体量不断增多，剩余液相量不断减少。直到温度降到 t_3 温度时，合金结晶终了，获得了 Cu 与 Ni 组成的 α 固溶体。该合金的冷却过程可用冷却曲线和冷却过程示意图表示，如图 2-21（b）所示。

　　在结晶过程中，液相和固相的成分通过原子扩散在不断变化，液相 L 成分沿液相线由 L_1 点变至 L_3 点，固相 α 成分沿固相线由 α_1 点变至 α_3 点。在 t_1 温度时，液、固两相的成分分别为 L_1、α_1 点在横坐标上的投影，α 相成分为 $\omega_{Ni}=55\%$；温度降为 t_2 时，液、固两相的成分分别为 L_2、α_2 点在横坐标上的投影，α 相成分为 $\omega_{Ni}=50\%$，与 α 相平衡共存的剩余液相成分约为 $\omega_{Ni}=30\%$；温度降至 t_3 时，α 相成分约变为 $\omega_{Ni}=40\%$。

　　（3）晶内偏析

　　如上所述只有在冷却非常缓慢和原子能充分进行扩散的条件下，固相的成分才能沿固相线均匀变化，最终得到与原合金成分相同的均匀 α 相。但在生产中，一般冷却速度较快，原子来不及充分扩散，致使先结晶的固相含高熔点组元镍较多，后结晶的固相含低熔点组元铜较多，在一个晶粒内呈现出心部含镍多，表层含镍少的现象。这种晶粒内部化学成分不均匀的现象称为晶内偏析，又称枝晶偏析。晶内偏析会降低合金的力学性能（如塑性和韧性）、加工性能和耐蚀性。因此，生产中常采用均匀化退火的方法以得到成分均匀的固溶体。

（4）杠杆定律

在两相区结晶过程中，两相的成分和相对量都在不断变化。杠杆定律就是确定状态图中两相区内平衡相的成分和相对量的重要工具。

如图 2-22（a）所示，设 B 含量为 ω 的 K 合金，在某温度 t_x 时，液相的质量分数为 Q_L，固相的质量分数为 Q_α。已知液相中 B 含量为 ω_L，固相中 B 含量为 ω_α，可得方程

$$Q_L + Q_\alpha = 1$$

$$Q_L \omega_L + Q_\alpha \omega_\alpha = \omega$$

解方程，得

$$Q_L = \frac{\omega_\alpha - \omega}{\omega_\alpha - \omega_L} = \frac{\overline{X'K}}{\overline{X'X}}$$

$$Q_\alpha = \frac{\omega - \omega_L}{\omega_\alpha - \omega_L} = \frac{\overline{KX}}{\overline{X'X}}$$

$$\frac{Q_\alpha}{Q_L} = \frac{\overline{KX}}{\overline{X'K}}$$

由此得出结论，某合金两相的质量比与这两线段的长度成反比，用相对分数表示。这与力学中的杠杆定律非常相似，如图 2-22（b）所示，因此也称之为杠杆定律。

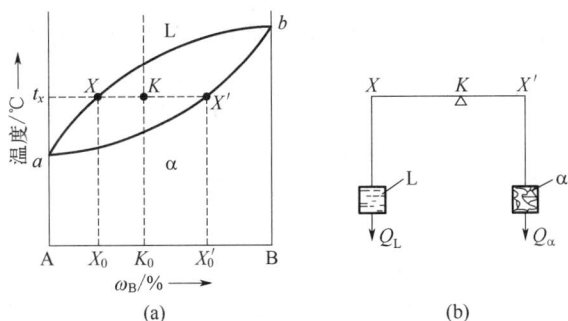

图 2-22　杠杆定理的证明和力学比喻

杠杆定律不仅适用于液、固两相区，也适用于其他类型的二元合金的两相区。值得注意的是，杠杆定律只适用于两相区，并且只能在平衡状态下使用。

3．二元共晶相图

凡是二元合金系中两组元在液态下能完全互溶，在固态下有限溶解形成两种不同固相，并发生共晶转变的相图属于二元共晶相图。所谓共晶转变，是指一定成分的液相，在一定温度下同时结晶出两种不同固相的转变。

两组元在液态下能完全互溶，在固态下互相有限溶解的共晶相图，称为一般共晶相图。图 2-23 是由 A、B 两组元组成的一般共晶相图。

（1）相图分析

为了便于分析，可以把图 2-23 分成如图 2-24 所示的三个部分。很明显，图 2-24 中左右两部分就是简单匀晶相图，中间部分就是一个简单共晶相图。

图 2-24 的左边部分就是溶质 B 溶于溶剂 A 中形成 α 固溶体的匀晶相图，由于在固态下

B 组元只能有限地溶解于 A 组元中，且其溶解度随着温度的降低而逐渐减小，故 DF 线就是 B 组元在 A 组元中的溶解度曲线，简称为固溶线。

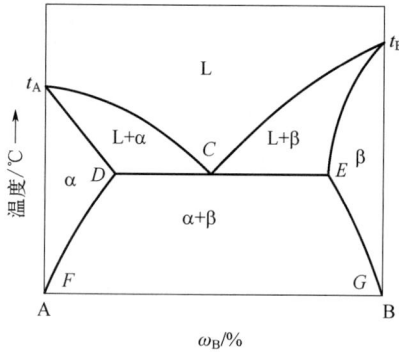

图 2-23　一般共晶相图

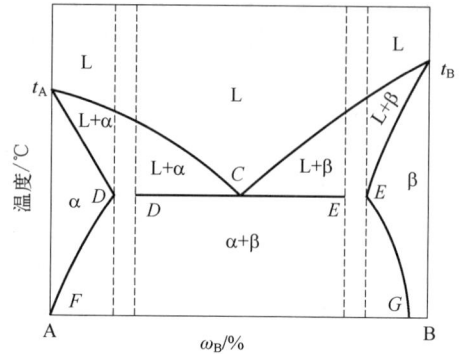

图 2-24　一般共晶相图的分析

同理，图 2-24 的右边部分就是溶质 A 溶于溶剂 B 中形成 β 固溶体的匀晶相图，由于在固态下 A 组元只能有限溶解于 B 组元中，其溶解度也随着温度的降低而逐渐减小，故 EG 线就是 A 组元在 B 组元中的固溶线。

图 2-24 的中间部分是一简单共晶相图，其产生共晶转变的反应为

$$Lc \rightleftharpoons A + B$$

而图 2-24 中间部分相图的左右两边却是两种有限固溶体 α 与 β，其共晶转变的反应为

$$Lc \rightleftharpoons \alpha + \beta$$

根据上述分析，并对照已掌握的匀晶相图，就很容易理解如图 2-23 所示的一般共晶相图了。图中 t_A、t_B 点分别为组元 A 与组元 B 的熔点；C 点为共晶点。$t_A C$、$t_B C$ 线为液相线，液相在 $t_A C$ 线上开始结晶也 α 固溶体，液相在 $t_B C$ 线上开始结晶出 β 固溶体。$t_A D$、$t_B E$、DCE 线为固相线；$t_A D$ 线是液相结晶成 α 固溶体的终了线；$t_B E$ 线是液相结晶成 β 固溶体的终了线；DCE 线是共晶线，液相在该线上将发生共晶转变，结晶出（α+β）共晶体。DF、EG 线分别为 α 固溶体与 β 固溶体的固溶线。

上述相界线把整个一般共晶相图分成六个不同相区：三个单相区为液相 L、α 固溶体相区、β 固溶体相区；三个两相区为 L+α 相区、L+β 相区和 α+β 相区。DCE 共晶线为 L+α+β 三相平衡的共存线。各相区相的组成如图 2-23 所示。

必须指出，在固态下两组元完全互不溶解的情况是不存在的，一般相互间总是或多或少地存在着一定的溶解度。因此，共晶相图的主要形式为一般共晶相图。属于一般共晶相图的有 Pb-Sn、Pb-Sb、Al-Si、Ag-Cu 等二元合金。

（2）典型合金的结晶过程分析

图 2-25 为 Pb-Sn 二元合金相图。现以图中所给出的四个典型合金为例分析其结晶过程与组织。

① 含 Sn 量小于 c 点的合金的结晶过程　合金 I 含 Sn 量小于 c 点，其冷却曲线及结晶过程如图 2-26 所示。这类合金在 3 点以上结晶过程与匀晶相图中的合金结晶过程一样，当合金由液相缓冷到 1 点时，从液相中开始结晶出 Sn 溶于 Pb 的 α 固溶体，随着温度的下降，α 固溶体量不断增多，而液相量不断减少。随温度下降，液相成分沿液相线 ad 变化，固相 α 的成分沿固相线 ac 变化。当合金冷却到 2 点时，液相全部结晶成 α 固溶体，其成分为原合金成分。继续冷却时，在 2～3 点温度范围内，α 固溶体不发生变化。

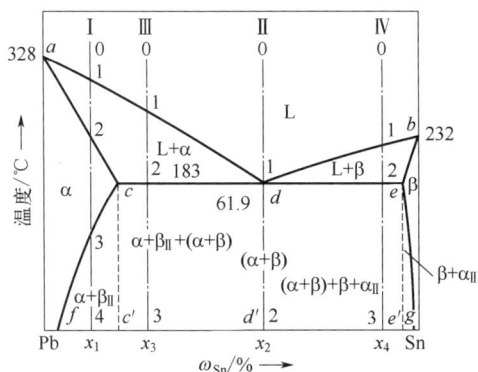

图 2-25　Pb-Sn 合金相图

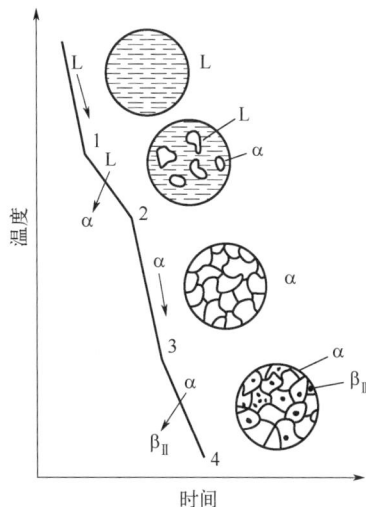

图 2-26　合金 I 的冷却曲线及结晶过程

当合金冷却到 3 点时，Sn 在 Pb 中溶解度已达到饱和。温度再下降到 3 点以下，Sn 在 Pb 中溶解度已过饱和，故过剩的 Sn 以 β 固溶体的形式从 α 固溶体中析出。随着温度的下降，α 和 β 固溶体的溶解度分别沿 cf 和 eg 两条固溶线变化，因此从 α 固溶体中不断析出 β 固溶体。为了区别于从液相中结晶出的固溶体，现把从固相中析出的固溶体，称为次生相，并以"$β_{II}$"表示。所以合金 I 的室温组织应为 α 固溶体+$β_{II}$ 固溶体，如图 2-27 所示。图中黑色基体为 α 固溶体，白色颗粒为 $β_{II}$ 固溶体。

所有成分在 c 点与 f 点间的合金，其结晶过程与合金 I 相似，其室温下显微组织都是由 α+$β_{II}$ 组成。只是两相的相对量不同，合金成分越靠近点 c 点，室温时 $β_{II}$ 量越多。

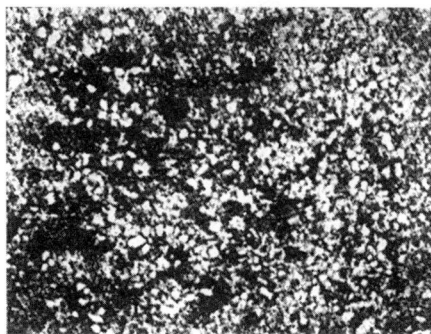

图 2-27　Sn-Pb 组织

由于 Sn 在 α 中的溶解度沿 cf 线降低，从 α 相中析出 $β_{II}$。到室温时，α 相中 Sn 含量逐渐变为 f 点。最后合金得到的组织为 α+$β_{II}$。其组成相是 f 点成分的 α 相和 g 点成分的 β 相。运用杠杆定律，两相的质量分数为

$$\begin{cases} \omega_\alpha = \dfrac{x_1 g}{fg} \\ \omega_\beta = \dfrac{f x_1}{fg} \end{cases}$$

合金室温组织由 α 和 $β_{II}$ 组成，α、$β_{II}$ 即组织组成物。组织组成物是指合金组织中具有确定本质、一定形成机制的特殊形态的组成部分，为单相或两相混合物。

合金 I 的室温组织组成物 α 和 $β_{II}$ 皆为单相，所以它的组织组成物的相对质量和相组成物的相对质量相等。

图 2-25 中成分位于 e 点与 g 点间的合金，其结晶过程与合金 I 基本相似，但从液相结晶出来的是 Pb 溶于 Sn 中的 β 固溶体，当温度降到合金线与 eg 固溶线相交点时，开始从 β 中析出 $α_{II}$，所以室温组织为 β 固溶体+$α_{II}$ 固溶体。

② 含 Sn 量为 d 点的合金的结晶过程　图 2-25 中 d 点是共晶点，故成分为 d 点的合金

也称为共晶合金。共晶合金Ⅱ的冷却曲线及结晶过程如图 2-28 所示。当合金缓慢冷却到 1 点（d 点）时，液相将发生共晶转变，即从成分为 d 的液相中同时结晶出成分为 c 的 α 固溶体和成分 e 的 β 固溶体。由于该点又是在固相线（共晶线）上，因此共晶转变必然是在恒温下进行的，直到液相完全消失为止。显然，在冷却曲线上必然会出现一个代表恒温结晶的水平台阶 1-1′。此时共晶转变的反应式为

$$L_d \xrightleftharpoons{\text{恒温}} \alpha_c + \beta_e$$

这时所获得的（$\alpha_c+\beta_e$）的细密机械混合物，就是共晶组织或共晶体。

在 1 点以下，共晶转变结束，液相完全消失，合金进入共晶线以下 α+β 的两相区。这时，随着温度的下降，α 和 β 的溶解度分别沿着各自的固溶线 cf、eg 线变化，因此，自 α 中要析出 $\beta_Ⅱ$；自 β 中要析出 $\alpha_Ⅱ$。由于从共晶体中析出量又较少，一般可不予考虑。所以共晶合金Ⅱ的室温组织应为（$\alpha_f+\beta_g$）共晶体，如图 2-29 所示。图中黑色的 α 固溶体与白色的 β 固溶体呈交替分布。

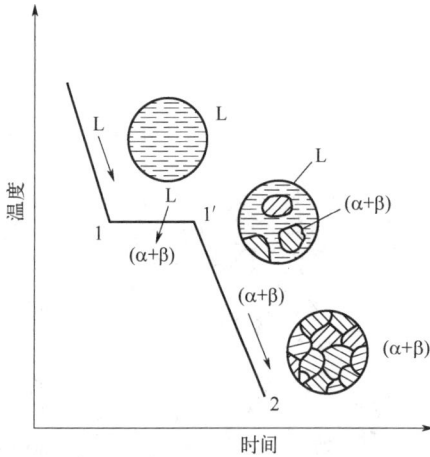

图 2-28　合金Ⅱ的冷却曲线及结晶过程

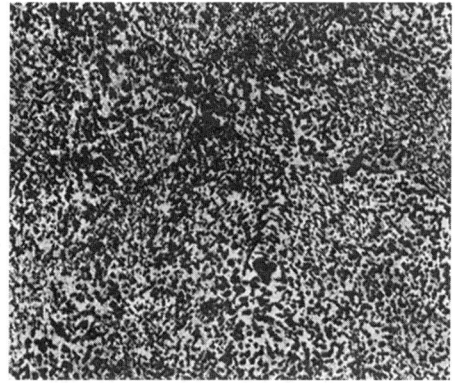

图 2-29　Pb-Sn 共晶合金的室温组织（100×）

③ 含 Sn 量在 c、d 点间的合金的结晶过程　合金成分在 c 点与 d 点之间的合金，称为亚共晶合金。现以合金Ⅲ为例进行分析。图 2-30 为合金Ⅲ的冷却曲线及结晶过程。

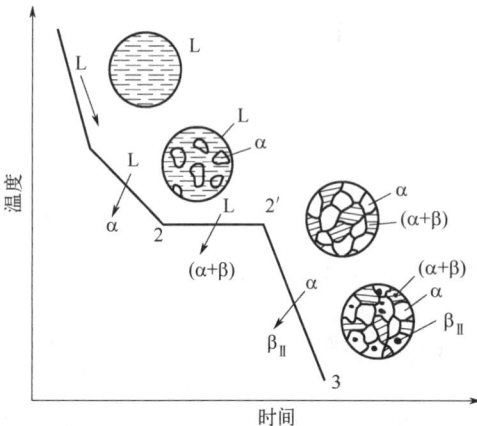

图 2-30　合金Ⅲ的冷却曲线及结晶过程

当合金缓冷到 1 点时，开始从液相中结晶出 α 固溶体，随着温度的下降，α 固溶体的量不断增多，剩余的液相量不断减少。与此同时，α 固溶体的成分沿固相线 ac 向 c 点变化，液相成分沿液相线 ad 由 1 点向 d 点变化。当温度下降到 2 点（共晶温度）时，α 固溶体的成分为 c 点成分，而剩余液相的成分达到 d 点成分（共晶成分），即这时剩余的液相已具备了进行共晶转变的温度与成分条件，因而在 2 点就发生共晶转变。显然，冷却曲线上也必定出现一个代表共晶转变的水平台阶 2-2′直到剩余的液体完全变成共晶体时为止。

在共晶转变以前，由液相中已经先结晶出 α 固溶体，这种先结晶的相叫作先共晶相，或

称为初晶。因此，共晶转变完毕后的亚共晶合金的组织应为初晶 α+共晶体（α+β）。

当合金冷却到 2 点温度以下时，由于 α 和 β 的溶解度分别沿着 cf、eg 线变化，故分别从 α 和 β 中析出 $β_{II}$ 和 $α_{II}$ 两种次生相，但是由于前述原因，共晶体中次生相可以不予考虑，而只需考虑从初晶 α 中析出的 $β_{II}$。所以亚共晶合金Ⅲ的室温组织应为初晶 $α_f$+次生 $β_{II}$+共晶（$α_f$+$β_g$）。

合金的相组成物为 α 和 β，它们的质量分数为

$$
\begin{cases}
\omega_\alpha = \dfrac{x_3 g}{fg} \\[2mm]
\omega_\beta = \dfrac{f x_3}{fg}
\end{cases}
$$

合金的组织组成物为初生 α、$β_{II}$ 和共晶体（α+β）。它们的质量分数可两次应用杠杆定律求得。根据结晶过程分析，先求出在刚冷却至 2 点温度而尚未发生共晶反应时 $α_c$ 和 L_d 相的质量分数，即

$$
\begin{cases}
\omega_{\alpha_c} = \dfrac{2d}{cd} \\[2mm]
\omega_{L_d} = \dfrac{c2}{cd}
\end{cases}
$$

其中，液相在共晶反应后全部转变为共晶体（α+β），因此这部分液相的质量分数便是室温组织中共晶体（α+β）的质量分数，即

$$
\omega_{(\alpha+\beta)} = \dfrac{c2}{cd}
$$

初生 $α_c$ 冷却时不断析出 $β_{II}$，到室温后转变为 $α_f$ 和 $β_{II}$。按照杠杆定律可求得 $α_f$ 和 $β_{II}$ 在 $α_f$+$β_{II}$ 中的质量分数（应注意杠杆支点在 c'），再乘以初生 $α_c$ 在合金中的质量分数，求得 $α_f$ 和 $β_{II}$ 的质量分数

$$
\begin{cases}
\omega_{\alpha_f} = \dfrac{c'g}{fg} \times \omega_{\alpha_c} \\[2mm]
\omega_{\beta_{II}} = \dfrac{fc'}{fg} \times \omega_{\alpha_c}
\end{cases}
$$

成分在 cd 之间的所有亚共晶合金的结晶过程均与合金Ⅲ相同，仅组织组成物和相组成物的质量分数不同。成分越靠近共晶点，合金中共晶体的含量越多。

图 2-31 为 Pb-Sn 亚共晶合金显微组织，图中黑色树枝状为初晶固溶体，黑色相间分布的为（α+β）共晶体，初晶 α 内的白色小颗粒为 $β_{II}$ 固溶体。

④ 含 Sn 量在 d、e 点间的合金的结晶过程 合金成分 d 点与 e 点之间的合金称为过共晶合金。现以合金Ⅳ为例进行分析。图 2-32 为合金的冷却曲线及结晶过程。

过共晶合金过程的分析方法和步骤与上述亚共晶合金类似，只是初晶为 β 固溶体。所以室温组织应为初晶 $β_g$+次生 $α_{II}$+共晶（$α_f$+$β_g$）。

图 2-33 为 Pb-Sn 过共晶合金显微组织，图中亮白色形为初晶 β 固溶体，黑白相间分布的为（α+β）共晶体，初晶 β 内的黑色小颗粒为 $α_{II}$ 固溶体。

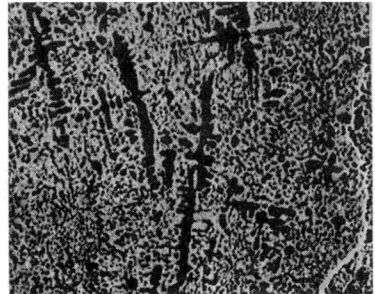

图 2-31　Pb-Sn 亚共晶合金的室温组织（100×）

综合上述几种类型合金的结晶过程,可以看到 Pb-Sn 合金结晶所得的组织中仅出现了 α、β 两相。因此 α、β 相称为合金的相组成物。图 2-25 中各相区组织就是以合金的相组成物填写的。

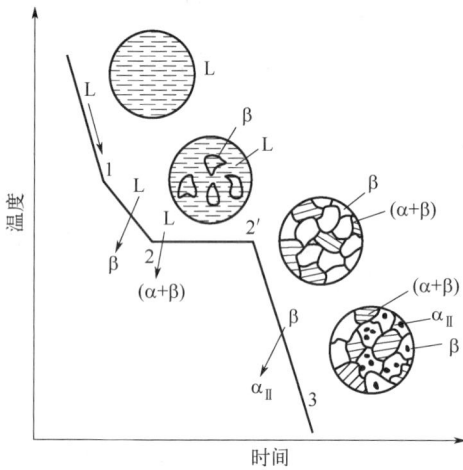

图 2-32　合金Ⅳ的冷却曲线及结晶过程

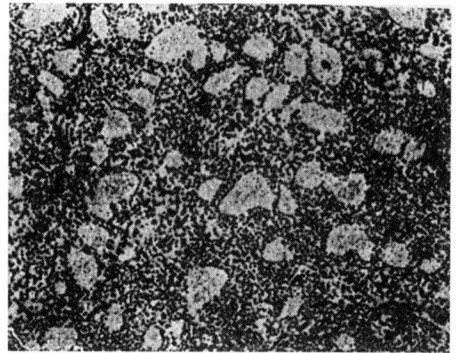

图 2-33　Pb-Sn 过共晶合金的室温组织（100×）

4. 包晶相图

两组元在液态无限互溶,在固态有限溶解,并在结晶时发生包晶反应所构成的相图,称为包晶相图。具有这种相图的合金系主要有 Pt-Ag、Ag-Sn、Cu-Zn、Cu-Sn、Sn-Sb 和 Fe-C 等。

如图 2-34 所示为 Fe-Fe₃C 相图中的包晶部分。A 点为纯铁的熔点,ABC 线为液相线,$AHJE$ 线固相线。HN 和 JN 分别表示冷却时 δ→A 转变的开始和终了线。HJB 水平线为包晶线,J 为包晶点。

相图中有三个单相区 L、δ 和 A,三个两相区 L+δ、L+A 和 δ+A。

现以包晶点成分的合金 Ⅰ 为例,分析其结晶过程。

当合金 Ⅰ 冷却至 1 点温度时,开始从液相析出 δ 固溶体。继续冷却,则 δ 相数量不断增加,液相数量不断减少。δ 相成分沿 AH 线变化,液相成分沿 AB 线变化。此阶段为匀晶结晶过程。

当合金冷却至包晶反应温度时,先析出的 δ 相与剩下的液相发生包晶反应生成 A。A 是在原有 δ 相表面生核并长大形成的,如图 2-35 所示。结晶过程在恒温下进行,其反应式为

$$L_B + \delta_H \longrightarrow A_J$$

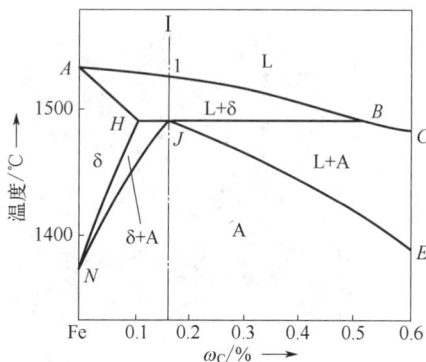

图 2-34　Fe-Fe₃C 相图包晶部分

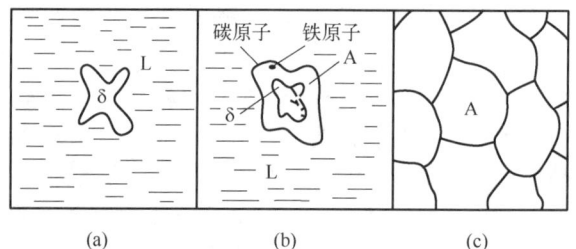

图 2-35　包晶转变示意图

由于三相的浓度各不相同，δ相含碳量最少，A相较高，L相最高。通过铁原子和碳原子的扩散，A相一方面不断消耗液相向液体中长大，同时也不断吞并δ固溶体向内生长，直至把液体和δ固溶体全部消耗完毕，最后形成单相A，包晶转变即告完成。

当合金成分在 *HJ* 之间时，包晶反应终了，$δ_H$ 有剩余，在随后的冷却中，将发生 $δ → A$ 的转变。当冷却至 *JN* 线，则δ相全部转变为A相。

5. 共析相图

在二元合金相图中，经常会遇到这样的反应，即在高温时通过匀晶反应、包晶反应所形成的单相固溶体，在冷却至某一温度处又发生分解而形成两个与母相成分不同的固相，如图2-36所示。

图2-36中，*c* 点为共析点，*dce* 线为共析线。当γ相具有 *c* 点成分，且冷却至共析线温度时，则有

$$γ_c \xrightarrow{\quad\quad} α_d + β_e$$

这种由一种固相在恒温下析出两种新固相的反应，称为共析反应，其相图称为共析相图。

由于共析反应易于过冷，因此形核率较高，得到的两相机械混合物（共析体）比共晶体更细小和弥散，主要存在片状和粒状两种形态。共析组织在钢中普遍存在。

6. 具有稳定化学物的相图

某些二元合金中，可以形成一种或几种稳定化合物。这些化合物具有一定的化学成分及固定的熔点，且熔化前不分解，也不发生其他化学反应。例如，Mg-Si 合金就能形成稳定化合物 Mg_2Si。

如图2-37所示为Mg-Si合金相图。在分析这类相图时，可以把稳定化合物看成是一个独立组元，并将整个相图分割成几个简单相图。因此，可将 Mg-Si 合金相图分为 Mg-Mg_2Si 和 Mg_2Si-Si 两个相图来进行分析。

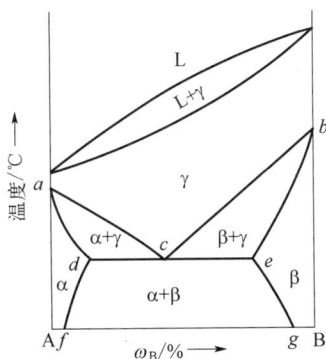

图2-36 共析相图

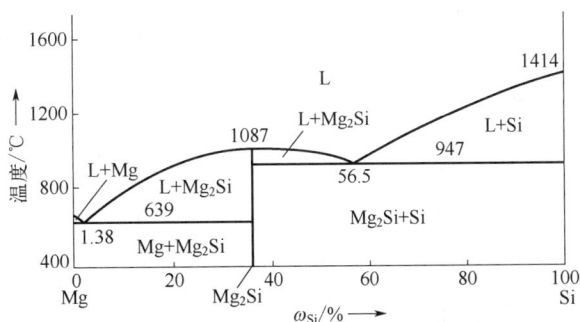

图2-37 Mg-Si 相图

许多合金系的相图是由多种基本相图组合而成的复杂相图，如后面介绍的铁碳合金相图就包含了包晶、共晶、共析和稳定化学物四种相图。

四、合金性能与相图的关系

相图不仅表明了合金成分与组织的关系，而且反映了不同合金的结晶特点。合金的使用性能取决于它们的成分和组织，而合金的某些工艺性能则取决于其结晶特点。掌握这些规律，便可利用相图大致判断合金的性能，作为配制合金，选择材料和制定工艺的参考。

1. 合金的使用性能与相图的关系

如图 2-38 所示为具有匀晶相图和共晶相图合金的力学性能及物理性能随成分变化的一

般规律。

固溶体强化对强度与硬度提高的幅度有限，同时保持了较好的塑性、韧性，因此工程上常将固溶体作为合金的基体。

2. 合金的工艺性能与相图的关系

合金的工艺性能与相图也有着密切的关系。如图 2-39 所示为合金的铸造性能与相图的关系。

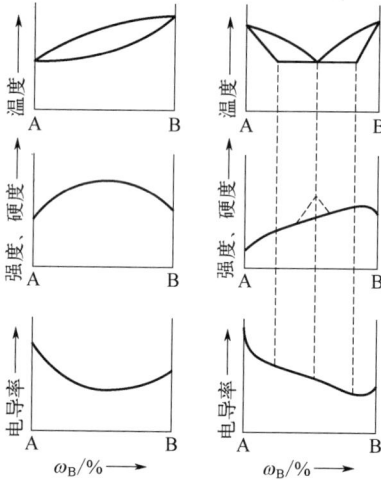

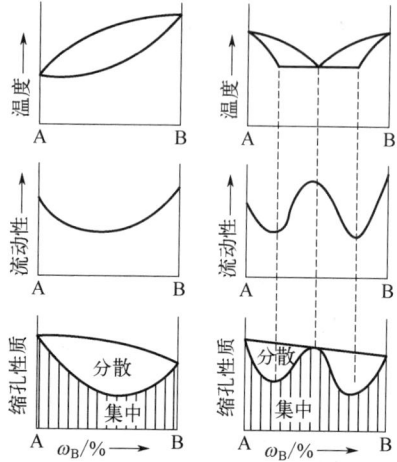

图 2-38　合金的使用性能与相图的关系　　图 2-39　合金的铸造性能与相图的关系

纯组元和共晶成分的合金的流动性最好，缩孔集中，铸造性能好。相图中液相线和固相线之间距离越小，合金结晶的温度范围越窄，对浇铸和铸造质量越有利。液、固线温度间隔大时，形成枝晶偏析的倾向性大。同时，先结晶出的树枝晶阻碍未结晶液体的流动，从而增加疏松的形成。所以，铸造合金常选用共晶或接近共晶成分的合金。

合金为单相固溶体时变形抗力小，变形均匀，不易开裂，故压力加工性能好。当合金形成两相混合物时，变形能力较差，特别是当组织中存在较多化合物相时，因为化合物相通常都很脆。

此外，单相固溶体的切削加工性差，表现为不易断屑、工件表面粗糙度高等。当合金形成两相混合物时，其切削加工性得到改善。

> **技能模块**

试验一　透明盐类水溶液的结晶试验

一、试验目的

1. 观察透明盐类的结晶过程及结晶后的组织特征，对（金属的）结晶过程建立感性认识。

2. 观察有树枝状晶体的金属显微组织和具有树枝状晶体的铸件或铸锭实物图片，建立金属晶体以树枝状形式长大的直观概念。

3. 观察不同晶体的不同生长形态，了解晶体生长的微观机理。

二、试验试样及设备

1. 生物光学显微镜、玻璃片、吸管、烧杯、电吹风机、多媒体计算机、投影仪等，如图 2-40 所示。

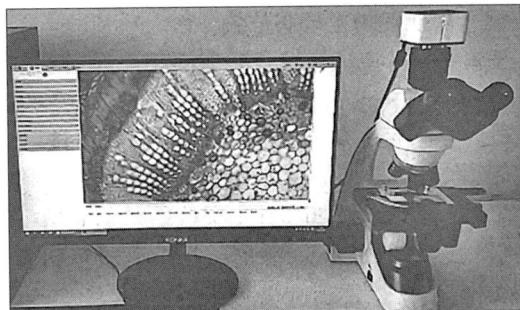

图 2-40　观察盐类结晶过程的试验装置

2. 氯化铵（NH_4Cl）晶体或硝酸铅［$Pb(NO_3)_2$］晶体。

3. 有枝晶组织的金相照片，有枝晶的金属铸件（锭）实物。

三、试验步骤

1. 调整好显微镜，选择不大于 100 倍的放大倍数，装好物镜和目镜，调整光源反光镜角度，使显微镜目镜视野明亮。

2. 配制 NH_4Cl 水溶液，用滤纸擦干净玻璃片，用吸管将一滴饱和或接近饱和的 NH_4Cl 水溶液滴在玻璃片上，液滴不宜太厚，尽量均匀使液滴扁平，否则因蒸发太慢而不易结晶。

3. 将玻璃片置于显微镜载物台上，慢慢粗调显微镜和微调手轮，直到目镜视野清晰为止。

4. 在计算机显示器或投影屏上观察 NH_4Cl 水溶液在蒸发过程中所产生的结晶现象。若蒸发速度太慢，可用电吹风机对溶液进行轻微烘烤，但烘烤时间不宜过长，一般以肉眼观察到边缘少许发白为宜。

5. NH_4Cl 水溶液结晶大致可分为三个阶段：第一阶段开始于液滴边缘，因该处最薄，蒸发最快，易于形核，故产生大量晶核而先形成一圈细小的等轴晶，如图 2-41（a）所示；第二阶段是最外层中少数位向有利的细小等轴晶以树枝状向液滴中心伸展长大，直到与其他晶体相接触而停止生长，如图 2-41（b）所示，这些树枝晶最终形成了比较粗大的、带有方向性的柱状晶，如图 2-41（c）所示；第三阶段是在液滴中心形成杂乱的树枝晶，且枝晶间有许多空隙，如图 2-41（d）所示，此时液滴已越来越薄，蒸发较快，晶核也易形成，但已无充足的溶液补充，结晶出的晶体填不满枝晶间的空隙，从而能观察到明显的枝晶。

6. 若重新取一滴 NH_4Cl 水溶液继续观察，应将原玻璃片上的结晶溶液冲洗干净，并用电吹风机吹干，然后按上述步骤重做。

7. 换 $Pb(NO_3)_2$ 水溶液重复②～⑥的步骤，观察其结晶过程。

8. 观察具有树枝晶组织的金相照片或铸件实物（可用放大镜）。

四、试验报告

1. 简述试验目的。

2. 根据观察结果，分析 NH_4Cl 水溶液结晶过程。

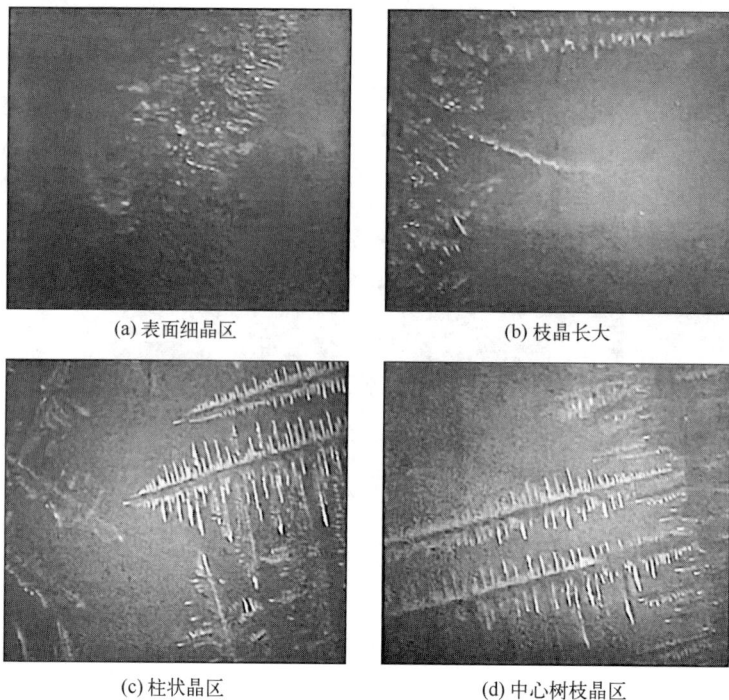

(a) 表面细晶区

(b) 枝晶长大

(c) 柱状晶区

(d) 中心树枝晶区

图 2-41　NH₄Cl 水溶液的结晶过程

> **思维训练模块**

一、判断题

1．在通常情况下，处于固态的金属都是晶体。

2．实际金属一般都是单晶体，由于在不同方向上原子排列密度不同，所以存在"各向异性"。

3．在同一金属中各晶粒原子排列位向虽然不同，但其大小是相同的。

4．因实际金属材料是多晶体，其中各晶粒间排列的位向不同，从而使各晶粒的有向性相互抵消，所以实际金属材料各向基本同性。

5．金属的实际结晶温度与理论结晶温度是相等的。

6．在通常情况下，采用较大的冷却速度便可得到较细的晶粒。

7．金属的晶粒愈细，一般强度、硬度愈高，同时塑性、韧性也愈好。

8．相和组织均指合金中具有同一化学成分、同一聚集状态，并且有明显界面分开的独立均匀部分。

9．固溶强化是由于从固溶体中析出二次相引起的。

10．当合金中出现金属化合物时，通常都使合金的强度、硬度、耐磨性提高，但会降低塑性和韧性。

二、选择题

1．金属结晶的条件是（　　）。

　　A．缓慢冷却　　　　　　B．连续冷却　　　　　　C．等温冷却　　　　　　D．存在过冷现象

2．同一金属液态冷却时，冷却速度愈大，结晶时的过冷度（　　）。

　　A．越小　　　　　　　B．越大　　　　　　C．保持不变　　　　D．变化无规律

3．在正常连续冷却的情况下，随着过冷度的增加，结晶过程中的生核率和生长率（　　　）。

　　A．都增加　　　　　　　　　　　　B．都减小

　　C．生核率增加，生长率减小　　　　D．生核率减小，生长率增加

4．在实际生产中，为了获得细晶粒组织，采用的措施有（　　　）。

　　A．增大金属的过冷度　　　　　　　B．进行变质处理

　　C．振动法　　　　　　　　　　　　D．降低金属的过冷度

5．固溶体的晶格类型是：（　　　）。

　　A．溶质组元晶格　　　　　　　　　B．两组元晶格的任一种

　　C．溶剂组元晶格　　　　　　　　　D．完全不同于两组元的晶格

6．固溶体在合金组织中可以是（　　　）。

　　A．唯一的相　　　　B．基本相　　　　C．强化相

7．既能提高合金强度，又能提高合金韧性的方法是（　　　）。

　　A．固溶强化　　　　B．晶粒细化　　　　C．加工硬化　　　　D．热处理强化

8．金属化合物的力学性能一般是（　　　）。

　　A．组元性能的平均值　　　　　　　B．硬而脆

　　C．介于两组元性能之间　　　　　　D．强而韧

三、填空题

　　1．晶体是物质的原子呈_____的固体物质，非晶体是物质的原子呈_____的固体物质。

　　2．表示晶体中原子排列形式的空间格架称为____。晶胞是能完全反应晶格_____的最小几何单元，晶胞中各条棱边的长度称为_____。

　　3．实际金属的晶体结构一般都是_____结构，而且金属原子的排列具有_____，称为晶体_____。

　　4．晶粒是指实际金属晶体结构中的_____，晶界是指_____的交界面，每种金属各晶粒的内部晶格位向是_____的，而排列位向_____。

　　5．金属的晶体缺陷，其主要形成有（1）____；（2）_____；（3）_____。

　　6．金属的结晶指金属由液体状态冷却_____的过程，金属结晶的过冷现象指金属的实际结晶温度_____的现象。

　　7．金属结晶的必要条件是_____，金属结晶的过程是_____与_____的过程。

　　8．为了获得细晶粒组织，生产中一般采取的措施主要有_____，_____和_____。

　　9．金属铸锭的组织一般由是三个晶粒区所组成，最表层是_____，紧接着该层里边的是 _____，心部是_____。

　　10．纯铁结晶后具有_____晶格，称_____铁；在冷至1394℃后变为_____晶格，称_____铁；继续冷至912℃后又转变为_____晶格，称_____铁。

　　11．金属的同素异晶转变是在固态下进行的，必然伴随着_____，同素异晶转变也遵循_____与_____两个规律。

　　12．合金是指由两种或两种以上金属元素（或金属元素与非金属元素）组成的具有_____的新物质。

　　13．合金中具有相同的_____、_____和_____的组分称为相。

　　14．固溶体是指_____而形成的单一均匀固体；金属化合物是指合金组元间相互作用

而形成的_____，它可以用_____来表示，它的晶体结构_____组元的晶体结构。

15. 置换固溶体是溶质原子_____溶剂晶格结点_____所形成的固溶体；间隙固溶体是溶质原子_____溶剂晶格_____所形成的固溶体。

四、问答题

1. 常见的金属晶格有哪几种类型？并说明其晶胞的结构特征？指出铁、铜、锌金属各属哪种晶格？

2. 金属铸锭组织一般由哪几个晶粒区组成？并说明各自特点及形成原因。

3. 画出液态金属结晶时，生核率和长大率与过冷度的关系图。并说明在通常的连续冷却条件下，过冷度对生核率和长大率影响的异同点。

4. 在其他条件相同时，试比较下列铸造条件下，铸件的晶粒大小并说明原因。

    A．金属型铸造与砂型铸造　　　　　　　　B．薄壁铸件与厚壁铸件

    C．正常结晶与附加振动结晶

5. 什么是金属的同素异晶转变？为什么金属的同素异晶转变常伴有金属体积的变化？并说明由 α 铁向 γ 铁转变时的体积的变化情况及原因。

6. 已知某二元合金的共晶反应为：$L_{75\%B} \Longleftrightarrow \alpha_{15\%B} + \beta_{95\%B}$。试求：

（1）含 50%B 的合金凝固后，$\alpha_{初}$ 和 $(\alpha+\beta)_{共晶}$ 的相对量，以及 α 相与 β 相的相对量；

（2）共晶反应后若 $\alpha_{初}$ 占 60%，问该合金成分如何？

7. 已知 A（熔点 600℃）与 B（熔点 500℃）在液态下无限互溶；在固态 300℃时 A 溶于 B 的最大溶解度为 30%，室温时为 10%，但 B 不溶于 A；在 300℃时含 40%B 的液态合金发生共晶反应。现要求：

（1）作出 A-B 合金相图；

（2）填出各相区的组织组成物。

第三章　金属的塑性变形与再结晶

‹ **学习目标**

知识目标　1. 了解金属塑性变形的实质。
　　　　　2. 掌握冷塑性变形对金属组织和性能的影响。
　　　　　3. 了解冷塑性变形后的金属在加热时组织和性能的变化。
　　　　　4. 掌握金属热加工对组织性能的影响

技能目标　1. 能够分析金属的塑性变形过程。
　　　　　2. 能够利用金属的塑性变形进行冷、热加工。

思政目标　通过学习塑性变形对金属材料组织和性能的影响，了解塑性变形有助于发挥金属的性能潜力。"千锤百炼始为钢，百折不挠终成才"，本章内容的学习会使学生从中感悟自我潜力的发挥，激发学生勇挑重担、知重负重、勇毅前行的精神品质。

‹ **案例导入**

在生产和生活中，铁匠师傅常常要"趁热打铁"，锻打过程中，如果温度下降，则需要重新加热后才能继续。用圆钢棒制作齿轮时，将圆钢棒热成齿坯再加工成齿轮比用圆钢棒作成齿坯再加工成齿轮更合理。这是为什么呢？

‹ **知识模块**

在工业生产中，经熔炼而得到的金属铸锭，如钢锭、铝合金锭或铜合金铸锭等，大多要经过轧制、冷拔、锻造、冲压等压力加工，使金属产生塑性变形而制成型材或工件。塑性变形是压力加工的基础，大多数钢和有色金属及其合金都具有一定的塑性，均可在热态或冷态下进行压力加工。金属材料经过压力加工后，不仅改变了外形尺寸，而且改变了内部组织和性能。因此，研究金属的塑性变形，对于选择金属材料的加工工艺、提高生产率、改善产品质量、合理使用材料等均有重要的意义。

3.1　塑变概论

第一节　金属的塑性变形

一、单晶体的塑性变形

单晶体塑性变形的基本方式是滑移和孪生。其中滑移是金属塑性变形的主要方式。

1. 滑移

滑移是指在切应力作用下，晶体的一部分相对于另一部分沿一定晶面和晶向发生相对的滑动。由图 3-1 可见，要使某一晶面滑动，作用在该晶面上的应力必须是相互平行、方向相反的切应力，而且切应力必须达到一定值，滑移才能进行。当原子滑移到新的平衡位置时，晶体就产生了微量的塑性变形 [图 3-1（d）]。许多晶面滑移的总和，就产生了宏观的塑性变形。

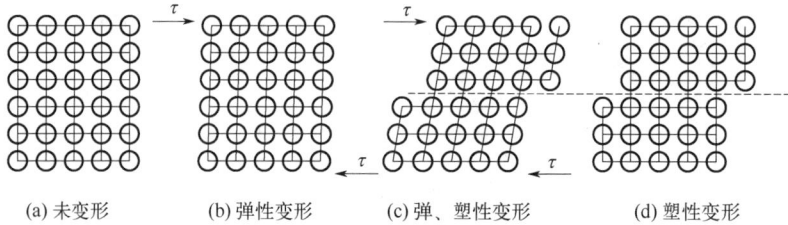

(a) 未变形　　　　(b) 弹性变形　　　(c) 弹、塑性变形　　(d) 塑性变形

图 3-1　晶体在切应力作用下的变形

单晶体受拉伸时，外力 F 作用在滑移面上的应力 f 可分解为正应力 σ 和切应力 τ，如图 3-2。正应力只使晶体产生弹性伸长，并在超过原子间结合力时将晶体拉断。切应力则使晶体产生弹性歪扭，并在超过滑移抗力时引起滑移面两侧的晶体发生相对滑移。

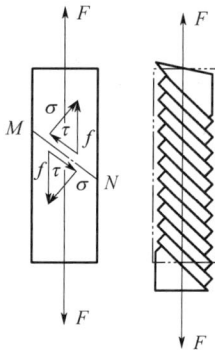

图 3-2　单晶体滑移示意图　　图 3-3　滑移面示意图　　图 3-4　刃型位错移动时的原子位移

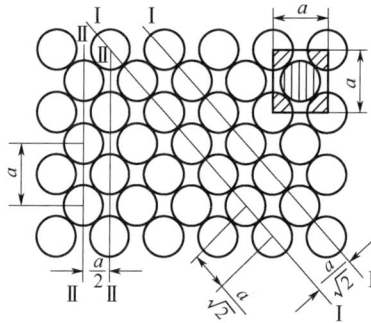

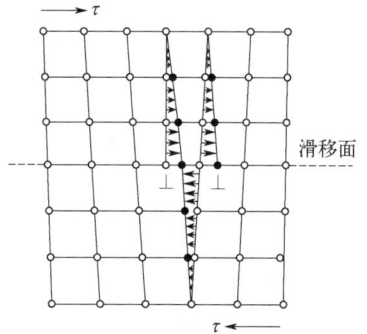

一般，在各种晶体中，滑移并不是沿着任意的晶面和晶向发生的，而总是沿晶体中原子排列最紧密（原子线密度最大）的晶面和该晶面上原子排列最紧密的晶向进行的。这是因为最密晶面间的面间距和最密晶向间的原子间距最大，因而原子结合力最弱，故在较小切应力作用下便能引起它们之间的相对滑移。由图 3-3 可知，Ⅰ-Ⅰ晶面原子排列最紧密（原子间距小），面间距最大（$a/\sqrt{2}$），面间结合力最弱，故常沿这样的晶面发生滑移。而Ⅱ-Ⅱ晶面原子排列最稀（原子间距大），面间距较小（$a/2$），面间结合力较强，故不易沿此面滑移。同样也可解释为什么滑移总是沿滑移面（晶面）上原子排列最紧密的方向上进行。

3.2　滑移

上述的滑移是指滑移面上每个原子都同时移动到与其相邻的另一个平衡位置上，即作刚性移动。但是近代科学研究表明，滑移时并不是整个滑移面上的原子一齐作刚性移动，而是通过晶体中位错线沿滑移面的移动来实现的。如图 3-4，晶体在切应力作用下，位错线上面的两列原子向右作微量移动到"●"位置，位错线下面的一列原子向左作微量移动到"●"位置，这样就使位错在滑移面上向右移动一个原子间距。在切应力作用下，位错继续向右移动到晶体表面上，就形成了一个原子间距的滑移量，如图 3-5，结果，晶体就产生了一定量的塑

性变形。由于位错前进一个原子间距时，一齐移动的原子数目并不多（只有位错中心少数几个原子），而且他们的位移量都不大。因此，使位错沿滑移面移动所需的切应力不大。位错的这种容易移动的特点，称作位错的易动性。可见，少量位错的存在，显著降低了金属的强度。但当位错数目超过一定值时，随着位错密度的增加，强度、硬度逐渐增加，这是由于位错之间以及位错与其他缺陷之间存在相互作用，使位错运动受阻，滑移所需切应力增加，金属强度升高。

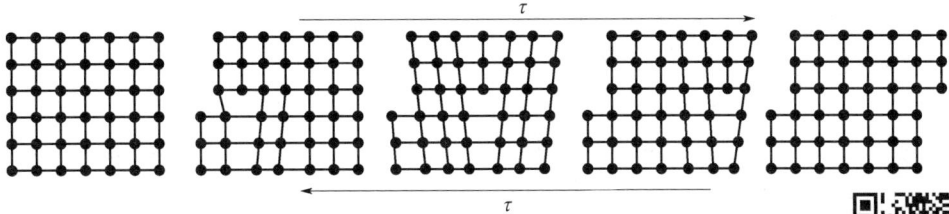

图 3-5　通过位错运动产生滑移的示意图

2. 孪生

孪生指在切应力作用下，晶体的一部分相对于另一部分沿一定晶面（孪生面）和晶向（孪生方向）产生剪切变形，如图 3-6。产生切变的部分称为孪生带。通过这种方式的变形，孪生面两侧的晶体形成了镜面对称关系（镜面即孪生面）。整个晶体经变形后只有孪生带中的晶格位向发生了变化，而孪生带两边外侧晶体的晶格位向没发生变化，但相距一定距离。

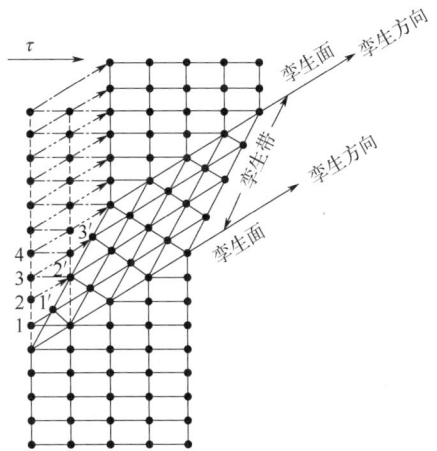

孪生与滑移变形的主要区别是：孪生变形时，孪生带中相邻原子面的相对位移为原子间距的分数值，且晶体位向发生变化，与未变形部分形成对称；而滑移变形时，滑移的距离是原子间距的整数倍，晶体的位向不发生变化。孪生变形所需的临界切应力比滑移变形的临界切应力大得多，例如镁的孪生临界切应力为 $5\sim35MN/m^2$，而滑移临界切应力为 $0.83MN/m^2$。因此，只有当滑移很难进行时，晶体才发生孪生。

图 3-6　孪生示意图

二、多晶体的塑性变形

常用金属材料都是多晶体。多晶体塑性变形的方式仍然是滑移和孪生。多晶体中由于晶界的存在以及各晶粒位向不同，故各晶粒在外力作用下所受的应力状态和大小是不同的。因此，多晶体发生塑性变形时并不是所有晶粒都同时进行滑移，而是随着外力的增加，晶粒有先有后，分期分批地进行滑移。在外力作用下，滑移面和滑移方向与外力成 45°角的一些晶粒受力最大，称之为软位向。而受力最小或接近最小的晶粒称为硬位向。软位向晶粒首先产生滑移，而硬位向晶粒最后产生滑移。如此一批批地进行，直至全部晶粒都发生变形为止。由此可见，多晶体塑性变形过程比单晶体复杂得多，它不仅有晶内滑移，而且还有晶间的相对滑移。此外，由于晶粒的滑移面与外力作用方向并不完全相同，所以在滑移过程中，必然会伴随晶粒的转动。

由于各晶粒位向不同，晶界上原子排列紊乱，且存在较多杂质，造成晶格畸变，因此金

3.4 多晶体的塑性变形

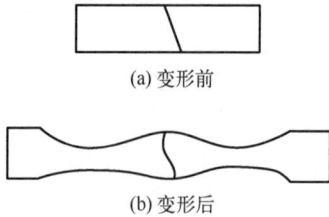

(a) 变形前

(b) 变形后

图 3-7　由两个晶粒组成的金属及其在承受拉伸时的变形

属在塑性变形时各个晶粒会互相牵制、互相阻碍，从而使滑移困难，必须克服这些阻力才能发生滑移。所以，多晶体金属中的滑移抗力比单晶体大，即多晶体金属强度高。这一规律可通过由两个晶粒组成的金属及其在承受拉伸时的变形情况显示出来。由图 3-7 可看出，在远离夹头和晶界处晶体变形很明显，即变细了，在靠近晶界处，变形不明显，其截面基本保持不变，出现了所谓"竹节"现象。

一般，在室温下晶粒间结合力较强，比晶粒本身的强度大。因此，金属的塑性变形和断裂多发生在晶粒本身，而不是晶界上。晶粒越细小，晶界越多，变形阻力越大，所以强度越高。

第二节　冷塑性变形对金属组织和性能的影响

一、形成纤维组织

金属在外力作用下产生塑性变形时，随着金属外形被拉长（或压扁），其晶粒也相应地被拉长（或压扁）。当变形量很大时，各晶粒将会被拉长成为细条状或纤维状，晶界模糊不清，这种组织称为纤维组织，如图 3-8。形成纤维组织后，金属的性能有明显的方向性（趋于各向异性），例如纵向（沿纤维组织方向）的强度和塑性比横向（垂直于纤维组织方向）高得多。

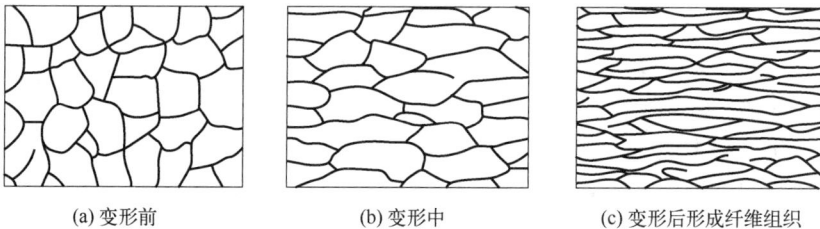

(a) 变形前　　　　　　　　　(b) 变形中　　　　　　　　(c) 变形后形成纤维组织

图 3-8　变形前后晶粒形状的变化示意图

二、产生冷变形强化（加工硬化）

金属发生塑性变形时，不仅晶粒外形发生变化，而且晶粒内部结构也发生变化。在变形量不大时，先是在变形晶粒的晶界附近出现位错的堆积，随着变形量的增大，晶粒破碎成为细碎的亚晶粒，变形量越大，晶粒被破碎得越严重，亚晶界越多，位错密度越大。这种在亚晶界处大量堆积的位错，以及他们之间的相互干扰，均会阻碍位错的运动，使金属塑性变形抗力增大，强度和硬度显著提高，随着变形程度增加，金属强度和硬度升高、塑性和韧性下降的现象，称为冷变形强化或加工硬化。图 3-9 为 45 钢的冷轧变形程度与强度、硬度和塑性等力学性能之间的关系。

冷变形强化在生产中具有很重要的实际意义。首先，可利用冷变形强化来强化金属，提高其强度、硬度和耐磨性。尤其是对于不能用热处理方

3.5　加工硬化

法来提高强度的金属更为重要。例如，在机械加工过程中使用冷挤压、冷轧等方法，可大大提高钢和其他材料的强度和硬度。其次，冷变形强化有利于金属进行均匀变形，这是因为金属变形部分产生了冷变形强化，使继续变形主要在金属未变形或变形较小的部分中进行，所以使金属变形趋于均匀。另外，冷变形强化可提高构件在使用过程中的安全性，若构件在工作过程中产生应力集中或过载现象，往往由于金属能产生冷变形强化，使过载部位在发生少量塑性变形后提高了屈服点，并与所承受的应力达到平衡，变形就不会继续发展，从而提高了构件的安全性。但冷变形强化使金属塑性降低，给进一步塑性变形带来困难。为了使金属材料能继续变形，必须在加工过程中安排"中间退火"以消除冷变形强化。

冷变形强化不仅使金属的力学性能发生变化，而且还使金属的某些物理和化学性能发生变化，如使金属电阻增加，耐蚀性降低等。

三、形成形变织构（或择优取向）

金属发生塑性变形时，各晶粒的位向会沿着变形方向发生转变。当变形量很大时（＞70%），各晶粒的位向将与外力方向趋于一致，晶粒趋向于整齐排列，称这种现象为择优取向，所形成的有序化结构称为形变织构。

形变织构会使金属性能呈现明显的各向异性，各向异性在多数情况下对金属后续加工或使用是不利的。例如，用有织构的板材冲制筒形零件时，不同方向上的塑性差别很大，使变形不均匀，导致零件边缘不齐，即出现所谓"制耳"现象，如图3-10。但织构在某些情况下是有利的，例如制造变压器铁芯的硅钢片，利用织构可使变压器铁芯的磁导率明显增加，磁滞损耗降低，从而提高变压器的效率。

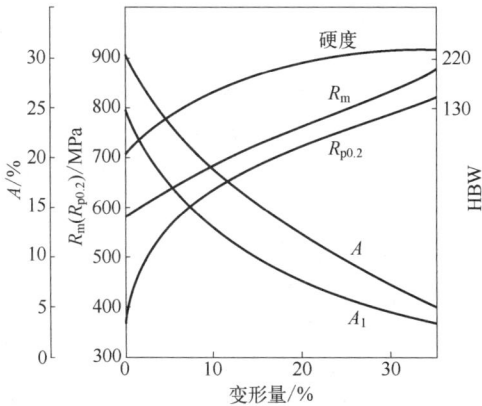

图 3-9　45 钢变形量与力学性能的关系

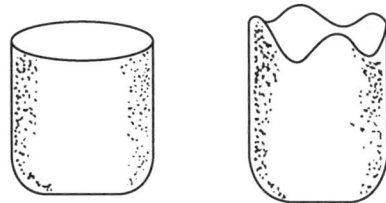

图 3-10　冲压件的制耳

形变织构很难消除。生产中为避免织构产生，常将零件的较大变形量分为几次变形来完成，并进行"中间退火"。

四、产生残留应力

残留应力是指去除外力后，残留在金属内部的应力。它主要是金属在外力作用下内部变形不均匀造成的。例如，金属表层和心部之间变形不均匀形成的平衡于表层与心部之间的宏观应力（或称第一类应力），相邻晶粒之间或晶粒内部不同部位之间变形不均匀形成的微观应力（或称第二类应力），由于位错等晶体缺陷的增加形成晶格畸变应力（或称第三类应力）。通常外力对金属做的功绝大部分（约90%以上）在变形过程中转化为热而散失，只有很少（约

10%）的能量转化为应力残留在金属中，使其内能升高，其中第三类应力占绝大部分，它是使金属强化的主要因素。第一类或第二类应力虽然在变形金属中占的比例不大，但在大多数情况下，不仅会降低金属的强度，而且还会因随后的应力松弛或重新分布引起金属变形。另外，残留应力还使金属的耐蚀性降低。为消除和降低残留应力，通常要进行退火。

生产中若能合理控制和利用残留应力，也可使其变为有利因素，如对零件进行喷丸、表面滚压处理等使其表面产生一定的塑性变形而形成残留压应力，可提高零件的疲劳强度。

第三节　冷塑性变形后的金属在加热时组织和性能的变化

冷变形后金属经重新加热之后，组织和性能会发生变化。根据在不同加热温度下组织变化的特点可将变化过程分为回复、再结晶和晶粒长大三个阶段。回复是指新的无畸变晶粒出现之前所产生的亚结构和性能变化的阶段；再结晶是指出现无畸变的等轴新晶粒逐步取代变形晶粒的过程；晶粒长大是指再结晶结束之后晶粒的继续长大。冷变形金属在加热时组织和性能的变化，如图 3-11 所示。随加热温度的升高，变化过程如下。

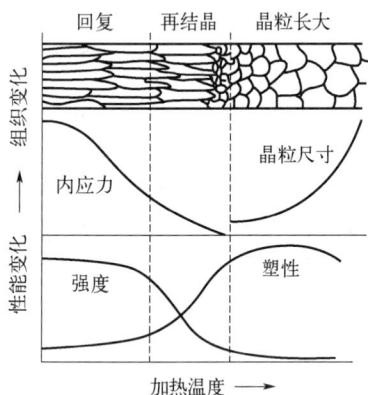

图 3-11　冷变形金属在加热时组织和性能的变化

3.6　回复

一、回复（或称恢复）

当加热温度较低时[约为$(0.25\sim0.3)T_熔 K$]，原子活动能力较弱，只能回复到平衡位置，冷变形金属的显微组织没有明显变化，力学性能变化也不大，但残留应力显著降低，物理和化学性能也基本恢复到变形前的情况，称这一阶段为"回复"。

由于回复加热温度较低，晶格中的原子仅能作短距离扩散。因此，金属内凡只需要较小能量就可开始运动的缺陷将首先移动，如偏离晶格结点位置的原子回复到结点位置，空位在回复阶段中向晶体表面、晶界处或位错处移动，使晶格结点恢复到较规则形状，晶格畸变减轻，残留应力显著降低。但因亚组织尺寸未有明显改变，位错密度未显著减少，即造成冷变形强化的主要原因尚未消除，因而力学性能在回复阶段变化不大。

生产中，利用回复现象可将已产生冷变形强化的金属在较低温度下加热，使其残留应力基本消除，而保留了其强化的力学性能，这种处理称为低温去应力退火。例如，用深冲工艺制成的黄铜弹壳，放置一段时间后，由于应力的作用，将产生变形。因此，黄铜弹壳经冷冲压后必须进行 260℃左右的去应力退火。又如，用冷拔钢丝卷制的弹簧，在卷成之后要进行 200～300℃的去应力退火，以消除应力使其定型。

二、再结晶

当继续升高温度时，由于原子活动能力增大，金属的显微组织发生明显的变化，破碎的、被拉长或压扁的晶粒变为均匀细小的等轴晶粒，这一变化过程也是通过形核和晶核长大方式进行的，故称再结晶。但再结晶后晶格类型没有改变，所以再结晶不是相变过程。

经再结晶后金属的强度、硬度显著降低，塑性、韧性大大提高，冷变形强化得以消除。再结晶过程不是一个恒温过程，而是在一定温度范围内进行的。通常再结晶温度是指再结晶开始的温度（发生再结晶所需的最低温度），它与金属的预先变形度及纯度等因素有关。金属的预先变形度越大，晶体缺陷就越多，组织越不稳定，因此开始再结晶的温度越低。当预先变形度达到一定量后，再结晶温度趋于某一最低值（图 3-12），这一温度称为最低再结晶温度。实验证明：各种纯金属的最低再结晶温度与其熔点间的关系如下

$$T_{再} \approx 0.4 T_{熔}$$

式中　$T_{再}$——纯金属的最低再结晶温度，K；

　　　$T_{熔}$——纯金属的熔点，K。

金属中的微量杂质或合金元素（尤其是高熔点的元素），常会阻碍原子扩散和晶界迁移，从而显著提高再结晶温度。例如，纯铁的最低再结晶温度约为 450℃，加入少量的碳形成低碳钢后，再结晶温度提高到 500～650℃。

由于再结晶过程是在一定时间内通过原子的扩散完成的，所以提高加热速度可使再结晶在较高的温度下发生；而延长保温时间，可使原子有充分的时间进行扩散，使再结晶过程能在较低的温度下完成。

将冷塑性变形加工的工件加热到再结晶温度以上，保持适当时间，使变形晶粒重新结晶为均匀的等轴晶粒，以消除变形强化和残留应力的退火工艺称为"再结晶退火"。此退火工艺也常作为冷变形加工过程中的中间退火，以恢复金属材料的塑性，便于后续加工。为了缩短退火周期，常将再结晶退火加热温度定在最低再结晶温度以上 100～200℃。

三、再结晶后的晶粒大小

冷变形金属经过再结晶退火后的晶粒大小，对其力学性能有很大影响。再结晶退火后的晶粒大小主要与加热温度、保温时间和退火前的变形度有关。

1. 加热温度与保温时间

再结晶退火加热温度越高，原子的活动能力越强，越有利于晶界的迁移，故退火后得到的晶粒越粗大，如图 3-13。此外，当加热温度一定时，保温时间越长，则晶粒越粗大，但其影响不如加热温度大。

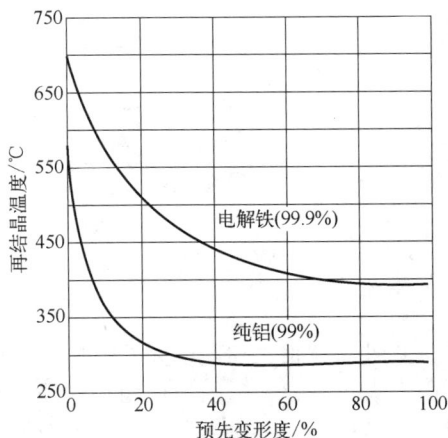

3.7　再结晶

图 3-12　预先变形度对金属再结晶温度的影响

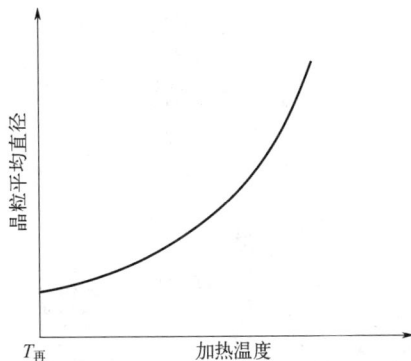

图 3-13　再结晶加热温度对晶粒度的影响

2. 变形度

如图 3-14，当变形度很小时，由于金属的晶格畸变很小，不足以引起再结晶，故晶粒大小没有变化。当变形度在 2%～10% 范围时，由于变形度不大，金属中仅有部分晶粒发生变形，且很不均匀，再结晶时形核数目很少，晶粒大小极不均匀，因而有利于晶粒的吞并而得到粗大的晶粒，这种变形度称为临界变形度。生产中应尽量避开在临界变形度范围内加工。当变形度超过临界变形度后，随着变形度的增大，各晶粒变形越趋于均匀，再结晶时形核率越来越高，故晶粒越细小匀匀。但当变形度大于 90% 时，晶粒又可能急剧长大，这种现象是因形变织构造成的。

为了生产中使用方便，通常将加热温度和变形度对再结晶后晶粒度的影响，用一个称为"再结晶全图"的空间图形来表示，如图 3-15 所示。"再结晶全图"是制定金属变形加工和再结晶退火工艺的主要依据。

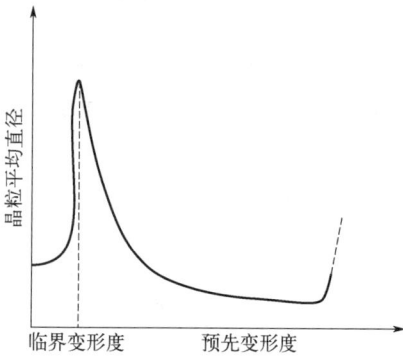

图 3-14　预先变形度与再结晶晶粒度的关系

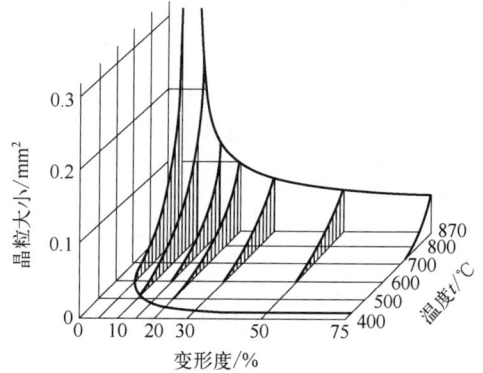

图 3-15　纯铁的再结晶全图

四、晶粒长大

再结晶后，若温度继续升高或延长保温时间，则再结晶后均匀细小的晶粒会逐渐长大。晶粒的长大，实质上是一个晶粒的边界向另一个晶粒迁移的过程，将另一晶粒中的晶格位向逐步地改变为与这个晶粒的晶格位向相同，于是另一晶粒便逐渐地被这一晶粒"吞并"而成为一个粗大晶粒，如图 3-16。

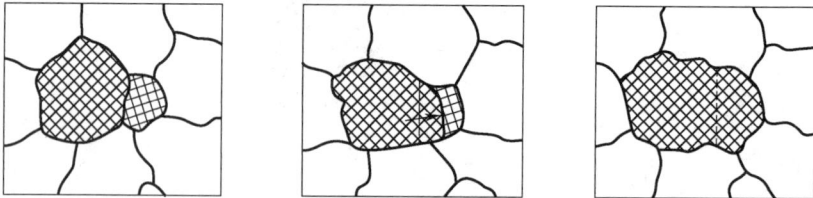

图 3-16　晶粒长大示意图

通常，经过再结晶后获得均匀细小的等轴晶粒，此时晶粒长大的速度并不很快。若原来变形不均匀，经过再结晶后得到大小不等的晶粒，由于大小晶粒之间的能量相差悬殊，因此大晶粒很容易吞并小晶粒而越长越大，从而得到粗大的晶粒，使金属力学性能显著降低。晶粒的这种不均匀急剧长大现象称为"二次再结晶"。

第四节　金属的热变形加工

一、热变形加工的概念

变形加工有冷、热之分。在再结晶温度以上进行的变形加工称为热加工；在再结晶温度以下进行的变形加工称为冷加工。例如，钨的最低再结晶温度为1200℃，即使在稍低于1200℃的高温下进行变形加工仍属于冷加工；铅的最低再结晶温度在零度以下，因此它在室温的变形加工亦属于热加工。

在再结晶温度以上变形时，要发生再结晶过程，使塑性变形造成的冷变形强化随即被再结晶产生的软化所抵消，因此金属显示不出变形强化现象。在再结晶温度以下塑性变形时，一般不发生再结晶过程，故冷塑性变形必然导致冷变形强化。

在实际的热变形加工（热锻、热轧等）过程中，往往由于变形速度快，再结晶软化过程来不及消除变形强化的影响，因而需要用提高加热温度的办法来加速再结晶过程，故生产中金属的实际热加工温度远远高于它的再结晶温度。当金属中含有少量杂质或合金元素时，热加工温度还应更高一些。

二、热变形加工对金属组织和性能的影响

热变形加工虽然不会使金属产生冷变形强化，但使金属的组织和性能发生如下变化：

3.8　热变形

① 形成锻造流线　热变形使金属中的脆性杂质被打碎，并沿着金属主要伸长方向呈碎粒状或链状分布；塑性杂质随着金属主要伸长方向变形而呈带状分布，这样热锻后的组织就具有一定的方向性，通常称为锻造流线，也称流纹（如图3-17），从而使金属的力学性能具有各向异性。沿流纹方向的强度、塑性和韧性明显大于垂直于流纹方向的相应性能。

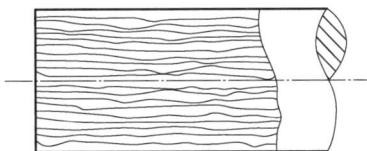

图 3-17　热变形加工的流纹示意图

因此，热变形加工时，应力求使零件具有合理的流纹分布，通常零件工作时的最大正应力方向应与流纹方向平行，最大切应力方向与流纹方向垂直，设计零件时应使流纹的分布与零件外形轮廓相符而不被切断，以保证零件的使用性能。由图3-18和图3-19可看出，直接采用型材经切削加工制成的零件［图3-18（a）和图3-19（a）］会将流纹切断，使零件的轮廓与流纹方向不符、力学性能降低。若采用锻件则可使热加工流纹合理分布［图3-18（b）和图3-19（b）］，从而提高零件力学性能，保证零件质量。

② 热变形加工能使铸态金属中的粗大晶粒破碎，使晶粒细化，提高力学性能。

③ 通过热变形加工能使铸态金属中的缩松、气孔、微裂纹等缺陷被焊合，从而提高金属的致密度和性能。

由此可见，通过热变形加工可使铸态金属件的组织和性能得到明显改善，因此凡是受力复杂、载荷较大的重要工件一般都采用热变形加工方法来制造。但应指出，只有在正确的加工工艺条件下才能改善组织和性能。例如，若热加工温度过高，便有可能形成粗大的晶粒；若热加工温度过低，则可能使金属产生冷变形强化、残留应力，甚至发生裂纹等。

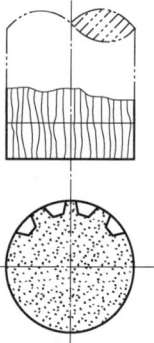

(a) 型材直接切削　　(b) 锻造制成毛坯

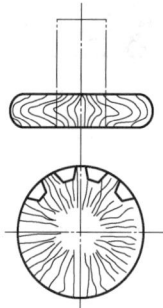

图 3-18　不同方法制成的齿轮流线分布示意图

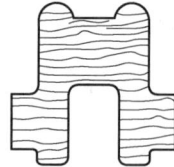

(a) 型材切削加工　　(b) 锻造成形

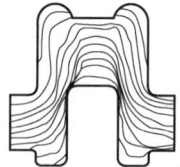

图 3-19 不同方法制成的曲轴流线分布示意图

> **技能模块**

试验一　金属的塑性变形与再结晶

一、试验目的

1．了解冷塑性变形对金属组织和性能的影响。

2．了解冷塑性变形程度对金属再结晶后晶粒大小的影响。

二、试验内容

1．观察纯铁试样冷塑性变形前后及再结晶退火后晶粒的变化。

2．用纯铝片做不同变形程度的拉伸试验，绘制出变形程度与再结晶后晶粒大小的关系曲线，了解不同变形程度对再结晶后晶粒大小的影响。

三、试验设备及试样

1．设备：4X 型金相显微镜、小型铝片拉伸机、热处理炉。

2．工具：划针、打号工具及榔头、活动扳手、游标卡尺、直尺、洛氏硬度计。

3．纯铁标准试样一套。

4．20mm×100mm 纯铝片若干。

5．溶液（浸蚀剂：$HF：HNO_3：HCl：H_2O=15：15：45：25$）若干。

四、试验方法与步骤

1．用 4X 型金相显微镜观察纯铁试样冷塑性变形前后及再结晶退火后晶粒的变化情况，并画出组织示意图。

2．测定纯铝片经过不同变形度变形后在相同退火温度下再结晶晶粒的大小。具体操作步骤如下（铝片型号为 1060，使用前需 380℃+2h 退火）：

a．用划线针、钢板尺按图 3-20 的尺寸在纯铝片上划线。在夹持部分打号，用游标卡尺测量试验段尺寸，并记录。

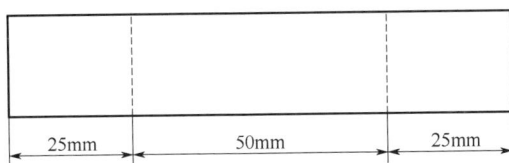

|←—25mm—→|←————50mm————→|←—25mm—→|

图 3-20　纯铝片试样划线示意图

b. 将铝片夹于简易拉伸机上，两端预留的 25mm 部分压紧在压头下。

c. 小心缓慢地将铝片拉伸到指定的变形度（每 2～3 人一组，指定的变形度分别为 0、1%、2%、3%、4%、5%、6%、7%、10%、12%、14%）。如预定变形度为 ε，试样拉伸后计算长度则为 $L=50(1+\varepsilon)$mm。实际操作时，使用标准样板测定拉伸后的变形度，应注意尽量使变形度准确，尤其是变形度较小的试样（$\varepsilon=1\%\sim5\%$），稍不准确就会对试验产生很大影响。

d. 在铝片试样预留部分作编号，然后将其放入炉温 580℃的箱式电炉中保温 30min 后取出空冷。

e. 将再结晶后的纯铝片放入浸蚀剂（可用浸蚀剂 HF：HNO_3：HCl：H_2O=15：15：45：25）中浸蚀（一般不超过 20s）至清晰地显现出晶粒后用清水冲洗干净。

f. 在已显示出晶粒的纯铝片上划一个边长为 1cm 的正方形线框，数出其中的晶粒数，就得到 1 个单位面积内的晶粒数；若这样数出的晶粒数不够准确，则可多划几个正方形线框，数出其中的晶粒数取平均值；若晶粒粗大，也可划大一些的线框，如 1mm×2cm 或 2mm×2cm 等，数出其中的晶粒数，然后除以线框面积。位于线框边缘仅部分处在线框内的晶粒，可以根据实际情况将几个不完整的晶粒合计一个晶粒计入。然后取其倒数即为晶粒的面积值。将两项数据均填入表中记录。

试验中可将变形前、不同变形度后的试样均浸蚀，观察比较变形前、变形后、再结晶后三种状态的试样晶粒。

五、试验报告

1. 根据观察试样结果，填写下表。

材料	纯铁	纯铁	纯铁
处理工艺	变形度　　　　%	变形度　　　　%	变形度　　　　%
浸蚀剂	4%硝酸酒精	4%硝酸酒精	4%硝酸酒精
放大倍数			
显微组织示意图			
组织特征			
材料	纯铁	纯铁	纯铁
处理工艺	变形度　　　　%	变形度　　　　%	变形度　　　　%
浸蚀剂	4%硝酸酒精	4%硝酸酒精	4%硝酸酒精
放大倍数			
显微组织示意图			
组织特征			

2．铝片洛氏硬度变化

变形度/%										
变形前洛氏硬度										
变形后洛氏硬度										
再结晶后洛氏硬度										

3．铝片再结晶后晶粒大小与变形度关系

（1）将晶粒测量数据填入下表。

变形度/%										
晶粒数/个										
晶粒面积/cm²										

（2）以变形程度为横坐标，晶粒大小为纵坐标建立直角坐标系，以实验数据为坐标点并连线，即得到变形程度与再结晶后晶粒大小的关系曲线。

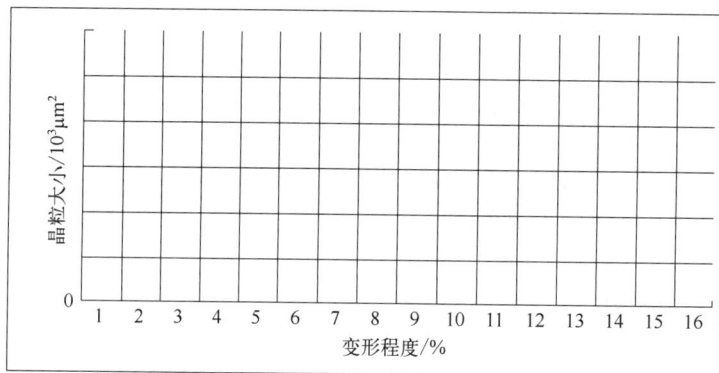

思维训练模块

一、填空题

1．单晶体塑性变形的基本方式是＿＿＿＿和＿＿＿＿＿。

2．晶粒越细小，晶界越＿＿＿，变形阻力越＿＿＿，所以强度越＿＿＿。

3．冷变形后金属经重新加热，可将变化过程分为＿＿＿＿、＿＿＿＿和＿＿＿＿＿三个阶段。

4．热变形加工和冷变形加工是根据＿＿＿＿＿＿＿来划分的。

5．在再结晶温度以上进行的变形加工称为＿＿＿＿＿；在再结晶温度以下进行的变形加工称为＿＿＿＿＿＿。

6．热变形加工时，应力求使零件具有合理的流纹分布，应使零件工作时的最大正应力方向与流纹方向＿＿＿＿＿，最大切应力方向与流纹方向＿＿＿＿＿。

7．形成纤维组织后，金属的力学性能具有＿＿＿＿＿＿＿。

8．随着变形程度增加，金属强度和硬度升高、塑性和韧性下降的现象，称为＿＿＿。

9．当变形量很大时（＞70%），各晶粒的位向将与外力方向趋于一致，晶粒趋向于整齐排列，称这种现象为_____，所形成的有序化结构称为_____。

10．残留应力是指去除外力后，残留在金属内部的应力。它主要是金属在外力作用下内部_____造成的。

二、问答题

1．什么是金属的塑性变形？塑性变形方式有哪些？

2．冷塑性变形对金属组织和性能有什么影响？

3．金属经热塑性变形后，其组织和性能有何变化？

4．什么是冷、热加工？如何来界定？

三、应用题

1．已知纯铝的熔点是 660℃，黄铜的熔点是 950℃。试估算纯铝和黄铜的最低再结晶温度，并确定其再结晶退火温度。

2．用下列三种方法制成的齿轮，哪种合理?为什么？

（1）用厚钢板切成齿坯再加工成齿轮；（2）用钢棒切下作齿坯并加工成齿轮；（3）用圆钢棒热镦成齿坯再加工成齿轮。

3．假定有一铸造黄铜件，在其表面上打了数码，然后将数码锉掉，你怎样辨认这个原先打上的数码?如果数码是在铸模中铸出的，一旦被锉掉，能否辨认出来?为什么？

4．有一块低碳钢钢板，被炮弹射穿一孔，试问孔周围金属的组织和性能有何变化?为什么？

第四章 铁碳合金

学习目标

知识目标　1. 掌握铁碳合金结构和分析方法。
　　　　　2. 认识铁碳合金室温下的平衡组织。
　　　　　3. 掌握铁碳合金成分、组织及性能之间的关系。
　　　　　4. 掌握碳钢的分类、牌号以及性能。

技能目标　1. 能根据平衡组织区分出各种材料。
　　　　　2. 掌握非合金钢的使用。

思政目标　结合当前国家发展战略和重大工程需求，引导学生关注铁碳合金的前沿动态，激发学生为国家和民族发展贡献力量的使命感和责任感。

案例导入

在桥梁工程中，铁碳合金主要用于制造桥梁的结构钢，如 Q235、Q345 等。这些钢种具有良好的强度、塑性和韧性，能够满足桥梁结构的承载能力和抗疲劳性能要求。例如，中国的武汉长江大桥、南京长江大桥等都使用了铁碳合金作为主要材料。

在实际生产生活中，常有"生铁"和"熟铁"的习惯叫法，那么二者有什么不同呢？

知识模块

钢铁是现代工业中应用最广泛的金属材料，其基本组元是铁和碳，故统称为铁碳合金。铁碳合金的结晶过程比较复杂，对于钢铁材料的应用有重要的指导作用。因此，为了掌握钢铁材料的组织、性能及其在生产中的合理使用，首先必须研究铁碳合金相图。

第一节　铁碳合金的基本组织

铁碳合金在液态时，铁和碳可以无限互溶。在固态下，碳可以有限溶解在铁的晶格中形成固溶体也可与铁发生化学反应形成 Fe_3C、Fe_2C、FeC 等一系列化合物。稳定的化合物可以作为一个独立的组元。因此，铁碳相图可以视为由 $Fe-Fe_3C$、Fe_3C-Fe_2C、Fe_2C-FeC 等一系列二元相图组成。因为含碳量 $\omega_C > 6.69\%$ 的铁碳合金脆性大，没有实用价值，所以实际生产应用的铁碳合金的碳的质量分数均在 6.69% 以下。Fe_3C（$\omega_C = 6.69\%$）是一

4.1　铁碳合金概论

种稳定的化合物，可以作为一个独立的组元看待，因此，我们所说的铁碳相图实际上是铁-渗碳体（Fe-Fe₃C）相图。

Fe 和 Fe₃C 是 Fe-Fe₃C 相图的两个基本组元。在固态下，铁与碳的相结构会形成固溶体和金属化合物两类。固溶体有铁素体、奥氏体，金属化合物有渗碳体。这些基本相的性能各异，其数量、形态、分布直接决定了铁碳合金的组织和性能。铁碳合金的基本组织有五种：铁素体、奥氏体、渗碳体、珠光体和莱氏体。

一、铁素体

碳溶入 α-Fe 中形成的间隙固溶体称为铁素体，用符号 F 表示。铁素体具有体心立方晶格，这种晶格的间隙分布较分散，间隙尺寸很小，溶碳能力较差，在 727℃时碳的溶解度最大为 0.0218%，而在室温时只有 0.0008%。铁素体的塑性、韧性很好，但强度、硬度较低。铁素体的显微组织如图 4-1 所示。

二、奥氏体

碳溶入 γ-Fe 中形成的间隙固溶体称为奥氏体，用符号 A 表示。奥氏体具有面心立方晶格，致密度较大，晶格间隙的总体积虽较铁素体小，但其分布相对集中，单个间隙的体积较大，所以 γ-Fe 的溶碳能力比 α-Fe 大，727℃时溶解度为 0.77%，随着温度的升高，溶碳量增多，1148℃时其溶解度最大为 2.11%。

奥氏体常存在于 727℃以上，是铁碳合金中重要的高温相，其强度和硬度不高，但塑性和韧性很好，易锻压成形。奥氏体的显微组织示意图如图 4-2 所示。

4.2　铁素体

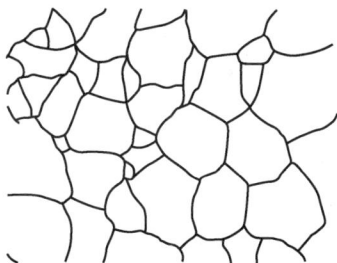

图 4-1　铁素体的显微组织（200×）

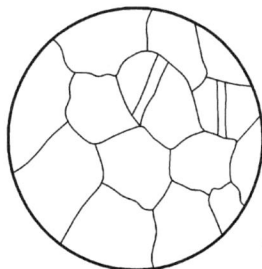

图 4-2　奥氏体的显微组织

4.3　奥氏体

4.4　渗碳体

三、渗碳体

渗碳体是铁和碳组成的金属化合物，具有复杂斜方晶格。常用化学分子式 Fe₃C 表示。渗碳体中碳的质量分数为 6.69%，熔点为 1227℃，渗碳体硬度很高，约为 800HBW，塑性和韧性极低，脆性大。渗碳体不能单独存在，在钢中总是和铁素体或奥氏体一起构成机械混合物，是钢中的主要强化相。其数量、形状、大小及分布状况对钢的性能影响很大。

四、珠光体

珠光体是由铁素体和渗碳体组成的机械混合物，在显微镜下呈现明显的层片状。用符号 P 表示。珠光体中碳的质量分数平均为 0.77%，由于珠光体组织是由软的铁素体和硬的渗碳体组成，因此，它的性能介于铁素体和渗碳体之间，具有较高的强度和塑性，硬度适中。珠光体的显微组织示意图如图 4-3 所示。

五、莱氏体

莱氏体是指高碳的铁碳合金在凝固过程中发生共晶转变所形成的奥氏体和渗碳体所组成的机械混合物。碳的质量分数为 4.3% 的液态铁碳合金，冷却到 1148℃ 时将同时从液体中结晶出奥氏体和渗碳体的机械混合物，用符号 Ld 表示。莱氏体是共晶转变的产物。由于莱氏体中的奥氏体在 727℃ 时转变为珠光体，所以，在室温时莱氏体是由珠光体和渗碳体所组成。为了区别起见，将 727℃ 以上存在的莱氏体称为高温莱氏体（Ld）；在 727℃ 以下存在的莱氏体称为低温莱氏体（Ld′），或称变态莱氏体。莱氏体的性能与渗碳体相似，硬度很高，塑性很差，脆性大。莱氏体的显微组织可以看成是在渗碳体的基体上分布着颗粒状的奥氏体（或珠光体）。莱氏体的显微组织示意图如图 4-4 所示。

4.5 珠光体

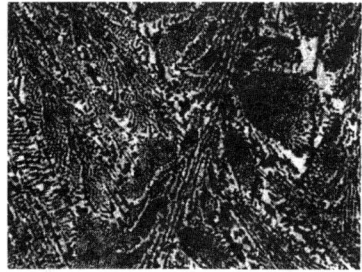

图 4-3 珠光体的显微组织（600×）　　　　　图 4-4 莱氏体的显微组织（400×）

第二节　铁碳合金相图

铁碳合金相图是指在极其缓慢的加热或冷却的条件下，不同成分的铁碳合金，在不同温度下所具有的状态或组织的图形。它是人们在长期生产实践和科学实验中不断总结和完善起来的，对研究铁碳合金的内部组织随碳的质量分数、温度变化的规律以及钢的热处理等有重要的指导意义，同时也是选材、制定热加工及热处理工艺的重要依据，如图 4-5 所示。

由于碳的质量分数超过 6.69% 的铁碳合金脆性很大，无实用价值，所以，对铁碳合金相图仅研究 $Fe-Fe_3C$ 部分。此外，在相图的左上角靠近 δ-Fe 部分还有一部分高温转变，由于实用意义不大，将其简化。简化后的 $Fe-Fe_3C$ 相图如图 4-6 所示。在图中，纵坐标表示温度，横坐标表示碳的质量分数 ω_C。横坐标上的左端点 ω_C=0%，即纯铁；右端点 ω_C=6.69%，即 Fe_3C；横坐标上任意一点代表一种成分的铁碳合金。状态图被一些特性点、线划分为几个区域，分别标明了不同成分的铁碳含金在不同温度时的相组成。如碳的质量分数为 0.45% 的铁碳合金，其组织在 1000℃ 时为奥氏体，在 727℃ 以下时为铁素体和渗碳体。

一、Fe-Fe₃C 相图分析

1. 相图中的主要特性点

A 点表示纯铁的熔点，其值为 1538℃。

C 点称为共晶转变点，简称为共晶点，表示质量分数为 4.30% 的液态铁碳合金冷却至 1148℃ 时，发生共晶反应，同时结晶出两种不同晶格类型的奥氏体和渗碳体，即莱氏体 Ld。其反应为

$$L_C \xrightleftharpoons{1148℃} Ld(A_E+Fe_3C)$$

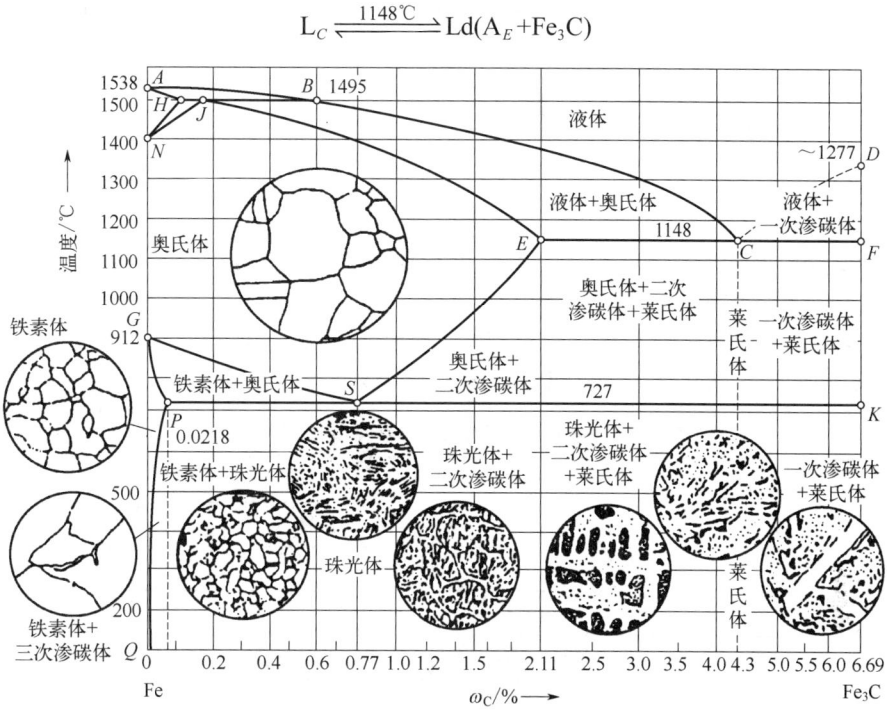

图 4-5　铁碳合金相图

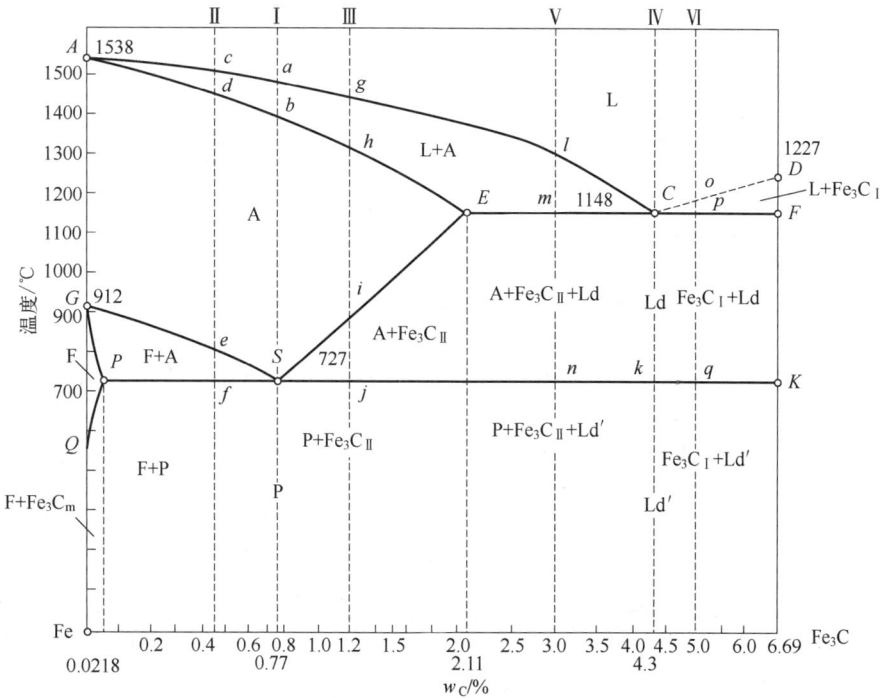

图 4-6　简化的 Fe-Fe₃C 相图

D 点表示渗碳体的熔点，其值为 1227℃。

E 点表示当温度 1148℃时，碳在 γ-Fe 中的溶解度为最大，最大溶解度为 2.11%。

G 点为纯铁的同素异晶转变点，表示纯铁在 912℃发生同素异晶转变，即

$$\alpha \text{ 铁} \xrightleftharpoons{912℃} \gamma \text{ 铁}$$

S 点称为共析点，表示碳的质量分数为 0.77%的铁碳合金冷却到 727℃时发生共析转变，即奥氏体同时析出铁素体和渗碳体，即珠光体。其反应为

$$A_S \xrightleftharpoons{727℃} P(F_P + Fe_3C)$$

这种由某种合金固溶体在恒温下同时析出两种不同晶体的过程称为共析反应。发生共析反应的温度称为共析温度，发生共析反应的成分称为共析成分。

Q 点表示温度在 600℃时，碳在 γ-Fe 中的溶解度为 0.0057%。

Fe-Fe₃C 相图中主要特性点的温度、成分及其含义如表 4-1 所示。

表 4-1　Fe-Fe₃C 合金相图中各特性点及含义

特性点	温度/℃	ω_C / %	含义
A	1538	0	纯铁的熔点
C	1148	4.3	共晶点
D	1227	6.69	渗碳体的熔点
E	1148	2.11	碳在奥氏体（γ-Fe）中的最大溶解度
F	1148	6.69	渗碳体的成分
G	912	0	同素异晶转变温度，也称 A_3 点
K	727	6.69	渗碳体的成分
P	727	0.0218	碳在铁素体（α-Fe）中的最大溶解度
S	727	0.77	共析点，也称 A_1 点
Q	600	0.0057	碳在铁素体中的溶解度

2. 相图中的主要特性线

ACD 线为液相线，在 ACD 线以上合金为液态，用符号 L 表示。液态合金冷却到此线时开始结晶，在 AC 线以下结晶出奥氏体，在 CD 线以下结晶出渗碳体，称为一次渗碳体，用符号 Fe₃C₁ 表示。

$AECF$ 线为固相线，在此线以下合金为固态。液相线与固相线之间为合金的结晶区域，这个区域内液体和固体共存。

ECF 线为共晶线，凡是碳的质量分数在 2.11%～6.69%的铁碳合金，缓冷至此线（1148℃）时，均发生共晶反应，结晶出奥氏体 A 与渗碳体 Fe₃C 混合物，即莱氏体 Ld。

PSK 线为共析线，又称 A_1 线。凡是碳质量分数大于 0.0218%的铁碳含金，缓冷至此线（727℃）时，均发生共析反应，产生出珠光体 P。

ES 线为碳在 γ-Fe 中的溶解度线，又称 A_{cm} 线，即碳质量分数大于 0.77%的铁碳合金，由高温缓冷时，从奥氏体中析出渗碳体的开始线，此渗碳体称为二次渗碳体 Fe₃C_Ⅱ，或缓慢加热时，二次渗碳体溶入奥氏体的终止线。

PQ 线为碳在 α-Fe 中的溶解度线，在 727℃时，碳在铁素体中的最大溶解度为 0.0218%（P 点），随温度降低，溶碳量减少，至 600℃时，碳的质量分数等于 0.0057%。因此，铁素体从 727℃缓冷至 600℃时，其多余的碳将以渗碳体的形式析出，此渗碳体称为三次渗碳体 Fe₃C_Ⅲ。

GS 线又称 A_3 线，即碳的质量分数小于 0.77%的铁碳合金，缓冷时从奥氏体中析出铁素

体的开始线，或缓慢加热时铁素体转变为奥氏体的终止线。

3. 相图中各相区组织

简化后的 Fe-Fe₃C 相图中有四个单相区：*ACD* 以上——液相区（L），*AESG*——奥氏体相区（A），*GPQ*——铁素体相区（F），*DFK*——渗碳体（Fe₃C）相区。有五个两相区，这些两相区分别存在于相邻的两个单相区之间，它们是：L+A、L+Fe₃C、A+F、A+Fe₃C、F+Fe₃C。此外共晶转变线 *ECF* 及共析转变线 *PSK* 分别看作三相共存的"特区"。

4.6　平衡图分析

二、铁碳合金的分类

根据碳的质量分数和室温组织的不同，可将铁碳合金分为以下三类：

① 工业纯铁　$\omega_C \leq 0.0218\%$。

② 钢　$0.0218\% < \omega_C \leq 2.11\%$。根据室温组织的不同，钢又可分为三种：共析钢（$\omega_C = 0.77\%$）；亚共析钢（$\omega_C = 0.0218\% \sim 0.77\%$）；过共析钢（$\omega_C = 0.77\% \sim 2.11\%$）。

③ 白口铸铁　$2.11\% < \omega_C < 6.69\%$。根据室温组织的不同，白口铁又可分为三种：共晶白口铁（$\omega_C = 4.3\%$）；亚共晶白口铁（$\omega_C = 2.11\% \sim 4.3\%$）；过共晶白口铁（$\omega_C = 4.3\% \sim 6.69\%$）。

三、典型铁碳合金的结晶过程及组织

1. 共析钢的结晶过程及组织

图 4-6 中合金 I 为 $\omega_C = 0.77\%$ 的共析钢。共析钢在 *a* 点温度以上为液体状态（L）。当缓冷到 *a* 点温度时，开始从液态合金中结晶出奥氏体（A），并随着温度的下降，奥氏体量不断增加，剩余液体的量逐渐减少，直到 *b* 点以下温度时，液体全部结晶为奥氏体。*b*～*S* 点温度间为单一奥氏体的冷却，没有组织变化。继续冷却到 *S* 点温度（727℃）时，奥氏体发生共析转变形成珠光体（P）。在 *S* 点以下直至室温，组织基本不再发生变化，故共析钢的室温组织为珠光体（P）。共析钢的结晶过程如图 4-7 所示。

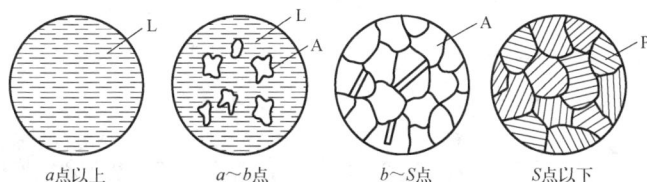

图 4-7　共析钢结晶过程示意图

共析钢的室温组织为全部的 P，而相组成物为 F 和 Fe₃C，它们的质量分数为

$$\omega_F = \frac{6.69 - 0.77}{6.69 - 0.0218} \times 100\% = 88.78\%$$

$$\omega_{Fe_3C} = 1 - 88.78\% = 11.22\%$$

珠光体的显微组织如图 4-8 所示。在显微镜放大倍数较高时，能清楚地看到铁素体和渗碳体呈片层状交替排列的情况。由于珠光体中渗碳体量较铁素体少，因此渗碳体层片较铁素体层片薄。在图片中，层片方向相同的部分，可以认为是一个晶粒。由于晶粒的位向各不相同，所以，珠光体的层片方向、形状也各

图 4-8　珠光体的显微组织（500×）

不相同。

2. 亚共析钢的结晶过程及组织

图 4-6 中合金 II 为 $\omega_C=0.45\%$ 的亚共析钢。合金 II 在 e 点温度以上的结晶过程与共析钢相同。当降到 e 点温度时，开始从奥氏体中析出铁素体。随着温度的下降，铁素铁量不断增多，奥氏体量逐渐减少，铁素体成分沿 GP 线变化，奥氏体成分沿 GS 线变化。当温度降到 f 点（727℃）时，剩余奥氏体碳的质量分数达到 0.77%，此时奥氏体发生共析转变，形成珠光体，而先析出的铁素体保持不变。这样，共析转变后的组织为铁素体和珠光体。温度继续下降，组织基本不变。室温组织仍然是铁素体和珠光体（F+P）。它们的质量分数为

$$\omega_F = \frac{0.77-0.45}{0.77-0.0218} \times 100\% = 42.8\%$$

$$\omega_P = 1-42.8\% = 57.2\%$$

其结晶过程如图 4-9 所示。

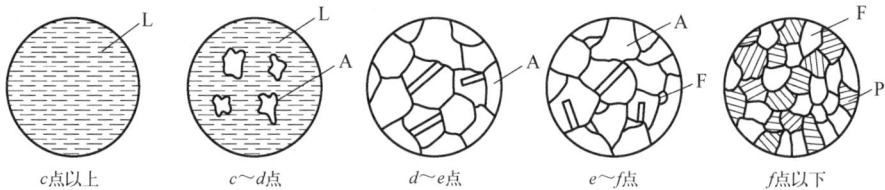

c点以上 $c\sim d$点 $d\sim e$点 $e\sim f$点 f点以下

图 4-9 亚共析钢结晶过程示意图

所有亚共析钢的室温组织都是由铁素体和珠光体组成，只是铁素体和珠光体的相对量不同。随着含碳量的增加，珠光体量增多，而铁素体量减少。相对量可用杠杆定律来计算。若考虑铁素体中的含碳量很少而忽略不计，则亚共析钢的含碳量可以通过显微组织中铁素体和珠光体的相对面积估计得到。例如，退火亚共析钢经观察显微组织中珠光体和铁素体的面积各占 50%，则其含碳量大致为

$$\omega_C = \omega_P \times 0.77\% = 50\% \times 0.77\% = 0.385\%$$

亚共析钢显微组织如图 4-10 所示。图中白色部分为铁素体，黑色部分为珠光体，这是因为放大倍数较低，无法分辨出珠光体中的层片结构，故呈黑色。

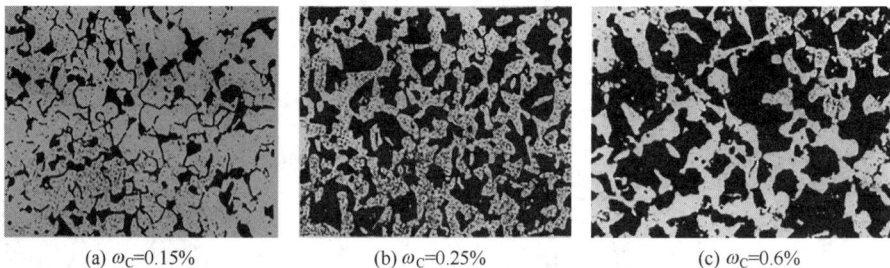

(a) $\omega_C=0.15\%$ (b) $\omega_C=0.25\%$ (c) $\omega_C=0.6\%$

图 4-10 亚共析钢的显微组织（200×）

3. 过共析钢的结晶过程及组织

图 4-6 中合金 III 为 $\omega_C=1.2\%$ 的过共析钢。其冷却过程及组织转变如图 4-11 所示，合金 III 在 i 点温度以上的冷却过程与合金 I 在 e 点以上相似。当冷却至与 ES 交点 i 时，奥氏体中碳的质量分数达到饱和，随温度降低，多余的碳以二次渗碳体（Fe_3C_{II}）的形式析出，并以网状形式沿奥氏体晶界分布。随温度降低，渗碳体量不断增多，而奥氏体量逐渐减少，其成分沿

ES 线向共析成分接近。当冷却至与 PSK 线的交点 S 时，达到共析成分（$\omega_C=0.77\%$）的剩余奥氏体发生共析反应，转变为珠光体。温度再继续下降，其组织基本不发生转变。故其室温组织是 P 和网状 Fe_3C_{II} 所组成，它们的质量分数为

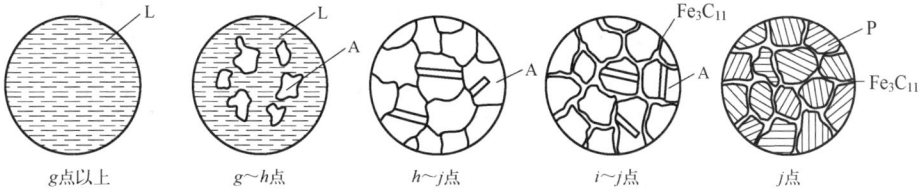

图 4-11　过共析钢结晶过程示意图

g点以上　　　g~h点　　　h~j点　　　i~j点　　　j点

$$\omega_P = \frac{6.69-1.2}{6.69-0.77} \times 100\% = 92.7\%$$

$$\omega_{Fe_3C_{II}} = 1-92.7\% = 7.3\%$$

过共析钢（$\omega_C=1.2\%$）的显微组织如图 4-12 所示。图中呈片状黑白相间的组织为珠光体，白色网状组织为二次渗碳体。

所有过共析钢的冷却过程都与合金Ⅲ相似，其室温组织是珠光体与网状二次渗碳体。但随碳的质量分数的增加，珠光体量逐渐减少，二次渗碳体量逐渐增多。

二次渗碳体以网状分布在晶界上，因其脆性大，将明显降低钢的强度和韧性。因此过共析钢在使用之前，应采用热处理等方法消除网状二次渗碳体。

图 4-12　过共析钢的显微组织（500×）

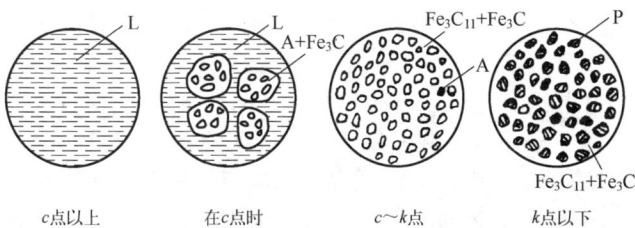

4. 共晶白口铁的结晶过程及组织

图 4-6 中合金Ⅳ为 $\omega_C=4.3\%$ 的共晶白口铸铁，其冷却过程及其组织转变如图 4-13 所示。合金温度在与液相线 AC 的交点 C 以上时全部为液相（L），当缓冷至 C 点的温度（1148℃）时，液态合金发生共晶反应，同时结晶出成分为 E 点的共晶奥氏体（A）和成分为 F 点的共晶渗碳体，即莱氏体 Ld。继续冷却，从共晶奥氏体中开始析出二次渗碳体（Fe_3C_{II}），随温度降低，二次渗碳体量不断增多，而共晶奥氏体量逐渐减少，其成分沿 ES 线向共析成分接近。当冷却至与 PSK 线的交点 k 时，达到共析成分（$\omega_C=0.77\%$）的剩余共晶奥氏体发生共析反应，转变为珠光体，二次渗碳体将保留至室温。故共晶白口铸铁的室温组织是珠光体和渗碳体（共晶渗碳体和二次渗碳体）组成的两相组织，即变态莱氏体（Ld′）。

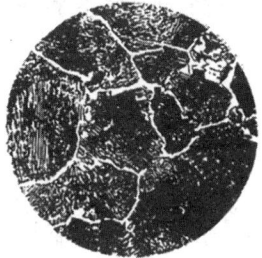

c点以上　　　在c点时　　　c~k点　　　k点以下

图 4-13　共晶白口铁的结晶过程示意图　　　图 4-14　共晶白口铁的显微组织（125×）

共晶白口铸铁的显微组织如图 4-14 所示，图中黑色部分为珠光体，白色基体为渗碳体（共晶渗碳体和二次渗碳体连在一起，分辨不开）。显微镜下观察时为鱼刺状或鱼骨状。

5. 亚共晶白口铁的结晶过程及组织

图 4-6 中合金 V 为 ω_C=3.0% 的亚共晶白口铸铁，其冷却过程及其组织转变如图 4-15 所示。

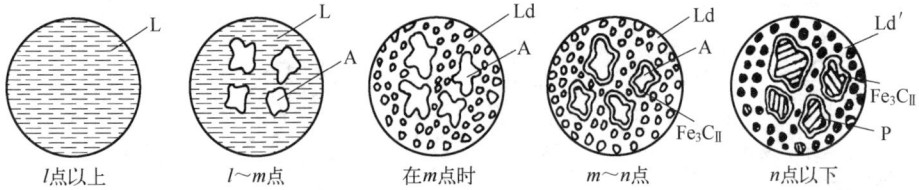

图 4-15 亚共晶白口铁的结晶过程示意图

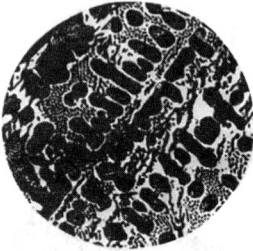

图 4-16 亚共晶白口铁
的显微组织（125×）

当温度在与液相线 *AC* 的交点 *l* 以上时全部为液相（L），当缓冷至 *l* 点的温度时，开始从液相中结晶出奥氏体（A），随温度的下降，奥氏体量逐渐增多，其成分沿 *AE* 线变化。而剩余液相逐渐减少，其成分沿 *AC* 线变化向共晶成分接近。当冷却至与共晶线 *ECF* 的交点 *m* 的温度（1148℃）时，剩余液相成分达到共晶成分（ω_C=4.3%）而发生共晶反应，形成莱氏体 Ld。继续冷却，奥氏体量逐渐减少，其成分沿 *ES* 线向共析成分接近，并不断析出二次渗碳体（Fe_3C_{II}），此二次渗碳体将保留至室温。当冷却至与 *PSK* 线的交点 *n* 时，达到共析成分（ω_C=0.77%）的剩余奥氏体发生共析反应，转变为珠光体。故其室温组织是珠光体、二次渗碳体和变态莱氏体（Ld′），其显微组织如图 4-16 所示，图中黑色枝状或块状为珠光体，黑白相间的基体为变态莱氏体，珠光体周围白色网状物为二次渗碳体。所有亚共晶白口铸铁的冷却过程都与合金 V 相似，其室温组织是珠光体、二次渗碳体和变态莱氏体（Ld′）。但随碳的质量分数的增加，变态莱氏体（Ld′）量逐渐增多，其他量逐渐减少。

6. 过共晶白口铁的结晶过程及组织

图 4-6 中合金 VI 为 ω_C=5.0% 的过共晶白口铸铁，其冷却过程及其组织转变如图 4-17 所示。

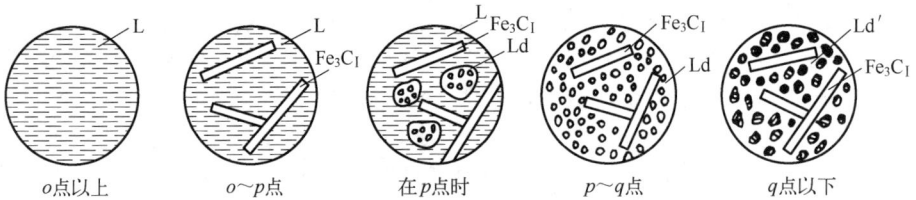

图 4-17 过共晶白口铁的结晶过程示意图

当温度在 *o* 点以上时全部为液相（L），当缓冷至 *o* 点的温度时，开始从液相中结晶出板条状的一次渗碳体，此一次渗碳将保留至室温。随温度的下降，一次渗碳体量逐渐增多，剩余液相逐渐减少，其成分沿 *DC* 线变化向共晶成分接近。当冷却至与共晶线 *ECF* 的交点 *p* 的温度（1148℃）时，剩余液相成分达到共晶成分而发生共晶反应，形成莱氏体 Ld。其后冷却过程与共晶白口铸铁相同。故其室温组织是变态莱氏体（即低温莱氏体 Ld′）和一次渗碳体（Fe_3C_I），其显微组织如图 4-18 所示，图中白色条状为一次渗碳体，很平直，黑白相间的基体为变态莱氏体（Ld′）。

所有过共晶白口铸铁的冷却过程都与合金 VI 相似，其室温组织是变态莱氏体（Ld′）和一次渗碳体（Fe_3C_I）。但随碳的质量分数的增加，一次渗碳体量逐渐增多，变态莱氏体（Ld′）量逐渐减少。

四、铁碳合金的性能与成分、组织的关系

1. 含碳量对铁碳含金平衡组织的影响

4.7 典型合金结晶过程

4.8 相图与性能的关系

综上所述，不同成分的铁碳合金，其室温组织不同，它们分别是铁素体、珠光体、变态莱氏体和渗碳体中的一种至三种。但是珠光体是铁素体和渗碳体的机械混合物，变态莱氏体是珠光体、共晶渗碳体和二次渗碳体的混合物，因此，铁碳合金室温组织都由铁素体和渗碳体两种基本相组成，只不过随着碳的质量分数的增加，铁素体量逐渐减少，渗碳体量逐渐增多，并且渗碳体的形态、大小和分布也发生变化，如变态莱氏体中的共晶渗碳体形状和大小都比珠光体中的渗碳体粗大得多。正因渗碳体的数量、形态、大小和分布不同，不同成分的铁碳合金室温组织及性能亦不同。随着碳的质量分数的增加，铁碳合金的室温组织将按如下顺序变化

图 4-18 过共晶白口铁的显微组织（125×）

$$F+P \rightarrow P \rightarrow P+Fe_3C_{II} \rightarrow P+Fe_3C_{II}+Ld \rightarrow Ld' \rightarrow Ld'+Fe_3C_I$$

即：含碳多的相越来越多，含碳少的相越来越少。不同成分的铁碳含金组成相的相对量及组织组成物的相对量可总结如图 4-19 所示。

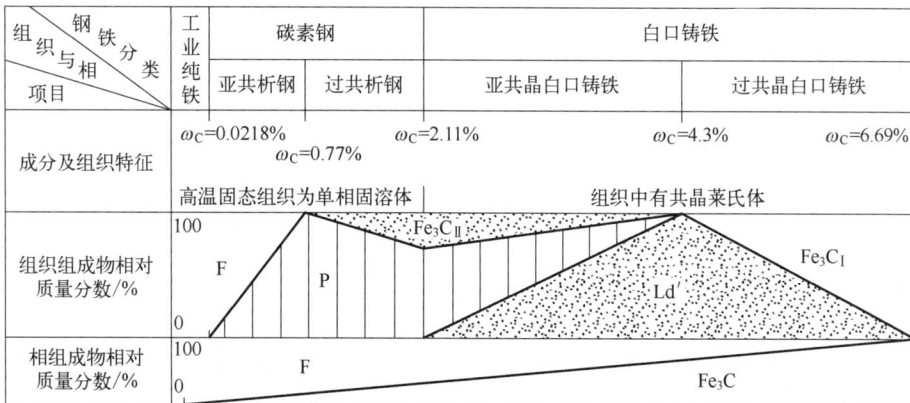

图 4-19　铁碳合金的成分及组织关系

2. 含碳量对铁碳合金力学性能的影响

钢中铁素体为基体，渗碳体为强化相，而且主要以珠光体的形式出现，使钢的强度和硬度提高，故钢中珠光体量愈多，其强度、硬度愈高，而塑性、韧性相应降低。但过共析钢中当渗碳体明显地以网状分布在晶界上，特别在白口铁中渗碳体成为基体或以板条状分布在莱氏体基体上时，铁碳合金的塑性和韧性将大大下降，以致合金的强度也随之降低，这就是高碳钢和白口铁脆性高的主要原因。图 4-20 为钢的力学性能随含碳量变化的规律。

由图可见，当钢中碳的质量分数小于 0.9% 时，随着含碳量的增加，钢的强度、硬度直线上升，而塑性、韧性不断下降；当钢中碳的质量分数大于 0.9% 时，因网状渗碳体的存在，不仅使钢的塑性、韧性进一步降低，而且强度也明显下降。为了保证工业上使用的钢具有足够的强度，并具有一定的塑性和韧性，钢中碳的质量分数一般都不超过 1.4%。碳的质量分数为 2.11% 的白口铁，由于组织中出现大量的渗碳体，性能硬而脆，难以切削加工，因此在一般机械制造中应用很少。

五、铁碳合金相图的应用

4.9 铁碳相图的应用

铁碳合金相图从客观上反映了钢铁材料的组织随成分和温度变化的规律，因此，在工程上为选材及制定铸、锻、焊、热处理等热加工工艺提供了重要的理论依据，在生产中具有重要的实际意义。

1. 在选材方面的应用

由铁碳合金相图可知，铁碳含金中碳的质量分数不同，其平衡组织也不相同，从而导致其力学性能亦不同。因此，可以根据零件的不同性能要求来合理地选择材料。例如，要求塑性、韧性好的金属构件，应选碳的质量分数较低的钢；要求强度、硬度、塑性和韧性都较高的机械零件，则选用碳的质量分数为 0.25%～0.55% 的钢；要求硬度较高、耐磨性较好的各种工具，应选碳的质量分数大于 0.55% 的钢。纯铁的强度低，不宜用作结构材料，但由于其磁导率高，矫顽力低，可作软磁材料使用，例如作电磁铁的铁芯等；白口铸铁硬度高、脆性大，不能切削加工，也不能锻造，但其耐磨性好，铸造性能优良，适用于要求耐磨、不受冲击、形状复杂的铸件，例如拔丝模、冷轧辊、货车轮、犁铧、球磨机的磨球等。

2. 在铸造方面的应用

根据铁碳合金相图可以确定合金的浇注温度，通常浇注温度一般在液相线以上 50～100℃，如图 4-21 所示。从铁碳合金相图中可以看到钢的熔点、浇注温度都比铸铁高。共晶成分的铁碳合金不仅熔点最低，而且其凝固温度区间最小（为零），故其流动性好、分散缩孔小、偏析小，即铸造性能最好。因此，在铸造生产中，接近共晶成分的铸铁得到广泛的应用。铸钢也是常用的铸造合金，碳的质量分数规定在 0.15%～0.6% 之间，在该范围内的钢，其凝固温度区间较小，铸造性能较好。

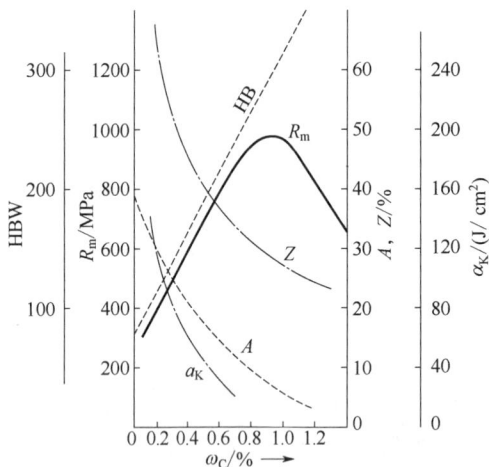

图 4-20 含碳量对钢力学性能的影响

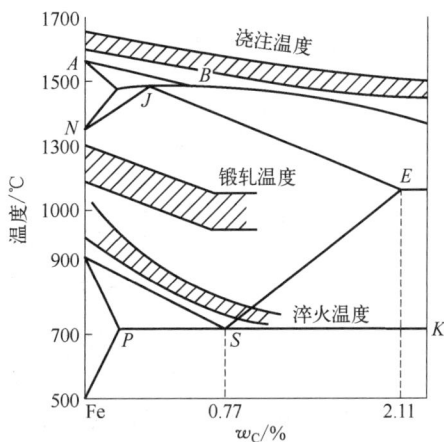

图 4-21 在铸、锻方面的应用

3. 在锻压方面的应用

钢在室温时的组织是由铁素体和渗碳体两相组成的混合物，塑性较差，变形困难。当将其加热到单相奥氏体状态时，才具有较低的强度、较好的塑性和较小的变形抗力，易于成形。因此，钢材轧制或锻造温度范围，通常选在 Fe-Fe$_3$C 相图中单相奥氏体区的适当范围，如图 4-21 所示。其选择原则是开始轧制或锻造温度不得过高，以免钢材氧化严重，甚至发生奥氏体晶界部分熔化，使工件报废。而终止轧制或锻造温度也不能过低，以免钢材塑性差，导致裂纹产生。

白口铸铁无论在低温还是高温，其组织中都有硬而脆的渗碳体组织，因而不能锻造。

4. 在焊接方面的应用

分析 Fe-Fe₃C 相图可知，随着碳的质量分数的增加，组织中硬而脆的渗碳体量逐渐增多，铁碳合金的脆性增加，塑性下降，致使焊接性下降。碳的质量分数越高，铁碳合金的焊接性越差。因此，低碳钢的焊接性较好，铸铁的焊接性较差。

5. 在热处理方面的应用

铁碳合金在固态加热或冷却过程中均有相的变化，所以钢和铸铁可以进行有相变的退火、正火、淬火和回火等热处理，通常利用 Fe-Fe₃C 相图选择热处理加热温度。

铁碳合金相图反映的是在缓慢加热或冷却条件下的相状态或组织，而实际生产中的加热或冷却速度较快，致使铁碳合金中钢的组织转变总有滞后现象，同时组织也发生变化。这些知识在第五章将涉及。

第三节　非合金钢

非合金钢是以铁、碳为基本组成元素，碳的质量分数小于 2.11% 的铁碳合金，俗称碳素钢，简称碳钢。碳钢具有一定的力学性能和良好的工艺性能，且价格低廉，在工业生产中广泛应用。

一、常存杂质元素对钢性能的影响

钢中元素凡是非特意加入的，无论其含量多少，均为杂质元素、如锰作为杂质元素存在时，最高质量分数可达 1.2%。钢中元素凡是人为有目的地添加的，无论其含量多少，均为合金元素，如硼用作合金元素使用时，其质量分数一般小于 0.004%。

实际使用的碳钢在冶炼过程中，受所用原料、冶炼工艺方法等因素影响、除 Fe、C 外，还含有硅（Si）、锰（Mn）、硫（S）、磷（P）等杂质元素，非金属夹杂物，以及某些气体，如氧（O）、氮（N）、氢（H）等。它们对钢材性能和质量影响很大，必须严格控制在牌号规定的范围之内。

1. 锰的影响

锰是炼钢后用锰铁脱氧后残留在钢铁中的杂质元素。锰具有一定的脱氧能力，能把钢材中的 FeO 还原成铁，改善钢的冶炼质量；锰还可以与硫化合成 MnS，以减轻硫的有害作用，降低钢材的脆性，改善钢材的热加工性能；锰能大部分溶解于铁素体中，形成置换固溶体，并使铁素体强化，提高钢铁的强度和硬度。一般来说，锰也是钢材中的有益元素。碳钢中的含锰量一般控制在 0.8% 以下。

2. 硅的影响

硅是炼钢时加入硅铁脱氧残留在钢材中的。硅的脱氧作用比锰强，可以防止形成 FeO，改善钢材的冶炼质量；硅溶于铁素体中使铁素体强化，从而提高钢材的强度、硬度和弹性，但硅元素降低钢材的塑性和韧性。在硅的含量不高时，对钢的性能影响不大，总体来说是有益元素，一般碳钢中硅的含量控制在 0.4% 以下。

3. 硫的影响

硫是在炼铁时由矿石和燃料带进钢材中的，而且在炼钢时难以除尽。总的来讲，硫是钢材中的有害杂质元素。在固态下硫不溶于铁，以 FeS 的形式存在。FeS 与 Fe 能形成低熔点的共晶体（Fe+FeS），其熔点为 985℃，并且分布在晶界上。当钢材在 1000～1200℃ 进行热压力加工时，共晶体融化，从而导致钢材在热加工时开裂，这种现象称为"热脆"。钢材中硫的质量分数必须严格控制，我国一般控制在 0.050% 以下。但在易切削钢中可适当提高硫的质量分数，其目的在于提高钢材的切削加工性。此外，硫对钢材的焊接性有不良的影响，容易导致焊缝出现热裂，产生气孔和疏松。

4. 磷的影响

磷是炼铁时由矿石带进钢材中的。一般来讲，磷在钢材中能全部溶于铁素体中，产生固溶强化，提高铁素体的硬度。但在室温下却使钢材的塑性和韧性急剧下降，产生低温脆性，这种现象称为"冷脆"。一般来说，磷是钢材中的有害元素，钢材中磷的质量分数即使只有千分之几，也会因析出脆性化合物 Fe_3P 而使钢材的脆性增加，特别是在低温时更为显著，因此，钢材中磷的质量分数也必须严格控制，我国一般控制在 0.050% 以下。但在易切削钢材中可适当提高磷的质量分数，脆化铁素体，改善钢材的切削加工性。此外，钢材中加入适量的磷还可以提高钢材的耐大气腐蚀性能。

5. 非金属夹杂物的影响

在炼钢和浇铸过程中，少量炉渣、耐火材料及冶炼中的反应物融入钢液会形成非金属化合物，常见的有氧化物、氮化物、硼化物、硫化物和硅酸盐等。

非金属夹杂物会降低钢的质量和性能，特别是塑性、韧性及疲劳强度。例如：钢中的非金属夹杂物导致应力集中，引起疲劳断裂。非金属夹杂物还会降低钢的焊接性及耐蚀性；严重时会使钢在热加工和热处理过程中产生裂纹，导致使用时发生突然脆断；数量多且分布不均匀的非金属夹杂物会促使钢形成热加工纤维组织与带状组织，使材料具有各向异性。因此，对于重要用途的钢，特别是疲劳强度要求高的滚动轴承钢和弹簧钢等，要检查非金属夹杂物的数量和分布情况。它是评定钢材质量的一个重要指标，并且被列为优质钢和高级优质钢出厂的常规检测项目之一。

6. 氮、氧、氢的影响

冶炼过程中大部分钢要与空气接触，因此钢液中总会吸收一些气体，如氮、氧、氢等，它们对钢的质量和性能都会产生不良影响，特别是影响力学性能中的韧性和疲劳强度。

室温下氮在铁素体中的溶解度很低，钢中的过饱和氮会使钢发生时效脆化。可在钢中加入 Ti、V、Al 等元素使氮被固定在氮化物中，来消除时效倾向。氮和氧在钢中含量高时易形成微气孔和非金属夹杂物，影响钢的韧性和疲劳强度，使钢容易发生疲劳断裂。

氢对钢的危害性更大，主要使钢变脆，称为氢脆。当氢在缺陷处以分子态析出时，会产生很高的内压，形成微裂纹，称为白点，使钢易于脆断。

二、非合金钢的分类、牌号及用途

（一）非合金钢的分类

非合金钢具有价格低廉、工艺性能好、力学性能一般能满足使用要求的优点，是工业生产中用量较大的钢铁材料。非合金钢的种类较多，为了便于生产、选用和储运，需要按一定标准对钢材进行分类。非合金钢的分类方法很多，常用的分类方法如下。

1. 按非合金钢碳的质量分数分类

非合金钢按碳的质量分数分类，可分为低碳钢、中碳钢和高碳钢。

① 低碳钢　低碳钢是指碳的质量分数 $\omega_C \leq 0.25\%$ 的铁碳合金，如 08 钢、10 钢、15 钢、20 钢、25 钢等。

② 中碳钢　中碳钢是指碳的质量分数在 $0.25\% < \omega_C < 0.6\%$ 的铁碳合金，如 30 钢、35 钢、40 钢、45 钢、50 钢、55 钢、55 钢等。

③ 高碳钢　高碳钢是指碳的质量分数　$\omega_C \geqslant 0.6\%$ 的铁碳合金，如 60 钢、65 钢、70 钢、75 钢、80 钢、85 钢、T7 钢、T8 钢、T10 钢、T12 钢等。

2. 按非合金钢主要质量等级分类

非合金钢按主要质量等级分为：普通质量非合金钢、优质非合金钢和特殊质量非合金钢。

① 普通质量非合金钢　普通质量非合金钢是指对生产过程中控制质量无特殊规定的一般用途的非合金钢。应用时满足下列条件：钢为非合金化的；不规定热处理；如产品标准或技术条件中有规定，其特性值（最高值和最低值）应达规定值；未规定其他质量要求。

② 优质非合金钢　优质非合金钢是指普通质量非合金钢和特殊质量非合金钢以外的非合金钢，在生产过程中需要特别控制质量（例如控制晶粒度，降低硫、磷含量，改善表面质量或增加工艺控制等），以达到比普通质量非合金钢特殊的质量要求（如良好的抗脆断性能、良好的冷成形性等），但这种钢生产控制不如特殊质量非合金钢严格。

③ 特殊质量非合金钢　特殊质量非合金钢是指在生产过程中需要特别严格控制质量和性能（例如控制淬透性和纯洁度）的非合金钢。此类钢材是要经热处理并至少具有下列一种特殊要求的非合金钢（包括易切削钢和工具钢）：要求淬火和回火状态下的冲击性能；有效淬硬深度或表面硬度；限制表面缺陷；限制钢中非金属夹杂物的含量和（或）要求内部材质均匀性；限制磷和硫的含量（成品 $\omega_P \leqslant 0.025\%$，$\omega_S \leqslant 0.025\%$）；限制残余元素 Cu、Co、V 的最高含量等方面的要求。

3. 按非合金钢的用途分类

① 碳素结构钢　碳素结构钢主要用于制造各种机械零件和工程结构件，其碳的质量分数一般都小于 0.70%。此类钢常用于制造齿轮、轴、螺母、弹簧等机械零件，用于制作桥梁、船舶、建筑等工程结构件。

② 碳素工具钢　碳素工具钢主要用于制造工具，如制作刃具、模具、量具等，其碳的质量分数一般都大于 0.70%。

③ 铸造碳钢　主要用于制作形状复杂，难以用锻压等方法成形的铸钢件。

（二）非合金钢的牌号、性能及用途

1. 碳素结构钢

普通质量非合金钢中使用最多的是碳素结构钢。碳素结构钢的牌号由代表钢材屈服点的字母、屈服点数值、质量等级符号、脱氧方法符号等四部分按顺序组成。其中质量等级主要根据钢中 S、P 杂质含量的多少区分，共有四级，分别用 A、B、C、D 表示，A 级最低，D 级最高。脱

4.10　GB/T 700—2006 碳素结构钢

氧方法符号用汉语拼音字母表示。"F"表示沸腾钢；"Z"表示镇静钢；"TZ"表示特殊镇静钢，在钢号中"Z"和"TZ"符号可省略。例如：Q235-AF，牌号中"Q"代表屈服点"屈"字汉语拼音首位字母，"235"表示屈服强度不小于 235MPa，"A"表示质量等级为 A 级，"F"表示沸腾钢（冶炼时脱氧不完全）。碳素结构钢的牌号及其化学成分如表 4-2 所示。

表 4-2　碳素结构钢的牌号及其化学成分（摘自 GB/T 700—2006）

牌号	统一数字代号	等级	厚度（或直径）/mm	脱氧方法	化学成分（质量分数）/%，不大于				
					C	Si	Mn	P	S
Q195	U11952	—	—	F、Z	0.12	0.30	0.50	0.035	0.040
Q215	U12152	A	—	F、Z	0.15	0.35	1.20	0.045	0.050
	U12155	B							0.045

续表

牌号	统一数字代号	等级	厚度（或直径）/mm	脱氧方法	化学成分（质量分数）/%，不大于				
					C	Si	Mn	P	S
Q235	U12352	A		F、Z	0.22	0.35	1.40	0.045	0.050
	U12355	B	—		0.20				0.045
	U12358	C		Z	0.17			0.040	0.040
	U12359	D		TZ				0.035	0.035
Q275	U12752	A	—	F、Z	0.24	0.35	1.50	0.045	0.050
	u12755	B	≤40	Z	0.21			0.045	0.045
			>40		0.22				
	U12758	C		Z	0.20			0.040	0.040
	U12759	D		TZ				0.035	0.035

由表可见，碳素结构钢属低碳钢，有良好的塑性和焊接性能，并具有一定的强度，通常轧制成型材、板材和焊接钢管等用于桥梁、建筑等工程结构，在机械制造中用作受力不大的零件，如螺钉、螺帽、垫圈、地脚螺钉、法兰以及不太重要的轴、拉杆等，其中以 Q235 应用最广。Q235C、Q235D 质量好，用作重要的焊接结构件。碳素结构钢的力学性能如表 4-3 所示，Q275 强度较高，可用作受力较大的机械零件。碳素结构钢一般不进行热处理，以供应状态直接使用，但也可根据需要进行热加工和热处理。

表 4-3　碳素结构钢的力学性能（摘自 GB/T 700—2006）

牌号	等级	屈服强度 R_{eH}/（N/mm²），不小于						抗拉强度 R_m/（N/mm²）	断后伸长率 A/%，不小于					冲击试验（V型缺口）	
		厚度（或直径）/mm							厚度（或直径）/mm					温度/℃	冲击吸收功（纵向）/J 不小于
		≤16	>16~40	>40~60	>60~100	>100~150	>150~200		≤40	>40~60	>60~100	>100~150	>150~200		
Q195	—	195	185	—	—	—	—	315~430	33	—	—	—	—	—	—
Q215	A	215	205	195	185	175	165	335~450	31	30	29	27	26	—	—
	B													+20	27
Q235	A	235	225	215	215	195	185	370~500	26	25	24	22	21	—	—
	B													+20	27
	C													0	
	D													-20	
Q275	A	275	265	255	245	225	215	410~540	22	21	20	18	17	—	—
	B													+20	27
	C													0	
	D													-20	

2. 优质碳素结构钢

优质非合金钢中使用最多的是优质碳素结构钢。这类钢中有害杂质元素硫、磷含量较低，主要用于制造重要的机械零件，一般都要经过热处理之后使用。优质碳素结构钢的牌号用两位数字表示，这两位数字表示钢中平均碳的质量分数的万分数。例如 45 钢，表示钢中平均碳的质量分数为 0.45%。若钢中锰的含量在 0.7%～1.2%，则在两位数字后面加锰元素的符号"Mn"。例如 65Mn钢，表示钢中平均碳的质量分数为 0.65%，含锰量较高（ω_{Mn}=0.7%～1.2%）。用铝脱氧的镇静钢，碳、锰含量下限不限，锰含量上限为 0.45%，硅含量不大于 0.03%，全铝含量为 0.020%～0.070%，此时牌号为 08Al。优质碳素结构钢的牌号、化学成分和力学性能如表 4-4 所示。

4.11　GB/T 699—2015 优质碳素结构钢

表 4-4　优质碳素结构钢的牌号、含碳量和力学性能（摘自 GB/T 699—2015）

序号	牌号	含碳量（质量分数）/%	力学性能				
			抗拉强度 R_m/MPa	下屈服强度 R_{eL}/MPa	断后伸长率 A/%	断面收缩率 Z/%	冲击吸收能量 KU_2/J
			≥				
1	08	0.05～0.11	325	195	33	60	—
2	10	0.07～0.13	335	205	31	55	—
3	15	0.12～0.18	375	225	27	55	—
4	20	0.17～0.23	410	245	25	55	—
5	25	0.22～0.29	450	275	23	50	71
6	30	0.27～0.34	490	295	21	50	63
7	35	0.32～0.39	530	315	20	45	55
8	40	0.37～0.44	570	335	19	45	47
9	45	0.42～0.50	600	355	16	40	39
10	50	0.47～0.55	630	375	14	40	31
11	55	0.52～0.60	645	380	13	35	—
12	60	0.57～0.65	675	400	12	35	—
13	65	0.62～0.70	695	410	10	30	—

由表可见，优质碳素结构钢随含碳量的增加，其强度、硬度提高，塑性、韧性降低。不同牌号的优质碳素结构钢具有不同的性能特点及用途。

08 钢含碳量很低，强度很低，塑性很好。一般由钢厂轧成薄钢板或钢带供应，主要用于制造冷冲压件，如机器外壳、容器、罩子等。

10～25 钢属低碳钢，强度、硬度低，塑性、韧性好，并具有良好的冷冲压性能和焊接性能。常用于制造冷冲压件和焊接构件，以及受力不大、韧性要求高的机械零件，如螺栓、螺钉、螺母、轴套、法兰盘、焊接容器等。还可用作尺寸不大、形状简单的渗碳件。

30～55 钢属中碳钢，经调质处理后，具有良好的综合力学性能，主要用于制造齿轮、连杆、轴类零件等，其中以 45 钢应用最广。

60、65 钢属高碳钢，经适当热处理后，有较高的强度和弹性，主要用于制作弹性零件和耐磨零件，如弹簧、弹簧垫圈、轧辊等。

3. 碳素工具钢

特殊质量非合金钢中使用最多的是碳素工具钢。碳素工具钢碳的质量分数为 0.65%～

1.35%。根据有害杂质硫、磷含量的不同又分为优质碳素工具钢（简称为碳素工具钢）和高级优质碳素工具钢两类。碳素工具钢的牌号冠以"碳"的汉语拼音字母"T"，后面加数字表示钢中平均碳的质量分数的千分数，如为高级优质碳素工具钢，则在数字后面再加上"A"。例如 T8 钢表示平均碳的质量分数为 0.8%的优质碳素工具钢。T10A 钢表示平均碳的质量分数为 1.0%的高级优质碳素工具钢。碳素工具钢各牌号的主要特点及用途如表 4-5 所示。

4.12　GB／T 1299—2014 工模钢

表 4-5　碳素工具钢各牌号的主要特点及用途（摘自 GB/T 1299—2014）

序号	统一数字代号	牌号	主要特点及用途
1-1	T00070	T7	亚共析钢，具有较好的塑性、韧性和强度，以及一定的硬度，能承受震动和冲击负荷，但切削性能力差。用于制造承受冲击负荷不大，且要求具有适当硬度和耐磨性及较好韧性的工具
1-2	T00080	T8	淬透性、韧性均优于 T10 钢，耐磨性也较高，但淬火加热容易过热，变形也大，塑性和强度比较低，大、中截面模具易残存网状碳化物，适用于制作小型拉拔、拉伸、挤压模具
1-3	T01080	T8Mn	共析钢，具有较高的淬透性和硬度，但塑性和强度较低。用于制造断面较大的木工工具、手锯锯条、刻印工具、铆钉冲模、煤矿用凿等
1-4	T00090	T9	过共析钢，具有较高的强度，但塑性和强度较低。用于制造要求较高硬度且有一定韧性的各种工具，如刻印工具、铆钉冲模、冲头、木工工具、凿岩工具等
1-5	T00100	T10	性能较好的非合金工具钢，耐磨性也较高，淬火时过热敏感性小，经适当热处理可得到较高强度和一定韧性，适合制作要求耐磨性较高而受冲击载荷较小的模具
1-6	T00110	T11	过共析钢，具有较好的综合力学性能（如硬度、耐磨性和韧性等），在加热时对晶粒长大和形成碳化物网的敏感性小。用于制造在工作时切削刃口不变热的工具，如锯、丝锥、锉刀、刮刀、扩孔钻、板牙、尺寸不大和断面无急剧变化的冷冲模及木工刀具等
1-7	T00120	T12	过共析钢，由于含碳量高，淬火后仍有较多的过剩碳化物，所以硬度和耐磨性高，但韧性低，且淬火变形大。不适于制造切削速度高和受冲击负荷的工具，用于制造不受冲击负荷、切削速度不高、切削刃口不变热的工具，如车刀、铣刀、钻头、丝锥、锉刀、刮刀、扩孔钻、板牙，及断面尺寸小的冷切边模和冲孔模等
1-8	T00130	T13	过共析钢，由于含碳量高，淬火后有更多的过剩碳化物，所以硬度更高，但韧性更差，又由于碳化物数量增加且分布不均匀，故力学性能较差，不适于制造切削速度较高和受冲击负荷的工具，用于制造不受冲击负荷，但要求极高硬度的金属切削工具，如剃刀、刮刀、拉丝工具、锉刀、刻纹用工具，以及坚硬岩石加工用工具和雕刻用工具等

碳素工具钢一般以退火状态供应，使用时再进行适当的热处理。各种碳素工具钢淬火后的硬度相近，但随着碳含量的增加，未溶渗碳体增多，钢的耐磨性增加，而韧性降低。

4. 铸造碳钢

某些形状复杂的零件，工艺上难以用锻压的方法进行生产，性能上用力学性能较低的铸铁材料又难以满足要求，此时常采用铸钢件。工程上常采用铸造碳钢制造，其碳的质量分数一般为 0.15%～0.60%。铸造碳钢的牌号用"铸钢"两字汉语拼音的第一个字母"ZG"加两组数字表示，第一组数字为最小屈服强度值，第二组数字为最小抗拉强度值。如 ZG 310-570 表示最小屈服强度为 310MPa，最小抗拉强度为 570MPa 的铸造碳钢。工程用铸钢的牌号、主要特性、用途如表 4-6 所示。

4.13　GB／T 11352—2009 一般工程用铸造碳钢件

表 4-6 工程用铸钢的牌号、主要特性、用途

牌号	主要特性	应用举例
ZG 200-400	低碳铸钢，韧性及塑性均好，但强度和硬度较低，低温冲击韧性大，脆性转变温度低，导磁性、导电性良好，焊接性好，但铸造性差	机座、电气吸盘、变速器箱体等受力不大，但要求具有韧性的零件
ZG 230-450		用于受力不大、韧性较好的零件，如轴承盖、底板、阀体、机座、侧架、轧钢机架、箱体、犁柱、砧座等
ZG 270-500	中碳铸钢，有一定的韧性及塑性，强度和硬度较高，可加工性良好，焊接性尚可，铸造性比低碳钢好	应用广泛，用于制作飞轮、车辆车钩、水压机工作缸、机架、轴承座、连杆、箱体、曲拐
ZG 310-570		用于重载荷零件，如联轴器、大齿轮、缸体、气缸、机架、制动轮、轴及辊子
ZG 340-640	高碳铸钢，具有高强度、高硬度及高耐磨性，塑性、韧性低，铸造性、焊接性均差，裂纹敏感性较大	起重运输机齿轮、联轴器、齿轮、车轮、阀轮、叉头

> **技能模块**

试验一 标准金相试样的观察试验

一、试验目的

1. 了解通用型金相显微镜的基本结构及使用方法。
2. 认识典型钢种室温下的显微组织。
3. 进一步理解铁碳合金成分与组织关系。

二、试验试样及设备

1. 典型铁碳合金标准金相试样一套。
2. 通用型金相显微镜，如图 4-22 所示。

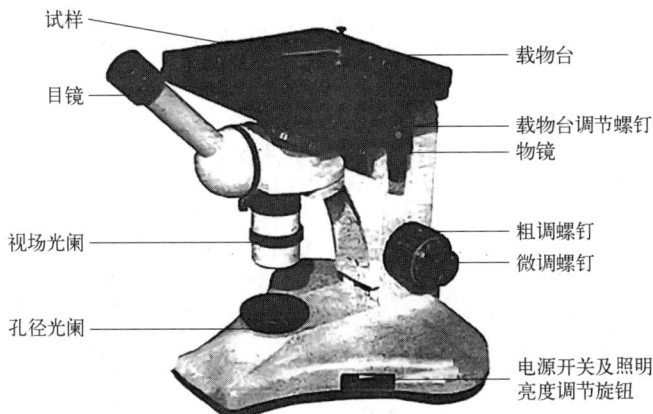

图 4-22 通用型金相显微镜

三、试验步骤

1．认真听老师结合实物讲解金相显微镜的结构、使用和维护要求。

2．熟悉显微镜的原理和结构，了解各零件的性能和功用。

3．领取标准金相试样。

4．按观察要求，选择适当的目镜和物镜，调节粗调螺钉，将载物台升高，装上物镜，取下目镜盖，装上目镜。

5．将试样放在载物台上，抛光面对着物镜。

6．接通电源，若光源是 6V 低压钨丝灯泡，则要注意电源须经降压变压器再接入灯泡。调节粗调螺钉，使物镜渐渐与试样靠近，同时在目镜中观察视场由暗到明，直到看到显微组织为止。

7．调节微调螺钉至看到清晰显微组织为止。注意：调节时要缓慢些，切勿使镜头与试样相碰。

8．根据观察到的组织情况，按需要调节孔径光阑和视场光阑到适当位置（使获得组织清晰、衬度均匀的图像）。

9．移动载物台，对试样各部分组织进行观察，观察结束后切断电源，将金相显微镜复原。

10．描绘观察到的显微组织。

四、试验报告

1．简述试验目的。

2．画出观察到的组织图像（画在直径为 30 mm 的圆内），并标明组织组分的名称。

3．根据观察结果，分析铁碳合金的组织、性能与含碳量之间的关系。

试验二　金相显微试样的制备及显微组织分析试验

一、试验目的

1．了解金相试样制备的基本方法，熟悉各种常用制样设备的基本原理和使用方法，在教师的指导下完成金相试样制备的整个过程。

2．利用金相显微镜认真观察所制备金相试样的显微组织特征，根据已学过的知识分析其组织组成和基本类型，初步判别材料类型和材料编号。

3．熟悉金相分析方法的全过程。

二、试验试样及设备

1．通用型金相显微镜。

2．不同粗细的金相砂纸一套，以及玻璃板、浸蚀剂、抛光液、无水酒精等。

3．砂轮机、预磨机、抛光机、吹风机等。

4．待制备的金相试样若干。

三、试验步骤

金相试样的制备过程包括取样、镶嵌、标号、磨制、抛光、浸蚀等几个步骤，但并不是每个金相试样都需要经过上述各个步骤。若选取的试样大小、形状合适，便于握持磨制，则不必进行镶嵌；若需检验铸铁中的石墨，则不必进行浸蚀。制备好的试样应能观察到材料的真实组织，做到金相面无磨痕、无麻点、无水迹，并使金属组织中的夹杂物、石墨等不脱落，以免影响显微分析的正确性。

1. 试样的选取

金相试样的选取应根据检验的目的，选取有代表性的部位和磨面。

如在检验和分析零件的失效原因时，除在失效的具体部位取样外，还需要在零件的完好处取样，以便进行对比研究；在检测脱碳层、化学热处理的渗层、淬火层时，应选择横向截面或横向表层取样；在研究带状组织及冷塑性变形工件的组织和夹杂物的变形情况时，应截取纵向截面试样；对于一般热处理后的零件，由于金相组织比较均匀，因此试样的截取可以在任一截面进行。

金相试样的截取方法应根据金属材料的具体性质而定，如软的金属材料可用手锯或锯床切割；硬而脆的材料（如白口铸铁）可用锤击打；对于极硬的材料（如淬火钢），可用砂轮片切割或用电脉冲加工。但无论用何种方法取样，都应避免试样的受热或产生变形，以免引起金属的组织变化。为防止零件受热，必要时应随时用水冷却。

选取的试样尺寸应便于握持，一般不要过大。常用的试样为直径 12～15 mm 的圆柱体或边长为 12～15 mm 的正方体。对于形状特殊或尺寸细小而不易握持的试样，或者为了不发生倒角的试样，可采用镶嵌的方法进行处理。金相试样的镶嵌方法如图 4-23 所示。

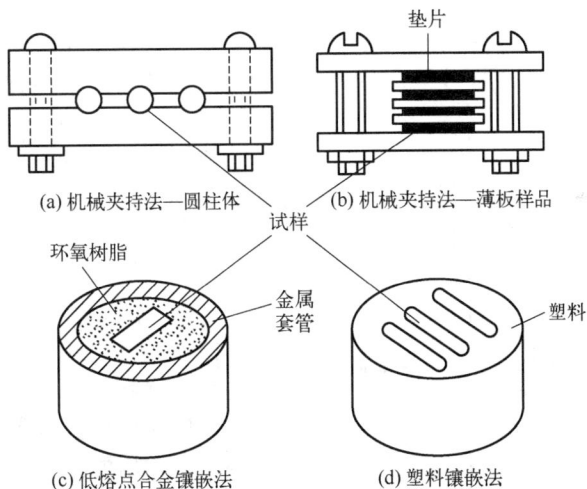

图 4-23　金相试样的镶嵌方法

镶嵌法是将金相试样镶嵌在不同的镶嵌材料中，得到外形规则并且便于握持的试样。目前常用的镶嵌方法有机械夹持法、低熔点合金镶嵌法、塑料镶嵌法等。制备三个以上金相试样时，容易发生混乱，需在试样磨面的侧面或背面编号。在对金相试样进行编号时，应力求简单，做到能与其他试样相区别即可，如刻号、用钢字码打号等。一般试样在标号后应装入试样袋内，试样袋上应记录试样名称、材料、工艺、送检单位、检验目的、编号及检验结果等项目。当试样无法编号时，可在试样袋上按其形状特征画出简图，以示区别。

2. 试样的磨制

金相试样的磨制一般分为粗磨和细磨两类。粗磨的目的是获得一个平整的金相磨面。试样选取后，将其选定的金相磨面在砂轮上磨成平面，同时将尖角倒圆。磨制时应握紧试样，用力要均匀且不宜过大，并随时用水冷却，防止试样受热而引起组织变化。

　　将粗磨后的试样用清水冲洗并擦干后进行细磨操作。细磨分为手工细磨和机器细磨两种。手工细磨是依次在由粗到细的各号金相砂纸上进行细磨操作。常用的金相砂纸号有 01、02、03、04、05 五种，号数越大，磨粒越细。磨制时将金相砂纸平铺在厚玻璃板上，用左手按住砂纸，右手握住试样，使金相磨面朝下并与金相砂纸相接触，在轻微压力的作用下向前推磨，用力应均匀、平稳，防止磨痕过深和造成金相磨面的变形。试样退回时要抬起，不能与金相砂纸相接触，进行"单程、单向"的磨制方法，直到磨掉试样磨面上的旧磨痕，形成的新磨痕均匀一致为止。手工细磨的操作方法如图 4-24 所示。

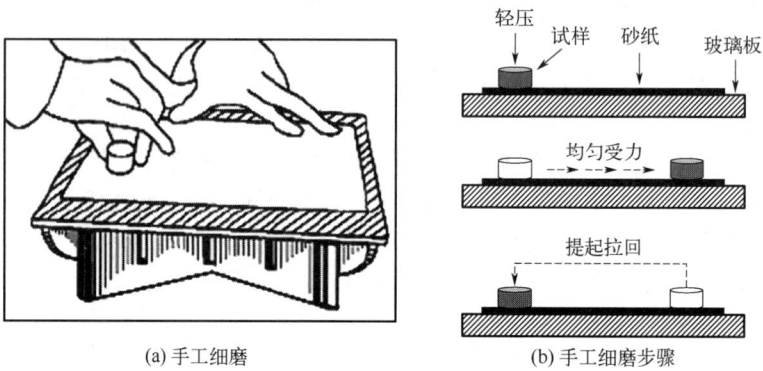

(a) 手工细磨　　　　　　　　　　　(b) 手工细磨步骤

图 4-24　手工细磨的操作方法

　　在调换下一号砂纸时，应将试样上的磨屑和砂粒清理干净，并转动 90°，即与上一号砂纸的磨痕相垂直，直到将上一号砂纸留下来的磨痕全部消除为止。试样磨面上磨痕的变化情况如图 4-25 所示。

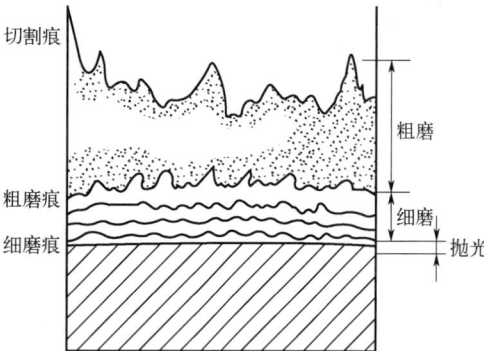

图 4-25　试样磨面上磨痕的变化情况

　　为了加快磨制速度，还可以采用机器细磨，即将磨粒粗细不同的水砂纸装在预磨机的各个磨盘上，一边冲水，一边在旋转的磨盘上磨制试样磨面。

3. 试样的抛光

　　金相试样经磨制后，磨面上仍然存在着细微的磨痕及金属扰乱层，影响正常的组织分析，因而必须进行抛光处理，以得到平整、光亮、无痕的金相磨面。常用的抛光方法有机械抛光、电解抛光、化学抛光等，其中以机械抛光应用最广。

　　机械抛光是在专用的抛光机上进行的，靠抛光磨料对金相磨面的磨削和滚压作用使其成为光滑的镜面。抛光机主要由电动机和抛光盘（直径 200～250 mm、转速 200～600 r/min）组成，抛光时应在抛光盘上铺以细帆布、平绒、丝绸等抛光织物，并不断滴注抛光液。抛光液一般是氧化铝、氧化铬、氧化镁等细粉末状磨料在水中形成的悬浮液。操作时将试样磨面均匀地压在旋转的抛光盘上，并从抛光盘的边缘到中心不断地作径向往复运动，同时使试样本身略加转动，使磨面各部分抛光程度一致，并且可以避免出现曳尾现象。抛光液的滴入量以试样离开抛光盘后，其表面的水膜在数秒内可自行挥发为宜，一般抛光时间为 3～5min，抛光后的试料磨面应光亮无痕，石墨或夹杂物应予以保留，且不能有曳尾现象。

　　电解抛光是将试样放在电解液中作为阳极，用不锈钢板或铅板作为阴极，以直流电通过电解液到阳极（即金相试样），试样表面的凸起部分因选择性溶解而被抛光。电解抛光速度快、表面光洁，只产生纯化学溶解作用而无机械力的影响，在抛光过程中不会发生塑性变形，但电解抛光的过程不易控制。

化学抛光是将化学试剂涂抹在经过粗磨的试样表面上，经过几秒到几分钟的时间，依靠化学腐蚀作用使试样表面发生选择性溶解，从而得到光滑平整的试样表面。化学抛光的操作简便，适用的试样材料广泛，不易产生金属扰乱层，软金属材料尤为适用，对试样尺寸、形状要求不严格，一次能抛光多个试样，并兼有浸蚀作用。化学抛光后即可在金相显微镜下进行观察。但化学抛光时药品消耗量大、成本高，较难掌握抛光液的成分、新旧程度、温度、抛光时间等最佳参数，易产生点蚀，夹杂物容易被腐蚀掉。

抛光后的试样磨面应光亮无痕，其中的石墨或夹杂物等不应被抛掉或产生曳尾现象。抛光完成后，先将试样用清水冲洗干净，然后用酒精冲去残留水滴，再用吹风机吹干即可。

4. 试样的浸蚀

抛光后的试样磨面是一光滑的镜面，在金相显微镜下只能看到非金属夹杂物、石墨、孔洞、裂纹等，要观察金属的组织特征，必须经过适当的浸蚀，使金属的组织正确地显示出来。目前最常用的浸蚀方法是化学浸蚀法。

化学浸蚀法是将抛光好的试样磨面在化学浸蚀剂（常用酸、碱、盐的酒精或水溶液）中浸蚀一定的时间，借助于化学或电化学作用显示金属组织。由于金属中各相的化学成分和晶体结构不同，具有不同的电极电位，因此在浸蚀剂中构成了许多微电池，电极电位低的相为阳极被溶解，电极电位高的相为阴极而保持不变。在浸蚀后形成了凹凸不平的试样表面。在金相显微镜下，各处的光线反射情况不同，就能观察到金属的显微组织特征。金属组织的显示原理如图 4-26 所示。

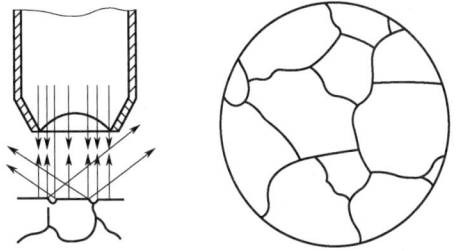

图 4-26　金属组织的显示原理

纯金属及单相合金的浸蚀是一个化学溶解过程。由于晶界原子排列较乱，缺陷及杂质较多，并具有较高的能量，故晶界易被浸蚀而呈凹沟。在金相显微镜下观察时，光线在晶界处被漫反射而不能进入物镜，便显示出一条条黑色的晶界。

两相以上合金的浸蚀是一个电化学溶解过程。由于电极电位不同，电极电位低的一相被腐蚀而形成凹沟，电极电位高的一相只产生化学溶解，保持了原来的平面状态，当光线照射到凹凸不平的试样表面时，就能看到不同的组成相及其组织形态。单相和两相组织的显示图如图 4-27 所示。

应当指出，金属中各个晶粒的成分虽然相同，但其原子排列位向不同，也会使磨面上各晶粒的浸蚀程度不一致，在垂直光线照射下，各个晶粒就呈现出明暗不同的颜色。化学浸蚀剂的种类有很多，应按金属材料的种类和浸蚀的目的，进行合理的选择。

化学浸蚀时，应将试样磨面向上浸入一盛有浸蚀剂的容器，并不断地轻微晃动（或用棉花沾上浸蚀剂擦拭试样表面），待浸蚀适度后取出试样，迅速用清水冲洗干净，然后用无水酒精冲洗，最后用吹风机吹干。试样表面需严格保持清洁，若不立即观察，应将制备好的金相试样保存于干燥器中。

浸蚀的时间要适当，一般试样磨面发暗时即可停止，浸蚀时间取决于金属的性质、浸蚀剂的浓度及显微镜观察时的放大倍数。总之，浸蚀时间以在显微镜下能清晰地看出显微组织的细节为准。若浸蚀不足，可重复进行浸蚀，但一旦浸蚀过度，试样则需重新抛光，有时还需要在最后一号砂纸上进行磨制。

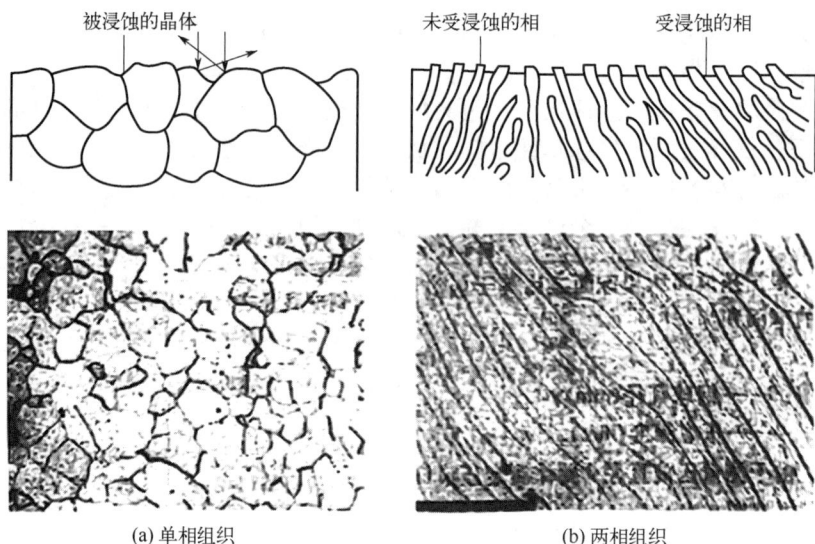

(a) 单相组织　　　　　　　　(b) 两相组织

图 4-27　单相和两相组织的显示图

四、试验报告

1. 简述试验目的。

2. 根据已学过的金相分析知识，分析和判别所观察到的金相显微组织的类型、各组成相的相对量、金属材料的类别或牌号，写出分析过程及其结果。

3. 画出所制备金相试样（浸蚀后）的显微组织示意图，并用引线标出其组织组成物的名称，记录浸蚀剂、放大倍数、组织类型、材料名称等。

‹ 思维训练模块

一、判断题

1. 在铁碳合金中，共析反应只发生于共析钢中，所以只有共析钢中才有珠光体组织。

2. 亚共析钢室温下的平衡组织随合金中含碳量的增大，其中珠光体的相对量是增加的。

3. 含碳量对铁碳合金力学性能的影响是随着含碳量的增大，合金的强度、硬度升高，塑性、韧性下降。

4. 钢中的硫和磷均属有害元素，所以硫和磷的含量越高，则钢材的质量越差。

5. 高碳钢的质量优于中碳钢，中碳钢的质量优于低碳钢。

6. 45 钢因具有较好的综合力学性能，所以广泛用来制造各种轴类零件及齿轮等。

7. 含碳量相同的碳素结构钢与优质碳素结构钢相比，硬度基本相同，但碳素结构的塑性和韧性不如优质碳素结构钢。

8. 碳素工具钢，经热处理后可以得到高硬度和高耐磨性，所以用来制造高速切削用的各种刀具。

9. 铸钢主要用于形状比较复杂且力学性能要求较高的一些零件。

10. 一定成分的合金溶液，在恒温下，同时析出两种成分和结构均不相同的固相机械混合物的反应称为共析反应。

二、选择题

1. 珠光体中的渗碳体形态一般为（　　）。
　　A．颗粒状　　　　　　B．网状　　　　　　C．层片状　　　　　　D．针状
2. 在铁碳合金中由奥氏体析出的渗碳体有（　　）。
　　A．一次渗碳体　　　　　　　　　　　　　B．二次渗碳体
　　C．共晶渗碳体　　　　　　　　　　　　　D．共析渗碳体
3. 在铁碳合金中由液体中析出的渗碳体有（　　）。
　　A．一次渗碳体　　　　　　　　　　　　　B．二次渗碳体
　　C．共晶渗碳体　　　　　　　　　　　　　D．共析渗碳体
4. 碳素钢平衡状态下的二次渗碳体的形态一般为（　　）。
　　A．板条状　　　　　　B．网状　　　　　　C．层片状　　　　　　D．针状
5. 钢号 Q215 属（　　）。
　　A．碳素结构钢　　　B．碳素工具钢　　　C．低碳钢　　　　D．优质碳素结构钢
6. 45 钢属（　　）。
　　A．碳素结构钢　　　　　　　　　　　　　B．优质碳素结构钢
　　C．碳素工具钢　　　　　　　　　　　　　D．中碳钢
7. 机器中的轴类零件一般常选用（　　）。
　　A．Q215A　　　　B．45　　　　　　C．65　　　　　　D．T7
8. 钢丝绳常用的材料一般为（　　）。
　　A．20　　　　　　B．45　　　　　　C．65　　　　　　D．Q215
9. 锉刀常用的材料一般为（　　）。
　　A．Q255A　　　　B．65　　　　　　C．T7　　　　　　D．T12
10. T7 属（　　）。
　　A．高碳钢　　　　　　　　　　　　　　　B．中碳钢
　　C．优质碳素结构钢　　　　　　　　　　　D．优质碳素工具钢

三、填空题

1. 铁碳合金在固态下的基本组织有_____、_____、_____、_____、_____。
2. 铁素体是指碳在_____中形成的_____固溶体，常用符号__表示。铁素体的强度和硬度_____，而塑料和韧性_____。
3. 奥氏体是指碳在_____中形成的_____固溶体，常用符号____表示。奥氏体在铁碳合金中的存在温度是_____以上，其力学性能具有_____的强度和硬度，塑性_____。
4. 珠光体是_____和_____两相层片相间的_____，其平均含碳量为_____，用符号_____表示。珠光体存在于_____以下温度，其性能界于____和____两者之间。
5. 渗碳体是_____所形成的_____，化学式是_____，含碳量为_____，其性能是硬度_____，脆性_____，塑性_____。
6. 铁碳合金的共晶反应是指含碳量_____的液体在_____的恒温下同时结晶出___和___的转变，转变产物称为_____。
7. 铁碳合金的共析反应是指含碳量_____的奥氏体在_____恒温同时析出_____和_____的转变，转变产物称为_____。
8. 共析钢室温下的平衡组织是_____，过共析钢室温下的平衡组织是_____，亚共析

钢室温下的平衡组织是_____。

9．亚共晶白口铁室温下的平衡组织是_____；共晶白口铁室温下的平衡组织是_____，过共晶白口铁室温下的平衡组织是_____。

10．碳素钢中常存杂质元素主要有____、_____、_____、____等，对钢性能有强化作用是_____，使钢产生热脆性的是___，增大冷脆性的是_____。

11．钢号 Q215A 属_____钢，Q 代表_____，215 代表_____，A 代表_____。

12．钢号 45 属_____钢，45 代表_____。

13．钢号 T7A 属_____钢，7 代表_____，A 代表_____。

14．ZG 200-400 属_____钢，200 表示_____，400 表示_____。

四、问答题

1．根据室温下的平衡组织，说明含碳量对碳素钢力学性能的影响。

2．说明常存杂质锰、硅、硫、磷在碳素钢中的主要存在形式及对钢力学性能的影响。

3．按含碳量，碳素钢一般分为哪几类？并说明各自的含碳量范围及力学性能的特点。

4．说明含碳量相同的碳素结构钢与优质碳素结构钢的力学性能有何异同？为什么？

五、应用题

1．指出下列选材是否合理？为什么？并对不合理的进行纠正。

（1）一般紧固螺栓用 Q235A；

（2）尺寸不大的渗碳齿轮用 45 钢；

（3）截面不大的弹簧用 30 钢；

（4）錾子用 T12 钢。

2．某厂购进规格相同的 20、60、T8、T12 四种钢各一捆，装运时钢种搞混，试根据已学知识，提出两种区分方法，并简述各自的确定原则。

3．根据 Fe-Fe$_3$C 相图，计算：

（1）0.55%C 的钢在室温时相组成物和组织组成物各是什么？其相对质量分数各是多少？

（2）1.0%C 的钢的相组成物和组织组成物各是什么？各占多大比例？

（3）铁碳合金中，二次渗碳体的最大含量。

4．两块钢样，退火后经显微组织分析，可知其组织组成物的相对含量如下：

第一块钢样珠光体占 40%，铁素体 60%；

第二块钢样珠光体占 95%，二次渗碳体占 5%。

试问它们的含碳量约为多少？（铁素体含碳量可忽略不计）

5．据 Fe-Fe$_3$C 相图，说明产生下列现象的原因。

（1）含 1.0%C 的钢比 0.5%C 的钢硬度高；

（2）室温下，0.8%C 的钢比 1.2%C 的钢强度高；

（3）低温莱氏体的塑性比珠光体差；

（4）在 1100℃，0.4%C 的钢能锻造，而 4.0%C 的生铁不能锻造。

第五章 钢的热处理

学习目标

知识目标　　1. 了解热处理的定义、目的、分类及作用。
　　　　　　2. 掌握钢加热和保温的目的。
　　　　　　3. 掌握钢在冷却转变时的产物及转变曲线。
　　　　　　4. 掌握钢的退火、正火、淬火、回火的目的、工艺及应用。
　　　　　　5. 熟悉钢的淬透性概念、影响因素以及与淬硬性的区别。
　　　　　　6. 了解表面热处理的目的及应用。

技能目标　　1. 学生能独立进行退火、正火、淬火、回火工艺操作。
　　　　　　2. 掌握箱式电阻炉、布氏硬度计、洛氏硬度计的调试、操作。

思政目标　　学生能从热处理工艺对性能的改善、组织与性能的关系等知识中解读精益
　　　　　　求精的内涵，打造持之以恒的品格，传承工匠精神。

案例导入

　　古代优质锋利的剑称为宝剑，宝剑能削铁如泥。战国时期的"干将""莫邪"等宝剑又是怎样制造出来的呢？首先，要有优质的铁矿石，然后经过千锤百炼，趁热将剑放到水中快速冷却。古代掌握这种炼剑技术的人很少，现在我们知道了这种炼剑技术是进行了热处理——淬火。

知识模块

　　所谓钢的热处理，就是将钢在固态下加热、保温、冷却，使钢的内部组织结构发生变化，以获得所需要的组织与性能的一种工艺。

　　热处理的目的是通过改变金属材料的组织和性能来满足工程中对材料使用性能和加工工艺性能的要求。所以，选择正确和先进的热处理工艺对于挖掘金属材料的潜力、改善零件使用性能、提高产品质量、延长零件的使用寿命、节约材料均具有重要的意义；同时还对改善零件毛坯的工艺性能以利于冷热加工的进行起着重要的作用。因此，热处理在机械制造行业中被广泛地应用，例如汽车、拖拉机行业中需要进行热处理的零件占 70%～80%；机床行业中占 60%～70%；轴承及各种模具则达到 100%。

　　钢的热处理方法可分为三大类：

　　① 整体热处理　是指对热处理件进行穿透性加热，以改善整体的组织和性能的处理工艺，分为退火、正火、淬火、回火等。

5.1　热处理

② 表面热处理　是指仅对工件表层进行热处理，以改变其组织和性能的工艺。分为表面淬火、物理气相沉积、化学气相沉积、等离子化学气相沉积等。

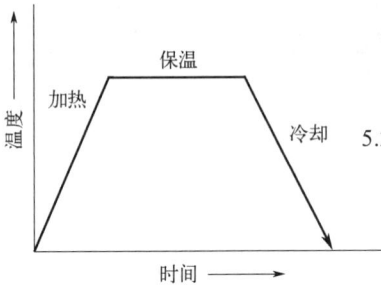

③ 化学热处理　是指将工件置于一定温度的活性介质中保温，使一种或几种元素渗入它的表层，以改变其化学成分、组织和性能的热处理工艺。根据渗入成分的不同又分为渗碳、渗氮、碳氮共渗、渗金属、多元共渗等。

尽管热处理的种类很多，但通常所用的各种热处理过程都是由加热、保温和冷却三个基本阶段组成。图 5-1 为最基本的热处理工艺曲线。

5.2　GB/T 7232—2023 金属热处理术语

图 5-1　热处理工艺曲线

第一节　钢的热处理原理

根据 Fe-Fe$_3$C 状态图，共析钢在加热温度超过 PSK 线（A_1）时，完全转变为奥氏体。亚共析钢和过共析钢必须加热到 GS 线（A_3）和 ES 线（A_{cm}）以上才能全部转变为奥氏体。但在实际热处理加热和冷却条件下，相变是在非平衡条件下进行的，由于过热和过冷现象的影响，加热时相变温度偏向高温，冷却时偏向低温，这种现象称为热滞。加热或冷却速度越快，则热滞现象越严重。通常把加热时的实际临界温度标以字母"c"；而把冷却时的实际临界温度标以字母"r"。将加热时的临界温度标为 A_{c1}、A_{c3}、$A_{c\,cm}$，冷却时标为 A_{r1}、A_{r3}、A_{rcm}，如图 5-2 所示。上述实际的临界温度并不是固定的，它们受含碳量、合金元素含量、奥氏体化温度、加热和冷却速度等因素的影响而变化。

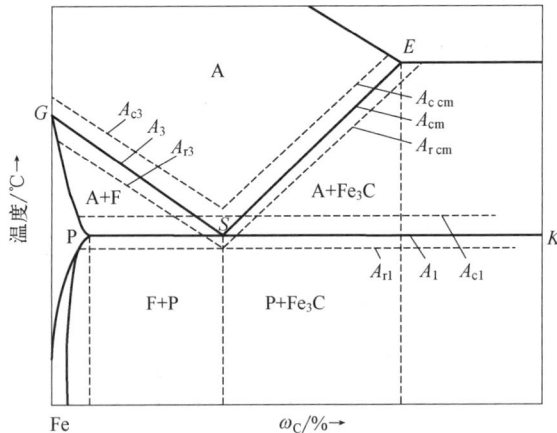

图 5-2　钢在实际加热和冷却时的相变点

一、钢在加热时的组织转变

（一）奥氏体的形成过程

将钢加热至临界温度以上，使原始组织全部或部分转变为奥氏体的过程称为奥氏体化。

室温组织为珠光体的共析钢加热至 A_1（A_{c1}）以上时，将形成奥氏体，即发生 P（F+Fe₃C）→ A 的转变。可见这是由成分相差悬殊、晶体结构完全不同的两个相向另一种成分和晶格的单相固溶体的转变过程，是一个晶格改组和铁、碳原子的扩散过程，也是通过形核和长大的过程来实现的。其基本过程由以下四个阶段组成，如图 5-3 所示。

1. 奥氏体晶核的形成

奥氏体晶核优先在铁素体和渗碳体的两相界面上形成，这是因为相界面处成分不均匀，原子排列不规则，晶格畸变大，能为产生奥氏体晶核提供成分和结构两方面的有利条件。

2. 奥氏体晶核的长大

奥氏体晶核形成后，依靠铁素体的晶格改组和渗碳体的不断溶解，奥氏体晶核不断向铁素体和渗碳体两个方向长大。与此同时，新的奥氏体晶核也不断形成并随之长大，直至铁素体全部转变为奥氏体为止。

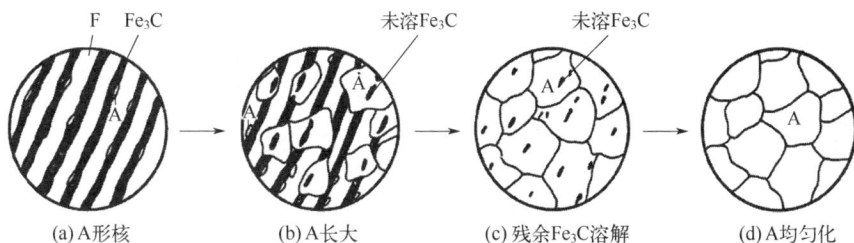

图 5-3　共析碳钢中奥氏体形成过程示意图

3. 残余渗碳体的溶解

在奥氏体的形成过程中，当铁素体全部转变为奥氏体后，仍有部分渗碳体尚未溶解（称为残余渗碳体），随着保温时间的延长，残余渗碳体将不断溶入奥氏体中，直至完全消失。

4. 奥氏体成分均匀化

当残余渗碳体溶解后，奥氏体中的碳成分仍是不均匀的，在原渗碳体处的碳浓度比原铁素体处的要高，只有经过一定时间的保温，通过碳原子的扩散，才能使奥氏体中的碳成分均匀一致。

5.3　奥氏体形成

亚共析钢和过共析钢的奥氏体形成过程与共析钢基本相同，不同的是亚共析钢的平衡组织中除了珠光体外还有先析出的铁素体，过共析钢中除了珠光体外还有先析出的渗碳体。若加热至 A_{c1} 温度，只能使珠光体转变为奥氏体，得到奥氏体+铁素体或奥氏体+二次渗碳体组织，称为不完全奥氏体化。只有继续加热至 A_{c3} 或 A_{ccm} 温度以上，才能得到单相奥氏体组织，即完全奥氏体化。

（二）奥氏体晶粒的大小及其影响因素

钢在加热时获得的奥氏体晶粒大小，直接影响到冷却后转变产物的晶粒大小（如图 5-4 所示）和力学性能。加热时获得的奥氏体晶粒细小，则冷却后转变产物的晶粒也细小，其强度、塑性和韧性较好；反之，粗大的奥氏体晶粒冷却后转变产物也粗大，其强度、塑性较差，特别是冲击韧度显著降低。

1. 奥氏体的晶粒度

晶粒度是表示晶粒大小的一种尺度。奥氏体晶粒的大小用奥氏体晶粒度来表示，晶粒度与晶粒大小的关系可用公式表示为

$$n = 2^{N-1}$$

式中　　n——放大 100 倍后，每平方英寸（1 平方英寸=6.4516cm²）视场中含有的平均晶粒数目；

　　　　N——晶粒度。

晶粒度通常分为 8 级，1～4 级为粗晶粒，5～8 级为细晶粒，超过 8 级为超细晶粒。奥氏体有以下三种不同概念的晶粒度。

（1）起始晶粒度

它是指奥氏体化过程刚刚完成时的晶粒度。此时的奥氏体晶粒非常细小，但难以测定，也没有实际应用意义。

（2）本质晶粒度

钢在加热时奥氏体晶粒长大的倾向用本质晶粒度来表示。它是指在规定的加热条件下（930℃±10℃，保温 3h 或 8h）所得到的奥氏体的晶粒度。晶粒度在 1～4 级者称为本质粗晶粒钢，在 5～8 级者称为本质细晶粒钢。

不同成分的钢加热时奥氏体晶粒长大倾向是不同的，有些钢随着加热温度的提高，奥氏体晶粒会迅速长大，称这类钢为本质粗晶粒钢；而有些钢的奥氏体晶粒不易长大，只有当温度超过一定值时，奥氏体才会迅速长大，称这类钢为本质细晶粒钢，如图 5-5 所示。本质晶粒度并不表示晶粒的实际大小，仅表示奥氏体晶粒长大的倾向。

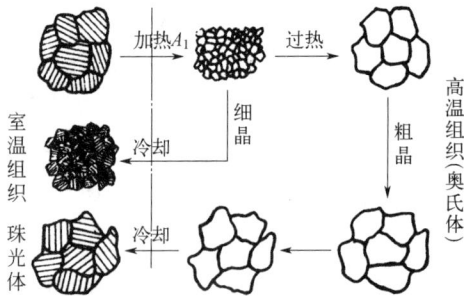

5.4 GB/T 6394—2017 金属平均晶粒度测定方法

图 5-4　钢在加热和冷却时晶粒大小的变化

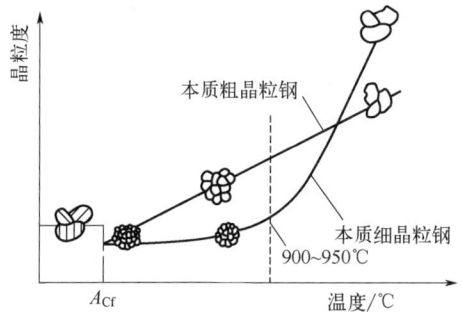

图 5-5　两种奥氏体晶粒长大倾向的示意图

（3）实际晶粒度

它是指在某一具体加热条件所得到的奥氏体的晶粒度，它决定了钢冷却后组织的粗细及力学性能的好坏。

2．影响奥氏体晶粒大小的因素

珠光体向奥氏体转变完成后，最初获得的奥氏体晶粒是很细小的。但随着加热的继续，奥氏体晶粒会自发地长大。影响奥氏体晶粒度的主要因素有：

（1）加热温度和保温时间

奥氏体刚形成时，晶粒是细小的，但随着温度的升高，奥氏体晶粒将逐渐长大，温度越高，晶粒长大越明显；在一定温度下，保温时间越长，奥氏体晶粒就越粗大。因此，热处理加热时要合理选择加热温度和保温时间，以保证获得细小均匀的奥氏体组织。

（2）钢的成分

随着奥氏体中碳含量的增加，晶粒的长大倾向也增加；若碳以未溶碳化物的形式存在，则有阻碍晶粒长大的作用。

（3）合金元素

在钢中加入能形成稳定碳化物的元素（如钛、钒、铌、锆等）和能形成氧化物或氮化物的元素（如适量的铝等），有利于获得细晶粒，因为碳化物、氧化物、氮化物等弥散分布在奥氏体的晶界上，能阻碍晶粒长大；锰和磷

5.5 奥氏体晶粒长大

是促进奥氏体晶粒长大的元素。

为了控制奥氏体晶粒长大，可以采取合理选择加热温度和保温时间、合理选择钢的原始组织以及加入一定量的合金元素等措施。

总之，热处理加热保温的目的是获得细小均匀的奥氏体组织。

二、钢在冷却时的组织转变

钢加热保温后获得细小的、成分均匀的奥氏体，再以不同的方式和速度进行冷却，可得到不同的产物。在钢的热处理工艺中，热处理冷却方式通常有等温冷却和连续冷却两种。等温冷却是将已奥氏体化的钢件快速冷却到临界点以下的给定温度进行保温，使其在该温度下发生组织转变，如图 5-6 中的曲线 1 所示；连续冷却是将已奥氏体化的钢以某种冷却速度连续冷却，使其在临界点以下的不同温度进行组织转变，如图 5-6 中的曲线 2 所示。

钢在加热后获得的奥氏体冷却到 A_1 温度以下时，将处于热力学不稳定状态，有自发地转变为稳定状态

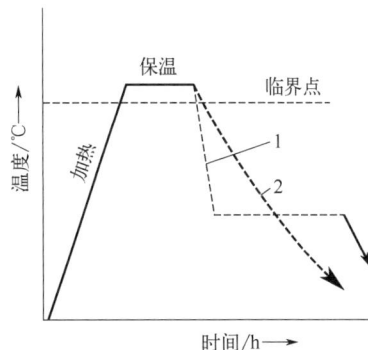

图 5-6　两种冷却方式示意图
1—等温冷却；2—连续冷却

的倾向。这种在共析温度以下尚未发生组织转变的不稳定的奥氏体称为过冷奥氏体。

（一）过冷奥氏体等温转变

1. 过冷奥氏体等温转变曲线的建立

过冷奥氏体等温转变曲线图（TTT 图）是用实验方法建立的。以共析钢为例，等温转变曲线图的建立过程如下：将共析钢制成一定尺寸的试样若干组，在相同条件下加热至 A_1 温度以上使其完全奥氏体化，然后分别迅速投入 A_1 温度以下不同温度的恒温槽中进行等温冷却。测出各试样过冷奥氏体转变开始时间和转变终了的时间，并把它们描绘在温度-时间坐标图上，再用光滑曲线分别连接各转变开始点和转变终了点，如图 5-7 所示。共析钢的过冷奥氏体等温转变曲线又称"C 曲线"，如图 5-8 所示。

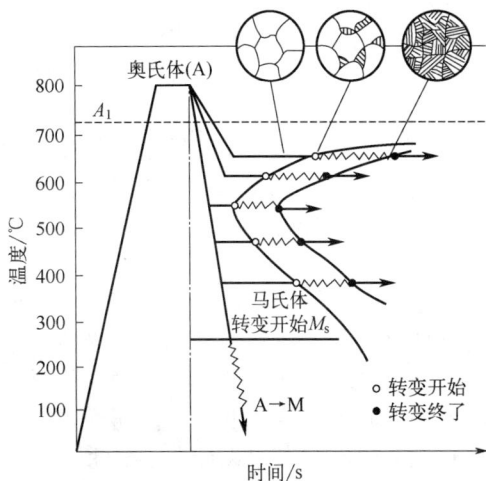

图 5-7　共析钢过冷奥氏体等温转变图的建立

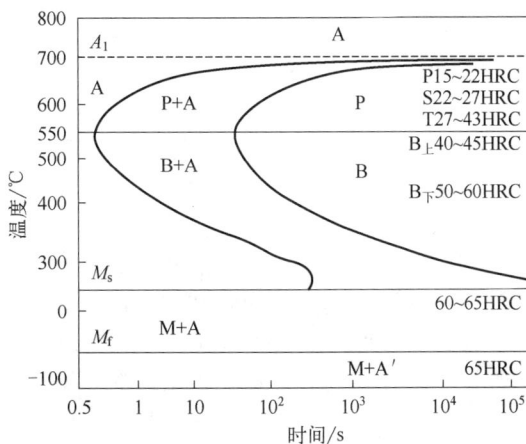

图 5-8　共析钢过冷奥氏体等温转变图

在图 5-8 中，A_1 为奥氏体向珠光体转变的相变点，A_1 以上区域为稳定奥氏体区。两条 C 形曲线中，左边的曲线为转变开始线，该线以左区域为过冷奥氏体区；右边的曲线为转变终了线，该线以右区域为转变产物区；两条 C 形曲线之间的区域为过冷奥氏体与转变产物共存区。水平线 M_s 和 M_f 分别为马氏体转变的开始线和中止线。

由共析钢过冷奥氏体的等温转变曲线可知，等温转变的温度不同，过冷奥氏体转变所需孕育期的长短不同，即过冷奥氏体的稳定性不同。在约550℃处的孕育期最短，表明在此温度下的过冷奥氏体最不稳定，转变速度也最快。

亚共析钢和过共析钢的过冷奥氏体在转变为珠光体之前，分别有先析出铁素体和先析出渗碳体的结晶过程。因此，与共析钢相比，亚共析钢和过共析钢的过冷奥氏体等温转变曲线图多了一条先析相的析出线，如图 5-9 所示。同时 C 曲线的位置也相对左移，说明亚共析钢和过共析钢过冷奥氏体的稳定性比共析钢要差。

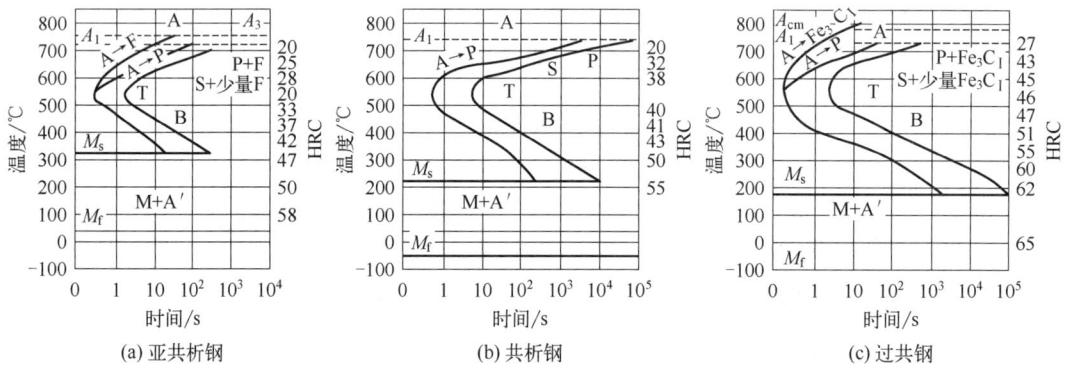

图 5-9　亚共析钢、共析钢和过共析钢过冷奥氏体等温转变曲线图的比较

2. 过冷奥氏体等温转变的产物与性能

（1）珠光体型转变

过冷奥氏体在 550℃～A_1 温度范围等温时，将发生珠光体型转变。由于转变温度较高，在此温度范围内，原子具有较强的扩散能力，铁原子及碳原子均可进行充分的扩散，所以珠光体转变是一种扩散型相变。转变产物为铁素体薄层和渗碳体薄层交替重叠的层状组织，即珠光体型组织。奥氏体转变为珠光体的过程也是形核和长大的过程，如图 5-10 所示。当奥氏体过冷到 A_1 以下时，首先在奥氏体晶界上产生渗碳体晶核，通过原子扩散，渗碳体依靠其周围奥氏体不断地供应碳原子而长大。同时，由于渗碳体周围奥氏体含碳量不断降低，从而为铁素体形核创造了条件，使这部分奥氏体转变为铁素体。由于铁素体溶碳能力低（<0.0218%C），所以又将过剩的碳排挤到相邻的奥氏体中，使相邻奥氏体含碳量增高，这又为产生新的渗碳体创造了条件。如此反复进行，奥氏体最终全部转变为铁素体和渗碳体片层相间的珠光体组织。

等温温度越低，铁素体层和渗碳体层越薄，层间距（一层铁素体和一层渗碳体的厚度之和）越小，硬度越高。为区别起见，这些层间距不同的珠光体型组织分别称为珠光体、索氏体和托氏体（也称屈氏体），用符号 P、S、T 表示，实际上这三种组织都是珠光体，且无严格的温度界限，差别只是珠光体组织的片层间距大小不同。转变温度越低，转变速度越快，这个片层间距越小，其强度、硬度越高，塑性、韧性也越高。其显微组织如图 5-11 所示。

（2）贝氏体型转变

过冷奥氏体在 M_s～550℃温度范围等温时，将发生贝氏体型转变。奥氏体向贝氏体的转变属半扩散型相变，由于转变温度较低，原子扩散能力较差，铁原子基本不扩散而碳原子有一定扩散能力。渗碳体已经很难聚集长大呈层状。因此，转变产物为由含碳过饱和的铁素体和弥散分布的渗碳体组成的组织，称为贝氏体，用符号 B 来表示。由于等温温度不同，贝氏体的形态也不同，分为上贝氏体（B$_上$）和下贝氏体（B$_下$）。上贝氏体组织形态呈羽毛状，强度较低，塑性和韧性较差。上贝氏体的显微组织如图 5-12 所示，在光学显微镜下，铁素体呈暗黑色，渗碳体呈亮白色。下贝氏体组织形态呈黑色针状，强度较高，塑性

5.6　贝氏体转变

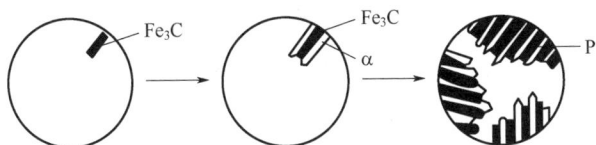

和韧性也较好，即具有良好的综合力学性能，其显微组织如图 5-13 所示。珠光体型组织和贝氏体型组织通常称为过冷奥氏体的等温转变产物，其组织特征及硬度如表 5-1 所示。

5.7　珠光体转变

图 5-10　珠光体转变过程示意图　　　　图 5-11　珠光体型组织（500×）

图 5-12　上贝氏体组织（500×）　　　　图 5-13　下贝氏体组织（500×）

表 5-1　共析钢过冷奥氏体等温转变产物的组织及硬度

组织名称	符号	转变温度/℃	组织形态	层间距/μm	分辨所需放大倍数	硬度/HRC
珠光体	P	650～A_1	粗片状	＞0.4	＜500	5～27
索氏体	S	600～650	细片状	0.4～0.2	1000～1500	27～33
托氏体	T	550～600	极细片状	＜0.2	10000～100000	33～43
上贝氏体	B$_上$	350～550	羽毛状	—	＞400	40～45
下贝氏体	B$_下$	M_s～350	黑色针状	—	＞400	50～60

（3）马氏体型转变

过冷奥氏体冷却到 M_s 温度以下将产生马氏体型转变。马氏体是碳溶入 α-Fe 中形成的过饱和固溶体，用符号 M 表示。马氏体具有体心立方晶格，当发生马氏体型转变时，过冷奥氏体中的碳来不及析出而全部保留在马氏体中，形成过饱和的固溶体，产生晶格畸变。

1）马氏体的组织形态

马氏体的组织形态因其成分和形成条件而异，通常分为板条状马氏体和针片状马氏体两种基本类型。

板条马氏体又称为低碳马氏体，主要产生于低碳钢的淬火组织中。显微组织如图 5-14 所示。它由一束束平行的长条状晶体组成，其单个晶体的立体形态为板条状。在光学显微镜下观察所看到的只是边缘不规则的块状，故亦称为块状马氏体。这种马氏体具有良好的综合力学性能。

片状马氏体又称为高碳马氏体，其显微组织如图 5-15 所示。它由互成一定角度的针状晶体组成。其单个晶体的立体形态呈双凸透镜状，因每个马氏体的厚度与径向尺寸相比很小，所以粗略地说是片状。因在金相磨面上观察到的通常都是与马氏体片成一定角度的截面，呈针状，故亦称为针状马氏体。这种马氏体主要产生于高碳钢的淬火组织中。高碳马氏体硬而脆。

图 5-14 板条马氏体组织（500×）

图 5-15 针片状马氏体组织（500×）

2）马氏体的力学性能

马氏体具有高的硬度和强度，这是马氏体的主要性能特点。马氏体的硬度主要取决于 M

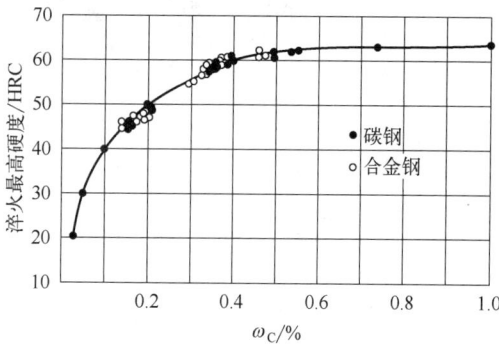

图 5-16 马氏体硬度与碳含量的关系

5.8 马氏体转变

中的含碳量，如图 5-16 所示，而塑性和韧性主要取决于组织。板条马氏体具有较高硬度、较高强度与较好塑性和韧性相配合的良好的综合力学性能。针片状马氏体具有比板条马氏体更高的硬度，但脆性较大，塑性和韧性较差。

3）马氏体型转变的特点

马氏体转变也是一个形核和长大的过程，但有着许多独特的特点。

① 马氏体转变是在一定温度范围内进行的。在奥氏体的连续冷却过程中，冷却至 M_s 点时，奥氏体开始向马氏体转变，M_s 点称为马氏体转变的开始点；在以后继续冷却时，马氏体的数量随温度的下降而不断增多，若中途停止冷却，则奥氏体也停止向马氏体转变；冷却至 M_f 点时，马氏体转变中止，M_f 点称为马氏体转变的中止点。

② 马氏体转变的速度极快，瞬间形核，瞬间长大，铁、碳原子的扩散都极其困难，所以相变时只发生从 γ-Fe 到 α-Fe 的晶格改组，而没有原子的扩散，马氏体中的碳含量就是原奥氏体中的碳含量。马氏体转变是一个非扩散型转变。

③ 马氏体转变具有不完全性。马氏体转变不能完全进行到底，M_s、M_f 点的位置与冷却速度无关，主要取决于奥氏体的含碳量，含碳量越高，M_s 和 M_f 越低，如图 5-17（a）即使过冷到 M_f 点以下，马氏体转变停止后，仍有少量的奥氏体存在。奥氏体在冷却过程中发生相变后，在环境温度下残存的奥氏体称为残余奥氏体，用符号"A′"表示。

由图可见，当奥氏体中含碳量增加至 0.5%以上时，M_f 点便下降至室温以下，含碳量愈高，马氏体转变温度下降愈大，则残余奥氏体量也就愈多，如图 5-17（b）所示。共析碳钢的 M_f 点约为-50℃，当淬火至室温时，其组织中含有 3%～6%的残余奥氏体。

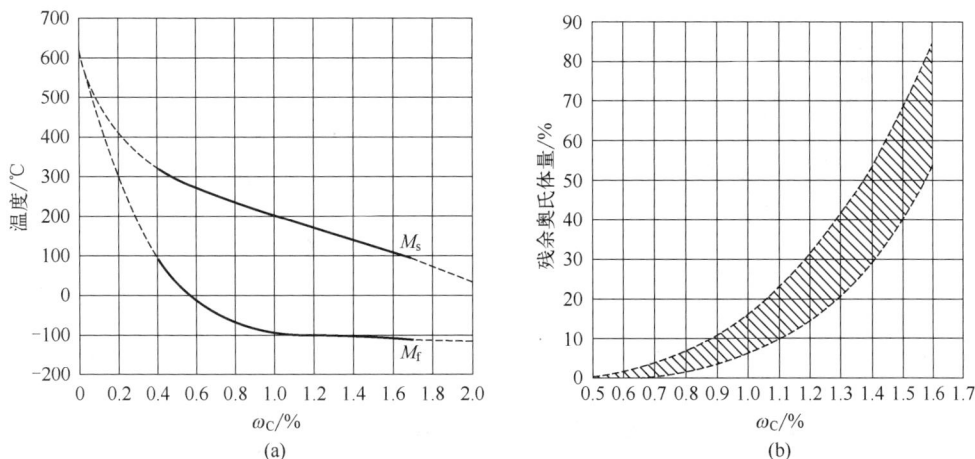

图 5-17　奥氏体的含碳量对马氏体转变温度及残余奥氏体量的影响

残余奥氏体的存在不仅降低了淬火钢的硬度和耐磨性，而且在零件长期使用过程中，会逐渐转变为马氏体，使零件尺寸发生变化，尺寸精度降低。

（二）过冷奥氏体连续冷却转变

在实际热处理中，过冷奥氏体转变大多是在连续冷却过程中完成的，其组织的转变规律可以通过过冷奥氏体连续转变曲线图（CCT 图）表示。共析钢的过冷奥氏体连续转变曲线如图 5-18 所示。

5.9　连续冷却

图中 p_s、p_f 线分别为珠光体类组织转变开始线和转变终了线，P_1 为珠光体类组织转变中止线。当冷却曲线碰到 P_1 线时，奥氏体向珠光体的转变将被中止，剩余奥氏体将一直过冷至 M_s 以下转变为马氏体组织。与等温转变图相比，共析钢的连续转变曲线图中珠光体转变开始线和转变终了线的位置均相对右下移，而且只有 C 形曲线的上半部分，没有贝氏体型转变区。由于过冷奥氏体连续转变曲线的测定比较困难，所以在生产中常借用同种钢的等温转变曲线图来分析过冷奥氏体连续冷却转变产物的组织和性能。以共析钢为例，将连续冷却的冷却速度曲线叠画在 C 曲线上，如图 5-19 所示。根据各冷却曲线与 C 曲线交点对应的温度，就可大致估计过冷奥氏体的转变情况，如表 5-2 所示。冷却速度 V_k 称为临界冷却速度，即钢在淬火时为抑制非马氏体转变所需的最小冷却速度。

当冷却速度较小时（如炉冷），其转变产物为粗珠光体，硬度为 170～220 HBW。增大冷却速度（如空冷），其转变产物为索氏体，硬度为 25～35 HRC，与炉冷相比较，转变温度降低，转变所需时间缩短。冷却速度继续增大，转变温度将继续降低，但只要冷却速度不超过 V_k，全部过冷奥氏体都将转变为珠光体型组织。当大于 V_k 的冷却速度冷却时（如油冷），由于冷却曲线不与 P_f 线相交，所以转变过程中只有部分过冷奥氏体转变为珠光体型组织，其余部分则被过冷到 M_s 点以下转变马氏体，最后得到的组织为细珠光体+马氏体+少量的残余奥氏体，硬度为 45～55HRC。当冷却速度大于 V_k 以后，过冷奥氏体直接过冷到 M_s 点以下转变为马氏体及少量残余奥氏体，其硬度为 60～65HRC。

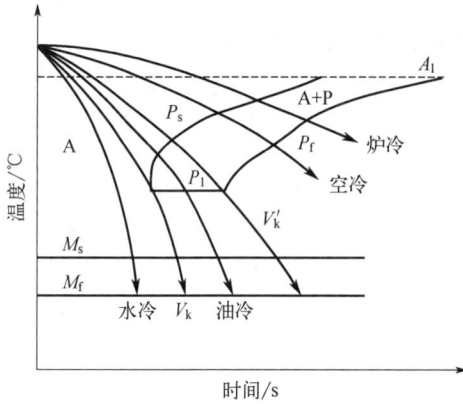

图 5-18　共析钢过冷奥氏体的连续转变曲线　　图 5-19　在等温转变图上估计连续冷却时的组织

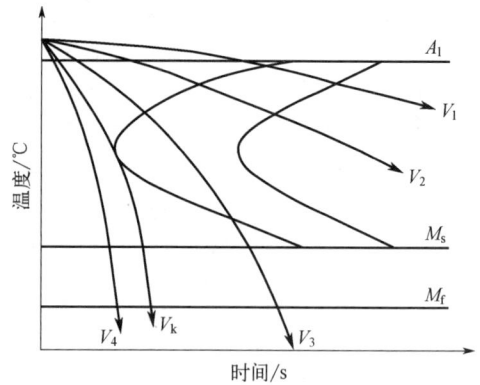

表 5-2　共析钢过冷奥氏体连续冷却转变产物的组织和硬度

冷却速度	冷却方法	转变产物	符　号	硬　度
V_1	炉冷	珠光体	P	170～220HBW
V_2	空冷	索氏体	S	25～35HRC
V_3	油冷	托氏体+马氏体	T+M	45～55HRC
V_4	水冷	马氏体+残余奥氏体	M+A′	60～65HRC

第二节　钢的退火与正火

钢的退火与正火是热处理的基本工艺之一，主要用于铸、锻、焊毛坯的预备热处理，以及改善机械零件毛坯的切削加工性能，也可用于性能要求不高的机械零件的最终热处理。

一、钢的退火

将钢件加热到适当温度，保持一定时间，然后缓慢冷却的热处理工艺称为退火。钢件经过退火后获得接近于平衡状态的组织。

退火的主要目的是：

① 降低钢件硬度，便于切削加工。

② 消除残余应力，防止变形和开裂。

③ 消除缺陷，改善组织，细化晶粒，提高钢的力学性能。

④ 消除加工硬化，提高塑性以利于继续冷加工。

⑤ 改善或消除毛坯在铸、锻、焊时所造成的组织或成分不均匀，以提高其工艺性能和使用性能。

退火的方法很多，通常按退火目的的不同，分为完全退火、球化退火、去应力退火、再结晶退火、均匀化退火（扩散退火）等。

1. 完全退火

完全退火又称重结晶退火，一般简称为退火。

完全退火是将亚共析钢或亚共析成分合金钢工件加热至 A_{c3} 以上 30～50℃，保温一定时间后，随炉缓慢冷却到500℃，出炉空冷至室温的工艺过程。

由于加热时钢件的组织完全奥氏体化，在以后的缓冷过程中奥氏体全部转变为细小而均匀的平衡组织，从而降低钢的硬度，细化晶粒，充分消除内应力。

5.10　完全退火

过共析钢不宜采用完全退火，因为加热到 A_{ccm} 以上缓冷时，沿奥氏体晶界会析出二次渗碳体，使钢的韧性、切削加工性能大大降低，且有可能在之后的热处理中引起开裂。

完全退火工艺时间很长，尤其是对于某些奥氏体比较稳定的合金钢，往往需要数十小时，甚至数天的时间。如果在对应钢的 C 曲线的珠光体形成温度上进行过冷奥氏体的等温转变处理，就有可能在等温处理的前后稍快地进行冷却。所以为了缩短退火时间，提高生产率，目前生产中多采用等温退火代替完全退火。

2. 球化退火

球化退火是将钢加热到 A_{c1} 以上 20～30℃，保温后随炉缓慢冷却至 500～600℃出炉空冷；也可以先快冷至 A_{r1} 以下 20℃等温足够时间，出炉空冷。

球化退火的目的是使钢中片状、网状碳化物球化。钢件经球化退火后，将获得由大致呈球形的渗碳体颗粒弥散分布于铁素体基体上的球状组织，称为球状珠光体，如图 5-20 所示，为淬火回火做好组织准备；降低硬度以利于切削加工。

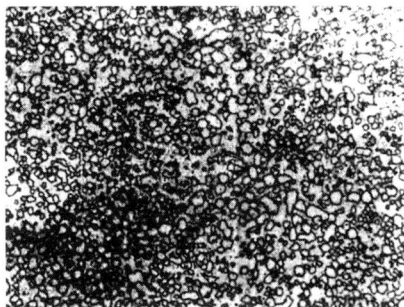

图 5-20　球状珠光体组织（500×）

球化退火主要用于共析钢和过共析钢的锻轧件。若原始组织中存在有较多的网状渗碳体，则应先进行正火消除渗碳体网后，再进行球化退火。

3. 去应力退火（低温退火）

去应力退火是将钢件加热到 500～650℃，经适当时间保温后，随炉缓慢冷却到 300～200℃以下出炉空冷的工艺。

5.11　球化退火

去应力退火的目的是消除铸件、锻件、焊接结构件、热轧件、冷冲压件等的内应力。如果这些应力不消除，零件在切削加工、后续变形加工以及使用过程中将引起变形或开裂，为此，大型铸件如车床床身、内燃机汽缸体、汽轮机隔板等必须进行去应力退火。

去应力退火的特点是加热温度低于 A_1，所以在退火过程中没有组织变化，只消除或减少了内应力。

4. 再结晶退火

再结晶退火主要用于消除冷加工钢材的加工硬化，以提高塑性，便于继续进行冷加工，其加热温度在再结晶温度以上 100～200℃。

5. 扩散退火

扩散退火又称为均匀化退火，主要用于消除高合金铸件中的成分偏析。其加热温度略低于固相线的温度（亚共析钢通常为 1050～1150℃），长时间保温（一般为 10～20h），然后随炉缓慢冷却到室温。扩散退火加热温度高，保温时间长，会引起奥氏体晶粒的显著长大，因此，扩散退火后必须进行一次完全退火或正火，以细化晶粒，提高钢的塑性。

二、钢的正火

正火是将钢材或钢件加热到临界温度以上，保温后空冷的热处理工艺。亚共析钢加热到

A_{C3} 以上 30～50℃，过共析钢加热到 A_{ccm} 以上 30～50℃，保温后在空气中冷却。

正火的目的与退火相似，如细化晶粒、均匀组织、调整硬度等。与退火相比，正火冷却速度较快，因此，正火组织的晶粒比较细小，强度、硬度比退火后要略高一些。

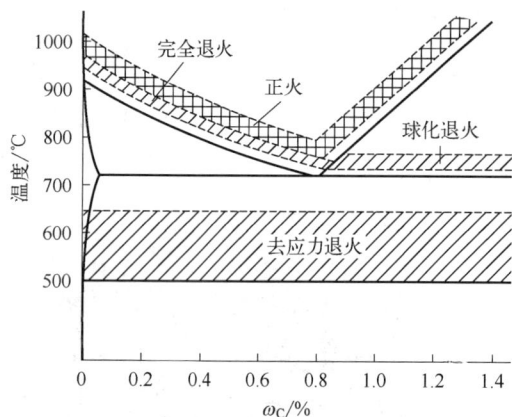

5.12　正火

图 5-21　各种退火和正火的加热温度范围

正火的主要应用范围有：

① 消除过共析钢中的碳化物网，为球化退火做好组织准备；

② 作为低、中碳钢和低合金结构钢消除应力、细化组织、改善切削加工性和淬火前的预备热处理；

③ 某些碳钢、低合金钢工件在淬火返修时，消除内应力和细化组织，以防止重新淬火时产生变形和裂纹；

④ 对于力学性能要求不太高的普通结构零件，正火也可代替调质处理作为最终热处理使用。常用退火和正火的加热温度范围和工艺曲线如图 5-21 所示。

第三节　钢的淬火与回火

一、钢的淬火

淬火是将钢加热到 A_{C1} 或 A_{C3} 以上 30～50℃，保温一段时间后，快速冷却以获得马氏体或贝氏体的热处理工艺方法。淬火的目的是强化钢材、为回火做好组织准备。

（一）钢的淬火工艺

1. 淬火加热温度的选择

亚共析钢的淬火加热温度是 A_{C3} 以上 30～50℃，此时可全部得到奥氏体，淬火后得到马氏体组织。如图 5-22 所示。如果加热到 A_{C1}～A_{C3} 之间，这时得到奥氏体和铁素体组织，淬火后奥氏体转变成马氏体，而铁素体则保留下来，因而使钢的硬度和强度达不到要求。如果淬火温度过高，加热后奥氏体晶粒粗化，淬火后会得到粗大马氏体组织，这将使钢的力学性能下降，特别是塑性和韧性显著降低，并且淬火时容易引起零件变形和开裂。

过共析钢的淬火温度是 A_{C1} 以上 30～50℃，这时得到奥氏体和渗碳体组织，淬火后奥氏体转变为马氏体，而渗碳体被保留下来，

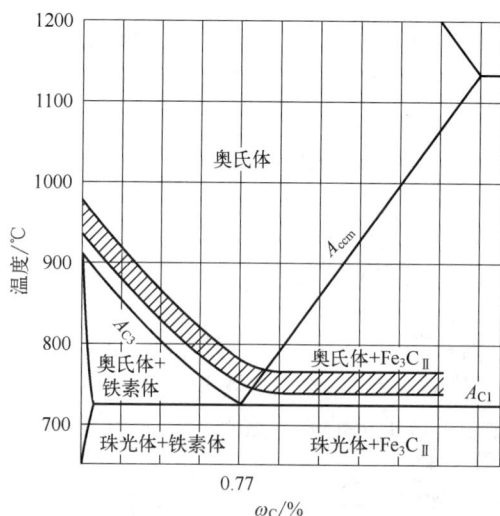

图 5-22　碳钢的淬火加热温度范围

获得均匀细小的马氏体和粒状渗碳体的混合组织。由于渗碳体的硬度比马氏体还高，所以不但钢的硬度没有降低，而且还可以提高钢的耐磨性。如果将过共析钢加热到A_{ccm}以上，这时渗碳体已全部溶入奥氏体中，增加了奥氏体的含碳量，因而钢的M_s点下降，从而使淬火后的残余奥氏体量增多，反而降低了钢的硬度和耐磨性。另外，温度高时还将使奥氏体晶粒长大，淬火时易形成粗大马氏体，使钢的韧性降低。

对于合金钢，除了少数使奥氏体晶粒容易长大的 Mn、P 元素以外，大多数合金元素会阻碍奥氏体晶粒长大，所以需要稍微提高它们的淬火温度，使合金元素充分溶解和均匀化，以便获得较好的淬火效果。

2. 加热保温时间的选择

淬火加热保温时间一般是根据钢件的材料、有效厚度、加热介质、装炉方式、装炉量等具体情况而定。可以按下列公式进行计算：

$$\tau = K\alpha D$$

式中　τ——保温时间，min；

　　　K——装炉系数（K 通常取 1～1.5）；

　　　α——加热系数，min/mm；

　　　D——钢件有效厚度，mm。

5.13　淬火

3. 淬火介质

钢件进行淬火冷却时所使用的介质称为淬火介质。淬火介质应具有足够的冷却能力、良好的冷却性能和较宽的使用范围，同时还应具有不易老化、不腐蚀零件、易清洗、无公害、价廉等特点。为保证钢件淬火后得到马氏体组织，淬火介质必须使钢件淬火冷却速度大于马氏体临界冷却速度。但过快的冷却速度会产生很大的淬火应力，引起变形和开裂。因此，在选择冷却介质时，既要保证得到马氏体组织，又要尽量减少淬火应力。

由碳钢的过冷奥氏体等温转变曲线图可知，为避免珠光体型转变，过冷奥氏体在 C 曲线的鼻尖处（550℃左右）需要快冷，以期 $V \geqslant V_k$ 而不产生珠光体类组织转变；在 650℃以上或 400℃以下（特别是在 M_s 点附近发生马氏体转变时）冷却速度则要求慢一些，减小组织应力和热应力，减少变形开裂倾向。钢在淬火时理想的冷却曲线如图 5-23 所示。符合此种冷却情况的淬火介质称为理想淬火介质。

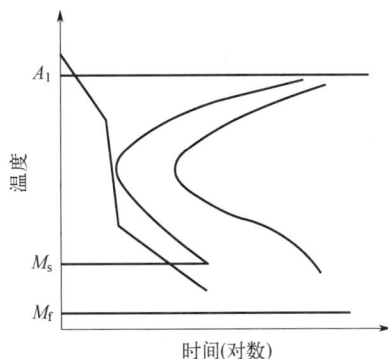

图 5-23　理想淬火介质冷却曲线

目前生产中常用的淬火介质有水及水溶液、矿物油等，尤其是水和油最为常用。

水在 400～650℃范围内冷却速度较大，这对奥氏体稳定性较小的碳钢来说极为有利；但在 200～300℃的温度范围内，水的冷却速度仍然很大，易使工件产生大的组织应力，而产生变形或开裂。在水中加入少量的盐，只能增加其在 400～650℃范围内的冷却能力，基本上不改变其在 200～300℃时的冷却速度。

油在 200～300℃范围内的冷却速度远小于水，对减少淬火工件的变形与开裂很有利，但在 400～650℃范围内的冷却速度也远比水要小，所以不能用于碳钢，而只能用于过冷奥氏体稳定性较大的合金钢的淬火。常用冷却介质的冷却能力见表 5-3。

表 5-3　常用冷却介质的冷却能力

冷却介质	冷却速度/（℃/s）	
	在 550～650℃区间	在 200～300℃区间
水（18℃）	600	270
水（50℃）	100	270
水（74℃）	30	200
10%NaOH 水溶液（18℃）	1200	300
10%NaCl 水溶液（18℃）	1100	300
50℃矿物油	150	30

除水、水溶液和油外，生产中还用硝盐浴或碱浴作为淬火冷却介质。在高温区域，碱浴的冷却能力比油强而比水弱，硝盐浴的冷却能力比油略弱。在低温区域，碱浴和硝盐浴的冷却能力都比油弱。并且碱浴和硝盐浴具有流动性好、淬火变形小等优点，因此这类介质广泛应用于截面不大、形状复杂、变形要求严格的碳素工具钢、合金工具钢等工件，作为分级淬火或等温淬火的冷却介质。

（二）常用的淬火方法

由于淬火介质不能完全满足淬火质量要求，所以热处理工艺还应在淬火方法上加以解决。目前使用的淬火方法较多，以下介绍其中常用的几种。

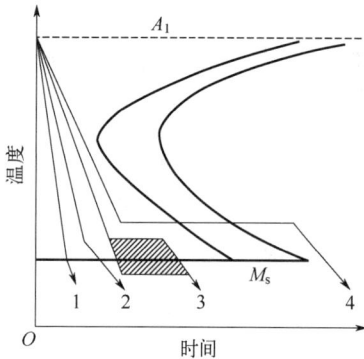

图 5-24　各种淬火方法示意图
1—单介质淬火；2—双介质淬火；
3—分级淬火；4—等温淬火

1. 单介质淬火

单介质淬火是指淬火时将奥氏体状态的工件放入一种淬火介质中一直冷却到室温的淬火方法，如图 5-24 中的折线 1 所示。这种方法操作简单，容易实现机械化，适用于形状简单的碳钢和合金钢工件，一般碳钢在水或水溶液中淬火，合金钢在油中淬火。

单介质淬火的缺点是不容易满足淬火件的质量要求，水淬内应力大，变形和开裂倾向大；而油淬容易造成硬度不足或不均匀。此外，单介质淬火时工件的表里温差大，热应力大，对形状复杂的工件易产生较大的变形和开裂。

2. 双介质淬火

采用双介质淬火时，先将奥氏体状态的工件在冷却能力强的淬火介质中冷却至接近 M_s 点温度，再立即转入冷却能力较弱的淬火介质中冷却，直至完成马氏体转变，如图 5-24 中的折线 2 所示。最常用的双介质淬火方法是水-油双介质淬火（又称水淬油冷），有时也用水-空气双介质淬火（又称水淬空冷）。

水-油双介质淬火利用了水在高温区冷却速度快和油在低温区冷却速度慢的优点，既可以保证工件得到马氏体组织，又可以降低工件在马氏体区的冷却速度，减少组织应力，从而防止工件变形或开裂。采用双液淬火法必须严格控制工件在水中的停留时间，水中停留时间过短会引起奥氏体分解，导致淬火硬度不足；水中停留时间过长，工件某些部分已在水中发生马氏体转变，从而失去双液淬火的意义。因此，实行双液淬火必须要求工人有丰富的经验和熟练的技术。

3. 马氏体分级淬火

采用马氏体分级淬火时，首先将奥氏体状态的工件淬入略高于钢的 M_s 点的盐浴或碱浴炉中保温，当工件内外温度均匀后，再从浴炉中取出，空冷至室温，完成马氏体转变，如图 5-24 中的折线 3 所示。

由于这种淬火方法可使工件内外温度均匀并在缓慢冷却条件下完成马氏体转变，不仅减小了淬火热应力，而且显著降低了组织应力，因此有效地减小了或防止了工件淬火变形和开裂。马氏体分级淬火还克服了双液淬火出水入油时间难以控制的缺点。

但马氏体分级淬火冷却介质温度较高，工件在浴炉中冷却速度较慢，而等温时间又有限制，大截面零件难以达到其临界淬火速度。因此，此方法只适用于尺寸较小的工件，如刀具、量具和要求变形很小的精密工件。

4. 贝氏体等温淬火

贝氏体等温淬火是指将奥氏体化后的工件浸入温度在贝氏体转变区间（260～400℃）的盐（碱）浴中，保温足够长时间，使过冷奥氏体转变为下贝氏体，然后空冷的淬火工艺，如图 5-24 中的折线 4 所示。

下贝氏体组织的强度、硬度较高而韧性良好，故此方法可显著提高钢的综合力学性能。等温淬火的加热温度通常比普通淬火高些，目的是提高奥氏体的稳定性和增大其冷却速度，防止等温冷却过程中发生珠光体型转变。等温淬火可以显著减小工件变形和开裂倾向，比较适合处理形状复杂、尺寸要求精密的工具和重要的机器零件，如模具、刀具、齿轮等。同分级淬火一样，等温淬火也只能适用于尺寸较小的工件。

生产中常用的淬火方法还有预冷淬火、局部淬火和深冷淬火等。

5. 局部淬火

局部淬火是只对工件需要硬化的局部进行淬火的热处理工艺。局部淬火的优点是只对钢件局部进行加热淬火，可避免工件其他部分产生变形与裂纹。

在生产中，淬火常用单液淬火法，在一种介质中连续冷却至室温。这种淬火操作简单便于实现机械化和自动化，故应用广泛。对于易产生裂纹、变形的钢，可采用先水淬后油淬的双液淬火或分级淬火法。工件淬入冷却介质时，一般应做到：设法保证工件淬硬、淬深，尽量减小工件畸变，避免开裂，并安全生产。

（三）钢的淬透性

对钢进行淬火是希望获得马氏体组织，但一定尺寸和化学成分的钢件在某种介质中淬火能否得到全部马氏体则取决于钢的淬透性。淬透性是钢的重要工艺性能，也是选材和制定热处理工艺的重要依据之一。

1. 淬透性概念

钢的淬透性是指奥氏体化后的钢在淬火时获得马氏体的能力，其大小用钢在一定的条件下淬火获得的淬透层的深度表示。一定尺寸的工件在某介质中淬火，其淬透层的深度与工件截面各点的冷却速度有关。如果工件截面中心的冷却速度高于钢的临界淬火速度，工件就会淬透。然而工件淬火时表面冷却速度最大，心部冷却速度最小，由表面至心部冷却速度逐渐降低。只有冷却速度大于临界淬火速度的工件外层部分才能得到马氏体，这就是工件的淬透层。而冷却速度小于临界淬火速度的心部只能获得非马氏体组织，这就是工件的未淬透区。

如图 5-25 所示为大截面工件的不同冷速与淬透情况示意图。

在未淬透的情况下，工件从表面至心部马氏体数量逐渐减少，硬度逐渐降低。当淬火组织中马氏体和非马氏体组织各占一半（即半马氏体区）时，显微观察极为方便，硬度变化最为剧烈。为测试方便，通常采用从淬火工件表面至半马氏体区距离作为淬透层的深度。半马氏体区的硬度称为测定淬透层深度的临界硬度。研究证明，钢的半马氏体的硬度主要取决于奥氏体中含碳量，而与合金元素的含量关系不大。

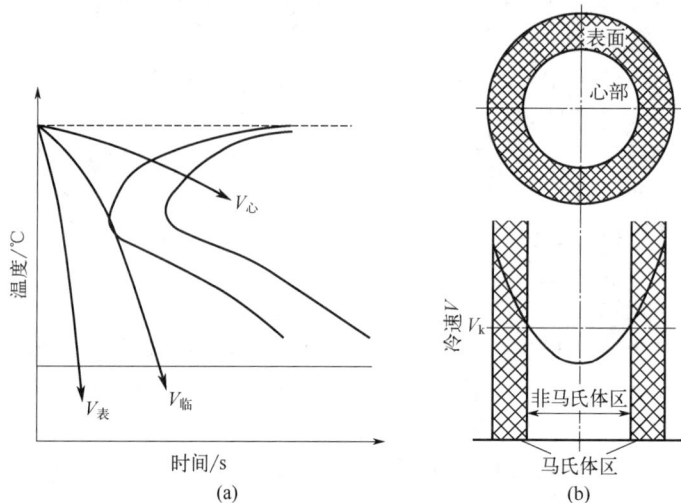

图 5-25　大截面工件的不同冷速与淬透情况示意图

2．淬硬性

淬硬性是指钢在理想条件下所能达到的最大硬度，主要取决于马氏体的含碳量。

在实际生产中要注意区别淬透性与淬硬性。淬透性表示钢淬火时获得马氏体的能力，它反映钢的过冷奥氏体稳定性，即与钢的临界冷却速度有关。过冷奥氏体越稳定，临界淬火速度越小，钢在一定条件下淬透层深度越深，则钢的淬透性越好，与钢中合金元素的含量关系不大。淬透性和淬硬性并无必然联系，如高碳工具钢的淬硬性高，但淬透性很低；而低碳合金钢的淬硬性不高，但淬透性却很好。

3．淬透性测定

为了便于比较各种钢的淬透性，必须在统一标准的冷却条件下进行测定。淬透性的测定方法很多，目前常用的测试方法是（GB/T 225—2006）《钢淬透性的末端淬火试验方法》。如图 5-26 所示为末端淬火法测定钢的淬透性的示意图。

5.14　GB/T 225—2006 钢淬透性的末端淬火试验方法

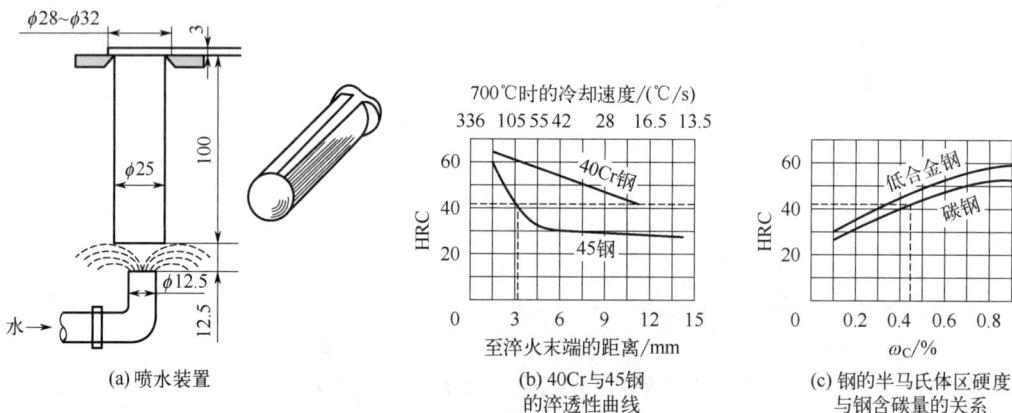

图 5-26　末端淬火法测定钢的淬透性的示意图

试验采用 $\phi 25mm \times 100mm$ 的标准试样，试验时将试样加热至规定温度奥氏体化后，迅速放入试验装置中喷水冷却，如图 5-26（a）所示。试样冷却后沿其轴线方向相对两侧面各磨去 0.2～0.5mm，然后从试样末端起每隔 1.5mm 测量一次硬度，即可得到硬度与至末端距离的关系曲线，如图 5-26（b）所示，此曲线即钢的淬透性曲线。由图可知 45 钢比 40Cr 钢的硬度下降得快，表明 40Cr 钢的淬透性比 45 钢要好。图 5-26（c）与图 5-26（b）相配合便可找出半马氏体区至末端的距离。该距离越大，淬透性越好。

钢的淬透性通常用 $J\dfrac{HRC}{d}$ 表示，其中 J 表示端淬试验的淬透性，d 表示距水冷端的距离，HRC 为该处测得的硬度值，如 $J\dfrac{42}{5}$ 表示距水冷端 5mm 处试样硬度为 42 HRC。

此外，在热处理生产中，还常用临界淬透直径 D_0 来衡量钢的淬透性，它是钢在某种淬火介质中能够完全淬透（心部马氏体的体积分数为 50%）的最大直径。在给定淬火条件下，临界淬透直径越大，说明完全淬透的试棒的直径越大，钢的淬透性越好。如表 5-4 所示为几种常用钢的临界淬透直径。

表 5-4　几种常用钢的临界淬透直径

牌号	$D_{0水}$/mm	$D_{0油}$/mm
45	10～18	6～8
60	20～25	9～15
40Cr	20～36	12～24
20CrMnTi	32～50	12～20
T8～T12	15～18	5～7
65Mn	25～30	17～25
9SiCr	—	40～50
35SiMn	40～46	25～34
GCr15	—	30～35
Cr12	—	200

4．影响淬透性的因素

钢的淬透性主要取决于过冷奥氏体的稳定性。因此，凡影响过冷奥氏体稳定性的因素，都会影响钢的淬透性。

（1）钢的化学成分

在亚共析钢中，随碳的质量分数增加，C 曲线右移，V_k 值减小，淬透性增大；在过共析钢中，随碳的质量分数增加，C 曲线左移，V_k 值增大，淬透性减小。碳钢中含碳量越接近于共析成分，钢的淬透性越好。合金钢中除钴外，绝大多数合金元素溶于奥氏体后，都能使 C 曲线右移，V_k 值减小，钢的淬透性增加。

（2）奥氏体化温度及保温时间

适当提高钢的奥氏体化温度或延长保温时间，可使奥氏体晶粒更粗大，成分更均匀，从而增加过冷奥氏体的稳定性，提高钢的淬透性。

5．淬透性的应用

淬透性对钢热处理后的力学性能有很大影响。若钢件被淬透，经回火后整个截面上的性能均匀一致；若淬透性差，钢件未被淬透，经回火后钢件表里性能不一，心部强度和韧性均较低。因此，钢的淬透性是一项重要的热处理工艺参数，对于合理选用钢材和正确制定热处理工艺均具有重要意义。

对于多数的重要结构件，如发动机的连杆、拉杆、锻模和螺栓等，为获得良好的使用性能和最轻的结构质量，热处理时都希望能淬透，需要选用淬透性足够的钢材；对于形状复杂、截面变化较大的零件，为减少淬火应力和变形与裂纹，淬火时宜采用冷却较缓慢的淬火介质，也需要选用淬透性较好的钢材；而对于焊接结构件，为避免在焊缝热影响区形成淬火组织，使焊接件产生变形和裂纹，增加焊接工艺的复杂性，则不应选用淬透性较好的钢材。

二、钢的回火

将淬火钢件重新加热到 A_1 以下的某一温度，保温一定的时间，然后冷却到室温的热处理工艺称为回火。

淬火和回火是在生产中广泛应用的热处理工艺，这两种工艺通常紧密地结合在一起，是强化钢材、提高机械零件使用寿命的重要手段。通过淬火和适当温度的回火，可以获得不同的组织和性能，满足各类零件或工具对于使用性能的要求。

（一）回火的目的

工件淬火后硬度高而脆性大，不能满足各种工件的不同性能要求，需要通过适当回火的配合来调整硬度、减小脆性，得到所需的塑性和韧性；同时工件淬火后存在很大内应力，如不及时回火，往往会使工件发生变形甚至开裂。另外，淬火后的组织结构（马氏体和残余奥氏体）是处于不稳定的状态，在使用中要发生分解和转变，从而将引起零件形状及尺寸的变化，利用回火可以促使它转变到一定程度并使其组织结构稳定化，以保证工件在以后的使用过程中不再发生尺寸和形状的改变。综上所述，回火的目的大体可归纳为：

① 降低脆性，消除或减少内应力。

② 获得工件所要求的力学性能。

③ 稳定工件组织和尺寸。

④ 对于退火难以软化的某些合金钢，在淬火后予以高温回火，以降低硬度，便于切削加工。

对于未经过淬火处理的钢，回火一般是没有意义的。而淬火钢不经过回火是不能直接使用的，为了避免工件在放置和使用过程中发生变形与开裂，淬火后应及时进行回火。

（二）钢在回火时的转变

钢件经淬火后的组织（马氏体+残余奥氏体）为不稳定组织，有着自发向稳定组织转变的倾向。但在室温下，这种转变的速度极其缓慢。回火加热时，随着温度的升高，原子活动能力加强，使组织转变能较快地进行。淬火钢在回火时的组织转变可以分为马氏体的分解、残余奥氏体的分解、碳化物的转变、渗碳体的聚集长大和 α 固溶体的再结晶等四个阶段。

（1）马氏体的分解（＜200℃）

淬火钢在 100℃ 以下回火时，由于温度较低，原子的活动能力较弱，钢的组织基本不发生变化。马氏体分解主要发生在 100～200℃，此时马氏体中过饱和的碳原子将以 ε 碳化物（Fe_xC）的形式析出，使马氏体的过饱和度降低。析出的 ε 碳化物以极细小的片状分布在马氏体的基体上，这种组织称为回火马氏体，用符号"$M_回$"表示。马氏体的分解过程将持续到 350℃ 左右。

（2）残余奥氏体的分解（200～300℃）

由于马氏体的分解，过饱和度的下降，减轻了对残余奥氏体的压力，因而残余奥氏体开始发生分解，形成过饱和 α 固溶体和 ε 碳化物，其组织与同温度下马氏体的回火产物一样，同样是回火马氏体组织。

（3）碳化物的转变（250～400℃）

随着温度的升高，ε 碳化物开始与 α 固溶体脱离，并逐步转变为稳定的渗碳体（Fe_3C）。到达 350℃左右，马氏体中的碳含量已基本下降到铁素体的平衡成分，内应力大量消除，形成了在保持马氏体形态的铁素体基体上分布着的细粒状渗碳体的组织，称为回火托氏体，用符号"$T_回$"表示。

（4）渗碳体的聚集长大和 α 固溶体的再结晶（＞450℃）

在这一阶段的回火过程中，随着回火温度的升高，渗碳体颗粒通过聚集长大而形成较大的颗粒状。同时，保持马氏体形态的铁素体开始发生再结晶，形成多边形的铁素体晶粒。这种由颗粒状渗碳体与等轴状铁素体组成的组织称为回火索氏体，用符号"$S_回$"表示。

（三）淬火钢回火时的性能变化

在回火过程中，随着回火温度升高，淬火钢的组织发生变化，力学性能也会发生相应的变化。随着回火温度的升高，钢的强度和硬度下降，而塑性和韧性提高，如图 5-27 所示。

（四）回火的种类及应用

根据加热温度的不同，回火可分为：

1. 低温回火

回火温度是 150～250℃。回火后得到回火马氏体组织，硬度一般为 58～64HRC。低温回火的目的是保持高的硬度和耐磨性，降低内应力，减少脆性。其主要适用于刃具、量具、模具和轴承等要求高硬度、高耐磨性的工具和零件的处理。

2. 中温回火

回火温度是 350～500℃。回火后得到回火托氏体组织，硬度为 35～45HRC。中温回火的目的是要获得较高的弹性极限和屈服极限，同时又有一定的韧性。其主要用于弹簧、发条、热锻模等零件和工具的处理。

图 5-27　钢力学性能与回火温度的关系

5.15　低温回火

3. 高温回火

回火温度是 500～650℃。回火后得到回火索氏体组织，硬度为 25～35HRC。高温回火的目的是要获得强度、塑性、韧性都较好的综合力学性能。

在工厂里人们习惯地把淬火加高温回火热处理称为调质处理。调质处理在机械工业中得到广泛应用，主要用于承受交变载荷作用下的重要结构件，如连杆、螺栓、齿轮及轴类零件等。

（五）回火脆性

淬火钢在某些温度区间回火时产生的冲击韧度显著降低的现象称为回火脆性，如图 5-28 所示。

淬火钢在 250～350℃回火时所产生的回火脆性称为第一类回火脆性，也称为低温回火脆性，几乎所有的淬火钢在该温度范围内回火时，都产生不同程度的回火脆性。第一类回火脆

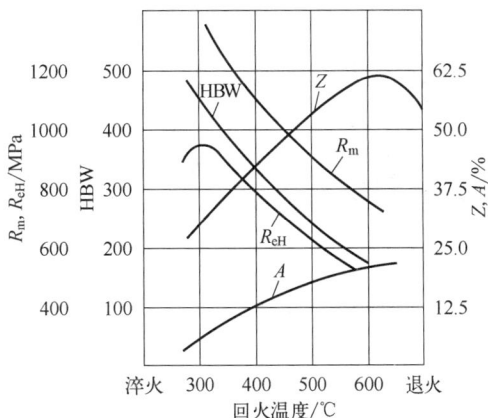

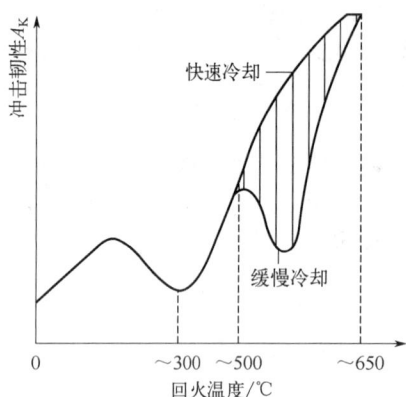

图 5-28　冲击韧性与回火温度的关系

5.16　中高温
回火

性一旦产生就无法消除,因此生产中一般不在此温度范围内回火。

淬火钢在 450～650℃温度范围内回火后出现的回火脆性称为第二类回火脆性,也称为高温回火脆性。这类回火脆性主要发生在含有 Cr、Ni、Mn、Si 等元素的合金钢中,当淬火后在上述温度范围内长时间保温或以缓慢的速度冷却时,便发生明显的回火脆性。但回火后采取快冷时,这种回火脆性的发生就会受到抑制或消失。

（六）合金元素对淬火钢回火转变的影响

合金钢的回火过程与碳钢基本相同,即包括马氏体分解、残余奥氏体转变、碳化物聚集长大及固溶体再结晶等。这些转变都属于全扩散型相变转变,合金元素一般对这些转变有阻碍作用。

1. 提高钢的耐回火性

耐回火性是指钢回火时,抵抗强度和硬度下降的能力。淬火时合金元素溶入马氏体导致原子扩散速度减慢,因而回火过程中马氏体不易分解,碳化物不易析出,析出后也较难聚集长大,因而使合金钢比碳钢具有更高的耐回火性。较高的耐回火性,一般来说对热处理是有利的,在达到相同硬度的情况下,合金钢的回火温度高于碳钢,回火时间也更长,因此可进一步消除残余内应力,使合金钢具有更高的塑性和韧性;而在同一温度回火时,合金钢则可获得较高的强度和硬度。

2. 某些合金钢在回火时产生二次硬化现象

一般来说,钢的回火温度越高,回火后的硬度越低。但某些合金元素含量高的钢（如高速钢、高铬模具钢等）在一定温度回火后,出现了硬度回升的现象,称为二次硬化。

3. 使钢在回火时产生第二类回火脆性

合金钢在 250～400℃范围内,出现第一类回火脆性。但某些合金钢在 450～650℃范围内回火时,又出现第二类回火脆性。第一类回火脆性只要在 300℃左右回火就会出现,所以只能尽量避免在此温区回火。而第二类回火脆性主要是在合金结构钢中,特别是含有锰、铬、镍、硅等合金元素时,第二类回火脆性倾向更大。

（七）时效处理

金属和合金经过冷、热加工或热处理后,在室温下放置或适当升高温度时常发生力学和物理性能随时间而变化的现象,统称为时效。时效过程中,金属和合金的显微组织并不发生明显变化。常用的时效方法有自然时效和人工时效。

1. 自然时效

自然时效是指经过冷、热加工或热处理的金属材料,在室温下发生性能随时间而变化的现象。自然时效不需要任何设备,不消耗能源即可消除部分内应力,但周期长,应力消除率较低。

2. 人工时效

人工时效是人为的方法,一般是加热或是冰冷处理来消除或减小淬火后工件内的微观应力、机械加工残余应力，防止变形及开裂，稳定组织以稳定零件形状及尺寸。它比自然时效节省时间，残余应力去除较为彻底，但相比自然时效应力释放不彻底。

第四节　钢的表面热处理和化学热处理

某些在冲击载荷、循环载荷及摩擦条件下工作的机械零件，如主轴、齿轮、曲轴等，其某些工作表面要承受较高的摩擦力，因此要求工件的这些表面层具有高的硬度、耐磨性及疲劳强度，而工件的心部要求具有足够的塑性和韧性。为此，生产中常常采用表面热处理的方法，以达到强化工件表面的目的。

仅对工件表层进行热处理以改变其组织和性能的工艺称为表面热处理，常用的表面热处理方法是表面淬火。

一、钢的表面淬火

表面淬火是利用快速加热使钢件表层很快达到淬火温度，而热量来不及传到中心便立即快速冷却，使其表面获得马氏体而心部仍保持淬火前组织，以满足零件表硬内韧要求的工艺方法。按加热方式的不同，表面淬火可分为感应加热表面淬火、火焰加热表面淬火、电接触加热表面淬火、电解液加热表面淬火和激光加热表面淬火等。

1. 感应加热表面淬火

利用感应电流通过工件所产生的热效应，使工件表面迅速加热并进行快速冷却的淬火工艺称为感应加热表面淬火。

（1）感应加热表面淬火的基本原理

如图 5-29 所示，工件放入用空心紫铜管绕成的感应器内，给感应器通入一定频率的交变电流，其周围便存在相同频率的交变磁场，于是在工件内部产生同频率的感应电流（涡流）。由于感应电流具有集肤效应（电流集中分布在工件表面）和热效应，工件表层迅速加热到淬火温度，而心部则仍处于相变点温度以下，随即快速冷却，从而达到表面淬火的目的。感应加热后，采用水、乳化液或聚乙烯醇水溶液喷射淬火，淬火后进行 $180\sim200$℃低温回火，以降低淬火应力，并保持高硬度和高耐磨性。

图 5-29　感应加热表面淬火原理示意图

5.17　表面淬火

电流透入钢件表面的深度，主要与电流频率有关。对于碳钢，可用公式表示为

$$\delta = \frac{500}{\sqrt{f}}$$

5.18　感应淬火

式中　δ——电流透入深度，mm；

　　　f——电流频率，Hz。

根据所用电流频率的不同，感应加热可分为高频感应加热淬火、中频感应加热淬火和工

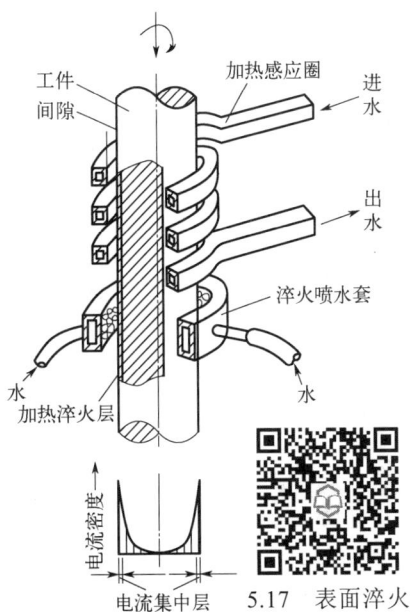

频感应加热淬火三种。

① 高频感应加热淬火　常用频率为 200～300kHz，淬硬层深度为 0.5～2.0mm，适用于中、小模数的齿轮及中、小尺寸的轴类零件的表面淬火。

② 中频感应加热淬火　常用频率为 2500～8000Hz，淬硬层深度为 2～10mm，适用于较大尺寸的轴类零件和较大模数齿轮的表面淬火。

③ 工频感应加热淬火　电流频率为 50Hz，淬硬层深度为 10～20mm，适用于较大直径机械零件的表面淬火，如轧辊、火车车轮等。

（2）感应加热表面淬火的特点与应用

与普通加热淬火相比，感应加热表面淬火加热速度快，加热时间短；淬火质量好，淬火后晶粒细小，表面硬度比普通淬火高，淬硬层深度易于控制；劳动条件好，生产率高，适于大批量生产。但感应加热设备较昂贵，调整、维修比较困难，对于形状复杂的机械零件，其感应圈不易制造，故不适应于单件生产。

碳的质量分数为 0.4%～0.5%的碳素钢与合金钢是最适合于感应加热表面淬火的材料，如45 钢、40Cr 钢等。但也可以用于高碳工具钢、低合金工具钢以及铸铁等材料。为满足各种工件对淬硬层深度的不同要求，生产中可采用不同频率的电流进行加热。

2．火焰加热表面淬火

火焰加热表面淬火是采用氧-乙炔（或其他可燃气体）火焰，喷射在工件的表面上，使其快速加热，当达到淬火温度时立即喷液淬火冷却，从而获得预期硬度和有效淬硬层深度的一种表面淬火方法，如图 5-30 所示。

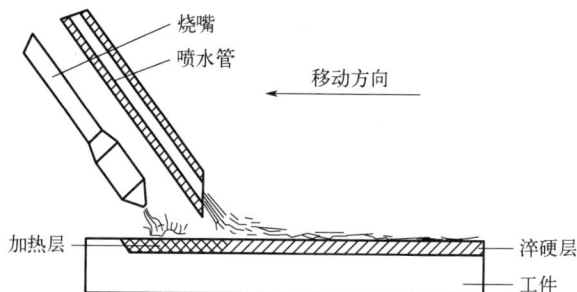

图 5-30　火焰加热表面淬火示意图

火焰加热表面淬火工件的材料，常选用中碳钢（如 35 钢、40 钢、45 钢等）和中碳低合金钢（如 40Cr 钢、45Cr 钢等）。若碳的质量分数太低，则淬火后硬度较低；若碳和合金元素的质量分数过高，则易淬裂。火焰加热表面淬火法还可用于对铸铁件（如灰铸铁、合金铸铁等）进行表面淬火。

火焰加热表面淬火的有效淬硬深度一般为 2～6mm，若要获得更深的淬硬层，往往会引起工件表面的严重过热，而且容易使工件产生变形或开裂现象。

火焰淬火操作简单，无需特殊设备，但质量不稳定，淬硬层深度不易控制，故只适用于单件或小批量生产的大型工件，以及需要局部淬火的工具或工件，如大型轴类、大模数齿轮、锤子等。

3．电接触加热表面淬火

利用触头和工件间的接触电阻在通以大电流时产生的电阻热，将工件表面迅速加热到淬火温度，当电极移开，借工件本身未加热部分的热传导来淬火冷却的热处理工艺称为电接触加热表面淬火。这种方法的优点是设备简单、操作方便，工件畸变小，淬火后不需要回火。

电接触加热表面淬火能显著提高工件的耐磨性和抗擦伤能力，但其淬硬层较薄（0.15～0.30mm），显微组织及硬度均匀性较差，目前多用于铸铁机床导轨的表面淬火，也可用在汽缸套、曲轴、工模具等零件上。

4. 电解液加热表面淬火

电解液加热表面淬火是将工件淬火部分置于电解液中作为阴极，金属电解槽作为阳极。电路接通后，电解液产生电离，在阳极上放出氧，在阴极上放出氢。氢围绕工件形成气膜，产生很大的电阻，通过的电流转化为热能将工件表面迅速加热到临界点以上温度。电路断开，气膜消失，加热的工件在电解液中实现淬火冷却。此工艺设备简单，淬火变形小，适用于形状简单的小型工件的批量生产。

5. 激光加热表面淬火

激光加热表面淬火是将激光器发射出的高能量、高功率密度的激光束照射到工件表面，使工件表层以极快速度加热到淬火温度，依靠工件本身热传导迅速制冷而获得一定淬硬层的淬火工艺。

激光加热表面淬火的优点为淬火质量好、表层组织超细化、硬度高（比常规淬火高 6～10HRC）、疲劳强度高、淬火应力和变形极小，且不需要回火、无环境污染、生产效率高、易实现自动化生产。缺点是设备昂贵，大规模生产受到限制。激光加热表面淬火的淬硬层深度可达 1～2mm，适用于各种金属材料，如钢材、铸铁、铝合金等。

二、钢的化学热处理

化学热处理是指将金属或合金工件置于一定温度的活性介质中保温，使一种或几种元素渗入表层，以改变其化学成分、组织和性能的热处理工艺。与表面淬火相比，化学热处理不仅改变表层的组织，而且还改变表层的化学成分。化学热处理的目的主要是提高钢件表面的硬度、耐磨性、抗蚀性、抗疲劳强度和抗氧化性等。

化学热处理的方法很多，包括渗碳、渗氮、碳氮共渗以及渗金属等。但无论哪种方法都是通过以下三个基本过程来完成的：

① 分解　化学介质在一定的温度下发生分解，产生能够渗入工件表面的活性原子。

② 吸收　吸收就是活性原子进入工件表面溶于组织中，形成固溶体或金属化合物。

5.19　化学热处理

③ 扩散　渗入表面的活性原子由表面向中心扩散，形成一定厚度的扩散层。

上述基本过程都和温度有关，温度越高，活性原子越活跃，各过程进行的速度越快，其扩散层越厚。但温度过高会引起奥氏体晶粒的粗大，而使工件的脆性增加。

（一）钢的渗碳

向钢件表面层渗入碳原子的过程称为渗碳。其目的是使工件表层含碳量增加，经淬火回火后表面具有高的硬度和耐磨性，而心部仍保持一定强度和较高的塑性、韧性。

渗碳用钢通常为碳含量 0.15%～0.25%的低碳钢和低碳合金钢。较低的碳含量是为了保证零件心部具有良好的塑性和韧性。常用的渗碳钢有 15 钢、20 钢、20Cr 钢、20CrMnTi 钢、20MnVB 钢等。如齿轮、大小轴、凸轮轴、活塞销及机床零件、大型轴承等广泛采用低碳钢进行渗碳处理。

1. 渗碳方法

根据采用渗碳剂的不同状态，渗碳方法可分为气体渗碳、固体渗碳和液体渗碳三种。其中气体渗碳的生产率高，渗碳过程容易控制，在生产中应用最广泛。

（1）气体渗碳

气体渗碳就是工件在气体渗碳介质中进行渗碳的工艺。如图 5-31 所示，将装挂好的工件放在密封的渗碳炉内，加热到 900～950℃，滴入煤油、丙酮或甲醇等渗碳剂，使渗碳剂在高温下分解产生出活性碳原子并渗入工件表面，经过保温，活性碳原子向内部扩散形成一定深度的渗碳层，从而达到渗碳目的。渗碳层深度主要取决于渗碳时间，一般按 0.10～0.15mm/h 估算。

渗碳剂产生活性碳原子的反应为

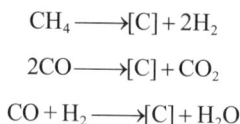

$$CH_4 \longrightarrow [C] + 2H_2$$

$$2CO \longrightarrow [C] + CO_2$$

$$CO + H_2 \longrightarrow [C] + H_2O$$

（2）固体渗碳

固体渗碳把工件和固体渗碳剂装入渗碳箱中，用盖子和耐火泥封好后，送入炉中加热到 900～950℃，保温一定的时间后出炉，零件便获得了一定厚度的渗碳层。固体渗碳法示意图如图 5-32 所示。

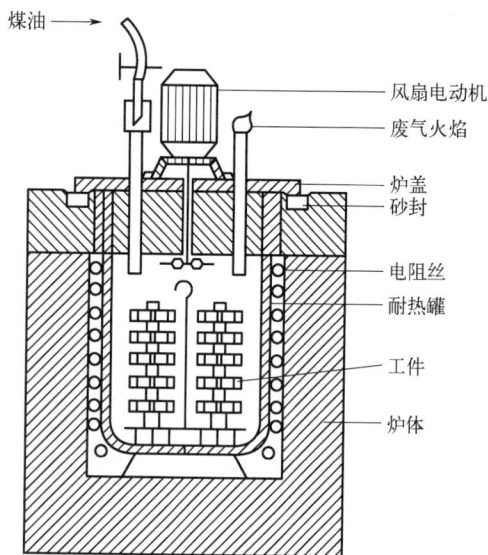

5.20 渗碳

图 5-31 气体渗碳法示意图

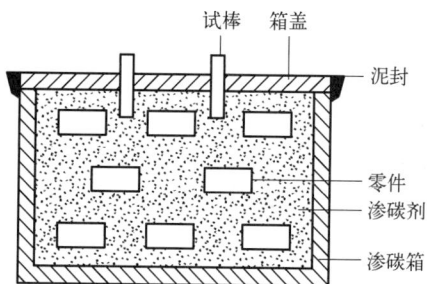

图 5-32 固体渗碳法示意图

固体渗碳剂通常是由一定粒度的木炭和少量的碳酸盐（$BaCO_3$ 或 Na_2CO_3）混合组成。木炭提供渗碳所需要的活性碳原子，碳酸盐只起催化作用。在渗碳温度下，固体渗碳剂分解出来的不稳定的 CO，能在钢件表面发生气相反应，产生活性碳原子[C]，并为钢件的表面所吸收，然后向钢件的内部扩散而进行渗碳。

渗碳过程中的反应为

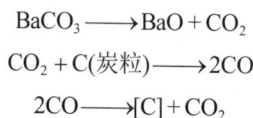

$$BaCO_3 \longrightarrow BaO + CO_2$$

$$CO_2 + C(炭粒) \longrightarrow 2CO$$

$$2CO \longrightarrow [C] + CO_2$$

固体渗碳的优点是设备简单，容易实现。与气体渗碳法相比，固体渗碳法的渗碳速度慢，劳动条件差，生产率低，质量不易控制。

（3）液体渗碳

液体渗碳是在液体介质中进行渗碳的方法。渗碳盐浴一般由三类物质组成，第一类是加热介质，通常用 NaCl 和 BaCl 或 NaCl 和 KCl 的混合盐；第二类是渗碳介质，通常用氰盐（NaCN、KCN）、碳化硅、木炭、"603"渗碳剂等；第三类是催化剂，常用碳酸盐（BaCO$_3$ 或 Na$_2$CO$_3$），占盐浴总量的 5%～30%。

液体渗碳的优点是加热速度快、加热均匀、渗碳效率高，便于直接淬火及局部渗碳。液体渗碳的缺点是成本高，渗碳盐浴大多有毒，不适合大批量生产。

2. 渗碳后的组织

工件经渗碳后，含碳量从表面到心部逐渐减少，表面碳的质量分数可达 0.80%～1.05%，而心部仍为原来的低碳成分。工件渗碳后缓慢冷却至室温，从表面到心部的组织依次为珠光体+网状二次渗碳体、珠光体、珠光体+铁素体，如图 5-33 所示。渗层的共析成分区与原始成分区之间的区域称为渗层的过渡区，通常规定，从工件表面到过渡区一半处的厚度称为渗碳层厚度。渗碳层的厚度取决于零件的尺寸和工作条件，一般为 0.5～2.5mm。渗碳层太薄，易造成工件表面的疲劳脱落；渗碳层太厚，则经不起冲击载荷的作用。

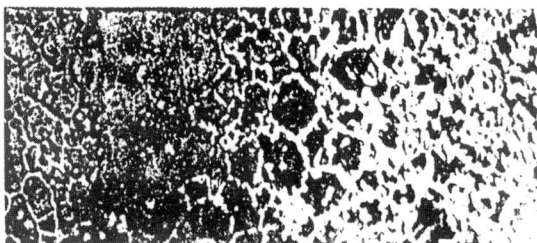

图 5-33 低碳钢渗碳退火后的组织

3. 渗碳后的热处理

工件渗碳后的热处理工艺通常为淬火及低温回火。根据工件材料和性能要求的不同，渗碳后的淬火可采用直接淬火或一次淬火，如图 5-34 所示。工件经渗碳淬火及低温回火后，表层组织为回火马氏体和细粒状碳化物，表面硬度可高达 58～64HRC；心部组织取决于钢的淬透性，常为低碳马氏体或珠光体+铁素体组织，硬度较低，体积膨胀较小，会在表层产生压应力，有利于提高工件的疲劳强度。因此，工件经渗碳淬火及低温回火后表面具有高的硬度和耐磨性，而心部具有良好的韧性。

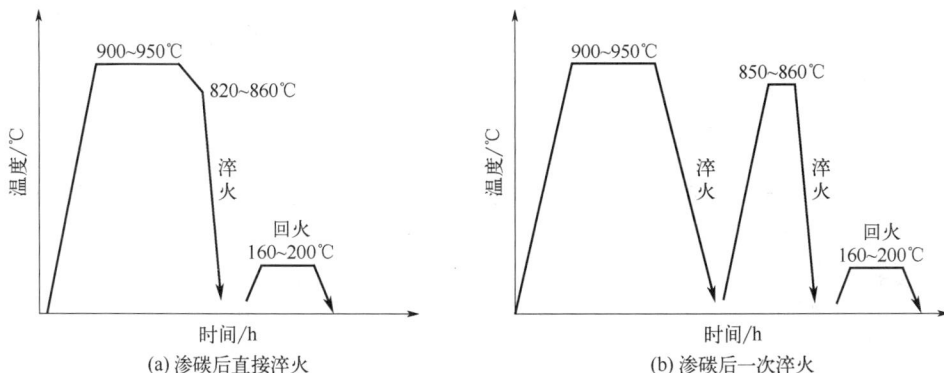

(a) 渗碳后直接淬火   (b) 渗碳后一次淬火

图 5-34 渗碳工件的热处理工艺

（二）钢的渗氮

渗氮又称氮化，是向钢件表面渗入氮原子的化学热处理过程。其目的是提高零件表面硬度、耐磨性、疲劳强度和耐蚀性。

1. 渗氮方法

通常采用的渗氮工艺有气体渗氮、液体渗氮和离子渗氮三种。目前工业中应用广泛的是气体氮化法。

（1）气体渗氮

气体渗氮是利用氨气作为渗氮介质，通过加热分解出活性氮原子，渗入到工件的表层中形成氮化层。

$$2NH_3 \longrightarrow 3H_2 + 2[N]$$

氮化通常利用专门设备或井式氮化炉来进行。氮化前须将调质后的零件除油净化，入炉后应先通入氨气排除炉内空气。氨的分解在 200℃以上开始，同时因为铁素体对氮有一定的溶解能力，所以气体氮化温度应低于钢的 A_1 温度。氮化结束后，随炉降温至 200℃以下，停止供氨，零件出炉。

气体渗氮是一种成熟的工艺，参数易于控制，设备投资相对较低，且产品质量稳定。但渗氮周期较长（通常超过 40h），生产效率相对较低。其主要应用于在交变载荷下工作并要求耐磨的重要结构零件，如高速传动的精密齿轮、高速柴油机曲轴、高精度机床主轴及在高温下工作的耐热、耐蚀、耐磨零件。

（2）液体渗氮

液体渗氮是在熔盐渗氮剂中进行渗氮的工艺。它是一种新型的表面强化工艺，通过将含氮液体浸渍金属材料，然后加热处理，在高温下将氮气渗透到材料表面并扩散到材料的内部，从而使其硬度和耐磨性增强，同时提高其抗腐蚀性能。

（3）离子渗氮

离子渗氮是在低真空的含氮气氛中，以炉体为阳极，被处理工件为阴极，在阴阳极间加上数百伏的直流电压，使之产生的辉光放电进行渗氮处理的化学热处理工艺。离子渗氮有多种名称，如离子氮化、辉光放电氮化、离子轰击渗氮、等离子体渗氮等。

5.21 离子渗氮

离子渗氮是在真空室内进行的，工件接高压直流电源的负极，真空钟罩接正极。将真空室的真空度抽到 66.67Pa 后，充入少量氮气或氢气、氮气的混合气体。当电压调整到 400～800V 时，氮即电离分解成氮离子、氢离子和电子，并在工件表面产生辉光放电现象。正离子受电场作用加速轰击工件表面，使工件升温到渗氮温度。氮离子在钢件表面获得电子，还原成氮原子而渗入钢件表面并向内部扩散，形成渗氮层。

离子渗氮的优点：速度快，时间短（仅为气体渗氮的 1/5～1/2），渗层质量好、脆性小，工件变形小，省电，无公害，操作条件好；对材料适应性强，如碳钢、低合金钢、合金钢、铸铁等均可进行离子渗氮。但是，对于形状复杂或截面相差悬殊的零件，渗氮后难同时达到相同的硬度和渗氮层深度，且设备复杂，操作要求严格。

2. 渗氮用钢

对于以提高耐蚀性为主的渗氮，可选用优质碳素结构钢，如 20 钢、30 钢、40 钢等；对于以提高疲劳强度为主的渗氮，可选用一般合金结构钢，如 40Cr、42CrMo 等；而对于以提高耐磨性为主的渗氮，一般选用渗氮专用钢 38CrMoAl。

渗氮用钢大多是含有 Al、Cr、Mo、V、Ti 等合金元素的合金钢，因为这些元素极易与氮形成颗粒细小、分布均匀、硬度很高而且稳定的氮化物，如 AlN、CrN、MoN、VN、TiN 等。

3. 渗氮的特点与应用

与渗碳相比，渗氮后工件无需淬火便具有高的硬度、良好的耐磨性、良好的抗蚀性和高的疲劳强度；渗氮温度低，工件的变形小；氮化后一般不进行回火和机械加工。但渗氮的生产周期长，一般要得到 0.3～0.5mm 的渗氮层，气体渗氮时间约需 30～50h，成本较高；渗氮层薄而脆，不能承受冲击。因此，渗氮主要用于要求表面高硬度、耐磨、耐蚀、耐高温的精密零件，如精密机床主轴、丝杆、镗杆、阀门等。

（三）钢的碳氮共渗

碳氮共渗是将碳、氮同时渗入工件表层的化学热处理过程。碳氮共渗主要有液体碳氮共渗和气体碳氮共渗，液体碳氮共渗有毒，污染环境，劳动条件差，已很少应用，现在多采用气体法。气体碳氮共渗按加热温度的不同，又分为中温碳氮共渗和低温碳氮共渗（氮碳共渗）。

1．中温气体碳氮共渗

中温气体碳氮共渗的工艺，一般是将渗碳气体和氨气同时通入炉内，共渗温度为 860℃，保温 4～5h，预冷到 820～840℃淬油。共渗层深度为 0.7～0.8mm。淬火后进行低温回火，得到的共渗层表面组织由细片状回火马氏体、适量的粒状碳氮化合物，以及少量的残余奥氏体所组成。

中温气体碳氮共渗与渗碳比较有很多优点，不仅加热温度低、零件变形小、生产周期短，而且渗层具有较高的耐磨性、疲劳强度和抗压强度，并兼有一定的抗腐蚀能力。但应当指出，中温气体碳氮共渗也有不足之处，例如共渗层表层经常出现孔洞和黑色组织，中温碳氮共渗的气氛较难控制，容易造成工件氢脆等。

2．低温气体碳氮共渗

低温气体碳氮共渗通常称为气体软氮化，是以渗氮为主的碳氮共渗工艺。它常用的共渗介质是尿素。处理温度一般不超过 570℃，处理时间很短，仅 1～3h，与一般气体氮化相比，处理时间大大缩短。软氮化处理后，零件变形很小，处理前后零件精度没有显著变化，还能赋予零件耐磨、耐疲劳、抗咬合和抗擦伤等性能。与一般气体氮化相比，软氮化还有一个突出的优点：软氮化表层硬而具有一定韧性，不易发生剥落现象。

气体软氮化处理不受钢种限制，它适用于碳素钢、合金钢、铸铁以及粉末冶金材料等，现在普遍用于对模具、量具以及耐磨零件进行处理，效果良好。例如 3Cr2W8V 压铸模经软氮化处理后，可提高使用寿命 3～5 倍。

气体软氮化也有缺点：如它的氮化表层中铁的氮化合物层厚度比较薄，仅 0.01～0.02mm；不适合在重负荷条件下工作的零件。

第五节　金属材料表面处理新技术

近一二十年来，金属材料表面处理新技术得到了迅速发展，开发出了许多种新的工艺方法，这里只介绍其中主要的几种。

一、热喷涂技术

将热喷涂材料加热至熔化或半熔化状态，用高压气流使其雾化并喷射于工件表面形成涂层的工艺称为热喷涂。利用热喷涂技术可改善材料的耐磨性、耐蚀性、耐热性及绝缘性等，已广泛用于包括航空航天、原子能、电子等尖端技术在内的几乎所有领域。

1．涂层的结构

热喷涂层是由无数变形粒子相互交错呈波浪式堆叠在一起的层状结构，粒子之间不可避免地存在着孔隙和氧化物夹杂缺陷。孔隙率因喷涂方法不同，一般在 4%～20% 之间，氧化物夹杂是喷涂材料在空气中发生氧化形成的。孔隙和夹杂的存在将使涂层的质量降低，可通过提高喷涂温度、喷速，采用保护气氛喷涂及喷后重熔处理等方法减少或消除这些缺陷。喷涂层与基体之间以及喷涂层中颗粒之间主要是通过镶嵌、咬合、填塞等机械形式连接的，其次是微区冶金结合及化学键结合。

2. 热喷涂方法

常用的热喷涂方法有：

火焰喷涂，多用氧-乙炔火焰作为热源，具有设备简单、操作方便、成本低但涂层质量不太高的特点，目前应用较广。

电弧喷涂，是以丝状喷涂材料作为自耗电极、以电弧作为热源的喷涂方法。与火焰喷涂相比，具有涂层结合强度高、能量利用率高、孔隙率低等优点。

等离子喷涂，是一种利用等离子弧作为热源进行喷涂的方法，具有涂层质量优良、适应材料广泛的优点，但设备较复杂。

3. 热喷涂工艺

热喷涂的工艺过程一般为：表面预处理→预热→喷涂→喷后处理。表面预处理主要是在去油、除锈后，对表面进行喷砂粗化。预热主要用于火焰喷涂。喷后处理主要包括封孔、重熔等。

4. 热喷涂的特点及应用

热喷涂的特点是：

① 工艺灵活：热喷涂的对象小到 ϕ10mm 的内孔，大到铁塔、桥梁。可整体喷涂，也可局部喷涂。

② 基体及喷涂材料广泛：基体可以是金属和非金属，涂层材料可以是金属、合金及塑料陶瓷等。

③ 工件变形小：热喷涂是一种冷工艺，基体材料温度不超过 250℃，基材温升小，无应力和变形。

④ 热喷涂层可控：从几十微米到几毫米。

⑤ 生产效率高。

由于涂层材料的种类很多，所获得的涂层性能差异很大，可应用于各种材料的表面保护、强化及修复并满足特殊功能的需要。

二、气相沉积技术

气相沉积技术是指将含有沉积元素的气相物质，通过物理或化学的方法沉积在材料表面形成薄膜的一种新型镀膜技术。根据沉积过程的原理不同，气相沉积技术可分为物理气相沉积（PVD）和化学气相沉积（CVD）两大类。

1. 物理气相沉积（PVD）

物理气相沉积是指在真空条件下，用物理的方法，使材料气化成原子、分子或电离成离子，并通过气相过程，在材料表面沉积一层薄膜的技术。物理沉积技术主要包括真空蒸镀、溅射镀、离子镀等三种基本方法。

真空蒸镀是使蒸发成膜材料气化或升华沉积到工件表面形成薄膜的方法。根据蒸镀材料熔点的不同，其加热方式有电阻加热、电子束加热、激光加热等多种。真空蒸镀的特点是设备、工艺及操作简单，但因气化粒子动能低，镀层与基体结合力较弱，镀层较疏松，因而耐冲击、耐磨损性能不高。

溅射镀是在真空下通过辉光放电来电离氩气，氩离子在电场作用下加速轰击阴极，被溅射下来的粒子沉积到工件表面成膜的方法。其优点是气化粒子动能大、适用材料广泛（包括基体材料和镀膜材料）、均镀能力好，但沉积速度慢、设备昂贵。

离子镀是在真空下利用气体放电技术，将蒸发的原子部分电离成离子，与同时产生的大量高能中性粒子一起沉积到工件表面成膜的方法。其特点是镀层质量高、附着力强、均镀能力好、沉积速度快，但存在设备复杂、昂贵等缺点。

物理气相沉积具有适用的基体材料和膜层材料广泛，工艺简单、省材料、无污染，获得的膜层膜基附着力强、膜层厚度均匀、致密、针孔少等优点。已广泛用于机械、航空航天、电子、光学和轻工业等领域制备耐磨、耐蚀、耐热、导电、绝缘、光学、磁性、压电、滑润、超导等薄膜。

2．化学气相沉积（CVD）

化学气相沉积是指在一定温度下，混合气体与基体表面相互作用而在基体表面形成金属或化合物薄膜的方法。例如，气态的 $TiCl_4$ 与 N_2 和 H_2 在受热钢的表面反应生成 TiN，并沉积在钢的表面形成耐磨抗蚀的沉积层。

化学气相沉积的特点是：沉积物种类多，可沉积金属、半导体元素、碳化物、氮化物、硼化物等，并能在较大范围内控制膜的组成及晶型；能均匀涂覆几何形状复杂的零件；沉积速度快，膜层致密，与基体结合牢固；易于实现大批量生产。

由于化学气相沉积膜层具有良好的耐磨性、耐蚀性、耐热性及电学、光学等特殊性能，已被广泛用于机械制造、航空航天、交通运输、煤化工等工业领域。

三、三束表面改性技术

三束表面改性技术是指将激光束、电子束和离子束（合称"三束"）等具有高能量密度的能源（一般大于 $10^3W/cm^2$）施加到材料表面，使之发生物理、化学变化，以获得特殊表面性能的技术。三束对材料表面的改性是通过改变材料表面的成分和结构来实现的。由于这些束流具有极高的能量密度，可对材料表面进行快速加热和快速冷却，使表层的结构和成分发生大幅度改变（如形成微晶、纳米晶、非晶、亚稳成分固溶体和化合物等），从而获得所需要的特殊性能。此外，束流技术还具有能量利用率高、工件变形小、生产效率高等特点。

1．激光束表面改性技术

激光是由受激辐射引起的并通过谐振放大了的光。激光与一般光的不同之处是纯单色，具有相干性，因而具有很大的能量密度。由于激光束能量密度高（$10^6W/cm^2$），在短时间内可使工件表面快速加热或熔化，而心部温度基本不变；当激光辐射停止后，由于散热速度快，又会产生"自激冷"。激光束表面改性技术主要应用于以下几方面：

① 激光表面淬火：又称激光相变硬化。激光表面淬火件硬度高（比普通淬火高 15%～20%）、耐磨、耐疲劳，变形极小，表面光亮，已广泛用于发动机缸套、滚动轴承圈、机床导轨、冷作模具等。

② 激光表面合金化：预先用镀膜或喷涂等技术把所要求的合金元素涂敷到工件表面，再用激光束照射涂敷表面，使表面膜与基体材料表层融合在一起并迅速凝固，从而形成成分与结构均不同于基体的、具有特殊性能的合金化表层。利用这种方法可以进行局部表面合金化，使普通金属零件的局部表面经处理后可获得高级合金的性能。该方法还具有层深层宽可精密控制、合金用量少、对基体影响小、可将高熔点合金涂敷到低熔点合金表面等优点，已成功用于发动机阀座和活塞环、涡轮叶片等零件的性能和寿命的改善。

激光束表面改性技术还可用于激光涂敷，以克服热喷涂层的气孔、夹杂和微裂纹缺陷；

还可用于气相沉积技术，以提高沉积层与基体的结合力。

2. 电子束表面改性技术

电子束表面改性技术是以在电场中高速移动的电子作为载能体，电子束的能量密度最高可达 $109W/cm^2$。除所使用的热源不同外，电子束表面改性技术与激光束表面改性技术的原理和工艺基本类似。凡激光束可进行的处理，电子束也都可进行。

与激光束表面改性技术相比，电子束表面改性技术还具有以下特点：①由于电子束具有更高的能量密度，所以加热的尺寸范围和深度更大；②设备投资较低，操作较方便（无需像激光束处理那样在处理之前进行"黑化"）；③因需要真空条件，故零件的尺寸受到限制。

3. 离子注入表面改性技术

离子注入是指在真空下，将注入元素离子在几万至几十万电子伏特电场作用下高速注入材料表面，使材料表面层的物理、化学和力学性能发生变化的方法。

离子注入的特点是：可注入任何元素，不受固溶度和热平衡的限制；注入温度可控，不氧化、不变形；注入层厚度可控，注入元素分布均匀；注入层与基体结合牢固，无明显界面；可同时注入多种元素，也可获得两层或两层以上性能不同的复合层。

通过离子注入可提高材料的耐磨性、耐蚀性、抗疲劳性、抗氧化性及电、光等特性。目前离子注入在微电子技术、生物工程、宇航及医疗等高技术领域获得了比较广泛的应用，在工具和模具制造工业的应用效果尤其突出。

其他表面处理新技术还包括热渗镀技术（如热镀锌、热渗镀铝等）、特种电镀技术（如电刷镀、低温镀铁等）、化学镀技术（如化学镀镍、磷化处理等）、堆焊技术、化学转化膜技术、金属表面彩色技术以及涂装技术等。

第六节　热处理设备与基本操作

一、热处理设备

（一）加热设备

热处理加热炉是以燃料（如天然气、油、煤）及电力作为热源的加热设备，其中以电作热源的炉子在生产中应用较多。

1. 热处理加热炉的分类

热处理加热炉分类方式繁多，具体如下。

① 按热源的不同，热处理加热炉可分为电阻炉和燃料炉（如煤气炉、油炉和煤炉等）。其中，电阻炉以电力作为能源，具有较高的温度均匀性和精度；煤气炉和油炉具有较高的能源利用率；煤炉的控温精度低、热效率低、CO_2 排放大，其使用应当受到限制。

② 按工作温度的不同，热处理加热炉可分为高温炉（1000℃以上）、中温炉（650～1000℃）、低温炉（650℃以下）。其中，高温炉应设计成辐射传热型；低温炉主要依靠对流传热，应有强烈的气流循环。

③ 按炉膛形式的不同，热处理加热炉可分为箱式炉、井式炉、罩式炉、转底式炉和管式炉等。

④ 按工艺用途的不同，热处理加热炉可分为退火炉、淬火炉、回火炉、渗碳炉和渗氮炉等。

⑤ 按作业方式的不同，热处理加热炉可分为间歇式、连续式和脉动式等。

⑥ 按使用介质的不同，热处理加热炉可分为空气介质炉、火焰炉、可控气氛炉、盐浴炉、油浴炉、铅浴炉、流态化炉和真空炉等。其中，空气介质炉结构简单、易氧化脱碳；火焰炉中气氛主要含有 CO_2、H_2O、N_2，以及过量的 CO 或 O_2；而可控气氛炉的气氛主要有中性气氛、还原气氛和含碳气氛等。

⑦ 按炉型的不同，热处理加热炉可分为台车式炉、升降底式炉、推杆式炉、输送带式炉、辊底式炉、振底式炉和步进式炉等。

2. 热处理加热炉的工作原理及特点

热处理加热炉主要通过控制温度、压力、流量、气氛等工艺参数，同时对传动机械、工艺过程、预测产品质量等加以控制达到所需的性能指标。控制方法可以是单纯的参数控制、可编程序控制器控制、计算机模拟仿真控制等。

下面以电阻炉和盐浴炉为例，说明热处理加热炉的工作原理及特点。

（1）电阻炉

电阻炉的工作原理是将电流通过电阻发热体后发出热能，传导给工件（或坩埚），使工件升至预定的温度，各种以金属和非金属电热元件作供热体的热处理炉都属于此类炉子。

热处理电阻炉的炉型很多，热处理车间常用的是箱式电阻炉和井式电阻炉两类。热处理电阻炉与其他类型的热处理炉相比，具有结构简单、易于操作、成本低、热效率高等优点。它可根据生产要求形成低温、中温和高温温度空间，且能获得较高的温度均匀性。电阻炉的炉体结构紧凑，便于密封以施行真空热处理工艺或通入可控气氛，较易实现温度和工艺过程的自动控制。因此，电阻炉是目前热处理加热中使用最为广泛的一种炉子。

通用热处理电阻炉在我国已有系列产品，其型号采用汉语拼音字母和数字的组合方式来表示，具体格式如下。

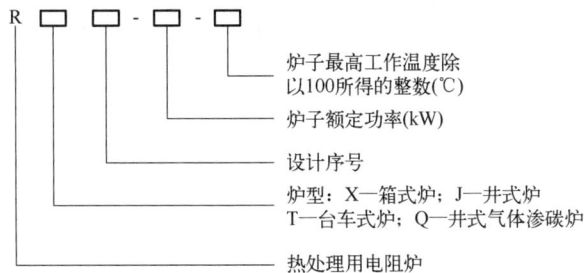

```
R □□ - □ - □
              └─ 炉子最高工作温度除
                 以100所得的整数（℃）
           └─ 炉子额定功率(kW)
        └─ 设计序号
     └─ 炉型：X—箱式炉；J—井式炉
        T—台车式炉；Q—井式气体渗碳炉
  └─ 热处理用电阻炉
```

例如，RJ2-65-9 井式电阻加热炉，其额定功率为 65kW，最高使用温度为 950℃，有的型号最后还可以加上表示炉子气氛种类的字母，如 Q 表示通保护气体，D 表示可用滴注式保护气氛等。

电阻炉按炉膛形状的不同，可分为箱式电阻炉和井式电阻炉。

1）箱式电阻炉

箱式电阻炉按其工作温度可分为高温炉、中温炉和低温炉，其中以中温箱式炉应用最广，常用的型号有 RX3-45-9、RX3-75-9 等。箱式电阻炉由炉门、炉衬、炉壳、电热元件和炉底等构成，其外形如图 5-35 所示。箱式电阻炉广泛用于工件的正火、退火、淬火、回火和渗碳处理。

2）井式电阻炉

井式电阻炉在热处理车间应用得也比较广泛，常用的有井式回火炉（见图 5-36）和井式气体渗碳炉（见图 5-37）。井式炉密封性良好、热效率高，并且工件进出炉方便。为了操作维修时安全方便，大中型井式电阻炉通常安装在地坑中，只有上部露在地面上。

井式电阻炉一般适用于需垂直悬挂加热的较长工件，也普遍用于进行气体渗碳。热处理生产中，还常用井式电阻炉做单件和小批量工件的正火、退火、淬火和回火处理。

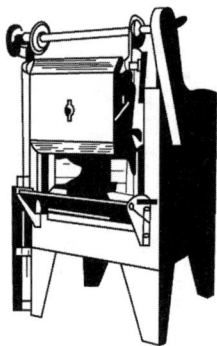

图 5-35　RX3 型中温箱式电阻炉　　图 5-36　井式回火炉　　图 5-37　井式气体渗碳炉

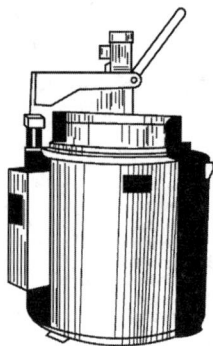

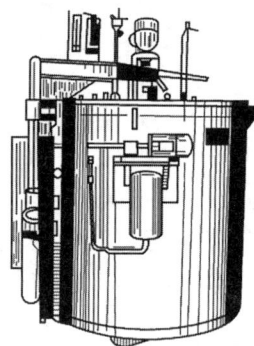

（2）盐浴炉

热处理浴炉采用液态的熔盐或油类作为加热介质，按所用介质的不同，可分为盐浴炉及油浴炉等，其中以盐浴炉应用最为普遍。盐浴炉适应范围广，可完成多种热处理工艺，如淬火、回火、分级淬火、等温淬火、化学热处理、局部加热淬火或正火等。

与电阻炉相比，工件在盐浴炉中加热具有炉体结构简单、加热速度快、温度均匀和不易氧化、脱碳等优点。但盐浴炉有启动升温时间长、热损失大、原料（盐）和电力消耗大、劳动条件差等缺点。

盐浴炉按热源方式的不同，可分为内热式盐浴炉和外热式盐浴炉。

1）内热式盐浴炉

内热式盐浴炉是在插入炉膛和埋入炉墙的电极上，通上低压大电流的交流电，使熔化盐的电阻发出热量来达到要求的温度的。内热式以电极盐浴炉应用最普遍，如图 5-38 所示为内热式电极盐浴炉外形图，常用的型号为 RYD-100-9A。

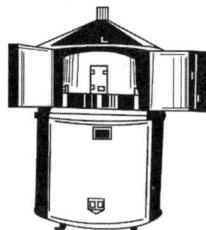

2）外热式盐浴炉

外热式盐浴炉的电热元件（电阻丝）安装在金属坩埚外部，即使坩埚内的盐处于不能导电的凝固状态，也可以从外部加热使其升温熔化，且不需要变压器，启动操作较为方便。外热式盐浴炉以坩埚盐浴炉应用最为普遍，常用型号为 RYG-20-8 等，其外形如图 5-39 所示。

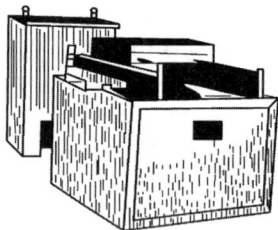

图 5-38　内热式电极盐浴炉　　　　　　图 5-39　外热式坩埚盐浴炉

（二）冷却设备

冷却设备也是热处理车间的主要设备。热处理生产中普遍采用空气、水及一些物质的水溶液、油和盐浴等作为冷却介质，以获得所要求的组织与性能，满足不同的加工要求。

根据工件要求冷却速度的不同，常采用的冷却设备有缓冷设备、淬火冷却设备、淬火校正、淬火成形及冷处理设备，其中应用最普遍的是淬火冷却设备，如淬火槽等。

缓冷设备主要应用于退火冷却，也用于正火冷却和渗碳后预冷。较常用的缓冷设备有箱式电阻炉、燃料炉（用于退火）、冷却室或冷却坑等。淬火冷却设备主要是淬火槽，另外还有用于分级淬火和等温淬火的中、低温盐浴炉及硝盐槽等。

（三）测温设备

时间和温度是最主要、最基本的两个热处理工艺参数，生产中经常要对其进行测量和控制。时间的测量比较简单，目视计时可采用钟表，自动计时一般使用时间继电器。常用的测温控温装置有热电偶、毫伏计、电子电位差计和光学高温计等。

1. 热电偶

在温度测量中，热电偶是应用最广泛的测温元件。其工作原理是：将两根材料的金属导体一端焊牢成工作端，另一端接上电表形成闭合回路，电表即显示出电动势的大小。工作端和自由端的温差越大，电动势越大。因此，通过测定热电动势的大小就可以确定被测物体的温度。

不同材料制成的热电偶产生的热电势的大小也不同，因此不同热电偶都有各自的毫伏与温度对应表。热电动势的大小不受热电极长短与粗细的影响，所以当热电偶的材料固定、自由端的温度固定，热电动势的大小与工作端温度成正比。

热电偶的种类有七种，其分度号为 S、R、B、K、E、J、T，我国采用了除 R 外的另外六种。热电偶的结构如图 5-40 所示。

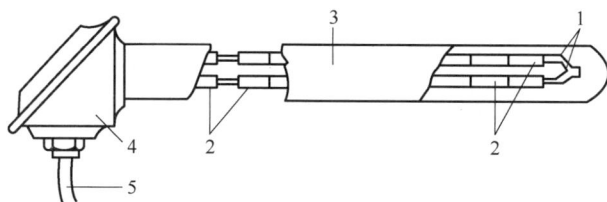

图 5-40 热电偶结构图

1—热电极；2—绝缘套管；3—保护套管；4—接线盘；5—连接导线（补偿导线）

2. 毫伏计

毫伏计是测量热电偶产生的热电动势的一种磁电式仪表，其工作原理是：电流通过永久磁铁中的动线圈时，线圈产生的磁场和外磁场互相作用使带有指针的动线圈偏转，线圈内电流大则指针偏转也大，根据毫伏数与温度数的直线关系，则可在毫伏计上直接读出温度来。如图 5-41 所示为热处理常见的两种毫伏计的外形图。

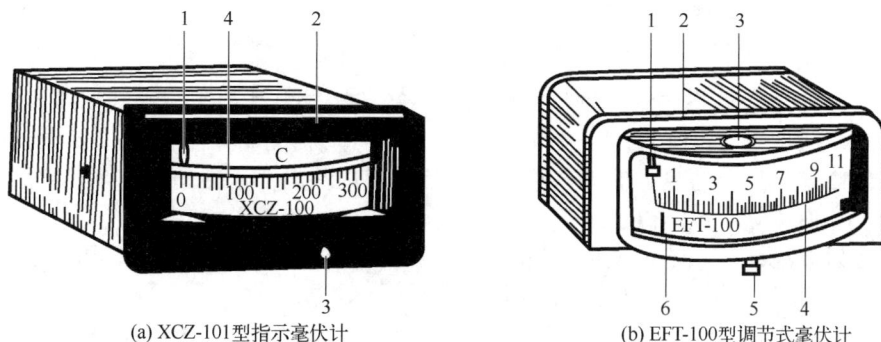

(a) XCZ-101型指示毫伏计　　　　(b) EFT-100型调节式毫伏计

图 5-41 毫伏计的外形示意图

1—温度指针；2—仪表壳；3—零位调节旋钮；4—刻度盘；5—给定指针调节旋钮；6—给定指针

① 指示毫伏计 其仅能测量、指示温度，有 XCZ-101、EFZ-110 等型号。

② 调节式毫伏计 其既可测量指示温度，又可调节温度，是热处理常用的一种毫伏计，有 XCT-101、EFT-100 等型号。

由于热电偶种类不同，一种毫伏计只能匹配一种热电偶。在毫伏计刻度盘的左上角都注明有相配的热电偶分度号。使用前应检查仪表指针的零位，还应注意毫伏计的正、负极和热电偶与仪表接线柱的"+""−"极性，不可接反。

3. 电子电位差计

电子电位差计是一种精确、可靠并能够自动记录和控制炉温变化的二次仪表，具有指示温度、记录温度曲线和控制温度这三个功能。使用时，将黑色指针设定在需要的温度刻度上，当旋转指针到达该温度时即可自动断电，以达到自动控制的目的。其表盘上有同步电机带动的记录纸记录温度曲线，记录纸上用许多同心圆来表示温度分度，每一大格通常表示 1h，根据记录墨线所占的格子数可以判断加热时间的长短。热处理生产中常用的电子电位差计是配有原图记录机构的 XWB 型，外形如图 5-42 所示。

4. 光学高温计和辐射高温计

在温度超过 1100℃ 或无法使用热电偶测量的地方，常采用非接触式温度仪表——光学温度计和辐射温度计。实际生产中，也经常用它们来校验其他测温仪表所显示的炉温准确与否。

使用光学高温计（见图 5-43）测量温度时，物镜距离炉子 0.7～5m。观察者从光学高温计目镜中可以观察到灯丝的亮度，并将它同炉温比较，通过调节滑线电阻使灯丝亮度与炉温一致，以分不清灯丝和炉温亮度时为准，即灯丝影像隐灭在被测物体影像中，这时光学高温计的温度虽是灯丝的温度，但也同时反映了炉子的温度。

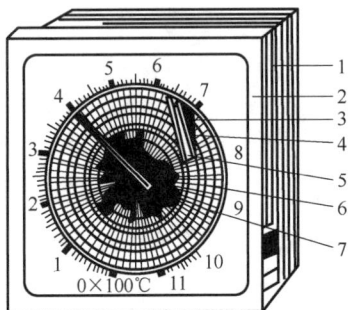

图 5-42 XWB 型电子电位差计外形图

1—壳体；2—仪表；3—刻度盘（温度标尺）；4—给定
指针；5—记录指针；6—记录纸；7—指示指针

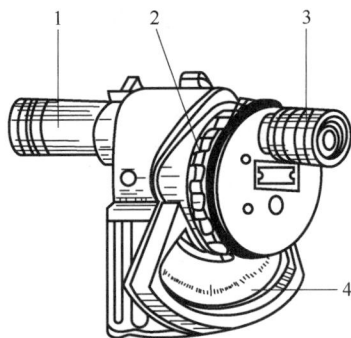

图 5-43 WG2 型光学高温计

1—物镜；2—滑线电阻盘；3—目镜；
4—温度显示表

辐射高温计是通过将被测温物体辐射出的热能转换成电动势来测量其温度的测温仪表，常用的有 FWT-202 型辐射高温计。在测温时，被测物体辐射出的热能由辐射高温计的物镜聚集在与辐射高温计配套的热电偶工作端上，然后转换成热电势，它的大小是与被测温度高低相对应的，从而可测得被测温物体的温度。

使用辐射高温计时，辐射镜离热源的距离为 0.7～1.1m，一般为 1m，倾斜角度为 30°～60°。物镜需要经常擦拭，否则会影响测温准度。

光学高温计和辐射高温计测量盐浴温度时只能测量表面温度，不能反映炉内温度，这一缺点也是造成工件过热的原因之一。此外，由于工件挡住辐射镜致使工件过热的现象也经常发生，因此操作者要注意检查辐射镜的位置。

二、热处理基本操作与实例

（一）退火与正火操作

1. 操作步骤

（1）装炉前的准备

① 查对工件名称、钢种、技术要求和数量。根据钢种和技术要求，确定具体的工艺操作方法。

② 根据工件的变形度和脱碳要求，确定装炉方法。对铸件、锻件以及退火后有很大切削加工余量的工件，一般可直接装炉，不采取防止氧化、脱碳等保护性措施。通常这类工件的变形要求不严格，每米允许弯曲的最大值可达 3～5mm，所以可随炉散装堆放。

对加工余量很少或只进行磨削加工的工件，则需要采取防止氧化、脱碳等措施。一般使用保护气氛或真空炉，以保证工件退火后无氧化、脱碳。当使用箱式电阻炉和井式电阻炉进行退火时，则需要以填充物保护密封装箱。常用的装箱填充物有以下两种。

铁屑保护：旧铸铁屑（60%～70%)+新铸铁屑（30%～40%)。

砂子保护：砂子（90%～95%)+木炭（5%～10%)。

填充物要保持干燥，不要和其他化学物品相混，最好在专用容器内存放。装箱时，先在箱底铺一层 20～30mm 的填充物，再放进工件并加入填充物，工件之间保持 5～10mm 的间隙，工件距箱壁、箱盖 10～20mm。盖好箱盖后用耐火泥或黏土把箱口密封好，耐火泥不能太稀，否则封不住箱或者高温时耐火泥出现裂缝。

上述装箱操作中，由于工件之间和工件与箱壁之间留有一定距离，所以透烧情况较好，加热均匀。但是其装炉量不足，生产效率不太高。由于工件与填充物混装一起，退火完毕每次倒箱时粉末大，而且要分开工件和填充物比较麻烦。

（2）装炉方法

① 检查炉体各部分是否损坏、其他设备运转是否正常、高温仪表指示必须正确，工件应装在各种炉型规定的有效加热区内。

② 同炉退火的工件，工艺规范须相同或相近，各种工件有效厚度不能相差太大，工件堆放保持适当距离，如果在箱型电炉中退火，离炉底板的距离应大于或等于 100mm。

③ 大型燃料炉退火时，有效厚度相差不能大于 200mm，装在台车上要平稳，离台车表面的距离大于 200mm，横向间隔宜大于或等于 100mm，以保证炉气良好的循环。

④ 大件放在底层，小件放在上层，厚壁大件放在近炉门处，上层工件的质量不应集中在下层易变形部位。

⑤ 力学性能试棒必须与所代表的工件同炉装在工件有代表性的部位或工艺卡规定的地方。

⑥ 凡工艺卡规定有跟件热电偶时，跟件热电偶的数量和装置部位应符合工艺卡规定。在工艺没有规定的情况下，应装在有代表性的部位或装在重要工件上。

⑦ 保护气氛加热炉、热浴加热炉、真空炉、连续作业炉等其他炉型用于退火作业时，其操作技能可参照各厂规定的专业操作规范。

（3）进炉

将工件或装好工件的密封桶用吊车直接吊进井式电阻炉内。在箱式电阻炉退火时，将装入工件的密封箱用吊车放在平台车上，再用工具钩把密封箱推进炉膛里。密封箱安放的位置应在炉膛的有效加热区内，进出炉时要注意不要碰坏炉壁。进炉的方法通常有以下两种。

1）冷炉装料法

冷炉装料法即炉温在室温时，工件进入炉内，并随炉一起升温、保温。开始时炉温和工件温度是一样的，在加热阶段，工件心部温度总是比表面要低些；在保温阶段，工件内外温度才趋于一致。

冷炉装料法虽能减小工件温差，但操作很不方便，如第一炉完成加热后，要等炉子冷下来再装第二炉，浪费了大量的热能，增加了生产周期，所以大批生产时一般不用冷炉装料法。

2）热炉装料法

当炉温处在要求的温度或接近工艺温度时，将工件装进炉内。由于打开炉门及装入冷工件，炉温会短暂下降，但很快又能升到工艺温度进行保温。

冷工件进入热炉，温差很大，但因工件从一开始就受到对流和辐射加热，加热速度快，升到工艺温度的时间短，均热也快，所以对大多数结构钢和合金钢工件是很适用的，其优点是生产周期短，生产率高，适合大批生产。

（4）关闭炉门

工件进入炉后，关闭炉门。检查电源开关和仪表运转是否正常，并按工艺规程调整好仪表的控温位置。

（5）送电升温

按工艺规程进行正常正火或退火，退火周期较长，一般在一个班内不能完成，必须做好交接班工作，直至退火全过程完毕。

（6）冷却出炉

正火的冷却操作主要是将工件放在空气中冷却直到室温。一些形状简单，技术要求不高的工件可直接放在地面的铁板上冷却。要分散放置，不要堆放。细长工件，要求变形量小，则不能随意放在地面上冷却，必须悬挂在架子上空冷。大工件正火后冷却可用风扇，鼓风或喷水雾冷却，操作中尽量使工件冷却均匀。

退火的冷却操作较为简单，随炉冷至 500℃ 或室温后出炉。

2．注意事项

① 正火空冷时，一般应散开冷却，不要堆放。对要求变形较小的工件应悬挂冷却。当风冷和喷雾冷却时，更要注意冷却的均匀性，以免影响工件的硬度和组织的不一致。

② 退火装箱时，要注意填充物的比例配制和干燥清洁，否则容易引起工件的脱碳或渗碳。装箱密封用的耐火泥调和要适宜，不要太稀或太稠，以免造成密封不良。正火件的装炉量一般应比退火少些。

③ 退火过程中，操作者应经常检查控温仪表和设备运转情况，并通过炉子观察孔经常观察火色，掌握炉温实际情况，随时发现跑温和降温的情况。前面所提到的保温时间，不包括装箱退火，采用装箱退火时，加热时间应根据箱子大小增加 2～3h。

④ 燃料炉的加热时间一般根据跟件热电偶到温计算，箱型电炉加热时间一般按设备上的热电偶到温计算，所以箱型炉的加热时间在工件相同的情况下比燃料炉加热时间长。

⑤ 工件出炉后，应散放在干燥处冷却，不得堆积，不能放在潮湿处。

3．退火和正火的操作实例

冲头锻坯退火的具体操作如下。

（1）核对工作卡、图样和工件，鉴别火花

工件名称：冲头。

钢种：T8A，为了验证钢号，避免料错，需进行火花鉴别。

技术要求：硬度 207HBW。

球状珠光体级别：2 级～4 级。

工件尺寸：如图 5-44 所示。

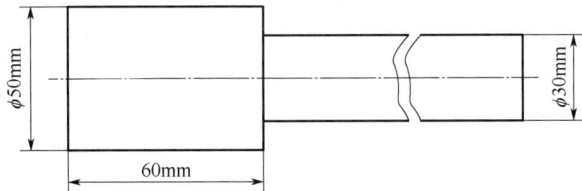

图 5-44　冲头锻坯

（2）技术要求和使用性能

该冲头是冷作模具，工作条件是在一定吨位的冲压机上，冷冲硅钢片的固定孔。因此要求其韧性好，能承受冲击载荷，并要求使用寿命高，耐磨性好。以上性能通过冲头的淬火-回火处理可以达到。为了给淬火处理作好组织准备，冲头进行退火，要求球状珠光体达到 2 级～4 级，硬度 207HBW，以满足良好的机械加工性能。

（3）工艺方法和设备选用

此冲头是经过锻造成形的毛坯，加工余量较大，而且是批量生产，所以采用通用的电阻加热炉进行退火。为了避免高碳钢在高温、长时间加热时的脱碳，需装箱保护退火。

（4）操作

① 升温并严格按脱氧操作规程进行脱氧。

② 测温。按所测温度误差调整控温仪表至工艺温度。

③ 预热后进入加热炉加热。因连续作业，加热时间和预热时间相同。

④ 出炉。在冷却架上空冷，不要堆放，冷却时用鼓风机或风扇吹。

⑤ 清洗。待冷至室温后，用热水清洗残盐。

⑥ 检查。退火出箱后，冲头需作硬度和金相检查，以达到技术要求。

（二）淬火和回火的操作

1. 加热操作

工件通常经过粗加工后进行淬火、回火后再精加工，因加工余量较小，所以淬火加热时必须考虑工件的氧化、脱碳以及变形。

淬火加热方法根据各厂产品类型和设备类型而有所不同，但基本操作相近，下面以通用加热设备为例，介绍淬火加热操作。

（1）淬火加热操作

1）箱式和井式电阻炉加热

环形和扁平类工件可以在箱式电阻炉加热，而轴类工件一般在井式电阻炉加热。用电阻炉加热淬火的工件，常常允许有一定的脱碳层，但加热时仍需采取防护措施，工件表面涂上一层防氧化脱碳涂料，或在 10%硝酸酒精溶液中浸泡 10～20min，待工件表面涂料干燥后再入炉加热。

根据生产批量可采用以下两种加热方法。

冷炉装料：工件要求变形度小，产量少时采用冷炉装料，工件随炉一起升温。

热炉装料：成批生产，工件数量大时，采用热炉装料。先把炉温升至工艺温度，再装进工件，也可待第一炉工件出炉淬火后随即装入第二炉工件加热。

以上两种加热方法，工件一般不进行预热，直接进炉加热。

2）连续式炉加热

工件品种单一、批量大时（如轴承产品的淬火），可在连续式炉加热。由于炉子有传送带或推杆，工件可从入炉口进炉连续加热，而且炉温分段控温。工件加热时，先在低温段预热，再在高温段加热。

① 预热　工件在预热炉内先进行低于相变温度的预热，然后移到加热炉内，按工艺温度加热。由于经过预热的工件内外温差小，减小了变形，并且预热后可缩短加热时间，提高了生产率。

② 快速加热　将工件进入比工艺温度高 80～120℃ 的炉中进行加热，使工件快速达到工艺温度，大大缩短加热时间。快速加热适用于形状简单，表面要求高硬度的工件。此法操作难度较大，但由于生产率高，仍有实用意义。快速加热也可以在箱式电阻炉中进行，但因盐浴炉加热速度快，操作方便，故常采用盐浴炉加热。

（2）装炉操作

1）箱式电阻炉的装炉操作

箱式电阻炉的炉门一般都在正面，工件水平方向装炉，装炉量大，但工件的进出炉和摆放都不方便，一般大工件都采用台车式电炉。

中型工件加热时，可以单件装炉，装炉中工件可放在垫轨上滑入炉中，加热时因为下面有空隙，有利于透烧，所以能使工件整体温度均匀。但要考虑出炉的方便、迅速，工件可用铁丝绑扎，出炉时用铁钩钩住铁丝，可迅速出炉冷却。

小型工件加热时，可先装进卡具，卡具上有一挂钩，装炉是用铁钩将工件连同卡具一起送入炉中，并排列整齐。如果工件大小不同，钢种相同时，先将大工件放在里面，小工件放在外面，因为小件加热时间短，应先出炉淬火。

2）井式电阻炉的装炉操作

井式电阻炉炉门在上部，适宜用吊车进出工件，操作简便。大型工件可以利用工件孔，或者专做一个吊挂孔，用挂钩或铁丝绑扎，垂直吊挂装炉；小型工件可排装在粗铁丝网格中，然后把网格一层层放在装炉框架上，再用吊车将装好工件的框架吊进炉内加热。

3）连续炉的装炉操作

连续炉的装炉操作比较简单，把工件放在前炉门口的装料台上，传送带或推料装置将工件连续送进炉内加热，随着连续移动加热完毕，工件被送出另一端炉门进入冷却装置。

4）盐浴炉的装炉操作

盐浴炉的炉膛小，加热速度快，适合小工件的加热。由于工件小，大多数为手工操作。装炉方法一般有两种：一是用卡具，将工件插在卡具孔中，立放，再用铁钩挂起卡具进炉内；另一种是用铁丝绑扎工件，或用铁丝将内孔工件串起，再用铁钩挂起进炉加热。

在可大批量生产的专业工厂，用盐浴炉加热工件时，采用机械化操作，将预热炉、加热炉、冷却炉连成一生产线，用联动机吊挂工件加热和冷却，极大地减轻了操作者的劳动强度。

（3）回火加热操作

1）电阻炉回火

电阻炉一般用于 500～650℃ 的高温回火，常用的是低温井式炉，炉内有风扇，回火时炉温均匀。有时也用箱式电阻炉或台车式炉回火，用箱式电阻炉回火时，大件可散装在有效加热区，小件可放在托盘或料架上加热，便于进出炉；用井式电阻炉回火时，通常用料筐或回火桶装料加热，为使回火加热时透烧性好，温度均匀，料筐及回火桶壁应钻透气孔。

电阻炉回火装炉操作方法和淬火加热操作基本相同。

2）盐浴炉回火

盐浴炉加热均匀，通常用于低温及中温回火，因为氯化盐熔点高，低温时要凝固，一般都用硝酸盐盐浴炉作回火加热用。例如，高速钢刀具的回火就在成分为 100%硝酸钾或硝酸钠的盐浴炉中进行。因为盐浴浴面和空气接触被氧化，盐浴老化以及工件的氧化产生氧化皮，所以盐浴炉炉底会有沉渣，每周必须捞渣一次。

回火时为避免工件与炉底沉渣接触，又因炉底温度偏低，所以盐浴炉底一般会用铁架垫高 100～200mm。

3）油浴炉回火

在 80～150℃低温回火时，有时采用汽缸油和锭子油炉加热，其炉温均匀，材料成本低。工件尺寸稳定化的时效处理一般用油浴炉。油浴炉回火操作时需注意安全，油的燃点低，应谨慎操作，防止起火。

2．冷却操作

只要在冷却方法、冷却介质上加以变化，就能使钢的性能发生改变，这是热处理操作者必须掌握又最难掌握的操作技能。

（1）淬火冷却操作

淬火加热后的冷却主要是获得高硬度、高强度的马氏体组织，所以要求冷却速度比较快。一般的钢种空冷速度是得不到马氏体组织的，而液体的冷却速度要快得多。各种液体之间的冷却能力也有很大差别，并且各有特点。根据工件的钢种、形状以及性能要求选定冷却工艺的操作技能极其重要。

1）冷却介质的选用

一些形状比较简单，或者截面较大的工件，其材料为碳素结构钢或低合金结构钢（如 45钢、40Cr 等），淬火后要求中、高硬度。这类工件通常采用水作为冷却介质，并可在水中加入一定比例的可溶性物质，改变冷却特性。中、小型工件，所用材料为含碳量稍高的碳素钢或者合金钢（如 T7、T8、T12、9SiCr、GCr15 等），要求中、高硬度时选用油作冷却介质。由于油的冷却速度比水低，所以常采用"水淬油冷"的双液淬火。氯化盐浴是理想的等温冷却和分级冷却介质，当工件从加热炉中取出时，立即放入 580～620℃的盐浴中冷却，在短时间内即可达到等温效果。分级冷却后取出空冷，可减小工件的变形，避免大件的开裂。硝酸盐浴既可作为回火加热介质，又可作为分级和等温冷却的介质，应用范围很广。

冷却介质应保持干净，避免脏物进入，更换溶液时应清洗槽壁，不使用介质时应加盖。冷却介质的溶液成分应定期化验，根据化验结果调整成分，变质溶液应及时更换。冷却介质的温度应随时测量，防止温度过高或过低。硝酸盐浴槽必须定期过滤。按硝酸盐比例添加新盐，以免盐浴老化影响冷却能力。

冷却介质的运动，对提高冷却能力具有重要的意义。工件在冷却介质中窜动得愈好，则淬火效果愈好。为了改善操作者劳动强度，可以搅动冷却介质，冷却介质的运动，可以极大提高冷却能力。在强力搅拌的情况下，较弱的冷却介质，也能获得满意的淬火效果。

热处理过程中工件出现的质量问题，虽然也有原材料因素，或有设计不当的原因，但主要还是由于淬火时不正确地操作。为了减少畸变、防止开裂，应注意以下几点。

① 工件从炉中取出时，必须防止摆动及相互碰撞。

② 细长圆筒形或薄壁圆环形工件应轴向垂直入淬火槽，并在冷气剂中上下窜动。

③ 圆盘形工件入淬火槽时，其轴向应平行于液面。

④ 厚薄不均匀的工件，先使较厚部分入槽。

⑤ 有凹面及不通孔的工件入槽时，应使凹面或孔的开口朝上。

⑥ 长方形带通孔的工件，应垂直斜向入槽。薄片及薄刃件，应垂直迅速入槽。

⑦ 带单面长槽的工件，应槽口朝上，一端倾斜 45°，淬入淬火介质中。长板类工件，宜横向侧面淬入淬火介质中。

⑧ 入槽后工件适当上下窜动，以加强介质对流，促进冷却。

⑨ 在真空炉淬火的工件，应待工件冷却后方可出炉，以免工件变色。

⑩ 工件淬火后应及时施行回火，高合金钢和大件淬火、回火间隔时间不能超过 2h。在空气炉或煤气炉中退火或正火加热的工件，出炉后应及时去除氧化皮及涂料，再淬火冷却。

2）冷却操作

正确的冷却操作可以保证工件淬火的质量，减少或防止冷却缺陷的产生，其操作要领如下。

① 工件从加热炉中取出进入冷却介质中冷却，要求操作动作熟练，迅速稳妥，工件进冷却介质前要注意以下两个操作动作要点。

在空气炉中加热的工件，表面有一层防氧化的涂料，未涂料的工件表面会产生一层氧化皮，淬火时先要抖掉表面层的涂料或氧化皮，然后进入冷却介质中，这个操作动作要轻、快，才能使工件淬火后不发生软点或硬度不足现象。

在盐浴炉加热的工件，出炉时卡具或工件表面有熔盐附着，当出炉动作缓慢时，工件带着盐浴进入冷却介质，盐浴凝附在工件表面，影响工件的冷却能力，所以出炉时要甩掉工件上的盐浴，这个操作动作一定要求轻、快。

② 厚薄不均匀的工件，或要求变形小的工件，可采用预冷法，使薄壁处或整个工件变成暗红时进入水中。

③ 内孔、凹腔要求硬度高的工件，可用喷射淬火法。

④ 小型简单工件如螺母、小尺寸的量规等，可用勺子在盐浴炉中堆装加热，冷却时在冷却槽的中下部放一锥体，尖向上，将工件逐渐倒入冷却液中，并沿锥面分散；也可在介质中放一个铁丝网，冷却时，工件撒进网中，另一操作者用铁勺进行搅动。

⑤ 极薄的片状工件，可用铜板或铁板代替冷却介质，冷却时将薄片工件夹在两板之间，热量传到铁板上，达到淬火目的，可减少变形。

（2）回火冷却操作

一般情况下，工件回火多数采用空气冷却，因为回火后空冷对工件性能影响不大，但要注意形状复杂的工模具在冷至室温前不允许水冷，以防止开裂。而一些铬镍、铬锰合金结构钢，在 450～560℃高温回火时要产生回火脆性，所以这些钢种的工件回火加热后要在水或油中以较快速度冷却，冷却后再进行一次低温补充回火，以消除快冷所产生的内应力。

高速钢工件通常采用 560℃三次回火，当上一次回火后在空气中冷却时，必须注意一定要冷至室温再进行下一次回火，这样才能使奥氏体充分转变为马氏体，使其硬化达到最佳程度，并使回火充分。

（3）淬火与回火操作实例

直柄钻头淬火-回火的具体操作如下。

工件尺寸：如图 5-45 所示。

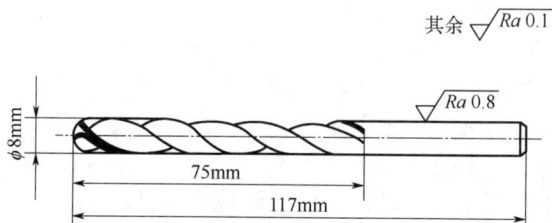

图 5-45　直柄钻头

材料：W6Mo5Cr4V2。

技术要求：晶粒度 10 号～11 号。

硬度：柄部硬度为 35～50HRC；刃部硬度为 63～66HRC。

不直度：径向跳动≤0.24mm。

1）技术要求

钻头是切削刀具之一，其刃部要求高硬度，才能对各种材料进行钻孔，并要求高强度、高耐磨性。通常钻头都用高速钢制造，由于合金元素多，所以红硬性高，能进行高速切削。钻头柄部作定位和被夹持用，硬度不必过高。硬度太高，对校正钻头变形不利，而且打不上标记，所以柄部为中硬度。钻头加热表面不允许脱碳，若表面脱碳后，淬火硬度不足，会影响切削性能。

2）设备选用

高速钢刀具热处理通常都选用盐浴炉加热，由于合金元素多，导热性差，一般都要进行二次预热再加热，冷却采用低温混合氯化盐浴炉分级冷却，回火采用硝盐浴炉。

3）生产准备

① 准备工作。绑扎好零件，检查炉温仪表，对高温盐浴炉必须严格按操作规程进行脱氧。

② 钻头由专用卡具装卡加热。

4）工艺规范

① 淬火。预热：第一次，650～700℃，160s；

第二次，800～850℃，160s。

加热：1220～1230℃，160s，装量 98 件。

冷却：580～620℃，160s 后空冷至室温。

② 清洗。热水洗。

③ 回火。550～560℃，2h，回火三次。

④ 检查。洛氏硬度计检查硬度。

⑤ 喷砂。

⑥ 冷校直。

⑦ 检查。V 形铁及百分表检查径向跳动。

5）操作注意事项

① 装卡后工件必须烘干，以免进盐浴炉时溅射伤人。

② 可以在淬火-回火后采用高频淬柄，使柄部硬度达到技术要求，但大量生产时通常采用加热方法来控制柄部硬度，可节省工序周转时间和节约能源。其方法为：装好卡的钻头在第一、二次预热时，将钻头连同卡具一并埋入盐浴内加热，进入高温加热炉时，使钻头柄部露出盐面，只加热刃部。钻头露出盐面，正好在钻头沟槽处，即卡具的下层板刚好在盐面上。这是利用预热温度以及高温加热时的热传导使柄部进行不完全淬火，达到柄部要求的硬度。

③ 分级冷却的盐浴温度不得超过 650℃，钻头分级冷却的温度过高、时间过长将使高速钢中合金碳化物析出，影响钻头硬度和使用寿命。为保证冷却温度在工艺规定范围，必须经常调整盐浴成分。

④ 淬火后应及时回火，若停留时间过长，会使奥氏体稳定化，从而影响刀具硬度和使用寿命。三次回火过程中，每次回火后必须冷至室温再进行下一次的回火，使组织转变充分。

⑤ 操作过程要经常检查高温炉辐射镜是否被遮挡以及仪表运转是否正常，避免造成工件过热。

三、热处理技术条件及工序位置

（一）热处理技术条件的标注

设计图样上的热处理技术标注有热处理工艺名称、硬化层深度、硬度等。在标注硬度时允许有一个波动范围，一般布氏硬度波动范围在 30～40 个单位；洛氏硬度波动范围约 5 个单位。对于重要零件有时也标注抗拉强度、伸长率、金相组织等。表面淬火、表面热处理工件要标明处理部位、层深及组织等要求。常见热处理工艺代号及技术条件的标注方法如表 5-5 所示。

表 5-5 常见热处理工艺代号及技术条件的标注方法

热处理类型	代号	表示方法举例
退火	Th	标注为 Th
正火	Z	标注为 Z
调质	T	调质后硬度为 200～250HBW 时，标注为 T235
淬火	C	淬火后回火至 45～50HRC 时，标注为 C48
油淬	Y	油淬+回火硬度为 30～40HRC 时，标注为 Y35
高频淬火	G	高频淬火+回火硬度为 50～55HRC，标注为 G52
调质+高频感应加强淬火	T-G	调质+高频淬火硬度为 52～58HRC，标注为 T-G54
火焰表面淬火	H	火焰表面淬火+回火硬度为 52～58HRC，标注为 H54
氮化	D	氮化层深 0.3mm，硬度>850HV，标注为 D 0.3-900
渗碳+淬火	S-C	氮化层深 0.5mm，淬火+回火硬度为 56～62HRC，标注为 S0.5-C59
氰化（碳氮共渗）	Q	氰化后淬火+回火硬度为 56～62HRC，标注为 Q59
渗碳+高频淬火	S-G	渗碳层深度 0.9mm，高频淬火后回火硬度为 56～62HRC，标注为 S0.9-G59

（二）热处理工序位置的安排

零件加工都是按一定工艺路线进行的。合理安排热处理工序的位置，对于保证零件质量和改善切削加工性，具有重要的意义。根据热处理目的和工序位置的不同，热处理可以分为预备热处理和最终热处理两大类，其工序位置安排规律如下。

1. 预备热处理

预备热处理包括退火、正火、调质等。这类热处理的作用是消除前一道工序所造成的某些缺陷（如内应力、晶粒粗大、组织不均匀等），并为后续工序作准备。预备热处理一般安排在毛坯生产之后、切削加工之前，或粗加工之后、精加工之前。

（1）退火、正火的工序位置

退火、正火一般安排在毛坯生产之后、切削加工之前进行，工艺路线一般为：毛坯生产（铸造、锻压、焊接等）→正火（或退火）→切削加工。

（2）调质的工序位置

调质主要是为了提高零件的综合力学性能，或为以后表面淬火做好组织准备（有时调质也直接作为最终热处理使用）。调质工序一般在粗加工之后、半精加工之前，工艺路线一般为：下料→锻造→正火（或退火）→粗加工（留余量）→调质→半精加工。

在实际生产中，普通铸铁件、铸钢件和某些无特殊要求的锻钢件，经退火、正火或调质后，性能已能满足要求，可不再进行最终热处理。

2. 最终热处理

最终热处理包括各种淬火、回火、表面淬火、化学热处理等，它决定工件的组织状态、使用性能与寿命。零件经这类热处理后硬度较高，除磨削加工外，不能用其他加工方法加工，故其工序位置一般安排在半精加工之后、磨削之前进行。

（1）整体淬火的工序位置

整体淬火零件的工艺路线一般为：下料→锻造→正火（或退火）→粗、半精加工（留余量）→淬火+回火（低、中温）→磨削。

（2）表面淬火的工序位置

表面淬火零件的工艺路线一般为：下料→锻造→正火（或退火）→粗加工→调质→半精加工（留余量）→表面淬火+低温回火→磨削。

（3）渗碳淬火的工序位置

渗碳分整体渗碳和局部渗碳。整体渗碳零件的工艺路线一般为：下料→锻造→正火→粗、半精加工→渗碳→淬火+低温回火→磨削。

对于局部渗碳，一般在不要求渗碳的部位增大原加工余量（增大的量称防渗余量），待渗碳后、淬火前将余量切掉。因此，对于局部渗碳零件，需增加切去防渗碳余量的工序，其余与整体渗碳零件相同。此外，也可在粗、半精加工之后，对局部不渗碳部位镀铜或涂防渗剂，然后再渗碳，其后加工工艺路线与整体渗碳相同。

（4）渗氮的工序位置

渗氮温度低、变形小，氮化层硬而薄，因此工序位置应尽量靠后。一般渗氮后不再磨削加工，个别质量要求较高的零件可进行精磨或超精磨。为防止因切削加工而产生的内应力使渗氮件产生变形，常在渗氮前安排去应力退火工序。渗氮零件的工艺路线一般为：下料→锻造→退火→粗加工→调质→半精、精加工→去应力退火→粗磨→渗氮→精磨或超精磨。

第七节　热处理零件质量分析

热处理零件质量好坏主要取决于热处理工艺和零件的结构工艺性。

一、热处理工艺对质量的影响

因热处理工艺不当，常产生过热、过烧、氧化、脱碳、变形与开裂等缺陷。

1. 过热与过烧

淬火加热温度过高或保温时间过长，晶粒过分粗大，以致钢的性能显著降低的现象称为过热。工件过热后可通过正火细化晶粒予以补救。加热温度达到钢的固相线附近时，晶界氧化和开始部分熔化的现象称为过烧。工件过烧后无法补救，只能报废。防止过热和过烧的主要措施是正确选择和控制淬火加热温度和保温时间。

2. 变形与开裂

工件淬火冷却时，由于不同部位存在着温度差异及组织转变的不一致性所引起的应力称为淬火应力。当淬火应力超过钢的屈服点时，工件将产生变形；当淬火应力超过钢的抗拉强度时，工件将产生裂纹，从而造成废品。为防止淬火变形和裂纹，需从零件结构设计、材料选择、加工工艺流程、热处理工艺等各方面全面考虑，尽量减少淬火应力，并在淬火后及时进行回火处理。

3. 氧化与脱碳

工件加热时，介质中的氧、二氧化碳和水等与金属反应生成氧化物的过程称为氧化。而加热时由于气体介质和钢铁表层碳的作用，表层含碳量降低的现象称为脱碳。氧化脱碳使工件表面质量降低，淬火后硬度不均匀或偏低。防止氧化脱碳的主要措施是采用保护气氛或可控气氛加热，也可在工作表面涂上一层防氧化剂。

4. 硬度不足与软点

钢件淬火硬化后，表面硬度低于应有的硬度，称为硬度不足；表面硬度偏低的局部小区域称为软点。引起硬度不足和软点的主要原因有淬火加热温度偏低、保温时间不足、淬火冷却速度不够以及表面氧化脱碳等。

二、热处理对零件结构设计的要求

零件结构形状是否合理，会直接影响热处理质量和生产成本。因此，在设计零件结构时，除满足使用要求外，还应满足热处理对零件结构形状的要求。其中，零件淬火时造成的内应力最大，极容易引起工件的变形和开裂。因此，对于淬火零件的结构设计应给予更充分的重视。

1. 零件结构应尽量避免尖角和棱角

零件的尖角和棱角处是产生应力集中地方，常成为淬火开裂的源头，应设计或加工成圆角或倒角，如图 5-46 所示。

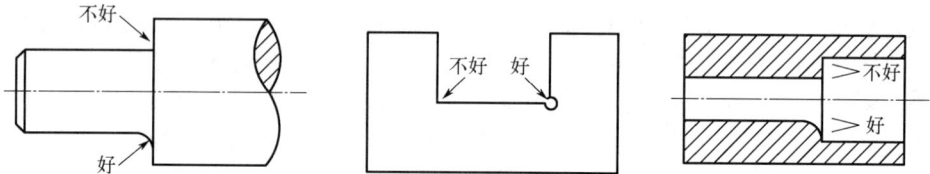

图 5-46　零件结构中的尖角和棱角设计

2. 零件的壁厚应力尽量均匀

均匀的壁厚设计能减少冷却时的不均匀性，避免相变时在过渡区产生应力集中，增大零件变形和开裂倾向。因此，零件结构设计时应尽量避免厚薄太悬殊，必要时可增设工艺孔来解决。如图 5-47 所示。

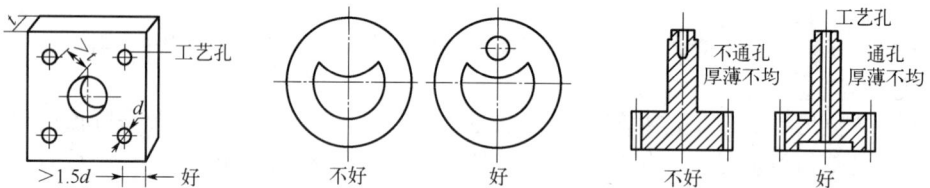

图 5-47　零件结构的壁厚均匀性设计

3. 零件的形状结构应尽量对称

零件的形状结构应尽量对称，以减少零件在淬火时因应力分布不均而造成变形和翘曲。如图 5-48 所示。

4. 应尽量减少孔、槽、键槽和深筋

零件结构上应尽量减少孔、槽、键槽和深筋，若工件结构上确实需要则应采取相应的防

护措施（如绑石棉绳或堵孔等），以减少这些地方因应力集中而引起的开裂倾向。

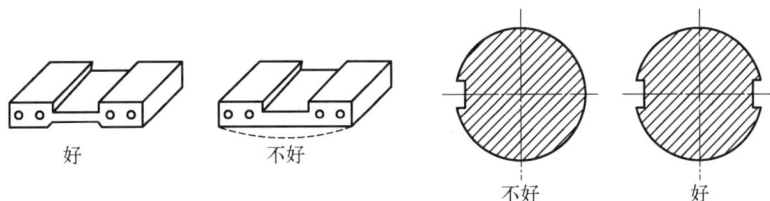

图 5-48 零件的形状结构设计

5. 某些易变形零件可采用封闭结构

对某些易变形零件采用封闭结构，可有效防止刚性低的零件热处理引起的变形。如汽车上的拉条，其结构上要求制成开口型，但制造时，应先加工成封闭结构（如图中点划线所示），淬火、回火后再加工成开口状（用薄片砂轮切开），以减少变形，如图 5-49 所示。

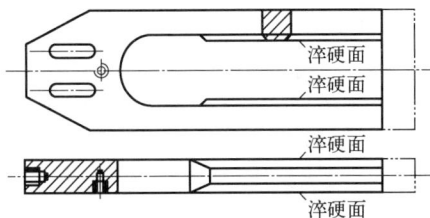

图 5-49 零件的封闭结构

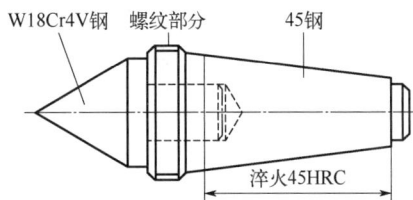

图 5-50 零件的组合结构

6. 零件的组合结构

对于某些结构复杂的零件，可将其设计成几个简单零件的组合体。分别热处理后，再用焊接或其他机械连接法将其组合成一个整体。如图 5-50 所示，该磨床顶尖，原设计时采用 W18Cr4V 整体制造，在淬火时出现裂纹。用图示的组合结构（顶尖部分采用钢，尾部采用钢）分别热处理后，采用热套方式配合，既解决了开裂问题，又节约了高速钢。

> 技能模块

试验一 碳钢的热处理试验

一、试验目的

1. 了解退火、正火、淬火和回火的方法。
2. 分析含碳量对淬火后碳钢硬度的影响。
3. 分析碳钢热处理时的冷却速度及回火温度对组织和性能（硬度）的影响。

二、试验试样及设备

1. 试样：45 钢、T10 钢试样。
2. 设备：箱式实验电炉、洛氏硬度计、砂轮机、金相试纸、淬火水槽和油槽、热处理用夹钳及铁丝、石棉手套等。

三、试验步骤

① 明确热处理操作安全须知。

② 学生分组领取试样，分别在 760℃、840℃和 940℃的箱式实验电炉中加热，保温 18min 后在水中淬火，然后用洛氏硬度计分别测试试样的硬度（热处理后的试样应磨去氧化皮后测试硬度值）。

③ 将试样 45 钢加热至 840℃保温 18min 后，分别对试样进行退火、正火、淬火（水冷和油冷）热处理，并用洛氏硬度计分别测试试样的硬度。

④ 对经过淬火处理的 45 钢和 T10 钢试样分别在 200℃、450℃和 550℃的温度下，在箱式实验电炉中进行回火，保温 30min，取出空冷，用洛氏硬度计分别测定试样的硬度。

四、试验报告

将试验结果填入表 5-6、表 5-7 及表 5-8，并按要求完成试验报告。

表 5-6　碳的质量分数对钢淬火硬度的影响

碳钢	加热温度/℃	淬火冷却介质	淬火硬度 HRC			
			1	2	3	平均
45 钢						
T10 钢						

表 5-7　冷却方式对钢热处理后性能的影响

材料	加热温度/℃	冷却方式	热处理后的硬度 HRC			
			1	2	3	平均
		炉冷				
		空冷				
		水冷				
		油冷				

表 5-8　回火温度对淬火钢回火硬度的影响

材料	淬火硬度 HRC	回火温度/℃	回火后的硬度 HRC			
			1	2	3	平均
		200				
		450				
		550				

试验二　碳钢的热处理显微组织观察

一、试验目的

1. 观察碳钢经不同热处理后的显微组织。
2. 了解热处理工艺对钢组织和性能的影响。

3．熟悉碳钢几种典型热处理组织（M、T、S、M $_{回火}$、S $_{回火}$等）的形态及特征。

二、试验设备、仪器及材料

1．金相显微镜。
2．碳钢热处理后的试样。

三、试验内容

观察表 5-9 所列的显微镜组织。

表 5-9　试验要求观察的试样

序号	材料	热处理工艺	浸蚀剂	显微组织（参照金相图册）
1	20 钢	910℃水冷	4%硝酸酒精	板条 M
2	45 钢	860℃水冷	同上	隐针 M
3	45 钢	860℃空冷	同上	F+S
4	45 钢	860℃油冷	同上	M+T
5	45 钢	860℃水冷 600℃回火	同上	S $_{回火}$
6	45 钢	750℃水冷	同上	M+F
7	T12	750℃水冷	同上	片状 M
8	T12	750℃水冷 200℃回火	同上	M $_{回火}$+Fe$_3$C+A $_{残}$
9	T12	750℃球化退火	同上	F+Fe$_3$C（粒状）

四、试验报告

1．简述试验目的。
2．描述出所观察试样的显微组织示意图，并注明材料、放大倍数、组织名称、侵蚀剂等。

◁ **思维训练模块**

一、判断题

1．碳钢加热到稍高于 A_{C1} 时，所有组织都向奥氏体转变。
2．钢加热后形成的奥氏体晶粒大小主要取决于原始组织的晶粒大小，而与加热条件无关。
3．钢加热后的奥氏晶粒大小对冷却后组织的晶粒大小起着决定作用，只有细小的奥氏体晶粒，才会得到细小的室温组织。
4．利用 C 曲线可以分析钢中过冷奥氏体在不同等温温度下的组织转变过程及转变产物。
5．在 C 曲线的珠光体型转变中，随着过冷度的增加，珠光体中铁素体和渗碳体的片间距离越来越小。
6．共析碳钢的过冷奥氏体，在等温转变中形成的珠光体、索氏体、托氏体三种组织都是铁素体与渗碳体层片相间的机械混合物，所以它们的力学性能是相同的。
7．下贝氏体的性能与上贝氏体相比，不仅具有较高的硬度和耐磨性，而且强度、韧性和塑性也高于上贝氏体。

8．马氏体是在 M_s～M_f 温度范围内连续冷却不断形成的。

9．马氏体的性能硬而脆。

10．马氏体转变属扩散型转变，由铁原子和碳原子的扩散来完成。

11．正火实际上是退火的一种特殊形式，与退火的差别主要是冷却的速度较快，得到的珠光体晶粒较细。

12．亚共析碳钢的正常淬火加热温度随着含碳量的增加而提高。

13．过共析碳钢的正常淬火加热温度随着含碳量的增加而提高。

14．淬火时为了获得马氏体组织，淬火介质的冷却速度越快越好。

15．淬火钢回火后的组织与性能主要取决于回火温度，与回火时的冷却速度无关。

16．在硬度相同时，回火索氏体比正火索氏体具有更高的强度、塑性和韧性。

17．通常把高温回火热处理操作称为调质处理。

18．共析成分的碳钢比亚共析成分的碳钢，具有更好的淬透性。

19．淬透性好的钢，淬火后硬度一定很高。

20．钢件经渗碳后，表层含碳量提高，再经淬火后便可获得高碳马氏体，使表层具有很高的硬度和耐磨性。

二、选择题

1．亚共析钢加热时完全奥氏体化的温度，随着钢中含碳量的增加而（　　）。
    A．升高　　　　　　　B．降低　　　　　　　C．不变　　　　　　　D．变化无规律

2．过共析成分碳钢加热时完全奥氏体化的温度，随钢中含碳量的增加而（　　）。
    A．降低　　　　　　　B．升高　　　　　　　C．不变　　　　　　　D．变化无规律

3．对共析碳钢，由"C"曲线得知，过冷奥氏体最不稳定的温度区间是（　　）。
    A．稍低于 A　　　　　　　　　　　B．稍高于 M_s
    C．低于 M_s　　　　　　　　　　　D．"C"曲线鼻尖附近

4．珠光体、索氏体、托氏体同属珠光体类型组织，但它们的（　　）。
    A．形成温度不同　　　　　　　　　　B．组织的片间距离不同
    C．组成相不同　　　　　　　　　　　D．力学性能不同

5．马氏体的硬度主要取决于（　　）。
    A．获得马氏体的冷却速度　　　　　　B．马氏体中碳的含量高低
    C．转变前奥氏体的晶粒度　　　　　　D．马氏体的形成温度

6．为了改善低碳钢的切削加工性能，其预先热处理应采用（　　）。
    A．完全退火　　　　B．球化退火　　　　C．去应力退火　　　　D．正火

7．为了改善碳素工具钢的切削加工性能，其预先热处理应采用（　　）。
    A．完全退火　　　　B．球化退火　　　　C．去应力退火　　　　D．扩散退火

8．过共析成分碳钢经正确淬火后获得的组织是（　　）。
    A．马氏体　　　　　　　　　　　　　B．马氏体+残余奥氏体
    C．下贝氏体　　　　　　　　　　　　D．马氏体+渗碳体+残余奥氏体

9．中碳钢经调质处理后获得的组织是（　　）。
    A．回火马氏体　　　　　　　　　　　B．下贝氏体
    C．马氏体　　　　　　　　　　　　　D．回火索氏体

10．一般弹簧件的最终热处理是（　　）。
    A．调质　　　　　　　　　　　　　　B．淬火

C．淬火、低温回火　　　　　　　　D．淬火、中温回火

11．锉刀的最终热处理是（　　　）。

　　A．淬火　　　　　　　　　　　　B．淬火、低温回火

　　C．淬火、中温回火　　　　　　　D．调质

12．感应加热表面淬火时，随电流频率的增大，其淬硬层深度（　　　）。

　　A．增大　　　　　　B．减小　　　　　　C．保持不变　　　　　　D．变化无规律

13．一般渗碳零件的最终热处理是（　　　）。

　　A．渗碳　　　　　　　　　　　　B．渗碳、淬火

　　C．渗碳、淬火、低温回火　　　　D．渗碳、表面淬火

14．为保证氮化工件心部力学性能和氮化质量，氮化前应预先进行（　　　）。

　　A．退火　　　　　　B．正火　　　　　　C．调质　　　　　　D．淬火

15．氮化后表面具有很高的硬度和耐磨性，是由于表层组织中形成（　　　）。

　　A．稳定氮化物　　　　　　　　　B．高碳马氏体

　　C．氮化物　　　　　　　　　　　D．高碳回火马氏体

三、填空题

1．钢的热处理是指将钢在_____固态下_____，使钢的内部_____，从而获得所需要_____的一种工艺。

2．钢的热处理方法较多，但其工艺过程由_____、_____和_____三阶段组成。通常可用_____为坐标的_____图来表示。

3．共析碳钢加热时，奥氏体的形成全过程由：（1）_____；（2）_____；（3）_____；（4）_____等四个阶段完成。

4．临界冷却速度是指钢在淬火时为抑制非马氏体转变所需的_____冷却速度。不同钢的临界冷却速度是_____的。

5．马氏体是指过冷奥氏在低于_____线以下时，形成的碳在 α-Feₑ 中形成的_____固溶体，马氏体转变属_____扩散型转变。

6．钢的退火是指把钢加热到一定温度，保温一定时间，然后_____冷却的一种热处理工艺；常用退火方法有（1）____，（2）_____，（3）____，（4）_____等。

7．完全退火的工艺是将钢件加热至_____以上的 30～50℃，保温一定时间后，随炉_____冷却；完全退火适用于亚共析钢和_____工件。

8．球化退火的工艺是把钢加热到_____以上的 20～30℃，保温后_____冷却。球化退火主要用于____钢和_____钢的锻轧件。

9．钢的正火是把钢加热到_____（亚共析钢）或____（过共析钢）以上 30～50℃；保温后在_____中冷却的一种热处理工艺。

10．正火实质上是退火的一种特殊形式，与退火的主要差别是冷却速度____；得到的珠光体组织_____；硬度和强度比退火后_____。

11．钢的淬火是将钢加热到___或____以上温度；经保温后，____冷却下来的一种热处理工艺。淬火一般是为了获得_____组织。

12．碳钢适宜的淬火加热温度，对亚共析钢为____ 30～50℃，对过共析钢和共析钢为_____ 30～50℃。

13．生产中希望淬火介质在过冷奥氏体不稳定区（550℃上下）需要_____，而在进入马氏体转变温度区（200～300℃）冷却速度则_____。

14．生产过程中常用的淬火方法有（1）＿＿＿＿；（2）＿＿＿＿；（3）＿＿＿；（4）＿＿＿；（5）＿＿＿。

15．钢的回火是把＿＿＿＿钢加热到＿＿＿＿以下的某一温度，经保温后，冷却到室温的热处理操作。回火是＿＿＿＿＿后必须进行的热处理工序。

16．回火的主要目的是（1）减少或消除＿＿＿＿；（2）获得要求的＿＿＿＿；（3）稳定工件＿＿＿＿。

17．淬火钢在回火时，由于组织发生了变化，其性能也随之＿＿＿＿，总的变化规律是：随着回火温度的升高，强度、硬度＿＿＿＿，而塑性、韧性＿＿＿。

18．碳钢低温回火的温度范围一般是＿＿＿＿，回火后的组织为＿＿＿＿，这种回火主要适用于要求＿＿＿＿的工具和工件。

19．碳钢中温回火的温度范围一般是＿＿＿＿，回火后的组织为＿＿＿＿，这种回火主要适用于＿＿＿＿。

20．碳钢高温回火的温度范围一般是＿＿＿＿，回火后的组织为＿＿＿，这种回火广泛应用于＿＿＿＿。

21．钢的淬透性是指钢件淬火时获得＿＿＿＿的能力，影响淬透性的主要因素是过冷奥氏体的＿＿＿＿。

22．表面淬火是将钢件＿＿＿＿＿＿进行淬火，而心部仍保持＿＿＿组织的一种热处理方法，常用的表面淬火方法有＿＿＿加热表面淬火法和＿＿＿加热表面淬火法。

23．一般表面淬火零件需先进行＿＿＿＿，表面淬火后还需进行＿＿＿＿＿。

24．化学热处理是将钢件放在某种化学介质中＿＿＿＿，使介质中的活性原子＿＿＿＿表层，改变表层的＿＿＿＿和＿＿＿的一种热处理方法。

25．为保证氮化工件心部具有一定的力学性能和氮化质量，氮化前应预先进行＿＿＿处理。氮化后＿＿＿＿进行淬火。氮化广泛用于工作中有强烈＿＿＿＿并承受＿＿＿载荷或＿＿＿载荷的零件。

四、问答题

1．指出钢加热时引起奥氏体晶粒长大的因素是什么，并说明钢热处理加热时为什么总是希望获得细小的奥氏体晶粒。

2．说明共析碳钢随过冷奥氏体等温转变温度的不同，其转变产物的组织及性能有何不同。

3．正火操作工艺与其他热处理相比有何优点？并简述正火的目的及在生产中的主要应用范围。

4．根据共析碳钢的"C"曲线，说明对淬火介质在 650～500℃ 和 300～200℃ 两温度范围的冷却速度要求及原因。并指出常温水和矿物油在上述两温度范围的冷却能力。

5．说明影响马氏体硬度的主要因素及原因，并指出淬火钢的硬度是否等于形成马氏体的硬度，为什么？

6．说明淬火钢回火的主要目的，并指出淬火碳钢在回火加热时组织转变过程的四个基本阶段。

五、应用题

1．比较说明 45 钢件按下列工艺热处理后的硬度高低，并说明其原因。

（1）加热到 700℃，保温后投入水中快冷；

（2）加热到 750℃，保温后投入水中快冷；

（3）加热到 830℃，保温后投入水中快冷。

2．一批 45 钢制零件，经淬火后，部分零件硬度未达到图纸要求值，经金相显微组织分析后的组织是：

（1）马氏体+铁素体+残余奥氏体；

（2）马氏体+托氏体+残余奥氏体。

试分析说明它们在淬火工艺中的问题各是什么？并指出该钢淬火的合理工艺及最终形成的组织。

3．45 钢经调质处理后的硬度为 240HBW，若再进行 200℃回火，硬度有何变化？为什么？如果要提高硬度，应采取何种热处理工艺？

4．45 钢经淬火、低温回火后的硬度为 57HRC，若再进行 400℃回火，硬度有何变化？为什么？如果要求最后得到回火索氏体组织，将 400℃回火后的钢应再进行何种热处理工艺？

5．一根 $\phi6mm$ 的 45 钢棒材，先经 840℃加热淬火，硬度为 55HRC（未回火），然后从一端加热，依靠热传导使圆棒材上各点达到如图所示的温度。试问：

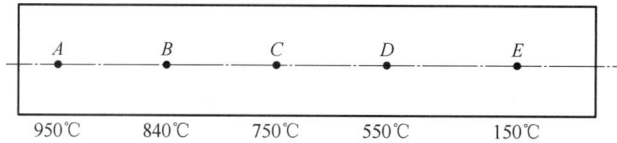

| A | B | C | D | E |
| 950℃ | 840℃ | 750℃ | 550℃ | 150℃ |

（1）各点所在部位的组织是什么？

（2）整个如图示的圆棒缓冷至室温后，各点所在部位的组织又是什么？

（3）若将圆棒从图示温度快冷淬火至室温后，各点所在部位的组织会是什么？

6．生产中经常把已加热到淬火温度的钳工用凿子的刃部先投入水中急冷，然后出水停一定时间再整体投入水中冷却而进行热处理。试分析说明第一次冷却、出水后停留及第二次冷却的作用和出水停留时间对最终性能的影响。

第六章　低合金钢与合金钢

知识目标	1. 了解合金元素在钢中的存在形式，合金元素对铁碳合金相图的影响，合金元素对热处理的影响。 2. 掌握低碳合金钢、渗碳钢、调质钢、弹簧钢及滚动轴承钢的牌号、成分、性能和用途。 3. 掌握刃具钢、模具钢、量具钢的牌号、成分、热处理特点性能和用途；不锈钢、耐热钢、耐磨钢的合金化原理、牌号、性能和用途。
技能目标	1. 具备初步选材能力。 2. 正确选择合金钢热处理方法和制定热处理工艺。
思政目标	通过新型材料应用案例，培养学生在科学探索中的使命感、责任感，激发创造创新活力，树立"技术报国、科技报国"的理想信念。

案例导入

提到我国的体育馆，你脑海里第一印象是什么？鸟巢？

鸟巢被誉为"21世纪初叶最具特点的建筑"。在设计之初，便以能使用100年为目标，无论在材料还是技术上都对耐久性、防腐性、防火性、稳定性有着近乎苛刻的要求。鸟巢主体用的是Q460钢材，是我国科研人员耗费半年才研制成功的一种低合金高强度钢，生产难度极大，这也是国内第一次使用Q460钢材。鸟巢建立在24根桁架柱之上，分为内外两层。外层是由长333m、宽280m、重4.2万t的钢结构编织而成的外壳，也是世界上最大的屋顶结构。2008～2021年的13年间，鸟巢见证了无数的奇迹与辉煌，激情与感动。在2022年，它作为一代中华民族荣耀的象征，承办了北京冬奥会的开幕式、闭幕式，续写了中华民族的传奇故事。

知识模块

碳钢虽然价格低廉，容易加工。但是碳钢具有淬透性低、回火稳定性差、基本组成相弱等缺点，使其应用受到了一定的限制。

为改善碳钢的组织和性能，在碳钢基础上有目的地加入一种或几种合金元素，所形成的铁基合金称为合金钢。常加入的合金元素有锰（Mn）、硅（Si）、铬（Cr）、镍（Ni）、钼（Mo）、钨（W）、钒（V）、钛（Ti）、铌（Nb）、锆（Zr）、稀土元素（RE）等。

第一节　合金元素在钢中的作用

一、合金元素与铁、碳的作用

1. 合金元素与铁的作用

合金钢中的元素，按其与碳的亲和力大小可分为非碳化物形成元素（如 Ni、Si、Al、Co等）、弱碳化物形成元素（如 Mn）、中强碳化物形成元素（如 Cr、W、Mo 等）、强碳化物形成元素（如 V、Ti、Nb 等）。

大多数合金元素都能溶于铁素体中，通过固溶强化，使其力学性能发生变化，但各元素的影响程度不同，合金元素对铁素体力学性能的影响如图 6-1 所示。Mn、Si、Ni 等合金元素的原子半径与铁的原子半径相差较大，而且其晶体结构与铁素体不同，所以对铁素体的强化效果较 Cr、W、Mo 等元素显著。合金元素对铁素体韧性的影响较为复杂，当 Si 的质量分数在 0.6%以下、Mn 的质量分数在 1.5%以下时，其韧性并不低，当超过此值时则有下降趋势；Cr、Ni 在适当的质量分数范围内（$\omega_{Cr} \leqslant 2\%$，$\omega_{Ni} \leqslant 5\%$）可对铁素体的韧性有所提高。

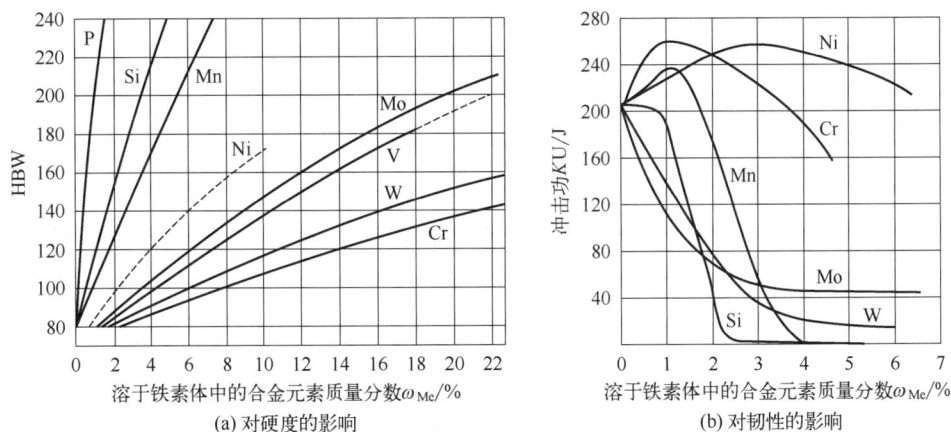

图 6-1　合金元素对铁素体力学性能的影响

2. 合金元素与碳的作用

弱碳化物形成元素、中强碳化物形成元素可溶入渗碳体中形成合金渗碳体，如（Fe,Mn）$_3$C、（Fe,Cr）$_3$C 等，是低合金钢中存在的主要碳化物。

中强碳化物形成元素与碳形成合金碳化物，如 MoC、WC、Cr$_{23}$C$_6$ 等。

强碳化物形成元素与碳结合形成特殊碳化物，如 TiC、NbC、VC 等。

无论是合金渗碳体、合金碳化物，还是特殊碳化物，都具有比普通渗碳体更高的熔点、硬度、耐磨性和稳定性，如呈细小粒状均匀分布于钢中，可产生弥散强化，提高钢的强度、硬度和耐磨性。

二、合金元素对 Fe-Fe$_3$C 相图的影响

1. 对奥氏体单相区的影响

合金元素镍、锰、钴等可使 GS 线向左下方移动，扩大奥氏体单相区，如图 6-2（a）。当

钢中含有大量能扩大奥氏体相区的元素时，有可能在室温形成单相奥氏体组织，这种钢称为"奥氏体钢"。

合金元素铬、钼、钨、钒、钛、硅等可使 GS 线向左上方移动，缩小奥氏体单相区，如图 6-2（b）。当钢中含有大量能缩小奥氏体相区的元素时，有可能在室温形成单相铁素体组织，这种钢称为"铁素体钢"。

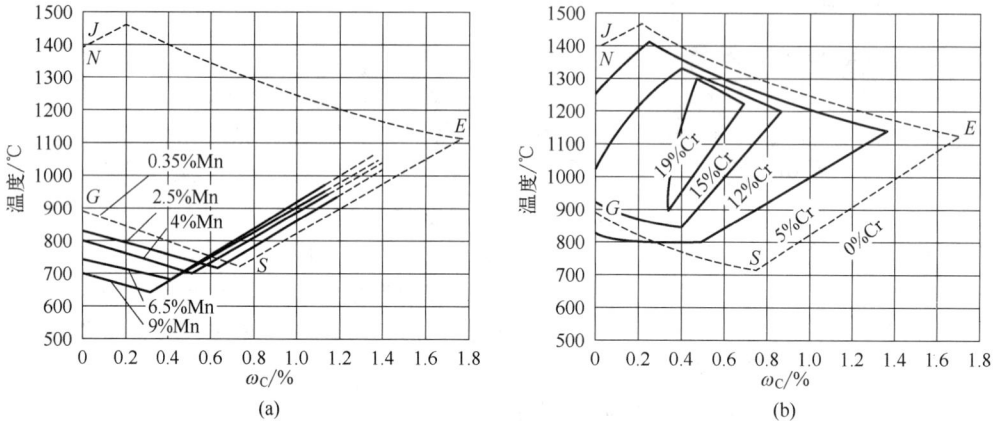

图 6-2　合金元素 Mn（a）、Cr（b）对 Fe-Fe₃C 相图的影响

单相奥氏体和单相铁素体具有抗蚀、耐热等性能，是不锈、耐蚀、耐热钢中常见的组织。

2. 对 S、E 点的影响

大多数合金元素均使 S、E 点左移。S 点左移表明共析点含碳量降低，使含碳量相同的碳钢与合金钢具有不同的组织和性能。例如，钢中含有 12%的铬时，可使 S 点左移至 $\omega_C =0.4\%$ 左右，这样 $\omega_{Cr}=0.4\%$ 的合金钢便具有共析成分；E 点左移表明出现莱氏体的含碳量降低，有可能在钢中会出现莱氏体。例如，高速工具钢中的 $\omega_C<2.11\%$，但在铸态组织中却出现了鱼骨状莱氏体。

合金元素使钢的 S、E 点发生变化，必然导致钢的相变点发生相应的变化。由图 6-3 可知，除锰、镍外，其他合金元素均不同程度地使共析温度升高，因此大多数低合金钢与合金钢的奥氏体化温度比相同含碳量的碳钢高。

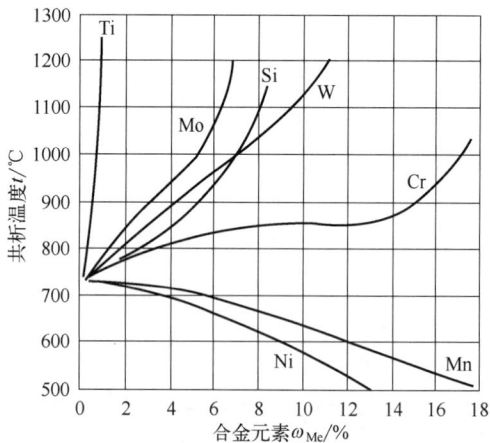

图 6-3　合金元素对共析温度的影响

三、合金元素对钢热处理的影响

1. 合金元素对奥氏体形成速度的影响

合金钢的奥氏体形成过程基本上与碳钢相同，但由于合金元素的加入改变了碳在钢中的扩散速度，从而影响了奥氏体的形成速度。非碳化物形成元素 Co 和 Ni 能提高碳在奥氏体中的扩散速度，从而增大奥氏体的形成速度；碳化物形成元素 Cr、Mo、W、To、V 等与碳有较强的亲和力，显著减慢了碳在奥氏体中的扩散速度，使奥氏体的形成速度大大降低；其他元素如 Si、Al 对碳在奥氏体中的扩散速度影响不大，对奥氏体的形成速度几乎没有影响。

由强碳化物形成元素所形成的碳化物 TiC、VC、NbC 等，只有在高温下才开始溶解，使

奥氏体成分较难达到均匀化，一般采取提高淬火加热温度或延长保温时间的方法予以改善，这也是提高钢的淬透性的有效方法。

此外，合金元素也会影响奥氏体晶粒的长大。如 P、Mn 会促进奥氏体晶粒的长大，而 Al、Zr、Nb、V 等形成细小稳定的碳化物质点，强烈阻碍晶界的移动（V 的作用可以保持到 1150℃，Ti、Zr、Nb 的作用可保持到 1200℃），使奥氏体保持细小的晶粒状态。

2. 合金元素对过冷奥氏体转变的影响

除 Co 以外，绝大多数合金元素均会不同程度地延缓珠光体和贝氏体相变，这是由于它们溶入奥氏体后，会增加其稳定性，使 C 曲线右移，如图 6-4（a），其中以碳化物形成元素的影响较为显著。

碳化物形成元素较多时，还会使钢的 C 曲线形状发生变化，甚至出现两组 C 曲线，如图 6-4（b）。如 Ti、V、Nb 等会强烈推迟珠光体转变，而对贝氏体转变影响较小，同时会升高珠光体最大转变速度的温度和降低贝氏体最大转变速度的温度，并使 C 曲线分离。

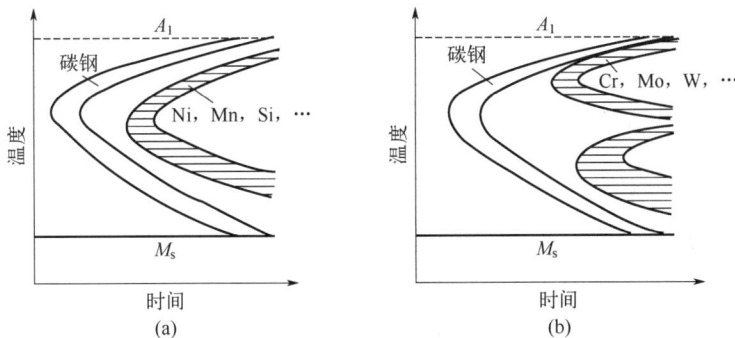

图 6-4 合金元素对 C 曲线的影响

除 Co 和 Al 外，大多数合金元素总是不同程度地降低马氏体转变温度，使 M_s 点和 M_f 点下降，并增加残余奥氏体量，如图 6-5 所示。

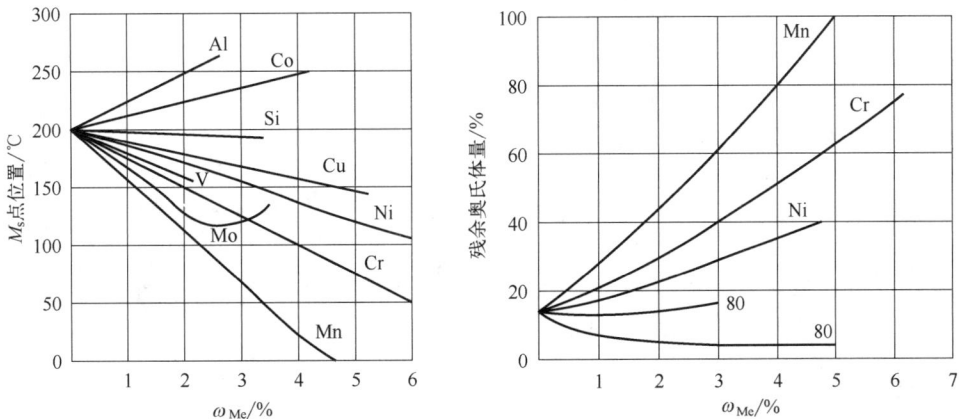

图 6-5 合金元素对马氏体形成温度及残余奥氏体量的影响

3. 合金元素对回火转变的影响

合金元素能使淬火钢在回火过程中的组织分解和转变速度减慢，增加回火抗力，提高了钢的耐回火性，从而使钢的硬度随回火温度的升高而下降的程度减弱。

碳化物形成元素，尤其是强碳化物形成元素会减缓碳的扩散，推迟马氏体分解过程；非碳化物形成元素 Si，能抑制 ε 碳化物质点的长大并延缓 ε 碳化物向 Fe_3C 的转变，因而提高了马氏体分解的温度；非碳化物形成元素 Ni 及弱碳化物形成元素 Mn，对马氏体分解几乎无影响。

随着回火温度的升高，合金元素在 α 固溶体和碳化物两个基本相之间将进行重新分布。碳化物形成元素将从 α 固溶体移至碳化物内，直至平衡。因此，随着回火温度的升高，碳化物成分不断发生变化，碳化物类型也发生相应转变，一般是由较不稳定的碳化物演变为比较稳定的碳化物。

在碳化物形成元素含量较高的高合金钢中，在 500～600℃ 回火时硬度反而上升的现象称为"二次硬化"。这是因为淬火后残余奥氏体加热到 500～600℃，析出碳化物，使其含碳量和合金元素的含量降低，使 M_s 点和 M_f 点上升，在冷却过程中部分残余奥氏体转变为马氏体，产生"二次淬火"；此外，由于 Ti、V、Mo、W 等在 500～600℃ 温度范围内回火时，将沉淀析出某些元素的特殊碳化物，产生弥散强化，如回火温度继续升高，特殊碳化物将发生聚集长大，温度愈高，聚集愈快，这时钢的硬度又开始下降。

第二节　合金钢的分类与编号

一、合金钢的分类

1. 按用途分类

① 合金结构钢　可分为机械制造用钢和工程结构用钢等，主要用于制造各种机械零件、工程结构件等。

② 合金工具钢　可分为刃具钢、模具钢、量具钢三类，主要用于制造刃具、模具、量具等。

③ 特殊性能钢　可分为抗氧化用钢、不锈钢、耐热钢等。

2. 按合金元素含量分类

① 低合金钢　合金元素的总含量在 5% 以下。

② 中合金钢　合金元素的总含量在 5%～10% 之间。

③ 高合金钢　合金元素的总含量在 10% 以上。

3. 按金相组织分类

① 按平衡组织或退火组织分类，可以分为亚共析钢、共析钢、过共析钢和莱氏体钢。

② 按正火组织分类，可以分为珠光体钢、贝氏体钢、马氏体和奥氏体钢。

4. 其他分类方法

除上述分类方法外，还有许多其他的分类方法，如按工艺特点可分为铸钢、渗碳钢、易切削钢等；按质量可以分为普通质量钢、优质钢和高级质量钢。

二、合金钢的编号

我国的合金钢编号，常采用数字+化学元素符号+数字的方法。化学成分的表示方法如下：

① 碳含量　一般以平均碳含量的万分之几表示。如平均碳含量为 0.50%，则表示为 50；不锈钢、耐热钢、高速钢等高合金钢，碳含量一般不标出，但如果几个钢的合金元素相同，仅碳含量不同，则将碳含量用千分之几表示。合金工具钢平均碳含量≥1.00% 时，碳含量不标出，碳含量<1.00% 时，用千分之几表示。

② 合金元素含量 除铬轴承钢和低铬工具钢外，合金元素含量一般按以下原则表示：

含量小于 1.5% 时，钢号中仅表明元素种类，一般不表明含量；平均含量在 1.50%～2.49%、2.50%～3.49%…22.50%～23.49%…时，分别表示为 2、3…23…；为避免铬轴承钢与其他合金钢表示方法的重复，含碳量不予标出，铬含量以千分之几表示，并冠以用途名称，如平均铬含量为 1.5% 的铬轴承钢，牌号写为"滚铬 15"或"GCr15"，低铬工具钢的铬含量也以千分之几表示，但在含量前加个"0"，如平均含铬量为 0.6% 的低铬工具钢，牌号写为"铬 06"或"Cr06"；易切削钢前冠以汉字"易"或符号"Y"；各种高级优质钢在钢号之后标上"高"或"A"。

1. 机械结构用合金钢

常用的有表面硬化合金结构钢（如合金渗碳钢）、调质处理合金结构钢（合金调质钢）、合金弹簧钢等。这些钢的牌号均依次由两位数字、元素符号和数字组成。前两位数字表示钢中平均含碳量的万分数，元素符号表示钢中所含的合金元素，元素符号后的数字表示该合金元素平均含量的百分数 [若平均含量 < 1.5% 时，元素符号后不标出数字；若平均含量为 1.5%～2.4%、2.5%～3.4%…时，则在相应的合金元素符号后标注 2、3…]。机械结构用合金钢按冶金质量（即钢中磷、硫多少）不同分为优质钢、高级优质钢（牌号后加"A"）、特级优质钢（牌号后加"E"）。

6.1 GB/T 18254—2016 高碳铬轴承钢

2. 轴承钢

轴承钢的牌号依次由"滚"字汉语拼音字首"G"、合金元素符号"Cr"和数字组成。其数字表示平均含铬量的千分数。例如，GCr15 表示平均 ω_{Cr}=1.5% 的轴承钢。若钢中含有其他合金元素，应依次在数字后面写出元素符号，如 GCr15SiMn 表示平均 ω_{Cr}=1.5%、ω_{Si} 和 ω_{Mn} 均 < 1.5% 的轴承钢。无铬轴承钢的编号方法与结构钢相同。

3. 合金工具钢

合金工具钢包括量具刃具用钢、冷作模具钢、热作模具钢和塑料模具钢。这类钢的牌号表示方法与机械结构用合金钢相似。区别在于：若钢中平均 ω_C < 1% 时，牌号以一位数字为首，表示平均含碳量的千分数；若钢中平均 ω_C ≥ 1% 时，则牌号前不写数字。例如，9Mn2V 表示平均 ω_C=0.9%、ω_{Mn}=2%、ω_V < 1.5% 的量具刃具用钢；又如，CrWMn 表示平均 ω_C ≥ 1%（牌号前不写数字），ω_{Cr}、ω_W、ω_{Mn} 均 < 1.5% 的冷作模具钢。

4. 高速工具钢

高速工具钢的牌号表示方法与合金工具钢基本相同。主要区别是有些牌号的钢，即使 ω_C < 1%，其牌号前也不标出数字。例如，W18Cr4V 表示平均 ω_W=18%、ω_{Cr}=4%、ω_V < 1.5% 的高速工具钢，其 ω_C=0.7%～0.8%。

5. 不锈钢、耐蚀钢和耐热钢

不锈钢、耐蚀钢和耐热钢的牌号表示方法与合金工具钢基本相同。

6.2 GB/T 17616—2013 钢铁及合金牌号统一数字代号体系

6.3 GB/T 221—2008 钢铁产品牌号表示方法

6.4 GB/T 1299—2014 工模钢

6.5 GB/T 3077—2015 合金结构钢

6.6 GB/T 20878—2007 不锈钢和耐热钢牌号及化学成分

第三节　合金结构钢

一、低合金钢

1. 低合金高强度结构钢

低合金高强度结构钢是在碳素结构钢的基础上加入少量合金元素而形成的钢。钢中 $\omega_C \leqslant$ 0.2%，常加入的合金元素有硅、锰、钛、铌、钒等，其总含量 $\omega_{Me} < 3\%$。

低合金高强度结构钢的牌号用"Q+规定的最小上屈服强度数值+交货状态代号+质量等级符号"表示，Q 是"屈"字的汉语拼音首字母；交货状态为热轧（未经过特殊轧制或热处理），代号为 AR 或 WAR，可省略，交货状态为正火或正火轧制时用 N 表示；质量等级分为 B、C、D、E、F 五个等级。例如：Q355ND 表示最小 $R_{eH} \geqslant 355MPa$、交货状态为正火或正火轧制，质量等级为 D 级的低合金高强度结构钢。

钢中含碳量较低，是为了获得良好的塑性、焊接性和冷变形能力。合金元素硅、锰主要溶于铁素体中，起固溶强化作用。钛、铌、钒等在钢中形成细小碳化物，起细化晶粒和弥散强化作用，从而提高钢的强韧性。此外，合金元素能降低钢的共析含碳量，与相同含碳量的碳钢相比，低合金高强度结构钢组织中珠光体较多，且晶粒细小，故也可提高钢的强度。

低合金高强度结构钢的强度高，塑性和韧性好，焊接性和冷成形性良好，耐蚀性较好，韧脆转变温度低，成本低，适于冷成形和焊接。在某些情况下，用这类钢代替碳素结构钢，可大大减轻零件或构件的质量。

低合金高强度结构钢广泛用于桥梁、车辆、船舶、锅炉、高压容器、输油管，以及低温下工作的构件等。最常用的是 Q345 钢，目前被 Q355 钢级替代。表 6-1 常用低合金高强度钢牌号、力学性能和用途。

6.7　GB/T 1591—2018 低合金高强度结构钢

表 6-1　常用低合金高强度钢牌号、力学性能和用途（部分摘自 GB/T 1591—2018）

牌号	上屈服强度 R_{eH}/MPa	抗拉强度 R_m/MPa	断后伸长率 A/%（纵向）	冲击吸收能量 温度/℃（纵向）	KV_2/J	应用举例
Q355	275～355	470～630	≥22	20（B 级）	34	铁路车辆、桥梁、船舶、锅炉、管道、压力容器、石油储罐、矿山机械等
Q390	320～390	490～650	≥20	20（B 级）	34	中高压锅炉锅筒和石油化工容器、大型船舶、桥梁、起重设备及其承受较高载荷的焊接结构件等
Q420	350～420	520～680	≥19	20（B 级）	34	大型桥梁、船舶、起重机械、电站设备、中高温压力容器及其大型焊接结构件等
Q460	390～460	550～720	≥17	0（C 级）	34	热处理后制造中温高压容器、锅炉、大型挖掘机、起重运输机械、钻井平台等
Q500	450～500	610～770	≥17	0（C 级）	55	各类工程施工用的钻机、电铲、电动轮翻斗车、矿用汽车、挖掘机、装载机、推土机、各类起重机、煤矿液压支架等机械设备及其他结构件

牌号	上屈服强度 R_{eH}/MPa	抗拉强度 R_m/MPa	断后伸长率 A/%（纵向）	冲击吸收能量 温度/℃（纵向）	冲击吸收能量 KV_2/J	应用举例
Q550	500～550	670～830	≥16	-20（D级）	47	广泛应用于桥梁、建筑、船舶、车辆、石油化工、航空航天等领域，如压力容器、管道、储罐、船舶壳体、甲板、船舱、桥梁主梁、桥墩、桥面板等
Q620	580～620	710～880	≥15	-20（D级）	47	
Q690	650～690	770～940	≥14	-40（E级）	31	

2. 易切削结构钢

易切削结构钢是指含硫、锰、磷量较高或含微量铅、钙的低碳或中碳结构钢，简称易切削钢。易切削钢的编号是在同类结构钢牌号前加字母"Y"（"易"的汉语拼音首字母），含锰量较高者，在钢号后标出"Mn"或"锰"。

硫在钢中以 MnS 夹杂物形式存在，它割裂了钢基体的连续性，使切屑易脆断，便于排屑，切削抗力小。MnS 的硬度低，摩擦系数小，有润滑作用，可减轻刀具磨损，并能降低零件加工表面粗糙度值。磷固溶于铁素体中，使铁素体强度提高，塑性降低，也可改善切削加工性。但硫、磷含量不能过高，以防产生"热脆"和"冷脆"。

6.8　GB/T 8731—2008 易切削结构钢

铅在室温下不溶于铁素体，呈细小的铅颗粒分布在钢的基体上，既容易断屑，又起润滑作用。但铅含量不宜过多，以防产生密度偏析。钙在钢中以钙铝硅酸盐夹杂物形式存在，具有润滑作用，可减轻刀具磨损。

易切削结构钢可经渗碳、淬火或调质、表面淬火等热处理来提高其使用性能。所有易切削结构钢的锻造性能和焊接性能都不好，选用时应注意。

易切削结构钢主要用于成批、大量生产时，制作对力学性能要求不高的紧固件和小型零件。

3. 低合金高耐候钢

低合金高耐候钢即耐大气腐蚀钢，是近年来在我国开始推广应用的新钢种。在钢中加入少量合金元素（如铜、磷、铬、钼、钛、铌、钒等），使其在钢表面形成一层致密的保护膜，提高了钢材的耐候性能。这类钢与碳钢相比，具有良好的抗大气腐蚀能力。

6.9　GB/T 4171—2008 耐候结构钢

钢的牌号由"屈服强度""高耐候"或"耐候"的汉语拼音首位字母"Q""GNH"或"NH"、屈服强度的下限值以及质量等级（A、B、C、D、E）组成。例如：Q355GNHC，Q——屈服强度中"屈"字汉语拼音的首位字母；355——钢的下屈服强度的下限值，单位为 N/mm^2；GNH——"高耐候"字汉语拼音的首位字母；C——质量等级。表 6-2 为耐候钢牌号分类及用途。

表 6-2　耐候钢牌号分类及用途（部分摘自 GB/T 4171—2008）

类别	牌号	生产方式	用途
高耐候钢	Q295GNH、Q355GNH	热轧	车辆、集装箱、建筑、塔架或其他结构件等结构用，与焊接耐候钢相比，具有较好的耐大气腐蚀性能
	Q265GNH、Q310GNH	冷轧	
焊接耐候钢	Q235NH、Q295NH、Q355NH、Q415NH、Q460NH、Q500NH、Q550NH	热轧	车辆、桥梁、集装箱、建筑或其他结构件等结构用，与高耐候钢相比，具有较好的焊接性能

二、合金渗碳钢

许多机械零件如汽车、拖拉机齿轮、内燃机凸轮、活塞销等是在冲击力和表面受到强烈摩擦、磨损条件下工作的，因此要求零件表面有高的硬度和耐磨性，心部有足够的强度和良好的韧性。为满足上述性能要求，常选用合金渗碳钢。

（1）化学成分

合金渗碳钢的 ω_C=0.10%～0.25%，以保证零件心部有足够的塑性和韧性。加入铬、锰、镍、硼等合金元素可提高淬透性，并保证钢经渗碳、淬火后，心部得到低碳马氏体组织，以提高强度和韧性。加入少量钛、钒、钨、钼等强和中强碳化物形成元素，可形成稳定的合金碳化物，细化晶粒，防止钢件在渗碳时过热导致晶粒粗大。

（2）热处理特点

预备热处理，一般是正火，组织为 P+F，目的是调整硬度、改善组织和切削加工性能；

最终热处理，一般是渗碳后直接淬火+低温回火。表面组织为：M$_回$+细小碳化物+少量 A$_残$，心部组织依钢的淬透性及工件尺寸而定，淬透时为低碳 M$_回$，未淬透时为低碳 M$_回$+F+P。

（3）常用合金渗碳钢

低淬透性合金渗碳钢，如 15Cr、20Cr、15Mn2、20Mn2 等，经渗碳、淬火与低温回火后心部强度较低，强度与韧性配合较差。其一般可用作受力不太大、不需要高强度的耐磨零件，如柴油机的凸轮轴、活塞销、滑块、小齿轮等。低淬透性合金渗碳钢渗碳时，心部晶粒容易长大，可在渗碳后进行两次淬火处理。

中淬透性合金渗碳钢，如 200rMnTi、12CrNi3、20CrMnMo、20MnVB 等，合金元素的总含量≤4%，其淬透性和力学性能均较高。其常用作承受中等动载荷的受磨零件，如变速齿轮、齿轮轴、十字销头、花键轴套、气门座、凸轮盘等。由于含有 Ti、V、Mo 等合金元素，渗碳时奥氏体晶粒的长大倾向较小，渗碳后预冷到 870℃左右直接淬火，经低温回火后具有较好的力学性能。

高淬透性合金渗碳钢，如 12Cr2Ni4、18Cr2Ni4W 等，合金元素总含量约在 4%～6% 之间，淬透性很大，经渗碳、淬火与低温回火后心部强度高，强度与韧性配合好。其常用作承受重载和强烈磨损的大型、重要零件，如内燃机车的主动牵引齿轮、柴油机曲轴、连杆及缸头精密螺栓等。由于这类钢含有较高的合金元素，其 C 曲线大大右移，因而在空气中冷却也能获得马氏体组织。同时，马氏体转变温度大为下降，渗碳层在淬火后保留有大量的残余奥氏体。为了减少淬火后残余奥氏体量，可在淬火前先进行高温回火使碳化物球化，或在淬火后采用冷处理。表 6-3 常用渗碳钢的牌号、热处理、力学性能及用途。

表 6-3　常用渗碳钢的牌号、热处理、力学性能及用途（部分摘自 GB/T 3077—2015）

类别	牌号	热处理/℃，冷却介质			力学性能			用途举例
		一次淬火	二次淬火	回火	R_{eL}/MPa	R_m/MPa	A/%	
					≥			
低淬透性	20Cr	880 水、油	780～820 水、油	200	540	835	10	制造齿轮、小轴、活塞销
	20MnV	880 水、油	—	200	590	785	10	同上，也可制造锅炉、高压容器管道等
中淬透性	20CrMn	850 油	—	200	735	930	10	制造齿轮、轴、蜗杆、摩擦轮

类别	牌号	热处理/℃，冷却介质			力学性能			用途举例
		一次淬火	二次淬火	回火	R_{eL}/MPa	R_m/MPa	A/%	
					≥			
中淬透性	20CrMnTi	880 油	870 油	200	850	1080	10	制造汽车、拖拉机上的变速箱齿轮
	20MnTiB	860 油	—	200	930	1130	10	代替 20CrMnTi
高淬透性	18Cr2Ni4W	950 空	850 空	200	835	1180	10	制造大型渗碳齿轮和轴类零件
	20Cr2Ni4	880 油	780 油	200	1080	1180	10	同上

三、合金调质钢

合金调质钢是指经过调质处理后使用的合金结构钢。多数调质钢属于中碳钢，调质处理后，其组织为回火索氏体。调质钢具有高的强度、良好的塑性与韧性，即具有良好的综合力学性能，常用于制造汽车、拖拉机、机床及其他要求具有良好综合力学性能的各种重要零件，如柴油机连杆螺栓、汽车底盘上的半轴以及机床主轴等。调质钢要获得具有良好综合力学性能的回火索氏体组织，前提是在淬火后必须获得马氏体组织，因此调质效果与钢的淬透性有着密切的关系。常用合金调质钢的牌号、热处理、力学性能及用途见表 6-4。

表 6-4　常用合金调质钢的牌号、热处理、力学性能及用途
（部分摘自 GB/T 699—2015，GB/T 3077—2015）

类别	牌号	热处理			力学性能			用途举例
		淬火/℃	冷却介质	回火/℃	R_{eL}/MPa	R_m/MPa	A/%	
					≥			
低淬透性	45	840	水	600	355	600	16	制造主轴、曲轴、齿轮、柱塞等
	40Cr	850	油	520	785	980	9	制造重要调质件，如齿轮、轴、曲轴、连杆螺旋等
	35SiMn	900	水	570	735	885	15	除要求低温（-20℃ 以下）韧性很高外，可全面代替 40Cr 作调质件
	40MnB	850	油	500	785	980	10	代替 40Cr
中淬透性	40CrMn	840	油	550	835	980	9	代替 40CrNi、42CrMo 作高速高载荷而冲击不大的零件
	40CrNi	820	油	500	785	980	10	制造汽车、拖拉机、机床、柴油机的轴、齿轮、连接机件螺旋、电动机轴
	30CrMnSi	880	油	540	835	1080	10	为高强度钢，用于制造高速载荷砂轮轴、齿轮、轴、联轴器、离合器等重要调质件
	35CrMo	850	油	550	835	980	12	代替 40CrNi 制大截面齿轮与轴、汽轮发电机转子，以及 480℃ 以下工作的紧固件

类别	牌号	热处理			力学性能			用途举例
		淬火/℃	冷却介质	回火/℃	R_{eL}/MPa	R_m/MPa	A/%	
					≥			
中淬透性	38CrMoAl	940	水、油	640	835	980	14	高级氮化钢，制造大于 900HV 氮化件，如镗床镗杆、蜗杆、高压阀门等
高淬透性	37CrNi3	820	油	500	980	1130	10	制造高强韧性的重要零件，如活塞销、凸齿轴、齿轮、重要螺栓拉杆等
	40CrNiMo	850	油	600	835	980	12	制造受冲击载荷的高强度零件，如锻压机床的传动偏心轴、压力机曲轴等大截面重要零件
	25Cr2Ni4W	850	油	500	930	1080	11	制造 200mm 以下、完全淬透的重要零件，也与 12Cr2Ni4 相同，可作高级渗碳件

（1）化学成分

调质钢的碳含量介于 0.27%～0.50%之间。碳含量过低时不易淬硬，回火后不能达到所要求的强度；碳含量过高时韧性不足。常用的碳素调质钢，碳含量接近上限，如 40 钢、45 钢、50 钢等；而合金调质钢则比较接近下限，如 40Cr 钢、30CrMnTi 钢等。这是因为合金元素有强化基体的作用，相当于代替了一部分碳量。

合金调质钢中含有 Cr、Ni、Mn、Ti 等的合金元素，其主要作用是提高钢的淬透性，并使调质后的回火索氏体组织得到强化。实际上，这些元素大多溶于铁素体中，使铁素体得到强化。调质钢中合金元素的含量能使铁素体得到强化而不明显降低其韧性，甚至有的还能同时提高其韧性。调质钢中的 Mo、V、Al、B 等合金元素，含量一般较少，特别是 B 的含量极微。Mo 所起的主要作用是防止合金调质钢在高温回火时产生第二类向火脆性；V 的作用是阻碍高温奥氏体晶粒长大；Al 的主要作用是能加速合金调质钢的氮化过程；微量的 B 能强烈地使等温转变曲线向右移，显著提高合金调质钢的淬透性。

（2）热处理特点

调质钢热处理的淬火是将钢件加热至约 850℃的温度，保温一定时间后在水中或油中冷却。具体的加热温度需由钢的成分来决定。含硼的钢，其淬透性对淬火温度十分敏感，必须严格按照所规定的温度加热，温度过高或过低都会降低钢的淬透性。淬火冷却介质可根据钢件的尺寸和淬透性的高低进行选择。实际上，除碳钢外一般合金调质钢零件都在油中淬火；对合金元素含量较高、淬透性特别大的钢件，甚至空冷都能淬得马氏体组织。

为了使调质钢具有最为良好的综合力学性能，淬火后的零件一般采用 500～650℃高温回火。

（3）常用合金调质钢

按淬透性的高低，调质钢大致可以分为三类：

① 低淬透性调质钢　典型钢种 45 钢、40Cr 钢，这类钢的油淬临界直径最大为 30～40mm，广泛用于制造一般尺寸的重要零件，如轴、齿轮、连杆螺栓等。35SiMn 钢、40MnB 钢是为节约铬而发展的代用钢种。

② 中淬透性调质钢　典型钢种 40CrNi 钢，这类钢的油淬临界直径最大为 40～60mm，含有较多的合金元素，用于制造截面较大、承受较重载荷的零件，如曲轴、连杆等。

③ 高淬透性调质钢　典型钢种 40CrNiMo 钢，这类钢的油淬临界直径为 60～100mm，

多半为铬镍钢。铬、镍的适当配合，可大大提高淬透性，并能获得比较优良的综合力学性能。用于制造大截面、承受重负荷的重要零件，如汽轮机主轴、压力机曲轴、航空发动机曲轴等。

钢种的选择根据零件的工作载荷大小及其尺寸、形状来确定的。载荷大、尺寸大、形状复杂的零件，为保证有足够的淬透性，就要采用合金调质钢。

四、合金弹簧钢

弹簧是各种机械和仪表中的重要零件，主要利用弹性变形时所储存的能量来起到缓和机械上的震动和冲击作用。由于弹簧一般是在动负荷条件下使用，因此要求弹簧钢必须具有高的抗拉强度、高的屈强比、高的疲劳强度（尤其是缺口疲劳强度），并有足够的塑性、韧性以及良好的

6.10 GB/T 1222—2016 弹簧钢

表面质量，同时还要求有较好的淬透性和低的脱碳敏感性等。常用合金弹簧钢牌号、成分、热处理、力学性能和用途见表 6-5。

表 6-5 常用弹簧钢的牌号、热处理、力学性能及用途（部分摘自 GB/T 1222—2016）

牌号	热处理			力学性能			用途举例
	淬火/℃	冷却介质	回火/℃	R_{eL}/MPa	R_m/MPa	A/%	
				≥			
60Si2Mn	870	油	440	1375	1570	5	制造直径为 25～30mm 的弹簧，其工作温度应低于 300℃
50CrV	850	油	500	1130	1275	10	制造直径为 30～50mm 的弹簧，以及工作温度低于 210℃ 的气阀弹簧
60Si2CrV	850	油	410	1665	1860	6	制造直径 50mm 的弹簧，其工作温度应低于 250℃
60SiMnCrV	860	油	400	1650	1700	5	制造直径 75mm 的弹簧，重型汽车、越野汽车大截面板簧等
30W4Cr2V	1075	油	600	1325	1470	7	制造工作温度低于 500℃ 的耐热弹簧

（1）化学成分

合金弹簧钢的碳含量在 0.45%～0.75% 之间，所含的合金元素有 Si、Mn、Cr、W、V 等，主要作用是提高钢的淬透性和回火稳定性、强化铁素体及细化晶粒，有效地改善弹簧钢的力学性能，提高弹性极限、屈强比。其中 Cr、W、V 还有利于提高弹簧钢的高温强度，但 Si 的加入，使钢在加热时容易脱碳，使疲劳强度大为下降，因此在热处理时应注意防止脱碳。

（2）热处理特点

根据弹簧的加工成形方法不同，弹簧分为热成形弹簧和冷成形弹簧。一般，截面尺寸 >10～15mm 的弹簧采用热成形方法，截面尺寸 <10mm 采用冷成形方法。

① 热成形弹簧：淬火+中温回火，组织为 T回。

这类弹簧多用热轧钢丝或钢板制成。以 60Si2Mn 钢制造的汽车板簧为例，工艺路线如下：

下料→加热压弯成形→淬火+中温回火→喷丸处理→装配

成形后采用淬火+中温回火（350～500℃），组织为 T回，硬度 39～52HRC，具有高的弹性极限、屈强比和足够的韧性喷丸处理可进一步提高疲劳强度。如用板簧经喷丸处理，使用寿命提高 5～6 倍。

弹簧钢的淬火温度一般为 830～880℃，温度过高易发生晶粒粗大和脱碳，使其疲劳强度大为降低。因此在淬火加热时，炉内气氛要严格控制，并尽量缩短弹簧在炉中停留的时间，也可在脱氧较好的盐浴炉中加热。淬火加热后在50～80℃油中冷却，冷至100～150℃时即可取出进行中温回火。回火温度根据弹簧的性能要求加以确定，一般为480～550℃。回火后的硬度约为39～52HRC。

弹簧的表面质量对使用寿命影响很大，微小的表面缺陷可造成应力集中，使钢的疲劳强度降低。因此，弹簧在热处理后还要进行喷丸处理，使弹簧表面层产生残余压应力，以提高其疲劳强度。

② 冷成形弹簧：这类弹簧是用冷拉钢丝或淬火回火钢丝冷卷成形。

冷成形弹簧按制造工艺不同可分为三类：

a．铅浴等温处理冷拉钢丝　这种钢丝生产工艺的主要特点是钢丝在冷拉过程中，经过一道快速等温冷却的工序，然后冷拉成所要求的尺寸。这类钢丝主要是65钢丝、65Mn钢丝等碳素弹簧钢丝，冷卷后进行去应力退火。

b．油淬回火钢丝　冷拔到规定尺寸后连续进行淬火回火处理的钢丝，抗拉强度虽然不及铅浴等温处理冷拉钢丝，但性能比较均匀，抗拉强度波动范围小，广泛用于制造各种动力机械阀门弹簧，冷卷成形后，只进行去应力退火。

c．退火状态供应的合金弹簧钢丝　这类钢丝制成弹簧后，需经淬火、回火处理，才能达到所需要的力学性能，主要有50CrV钢丝、60Si2Mn钢丝、55Si2Mn钢丝等。

冷拉碳素钢丝和油淬回火钢丝冷卷成形后都要经过去内应力退火。选用的退火温度要恰当，温度过低去除内应力不充分，弹簧的性能不能充分改善；温度过高，由于退火软化作用，抗拉强度和弹性极限降低。

五、轴承钢

轴承钢用于制造滚动轴承的滚动体和内、外圈，属于专用结构钢。

滚动轴承在工作时，滚动体和内圈均受周期性交变载荷作用，由于接触面积小，其接触应力可达3000～3500MPa，循环受力次数可达数万次/min。在周期载荷作用下，在套圈和滚动体表面都会产生小块金属剥落而导致疲劳破坏。滚动体和套圈的接触面之间既有滚动，也有滑动，因而轴承往往因摩擦造成的过度磨损而丧失精度。根据滚动轴承的工作条件，要求轴承钢具有高而均匀的硬度和耐磨性、高的弹性极限和接触疲劳强度、足够的韧性和淬透性，同时在大气或润滑剂中具有一定的抗蚀能力。常用滚动轴承钢的牌号、成分、热处理及用途表见6-6。

表6-6　常用滚动轴承钢的牌号、成分、热处理及用途（摘自GB/T 18254—2016）

牌号	化学成分/%					热处理			用途举例
	C	Cr	Si	Mn	Mo	淬火/℃	回火/℃	回火后HRC	
G8Cr15	0.75～0.85	1.30～1.65	0.15～0.35	0.20～0.40	0.1	810～830 油	150～170	60～62	制造不同规格尺寸的滚珠、滚柱、滚针、套圈和钢球等
GCr15	0.95～1.05	1.40～1.65	0.15～0.35	0.25～0.45	0.1	820～840 油	150～160	62～64	
GCr15SiMn	0.95～1.05	1.40～1.65	0.45～0.75	0.95～1.25	0.1	820～840 油	150～170	62～64	
GCr15SiMo	0.95～1.05	1.40～1.70	0.65～0.85	0.20～0.40	0.30～0.40	840～880 油	150～170	62～64	
GCr18Mo	0.95～1.05	1.65～1.95	0.20～0.40	0.25～0.40	0.15～0.25	840～880 油	150～170	62～64	

（1）化学成分

通常所说的滚动轴承钢都是指高碳低铬钢，其碳含量一般为 0.95%～1.10%，铬含量一般为 0.50%～1.60%。

加入 0.50%～1.60%的铬是为了提高钢的淬透性。铬与碳所形成的（Fe，Cr）$_3$C 合金渗碳体比一般 Fe$_3$C 稳定，能阻碍奥氏体晶粒长大，减小钢的过热敏感性，使淬水后能获得细针状或隐晶马氏体组织，而增加钢的韧性。Cr 还有利于提高低温回火时的回火稳定性。对于大型轴承（如直径＞30～50mm 的钢珠），在 GCr15 基础上，还可加入适量的 Si（0.40%～0.65%）和 Mn（0.90%～1.20%），以便进一步改善淬透性，提高钢的强度和弹性极限，而不降低韧性。

此外，在滚动轴承钢中，对杂质含量要求很严，一般规定硫的含量应小于 0.02%，磷的含量应小于 0.027%。

从化学成分看，滚动轴承钢属于工具钢范畴，有时也用它制造各种精密量具、冷变形模具、丝杆和高精度轴类零件。

（2）热处理特点

滚动轴承钢的热处理工艺主要为球化退火、淬火和低温回火。

球化退火是预备热处理，其目的是获得粒状珠光体，使钢锻造后的硬度降低，以利于切削加工，并为零件的最后热处理做组织准备。经退火后钢的组织为球化体和均匀分布的过剩的细粒状碳化物，硬度低于 210HBW，具有良好的切削加工性。球化退火工艺为：将钢材加热到 790～800℃，快冷至 710～720℃等温 3～4h，而后炉冷。

淬火和低温回火是最后决定轴承钢性能的重要热处理工序，GCr15 钢的淬火温度要求十分严格，如果淬火加热温度过高（≥850℃），将会使残余奥氏体量增多，并会因过热而淬得粗片状马氏体，使钢的冲击韧度和疲劳强度急剧降低。淬火后应立即回火，回火温度为 150～160℃，保温 2～3h，经热处理后的金相组织为极细的回火马氏体、分布均匀的细粒状碳化物及少量的残余奥氏体，回火后硬度为 61～65HRC。

六、合金工具钢

用于制造刃具、模具、量具等工具的钢称为工具钢。工具钢一般属于高碳钢（ω_C 0.65%～1.35%），其主要用于制作各种工具、量具、模具。工具钢可通过淬火和低温回火处理获得高硬度、高耐磨性，可分为优质级和高级优质级两大类。

此外，工具钢按化学成分的不同，可分为碳素工具钢、低合金工具钢、高合金工具钢等；按用途的不同，可分为刃具钢、模具钢和量具钢。

合金工具钢与碳素工具钢相比，具有较高的淬透性、耐磨性、热硬性（红硬性）、热稳定性等优点。各种形状复杂、截面尺寸较大、精度要求较高及工作温度较高的工具，多选用合金工具钢制造。

1. 刃具钢

刃具钢主要用于制造各种切削刃具，如车刀、钻头、铣刀、拉刀等。切削刃具的种类繁多，受力复杂，工作时温度高，摩擦、磨损严重，同时还受到冲击与振动。因此，刃具钢应具有高硬度、高耐磨性、高热硬性和一定强度、韧性和塑性，且能承受一定的冲击和振动。

（1）低合金刃具钢（最高工作温度不超过 300℃）

1）化学成分

低合金刃具钢的碳质量分数在 0.9%～1.1%之间，以保证高硬度和高耐磨性。其合金含量低，主要加入合金钢的元素有 Cr、Mn、Si、V、W 等，用于提高钢的淬透性、回火稳定性，且能细化晶粒，提高硬度、耐磨性及热硬性。

2）热处理工艺特点

低合金刃具钢的预备热处理一般为球化退火，其目的是降低硬度（≤217HBW），便于切削加工，并为淬火做组织准备。最终热处理采用淬火+低温回火，热处理后的组织为回火马氏体+碳化物+少量残余奥氏体，硬度为60～65HRC。

3）常用低合金刃具钢的牌号

低合金刃具钢的典型牌号为9SiCr，其含有提高回火稳定性的硅元素，经230～250℃回火后，硬度大于60HRC，使用温度为250～300℃，广泛用于制造各种低速切削刃具，如板牙、丝锥等，也常用于冷冲模制作。常用合金刃具钢的牌号、热处理及用途如表6-7所示。

表6-7　常用合金刃具钢的牌号、热处理及用途（部分摘自 GB/T 1299—2014，GB/T 9943—2008）

类别	牌号	淬火			回火		用途举例
		温度/℃	冷却介质	HRC ≥	温度/℃	HRC	
低合金刃具钢	9SiCr	820～860	油	62	180～200	60～62	制造钻头、螺纹工具、手动铰刀、搓丝板、滚丝轮、冷冲模、冷轧辊等
	Cr2	830～860	油	62	150～170	61～63	制造木工工具、冷冲模及冲头、中小尺寸冷作模具等
	8MnSi	800～820	油	60	150～160	58～60	制造木工工具、冷冲模及冲头等
	W	800～830	水	62	130～140	62～65	制造小型麻花钻、丝锥、锉刀、板牙、低速切削工具等
高速工具钢	W18Cr4V	盐浴炉：1250～1270 箱式炉：1260～1280	油或盐浴	63	550～570（二次，每次1h）	≥63	制造一般高速切削用车刀、刨刀、钻头、铣刀等
	W6Mo5Cr4V2	盐浴炉：1200～1220 箱式炉：1210～1230	油或盐浴	64	540～560（二次，每次2h）	≥64	制造要求耐磨性和韧性很好配合的切削刀具，如丝锥、钻头灯；并适于采用轧制、扭制热变形加工成形新工艺制造钻头
	W6Mo5Cr4V3	盐浴炉：1190～1210 箱式炉：1200～1220	油或盐浴	63	540～560（二次，每次2h）	≥64	制造要求耐磨性和热硬性较高的，耐磨性和韧性较好配合的，形状稍微复杂的刀具，如拉刀、铣刀等

（2）高速工具钢（工作温度可达到600℃）

1）化学成分

高速工具钢的碳质量分数在0.75%～1.50%之间，以保证有足够数量的合金碳化物，提高钢的硬度和耐磨性。高速工具钢的合金元素含量高，主要加入的合金元素有W、Mo、Cr、V。其中，W主要提高热硬性；Mo有提高热硬性、韧性，及消除第二类回火脆性的作用；Cr可大大提高淬透性和耐蚀性；V起细化晶粒，提高硬度、耐磨性及热硬性的作用。

2）加工及热处理工艺特点

高速工具钢的加工工艺路线为：下料→锻造→球化退火→机加工→淬火→回火→喷砂→磨削。

① 锻造　高速工具钢是莱氏体钢，其铸态组织中含有大量粗大共晶碳化物，并呈鱼骨状分布，如图6-6所示，这种组织脆性大且无法通过热处理来改善。因此，需要通过反复锻打

来击碎鱼骨状碳化物，使其均匀地分布于基体中。可见，对于高速钢而言，锻造具有成形和改善碳化物形态、分布的双重作用。

② 球化退火　高速工具钢的预备热处理为球化退火，目的是改善机械加工性能，并为淬火做好准备。退火后的组织为索氏体+均匀分布的细小粒状碳化物，如图 6-7 所示。

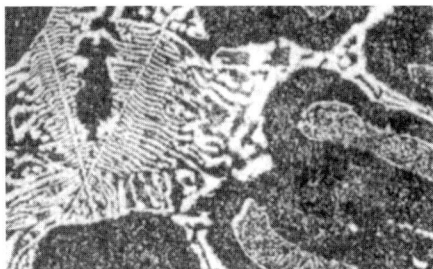

图 6-6　W18Cr4V 钢铸态组织

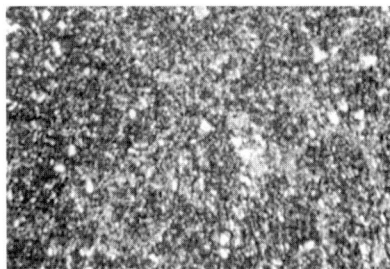

图 6-7　W18Cr4V 钢退火组织

③ 淬火　高速工具钢中含有大量的难溶碳化物，它们只有在 1200℃ 以上才能大量地溶于奥氏体中，以保证钢淬火、回火后获得很高的热硬性。因此，其淬火加热温度非常高，一般为 1220～1280℃。

由于高速工具钢的导热性很差，淬火温度又高，所以淬火加热时，必须进行一次预热（800～850℃）或二次预热（500～600℃和 800～850℃）。W18Cr4V 钢制齿轮铣刀的淬火工艺如图 6-8 所示。淬火后的组织为淬火马氏体、碳化物和大量残余奥氏体，如图 6-9 所示。

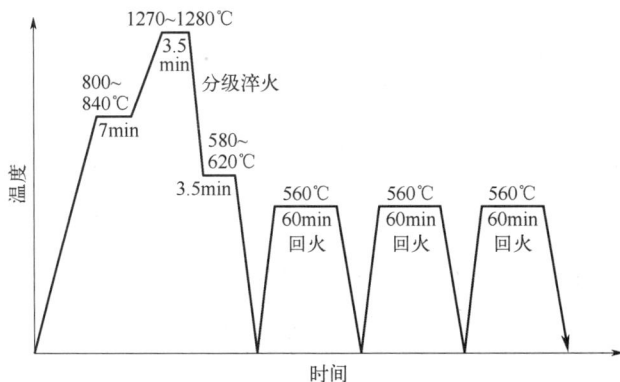

图 6-8　W18Cr4V 钢制齿轮铣刀的淬火工艺

④ 三次回火　淬火后残留奥氏体量大约为 25%，只有在 500～570℃时才产生马氏体的明显分解。由于残余奥氏体多，一次回火后会有 15%左右的残余奥氏体未转变，二次回火后有 3%～5%左右的残余奥氏体，三次回火后残余奥氏体才基本转变完成，但仍会保留 1%～2%。回火后组织为极细的回火马氏体、较多颗粒碳化物和少量残余奥氏体，如图 6-10 所示。

3）典型高速工具钢的牌号

钨系 W18Cr4V 钢是开发最早、应用最广泛的高速工具钢，它具有较高的热硬性，过热和脱碳倾向小，但由于热塑性差，通常用于制造一般高速切削刀具，如车刀、铣刀、铰刀等。

钨钼系 W6Mo5Cr4V2 钢用钼代替部分钨，碳化物细小，韧性较好，耐磨性也较好，但热硬性较差，过热与脱碳倾向较大，故适用于制造耐磨性和韧性需要较好配合的刀具，如丝锥、齿轮铣刀、插齿刀等。常用高速工具钢的牌号如表 6-7 所示。

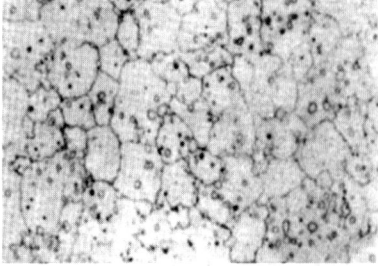

图 6-9　W18Cr4V 钢淬火组织

图 6-10　W18Cr4V 钢淬火回火后组织

2. 模具钢

模具钢可分为冷作模具钢、热作模具钢和塑料模具钢等类型。

（1）冷作模具钢

1）用途

冷作模具钢主要用于制造室温下使用的各种模具，如冷冲模、冷镦模、剪切模、拉丝模、冷挤压模等，工作时温度不超过 300℃。

2）性能特点

因为冷作模具工作时要承受较大的压力、摩擦和冲击，这就要求冷作模具钢应具有很高的硬度和耐磨性、足够的强度和韧性，以及较高的淬透性和较小的淬火变形倾向性等性能特点。

3）化学成分

冷作模具钢的碳质量分数 $\omega_C > 0.9\%$，有时可高达 2.0% 以上。其主要加入的元素有 Mn、Cr、W、Mo、V，用以强化基体，形成碳化物，提高淬透性、硬度和耐磨性等。

4）热处理工艺特点

冷作模具钢的预备热处理为球化退火，最终热处理为淬火+低温回火，热处理后硬度可达 58～60HRC。

5）常用冷作模具钢的牌号

9Mn2V 钢、CrWMn 钢价格便宜，加工性能好，能基本满足模具的工作要求；Cr12 钢淬火变形小、淬透性好、耐磨性好，用于制作负荷大、尺寸大、形状复杂的模具。常用冷作模具钢的牌号、热处理及用途如表 6-8 所示。

表 6-8　常用冷作模具钢的牌号、热处理及用途（摘自 GB/T 1299—2014）

牌号	退火		淬火		回火		用途举例
	温度/℃	HBW	温度/℃	冷却介质	温度/℃	HRC ≥	
9Mn2V	750～770	≤229	780～810	油	150～200	62	制造尺寸较小的冲模及冷压模、机床丝杆等
CrWMn	760～790	207～255	800～830	油	140～160	62	制造丝锥、板牙、铰刀、小型冲模等
Cr12	870～900	217～259	950～1000	油	200～450	60	制造受冲击载荷较小的冷冲模及冲头、冷剪切刀、拉丝模等
Cr12MoV	850～870	207～255	950～1000	油	150～425	58	制造形状复杂的冲孔模、冷剪切刀、拉丝模、冷挤压模等

牌号	退火		淬火		回火		用途举例
	温度/℃	HBW	温度/℃	冷却介质	温度/℃	HRC ≥	
Cr4W2MoV	850~870	≤269	960~980 或 1020~1040	油	260~300	60	制造冲模、冷镦模、落料模、冷挤凹模、搓丝板等
6W6Mo5Cr4V	850~870	≤269	1180~1200	油	560~580	60	制造冷挤压模（钢件）

（2）热作模具钢

1）用途

热作模具钢用于制造各种热锻模、热挤压模、压铸模等模具，工作时型腔表面温度可达 600℃。

2）性能特点

热作模具工作时除受压力、冲击和摩擦外，还受工作温度的影响，所以要求热作模具钢在高温下具有足够的硬度、强度、韧性，较高的耐磨性、导热性和较好的抗疲劳能力。大型模具要求较高的淬透性和较小的热处理变形。

3）化学成分

热作模具钢的碳质量分数 ω_C 为 0.3%~0.6%，其主要加入的元素有 Cr、Ni、Mn、W、Mo、V，用以提高淬透性、回火稳定性及耐磨性。其中，Mo、W 还可抑制第二类回火脆性，而 Cr、Si、W 可提高热疲劳性能。

4）热处理工艺特点

热作模具钢的最终热处理一般为淬火后高温（或中温）回火，以获得均匀的回火索氏体（或回火屈氏体）组织，硬度在 40 HRC 左右，并具有较高的韧性。

5）常用热作模具钢的牌号

常用热作模具钢的牌号、热处理及用途如表 6-9 所示。

表 6-9　常用热作模具钢的牌号、热处理及用途（摘自 GB/T 1299—2014）

牌号	淬火			回火		用途举例
	温度/℃	冷却介质	HRC ≥	温度/℃	HRC	
5CrNiMo	830~860	油	47	530~550	43~45	制造大、中型锻模
5CrMnMo	820~850	油	50	560~580	40~45	制造要求具有较高强度和高耐磨性的各种类型的锻模
3Cr2W8V	1075~1125	油	50	560~580（三次）	44~48	制造平锻机上用的凹凸模、铜合金挤压模、压铸用模具、热金属切刀等
4Cr5MoSiV1	1000~1010	油	60	550（二次）	56~58	制造铝、铜及其合金小型热铸件用的压铸模、热挤压模、压机锻模等

其中，5CrNiMo 的综合性能较好，主要用于制造形状复杂、冲击载荷大的大型热锻模。5CrMnMo 中用 Mn 代替 Ni，虽然价格低，且强度不会降低，但其塑性、韧性及淬透性不如5CrNiMo，一般用于中、小型（截面尺寸≤300mm）热锻模。3Cr2W8V 具有较高的回火稳定性，广泛用于压铸模及热挤压模的制造。目前国内许多厂家使用 H13（4Cr5MoSiV1）钢代替3Cr2W8V 制造热作模具效果良好。

（3）塑料模具钢

1）用途

塑料模具钢是用于制造各种橡胶、塑料制品的成形模具用钢。

2）性能特点

塑料模具钢应具有一定的硬度和耐磨性，使模具在特定的工作条件下能够保持形状和尺寸的稳定；应具有足够的强度和韧性，既能承受一定的高压，又能承受一定冲击载荷的作用；应具有一定的抗热性能，包括一定的热强性和热硬性、热稳定性、热疲劳抗力和抗黏着性等，以承受模具工作时因强烈的摩擦而产生的局部高温；还应具有良好的冷、热加工性能及热处理工艺性能，制造简单，加工方便，能够保证供应且经济性合理等。

3）成分和热处理特点

因为模具的使用条件不同，对塑料模具钢材料的要求也不同，所以其成分和热处理的特点也相应不同。

4）常用塑料模具钢的牌号

塑料模具钢种类繁多，其常用类型、牌号及应用如表 6-10 所示。

表 6-10 常用塑料模具钢的类型、牌号及应用（摘自 GB/T 1299—2014）

类型	牌号	应用
非合金型	SM45、SM50、SM55	此类钢具有价格便宜、加工性能好、原料来源方便等优点，用于制造形状简单的小型塑料模具或精度要求不高、使用寿命不需要很长的塑料模具
预硬型	3Cr2Mo、3Cr2MnNiMo、8Cr2MnWMoVS、5CrNiMnMoVSCa	预硬钢供应时已预先进行了热处理，并使之达到模具使用态硬度。此类钢的特点是在硬度 30～40HRC 的状态下可以直接进行成形加工，精加工后可直接交付使用，这就完全避免了热处理变形的影响，从而保证了模具的制造精度。此类钢最适宜制作形状复杂的大、中型精密塑料模具
时效硬化型	2CrNi3MoAl、00Ni18Cr8Mo5TiAl、06Ni6CrMoVTiAl、1Ni3MnCuMoAl	此类钢碳含量低、合金度较高，经高温淬火（固溶处理）后，钢处于软化状态，组织为单一的过饱和固溶体。其适宜制造高硬度、高强度和高韧性的精密塑料模具
		采用此类钢制造塑料模具时，可在固溶处理后进行模具的机械成形加工，然后通过时效处理，使模具获得使用状态的强度和硬度，有效地保证了模具最终尺寸和形状的精度
耐腐蚀型	20Cr13、40Cr13、95Cr18、0Cr17Ni4Cu4Nb、14Cr17Ni2	主要用于生产以化学性腐蚀塑料（如聚氯乙烯或聚苯乙烯添加抗燃剂等）为原料的塑料制品的模具

3. 量具钢

（1）用途

量具钢用于制造各种测量工件尺寸的测量工具，如直尺、卡尺、千分尺、块规等。

（2）性能特点

为了保证测量精度，量具本身必须具备较高的精度，所以要求制造量具用钢必须具有高硬度、高耐磨性、高尺寸稳定性，以及淬火变形倾向小等性能特点。

（3）化学成分

量具钢与低合金刃具钢相似，碳质量分数 ω_C 为 0.9%～1.5%，其主要加入的元素有 Cr、Mn、W 等。

（4）热处理工艺特点

量具钢的热处理方法与低合金刃具钢相似，预备热处理为球化退火，最终热处理采用淬火+低温回火。为减少量具变形和提高其尺寸稳定性，淬火温度应尽量降低。对于精度要求高的量具，淬火后立即进行 -80～-70℃ 的冷处理，然后进行低温回火和 120～130℃ 长时间时效处理。有时磨削后还要进行 120～130℃、保温 8h 的时效处理，甚至需要反复进行多次。

（5）典型牌号及用途

量具无专用制造钢牌号，量具钢的选用如表 6-11 所示。

表 6-11　量具用钢的选用

钢的类别	选用钢号	量具用途
碳素工具钢	T10A、T12A	制造尺寸小、精度不高、形状简单的量规、塞规、样板等
渗碳钢	15、20、15Cr	制造精度不高、耐冲击的卡板、样板、直尺等
低合金工具钢	9CrWMn、CrWMn	制造块规、螺纹塞规、环规、样柱、样套等
滚动轴承钢	GCr15	制造块规、塞规、样柱等
冷作模具钢	9Mn2V、7CrSiMnMoV	制造各种要求精度的量具
不锈钢	40Cr13、95Cr18	制造要求精度高和耐腐蚀性的量具

七、特殊性能钢

特殊性能钢是指具有特殊物理、化学、力学性能的钢，用于制造在特殊条件下工作的零件或结构件。常用的特殊性能钢有不锈钢、耐热钢和耐磨钢。

（一）不锈钢

不锈钢是不锈钢和耐酸钢的总称，常简称为不锈钢。所谓不锈钢是指在大气或弱腐蚀性介质（如水蒸气等）中能够抵抗腐蚀的钢；而耐酸钢是指在强腐蚀性介质（酸、碱、盐）溶液中能够抵抗腐蚀的钢。由此看来，不锈钢不一定耐酸，而耐酸钢却具有不锈的性能。

1. 金属的腐蚀

腐蚀是金属表面与周围介质相互作用，使金属基体受到破坏的现象，分为化学腐蚀和电化学腐蚀两大类。

化学腐蚀是指金属与周围介质直接接触发生化学反应而产生的腐蚀。化学腐蚀过程中无电流产生，如钢在高温下的氧化、脱碳。电化学腐蚀是指金属与电解溶液接触产生原电池作用引起的腐蚀现象。电化学腐蚀过程中有电流产生，如大气腐蚀、在各种电解液中的腐蚀等。

金属的腐蚀绝大多数是由电化学腐蚀引起的，电化学腐蚀比化学腐蚀快得多，危害性也更大。

2. 用途

不锈钢主要用于制造在各种腐蚀介质中工作的零件或构件，如化工装置中的各种管道、阀门、泵、防锈刃具、量具和医疗手术器械等。

3. 性能特点

良好的耐蚀性是不锈钢的最大特点。此外，不锈钢还具有较高的强度和较好的韧性，以及良好的焊接性能和冷变形性能。

4. 化学成分

大多数不锈钢的碳含量 ω_C 为 0.10%～0.20%，用于制造刃具等不锈钢的碳含量则较高，ω_C 为 0.85%～0.95%。碳含量越低，耐蚀性越好。

铬是不锈钢提高耐蚀性的主要元素。铬在钢的表面可形成一层致密的氧化薄膜（Cr_2O_3），薄膜与金属基体结合十分牢固，能保护钢免受外界介质的进一步氧化侵蚀。当 $\omega_{Cr}>11.7\%$ 时，还可以使钢的基体组织的电极电位提高，减小电位差，从而阻止形成微电池，提高抗蚀性。因此，不锈钢中含铬量都较高，一般大于 12%。钢中含铬量越高，钢的耐蚀性越好。

镍、钼、锰也能提高钢的耐蚀性，特别是镍含量较高时，钢的耐蚀性极大地提高，并能提高钢的塑性、韧性和焊接性能。

5. 常用不锈钢

根据不锈钢组织类型的不同，不锈钢可分为马氏体不锈钢、铁素体不锈钢和奥氏体不锈钢三种。常用不锈钢的牌号、成分、热处理及用途如表 6-12 所示。

表 6-12　常用不锈钢的牌号、成分、热处理及用途（部分摘自 GB/T 1220—2007）

类别	牌号	化学成分/%			热处理/℃，冷却介质	用途举例
		C	Cr	其他		
马氏体钢	12Cr13	0.08~0.15	11.5~13.5	—	淬火：950~1000，油 回火：700~750，快冷	制造汽轮机叶片、水压机阀、螺栓、螺母等抗弱腐蚀介质并承受冲击的零件
	20Cr13	0.16~0.25	12.0~14.0	—	淬火：920~980，油 回火：600~750，快冷	
	30Cr13	0.26~0.35	12.0~14.0	—	淬火：900~950，油 回火：600~750，快冷	制造耐磨的零件、如加油泵轴、阀门零件、轴承、弹簧以及医疗器械
	40Cr13	0.36~0.45	12.0~14.0	—	淬火：1050~1100，油 回火：200~300，空冷	
铁素体钢	10Cr17	≤0.12	16.0~18.0	—	退火：780~850，空冷或缓冷	制造硝酸工厂、食品工厂的设备
	10Cr17Mo	≤0.12	16.0~18.0	Mo0.75~1.25	退火：780~850，空冷或缓冷	同 10Cr17，但晶间腐蚀抗力较高
奥氏体钢	06Cr19Ni10	≤0.08	18.0~20.0	Ni 8~11	固溶处理：1010~1150，快冷	制造深冲零件、焊 NiCr 钢的焊芯
	12Cr18Ni9	≤0.15	17.0~19.0	Ni 8~10	固溶处理：1010~1150，快冷	制造耐硝酸、有机酸、盐、碱溶液腐蚀的设备
	06Cr18Ni11Ti	≤0.08	17.0~19.0	Ni 9~12 Ti 5C~0.70	固溶处理：925~1150，快冷	制造焊芯、抗磁仪表、医疗器械、耐酸容器、输送管道等

（1）马氏体不锈钢

马氏体不锈钢属于铬不锈钢，通常称为 Cr13 型不锈钢。其碳质量分数 ω_C 为 0.10%~0.40%，比铁素体和奥氏体不锈钢都高，铬的质量分数 ω_{Cr} 为 12%~14%。其淬透性较高，通常在油中淬火，甚至在空气中淬火都可获得马氏体组织，所以称为马氏体不锈钢。马氏体不锈钢的耐蚀性稍差，但强度、硬度高，适用于制造力学性能要求高，耐蚀性要求低的构件。

（2）铁素体不锈钢

铁素体不锈钢也属于铬不锈钢。其碳质量分数 ω_C 在 0.12%以下，铬的质量分数 ω_{Cr} 为 12%~30%，含碳量低而含铬量高。铁素体不锈钢具有单相铁素体组织，耐腐蚀性、塑性及焊接性能均高于马氏体不锈钢，但强度较低，主要用于制作耐蚀性要求高，而强度要求不高的构件。

（3）奥氏体不锈钢

奥氏体不锈钢属于铬镍不锈钢，通常称为 18-8 型不锈钢。其碳质量分数 ω_C 大多在 0.10%

左右，铬的质量分数 ω_{Cr} 为 17%～20%，镍的质量分数 ω_{Ni} 为 8%～11%。此类钢具有单一的奥氏体组织，有很好的塑韧性、耐腐蚀性，优良的抗氧化性和较高的力学性能，在工业上应用最为广泛。

（二）耐热钢

1. 用途

耐热钢是指在高温下具有热稳定性和热强性的特殊合金钢，其主要用于制造工业加热炉、高压锅炉、汽轮机、内燃机、航空发动机、热交换器等在高温下工作的构件和零件。

2. 性能特点

对于耐热钢来讲，主要是要求其耐热性要好。钢的耐热性包括两个方面：一是较高的热稳定性，即具有高温抗氧化能力；二是较高的热强性，即具有高的抗蠕变能力和持久强度。除耐热性外，耐热钢还应具有适当的物理性能，以及较好的加工工艺性能。

3. 化学成分

为了提高耐热钢的抗氧化性能，加入 Cr、Si 和 Al 等合金元素，其可在钢的表面形成完整稳定的氧化物保护膜。为提高耐热钢的热强性，加入 Ti、Nb、V、W、Mo、Ni 等合金元素。

4. 常用耐热钢

耐热钢按性能和用途的不同，可分为抗氧化钢和热强钢。

（1）抗氧化钢

在高温下有较好的抗氧化性且有一定强度的钢种称为抗氧化钢。其多用来制造炉用零件和热交换器，如燃气轮机燃烧室、锅炉吊钩、加热炉底板和辊道以及炉管等。典型牌号有 22Cr20Mn10Ni3Si2N 和 26Cr18Mn12Si2N 两种奥氏体类型钢，它们不仅具有良好的抗氧化性，而且具有抗硫腐蚀和抗渗碳能力，还能进行剪切、冷热冲压和焊接。

（2）热强钢

在高温下有一定抗氧化能力和较高强度以及良好组织稳定性的钢种称为热强钢，其按组织的不同，可分为珠光体型、马氏体型和奥氏体型。

1）珠光体型

此类钢在 600℃ 以下温度范围内使用，常加入的合金元素有 Cr、Mo、W、V 等，合金元素总量一般不超过 3%～5%。由于此类钢中合金元素含量少，因此其膨胀系数小，导热性好，并具有良好的冷、热加工性能和焊接性能，广泛用于制造工作温度低于 600℃ 的锅炉及管道、压力容器、汽轮机转子等。其常用牌号有 12CrMo、15CrMo、25Cr2MoV 等。

2）马氏体型

此类钢淬透性好，空冷便能得到马氏体。其包括两种类型，一类是低碳高铬钢，是在 Cr13 型不锈钢基础上加入 Mo、W、V、Ti、Nb 等合金元素，而形成的马氏体耐热钢。低碳高铬钢在 500℃ 以下具有良好的蠕变抗力和优良的消振性，最宜制造汽轮机的叶片，故又称叶片钢。其常用牌号有 14Cr11MoV、15Cr12WMoV 等。另一类是中碳铬硅钢，其抗氧化性好、蠕变抗力高，还有较高的硬度和耐磨性。中碳铬硅钢主要用于制造使用温度低于 750℃ 的发动机排气阀，故又称气阀钢。其常用牌号有 42Cr9Si2、40Cr10Si2Mo 等。

3）奥氏体型

奥氏体耐热钢是在奥氏体不锈钢的基础上加入了 W、Mo、V、Ti、Nb、Al 等合金元素。合金加入总量超过 10%，具有较高的热强性和抗氧化性，较高的塑性和冲击韧性，良好的可焊性和冷成形性。其主要用于制造工作温度在 600～850℃ 间的高压锅炉过热器、汽轮机叶片、叶轮、发动机气阀等零件，常用牌号有 07Cr19Ni11Ti、45Cr14Ni14W2Mo 等。

常用耐热钢的牌号、成分、热处理及用途如表 6-13 所示。

表 6-13　常用耐热钢的牌号、成分、热处理及用途（摘自 GB/T 3077—2015，GB/T 1221—2007）

类别	牌号	化学成分/%					热处理/℃、冷却介质	用途举例
		C	Si	Mn	Cr	其他		
珠光体型	12CrMo	0.08~0.15	0.17~0.37	0.40~0.70	0.40~0.70	Mo 0.40~0.55	淬火：900，空 回火：650，空	正火后可用于制造锅炉及汽轮机的主汽管，以及≤540℃的导管、过热器管；淬火后可制造各种高温弹性零件等
	15CrMo	0.12~0.18	0.17~0.37	0.40~0.70	0.80~1.10	Mo 0.40~0.55	淬火：900，空 回火：650，空	正火后用于制造锅炉过热器，主汽管、中高压蒸汽导管及联箱；淬火后可制造各种常温工作的重要零件等
	12CrMoV	0.08~0.15	0.17~0.37	0.40~0.70	0.30~0.60	Mo 0.25~0.35 V 0.15~0.30	淬火：970，空 回火：750，空	用于制造汽轮机主汽管，转向导叶环、导管等
	25Cr2MoV	0.22~0.29	0.17~0.37	0.40~0.70	1.50~1.80	Mo 0.25~0.35 V 0.15~0.30	淬火：900，油 回火：640，空	用于制造≤570℃的螺栓，以及长期工作的紧固件，汽轮机整体转子、套筒、主汽阀、调节阀等
马氏体型	12Cr5Mo	≤0.15	≤0.50	≤0.60	4.00~6.00	Mo 0.40~0.60 Ni ≤0.60	淬火：900~950，油 回火：600~700，空	制造再热蒸汽管、石油裂解管、汽轮机汽缸衬套、泵的零件，锅炉吊架、活塞杆、高压加氢设备部件、紧固件等
	42Cr9Si2	0.35~0.50	2.00~3.00	0.7	8.00~10.00	Ni ≤0.60	淬火：1020~1040，油 回火：700~780，油	其有较高的热强性，可制造内燃机进气阀、轻负荷发动机的排气阀等
	40Cr10Si2Mo	0.35~0.45	1.90~2.60	0.7	9.00~10.50	Mo 0.70~0.90 Ni ≤0.60	淬火：1010~1040，油 回火：720~760，空	

续表

类别	牌号	化学成分/%					热处理/℃，冷却介质	用途举例
		C	Si	Mn	Cr	其他		
马氏体型	14Cr11MoV	0.11~0.18	≤0.50	≤0.60	10.0~11.5	Mo 0.50~0.70 V 0.25~0.40 Ni ≤0.60	淬火：1050~1100，空 回火：720~740，空	其有较高的热强性，良好的减振性及组织稳定性，用于制造透平叶片及导向叶片等
	15Cr12WMoV	012~0.18	≤0.50	0.50~0.90	11.0~13.0	Mo 0.50~0.70 V 0.15~0.30 W 0.70~1.10	淬火：1000~1050，油 回火：680~700，空	其有较高的热强性，良好的减振性，用于制造平叶片、紧固件、转子及轮盘等
	12Cr16Ni35	≤0.15	≤1.50	≤2.00	14.0~17.0	Ni 33.0~37.0	固溶：1030~1180，快冷	为抗渗碳、渗氮性大的钢种。用于制造炉用钢料、石油裂解装置等
	06Cr19Ni10	≤0.08	≤1.00	≤2.00	17.0~19.0	Ni 18.00~20.00	固溶：1010~1150，快冷	可制造需承受 870℃以下反复加热的零件等
奥氏体型	45Cr14Ni14W2Mo	0.40~0.50	≤0.80	≤0.70	13.0~15.0	Ni13.0~15.00 W 2.00~2.75 Mo 0.25~0.40	退火：820~850，快冷	其有较高的强热性，用于制造内燃机重负荷排气阀等零件等
	06Cr18Ni10Ti	≤0.08	≤1.00	≤2.00	17.0~19.0	Ni 9.00~12.00 Ti 5C~0.70	固溶：920~1150，快冷	制造在400~900℃腐蚀条件下使用的部件、高温用焊接结构部件等

（三）耐磨钢

1. 用途

耐磨钢主要用于制造在运转中承受严重磨损和强烈冲击的零件，如挖掘机、拖拉机、坦克的履带板、球磨机的衬板等。

2. 性能特点

耐磨钢制造的零件，要求其表面应具有较高的硬度和耐磨性，心部则应韧性好、强度高。

3. 化学成分

高锰钢是重要的耐磨钢，其成分特点是高碳、高锰。此类钢中碳的质量分数为 1.0%～1.3%，以保证高的耐磨性；锰的质量分数为 11.5%～14.5%，以保证形成单相奥氏体组织。

4. 耐磨钢的热处理及其常用牌号

高锰钢的牌号、化学成分、力学性能及用途如表 6-14 所示。由于此类钢机械加工比较困难，基本上都是铸造成形。铸态高锰钢表现出硬而脆、耐磨性差的特性，不能实际应用。为了使高锰钢全部获得奥氏体组织，须进行"水韧处理"。

所谓水韧处理是将钢加热至 1060～1100℃，保温一段时间，使钢中碳化物能全部溶解到奥氏体中去，然后迅速在水中冷却，获得单一的奥氏体组织。此时，它的硬度并不高（为 180～220HBW），但其韧性很高。当它受到剧烈冲击或较大压力作用时，表面层奥氏体将迅速产生加工硬化，并发生马氏体转变，使表面层硬度提高到 50HRC 以上，从而获得高硬度、高耐磨的特性，而其心部则仍维持原来的高韧性状态。

表 6-14　高锰钢的牌号、化学成分、力学性能及用途（部分摘自 GB/T 5680—2023）

牌号	化学成分/%						力学性能				用途举例
	C	Mn	Si	S	P	其他	$R_{p0.2}$ /MPa	R_m /MPa	A /%	KU_2 /J	
				≤			≥				
ZG100Mn13	0.90～ 1.05	11～ 14	0.3～ 0.9	0.04	0.06	—	—				适用于制造形状简单的低冲击耐磨件，如破碎壁、辊套、齿板、衬板、铲齿等
ZG120Mn13	1.05～ 1.35	11～ 14	0.3～ 0.9	0.04	0.06	—	370	700	25	118	
ZG120Mn13Cr2	1.05～ 1.35	11～ 14	0.3～ 0.9	0.04	0.06	Cr1.5～ 2.5	390	735	20	—	用于制造结构复杂并以韧性为主的承受强烈冲击载荷的零件，如斗前壁、提梁和履带板等
ZG110Mn13Mo	0.75～ 1.35	11～ 14	0.3～ 0.9	0.04	0.06	Mo0.9～ 1.2	—				用于制造特殊耐磨件，如自固型无螺栓磨煤机衬板等

> **技能模块**

试验一　钢铁材料的火花鉴别

一、试验目的

1. 了解钢铁火花鉴别的实际意义。

2．熟悉钢铁火花形成原理及火花的特征。

3．根据常用钢的火花特征来鉴别钢铁材料。

二、试验设备及材料

1．砂轮机一台。

2．标准试样一套。

3．试样的材料分别为碳钢 20 钢、45 钢、T10 钢及合金钢 40Cr 钢、9SiCr 钢和 W18Cr4V 钢等，其尺寸为 $\phi20mm\times150mm\sim\phi20mm\times200mm$ 的棒料。

三、试验内容指导

钢铁火花鉴别法是运用钢铁在磨削过程中产生的一种物理化学现象，即随着钢铁材料化学成分的不同，产生各种不同的火花特征（如火花爆裂的形态、流线、色泽和发光点），来鉴别钢铁的方法。此方法简便易行，已成为一种具有一定实用价值的现场检验方法，是冶金、机械制造工厂常用的钢铁物理检验方法之一。

（一）火花形成原理

钢铁在砂轮磨削下呈粉末状被抛射于空中，高温的粉末微粒与空气中氧接触而激烈氧化，温度进一步升高，最后粉末处于熔融颗粒状态，这种熔融状态的颗粒在运行中形成了流线。而熔融钢粒中的碳与空气中的氧发生反应生成 CO 气体，当熔融钢粒中的 CO 气体的压力足以克服颗粒表面强度约束时，便发生爆裂产生火花。

（二）火花的主要名称

① 火束　钢铁在砂轮机上磨削时产生的全部火花叫作火束。为了便于识别，又把整个束分为根部、中部、尾部三部分，如图 6-11 所示。

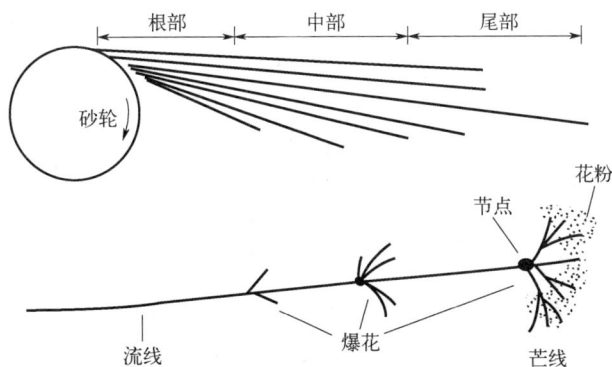

图 6-11　火花束各部分名称

② 流线　火束中的线条状光亮火流叫作流线。随着钢铁化学成分的不同将会产生三种不同形状的流线，如图 6-12 所示。

直线流线：流线尾端到首端成一直线或抛物线，一般在结构钢及工具钢（合金元素量少）中常见。

断续流线：流线呈断续虚线状，钨钢、高合金钢及铸铁中常见。

波浪流线：整个流线中的某一端成波浪形线条，一般不易见到，有时在火束中夹杂一条。

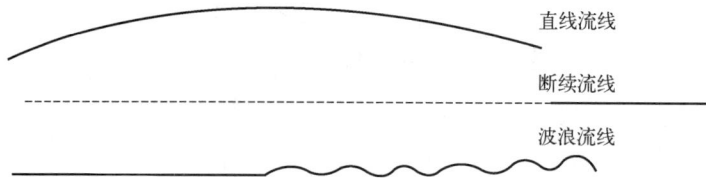

图 6-12　火花流线图

③ 节点　流线在途中爆裂得明亮而稍粗大的亮点为节点。节点的温度较流线任何部分的温度都高。

④ 芒线　芒线是连在流线上的分叉直线，随着含碳量的不同有二根、三根、四根、多根分叉之分，如图 6-13 所示。

图 6-13　火花芒线图

⑤ 爆花　爆花是碳元素专有的火花特征，是熔融颗粒爆裂时在流线上由节点和芒点所组成的火花形状。爆花随着流线上芒线的爆裂情况有一次、二次、三次、多次之分，如图 6-14 所示。

图 6-14　火花的爆花图

一次爆花：在流线上首次爆裂的较细长的芒线，即只有一次爆裂的芒线。

二次爆花：在一次爆花的芒线上又发生一次爆裂。

三次爆花：在二次爆花的芒线上再一次呈现爆裂。

⑥ 花粉在含碳量较多的情况下才能看到的分散在爆花芒线间的亮点。

⑦ 尾花是随着钢铁化学成分的不同，在流线尾端呈现各种特殊形式火花的名称，一般为狐尾花、枪尖尾花，钩状尾花（高含硅量，$\omega_{Si}=3\%\sim5\%$）。

（三）各种合金元素对火花的影响

钢铁中各种合金元素的加入及加入量的多少都将会影响钢铁的火花特征。这些影响有助长、抑制和消灭火花爆裂几种情况。

铬：该元素是助长火花爆裂的元素，火花爆裂甚为活泼，花型较大，分叉多而细，火束短，附有很多碎花粉。

镍：该元素是较弱抑制火花爆裂的元素，发光点强烈闪目。

钼：该元素是抑制火花爆裂的元素，流线尾端发生枪尖状的橘色尾花特征。

钨：该元素是抑制火花爆裂的元素，细化流线，色泽呈暗红色，具有狐尾花的特征。

锰：该元素是助长火花爆裂的元素，爆花心部有较大白亮色的节点，花型较大，芒线稍细而长。

硅：该元素是抑制火花爆裂的元素，流线色泽呈红色光辉，火束颇短，流较粗，有显著的白亮圆珠状闪光点，$\omega_{Si}=5\%$，流线尾端有短小而稍与流线脱离的钩状尾花特征。

钒：该元素是助长火花爆裂的元素，火束呈黄亮色，使流线芒线变细。

（四）常用钢的火花特征

1. 碳钢的火花特征

碳钢的火花特征被认为是火花的基本形态，以此为基础可进一步了解合金元素对火花的影响。碳钢的火花是直线流线，火束呈草黄色。火花特征的变化规律是随着含碳量的增高，火花由挺直转向抛物线形，流线量逐渐增多，长度缩短，线条变细，芒线逐渐细短，并由一次爆花转向多次爆花，花数、花粉逐渐增多，砂轮附近的色泽晦暗面积增大。

（1）纯铁

火束较长，尽头出现枪尖形尾花，流线细且少，火束根部有极不明显的波状流线与断续流线，呈草黄色。

（2）低碳钢

流线多、线条粗且较长，具有一次多分叉爆花；芒线稍粗，色泽较暗呈黄色，花量稍多，多根分叉爆裂，如图 6-15 所示。

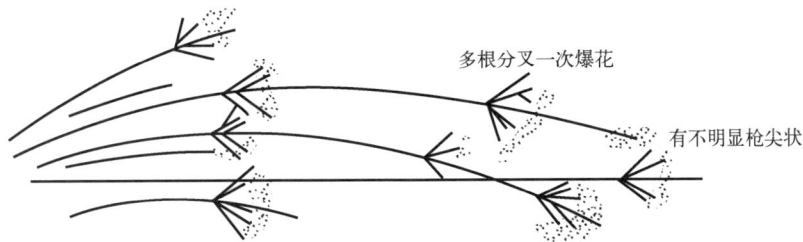

图 6-15　20 号钢火花图

（3）中碳钢

流线多而稍细且长，尾部挺直具有二次爆花及三次爆花，芒线较粗，能清楚地看到爆花间有少量花粉，火束较明亮，如图 6-16 所示。

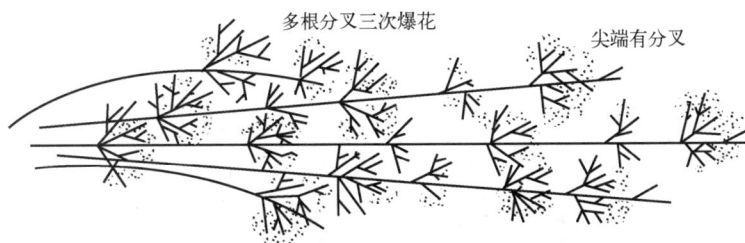

图 6-16　45 号钢火花图

（4）高碳钢

流线多且细密，火束短而粗，有三次和多次爆花，芒线细而长，其中花粉较多，整个火花束根部较暗，中部、尾部明亮，如图 6-17 所示。

2. 几种常见合金钢的火花特征

能够用火花鉴别的合金元素有钨、钼、锰、硅、镍、铬等 6 种。钼、钨、硅、镍抑制火花产生；锰、铬（低铬）促进火花发生。合金钢中合金元素相互作用的影响及含量的多少对火花特征的影响差异较大。一般来说钨元素的加入抑制了火花爆裂，流线色泽为橙红色，随着钨含量的增加变成红色并逐渐变暗，爆花逐渐消失，首端出现断续流线，尾花呈狐尾状。铬元素的加入，助长了火花爆裂，火束色泽明亮，呈大星形，分叉又多而细，花粉增多，流线缩短，在合金结构钢中爆花附近有明亮的节点。少量钼元素的加入抑制了火花爆裂，如现枪尖尾花，火束色泽转向橙红色。

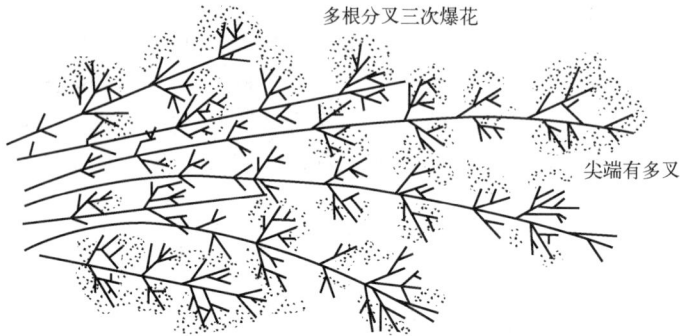

图 6-17　T10 钢火花图

（1）40Cr 钢

火束白亮，流线稍粗量多，二次多根分叉爆花，爆花附近有明亮节点，芒线较长明晰可分，花型较大，与 45 钢相比，芒线较长，有明亮的节点，如图 6-18 所示。

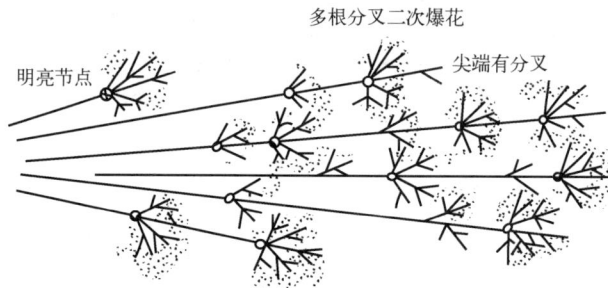

图 6-18　40Cr 钢火花图

（2）9SiCr 钢

火束细长，多量三次花，多根分叉，爆花分布在尾端附近，尾端流线稍有膨胀呈狐尾花，整个火束呈橙黄色，如图 6-19 所示。

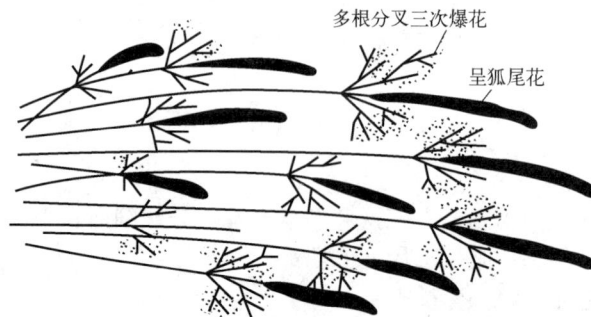

图 6-19　9SiCr 钢火花图

火花鉴别一般还规定砂轮的规格与转速。通常选用直径为150mm的中硬度氧化铝砂轮，砂轮转速一般为2000～4000r/min。打火花要在暗处进行。有经验的操作者鉴别钢的成分的精确度误差在0.20%以内，铬、钒、钨等合金元素的含量精确度误差在1%以内。

四、试验安排

① 全班分若干组，每组3人。

② 观察低碳钢、中碳钢、高碳钢、40Cr钢、9SiCr钢、W18Cr4V钢等的火花特征。

③ 观察铬、钨元素对钢铁火花的影响。

④ 用比较法进行火花鉴别，将已知化学成分的标准试样与欲鉴别的材料进行火花鉴别，判断其成分。

⑤ 打火花时要在暗处进行，用力要均匀适中，火束平行并与目光垂直利于观察（要戴上保护眼镜）。

‹ **思维训练模块**

一、判断题

1．锰和硅属合金元素，所以凡含有锰和硅的钢都属合金钢。

2．几乎所有加入钢中的合金元素，都能溶入铁素体中，使铁素体产生固溶强化。

3．合金元素锰、镍等因扩大了奥氏体相区，所以使高锰和高镍钢在室温下形成奥氏体组织。

4．由于合金元素的加入，$Fe-Fe_3C$状态图中的S点左移，从而使含碳量相同的合金钢与碳素钢珠光体量的比例增大。

5．合金钢中形成的各种合金碳化物均具有比渗碳体高的硬度、熔点和稳定性。

6．除锰钢外，合金钢加热时不易过热，因此淬火后有利于获得细马氏体。

7．合金钢加热时，当合金元素溶入奥氏体后，能显著阻碍奥氏体晶粒长大。

8．因为除钴外，所有溶于奥氏体中的合金元素都使过冷奥氏体稳定性增大，"C"曲线右移，临界冷却速度减小，所以提高了钢的淬透性。

9．除低合金结构和耐候钢，其他合金钢都属优质钢或高级优质钢。

10．为保证渗碳零件心部获得良好的韧性，渗透钢的含碳量一般都小于0.25%。

11．因合金钢比碳钢具有更好的淬透性，所以生产中碳钢零件都采用水淬，合金钢零件都采用油淬。

12．W18Cr4V高速钢，因牌号中没有标出含碳量数字，所以该钢的含碳量大于1.00%。

13．高速钢淬火后，需接着进行多次回火，目的是使淬火后的残余奥氏体减少到最低数量。

14．为了减少高速钢淬火后的回火次数，可将淬火后的钢先进行冷处理，然后再进行一次回火，也能满足要求。

15．W18Cr4V高速钢的回火温度是550～570℃，属高温回火温度范围，所以一般回火后获得的组织是回火索氏体。

16．GCr_{15}和$1Cr_{13}$均属高合金钢。

17．$1Cr_{13}$和$4Cr_{13}$两种不锈钢，因含铬量相同，所以耐蚀性也相同。

18．为了提高奥氏体不锈钢的强度和硬度，一般可通过淬火与回火来实现。

19．高锰钢经水韧处理后硬度并不高，当它受到剧烈冲击或较大压力后，表层产生加工硬化，并伴有马氏体相变，使表层硬度提高。

二、选择题

1. 钢中由于合金元素的加入，Fe-Fe₃C 状态图中的 S 点和 E 点（　　）。
   A．S 点左移，E 点右移　　　　　　　　B．S 点、E 点都左移
   C．S 点右移，E 点左移　　　　　　　　D．S 点、E 点都右移

2. 合金元素加入钢中存在的形式，因元素类别和数量可以（　　）。
   A．溶于铁素体　　　　　　　　　　　　B．溶于奥氏体
   C．溶于渗碳体　　　　　　　　　　　　D．形成碳化物

3. 马氏体中溶有合金元素，对淬火钢在回火时马氏体的分解（　　）。
   A．有促进作用　　　　　　　　　　　　B．有阻碍作用
   C．无影响　　　　　　　　　　　　　　D．有影响但无规律

4. 除钴外，所有合金元素溶入奥氏体中，使过冷奥氏体的稳定性（　　）。
   A．增大　　　　　B．减小　　　　　C．无变化　　　　D．变化但无规律

5. 当马氏体中溶有合金元素时，使淬火钢在回火时马氏体的分解（　　）。
   A．加速　　　　　B．减缓　　　　　C．无变化　　　　D．变化无规律

6. 对于要求表面具有高的硬度和耐磨性，而心部要求有足够强度和韧性的汽车，变速齿轮一般选用（　　）。
   A．低合金结构钢　　B．渗碳钢　　　　C．调质钢　　　　D．工具钢

7. 20 钢与 20CrMnTi 钢相比，其淬透性（　　）。
   A．20 钢较高　　　　　　　　　　　　B．20CrMnTi 钢较高
   C．两种钢相同　　　　　　　　　　　　D．无固定规律

8. 40Cr 钢与 40CrNi 钢相比，其淬透性（　　）。
   A．40Cr 钢较高　　　　　　　　　　　B．40CrNi 钢较高
   C．两种钢相同　　　　　　　　　　　　D．无固定规律

9. 对于要求有较好综合力学性能的各种轴类零件，一般应选用（　　）。
   A．低合金结构钢　　　　　　　　　　　B．碳素结构钢
   C．渗碳钢　　　　　　　　　　　　　　D．调质钢

10. 滚动轴承钢按钢中碳与合金元素的含量应属于（　　）。
    A．高碳、高合金　　　　　　　　　　　B．高碳、中合金
    C．高碳、低合金　　　　　　　　　　　D．中碳、高合金

11. 低合金工具钢按钢中合金元素的含量应属于（　　）。
    A．低碳、低合金　　　　　　　　　　　B．中碳、低合金
    C．高碳、低合金　　　　　　　　　　　D．高碳、中合金

12. 对于切削用量不大、形状较复杂的丝锥等工具，一般选用（　　）。
    A．碳素工具钢　　　　　　　　　　　　B．低合金工具钢
    C．高速钢　　　　　　　　　　　　　　D．模具钢

13. 高速钢按钢中碳和合金元素的含量属于（　　）。
    A．高碳、中合金　　　　　　　　　　　B．高碳、高合金
    C．中碳、高合金　　　　　　　　　　　D．中碳、中合金

14. 铸态高速钢锻造的目的是（　　）。
    A．获得要求的零件形状　　　　　　　　B．获得理想的纤维组织
    C．击碎碳化物并使其分布较均匀　　　　D．获得零件需要的性能

15．奥氏体不锈钢固溶处理的目的是（　　　　）。
　　A．提高强度和硬度　　　　　　　　B．获得单一奥氏体
　　C．降低硬度便于切削加工　　　　　D．提高耐蚀能力

三、填空题

1．合金钢是指为了改善和提高钢的_____在炼钢时有意加入_____的钢。

2．合金钢按合金元素总含量分为（1）____合金钢（合金元素总含量_____）；（2）___合金钢（合金元素总含量为_____）；（3）____合金钢（合金元素总含量为_____）。

3．合金钢的牌号一般形式为_____ +_____符号+_____。

4．合金结构钢的牌号形式为：___位数字 + _____符号+数字。前面数字表示钢中平均_____的万分数。

5．合金钢牌号中，紧跟元素符号后的数字表示合金元素平均含量的_____，不标数字时表示合金元素平均含量_____。轴承钢牌号中铬元素符号后的数字表示铬平均含量的_____。

6．当钢中的合金元素溶于铁素体后，使铁素体的强度、硬度_____，塑性、韧性____，不同合金元素的溶入量相同时其影响效果是_____。

7．合金钢中的碳化物形成元素，按其与碳的亲和力，由弱到强形成碳化物的类型依次是_____渗碳体、_____碳化物、_____碳化物；以上碳化物均有比普通渗碳体_____硬度、熔点和稳定性。

8．除钴外，所有溶于奥氏体中的合金元素，都使 C 曲线_____移，钢的稳定性_____。

9．合金元素存在于马氏体中时，使马氏体在回火时_____分解，从而使钢的回火稳定性_____。

10．低合金高强度结构钢大多数是在_____状态下使用，其组织一般为_____，它的屈服强度_____，塑性、韧性和焊接性能_____。

11．耐候钢指耐_____腐蚀的钢，按其性质和用途分为_____钢和_____钢两类。

12．渗碳钢按含碳量为_____，以保证渗碳零件心部获得_____的韧性，渗碳钢渗碳后经过_____和_____热处理来满足使用要求。

13．对调质钢性能的基本要求是：（1）_____力学性能；（2）_____的淬透性。调质钢按含碳量一般属于_____碳钢。

14．调质钢的零件，一般需进行_____处理，当要求表面层有良好的耐磨性时，可进行表面_____处理，如表面_____、_____等。

15．弹簧钢为避免弹簧工作时产生塑性变形应具有高的_____与_____，为避免工作时产生疲劳破坏应具有高的_____，为便于冷态成形和防止脆断应有一定的_____。

16．弹簧钢的最终热处理一般为_____，利用冷拉钢丝冷卷成形的弹簧，只需在250～300℃范围内进行_____。

17．滚动轴承钢是指用来制造_____的钢，按成分一般多为_____钢，最终热处理一般是_____及_____。

18．合金钢工具钢比碳素工具钢具有_____的淬透性，主要用来制造形状_____、截面尺寸_____、精度_____及工作温度_____的工具。

19．高速钢碳含量为＿＿＿＿＿＿。它具有＿＿＿＿＿＿的热硬性，＿＿＿＿＿＿的硬度、耐磨性和淬透性，＿＿＿＿＿＿的强度和韧性。

20．高速钢常加入的合金元素有＿＿＿＿＿＿等，提高热硬性的主要元素是＿＿＿＿＿＿；提高淬透性的主要元素是＿＿＿＿＿＿。

四、问答题

1．说明合金元素在钢中的存在形式有哪几种，并指出合金元素在钢中的存在对铁碳状态图中 A 相区和 E、S 点位置有何影响。

2．说明合金元素在钢中的存在对钢的淬透性的影响，并指出这种影响在生产中有何实际意义。

3．说明合金元素在钢中的存在对淬火钢回火时组织转变的影响，并指出这种影响对回火工艺及回火后的性能有何作用。

4．画出 W18Cr4V 钢制造一般刀具时淬火与回火的工艺曲线。

五、应用题

1．试对下列条件下工作的零件进行选材，并确定最终热处理方法：

（1）汽轮机叶片；

（2）弱腐蚀介质下工作的弹簧；

（3）内燃机进气阀；

（4）破碎机牙板。

2．试对下列零件进行选材，并提出最终热处理方法：

（1）汽车变速箱中的齿轮；

（2）汽车板簧；

（3）机器中较大截面的轴；

（4）中等尺寸的滚动轴承。

3．试对下列工具进行选材，并确定最终热处理方法：

（1）板牙；

（2）钻头；

（3）尺寸较小、结构简单的冷冲模；

（4）小型热锻模。

第七章　铸铁

‹ **学习目标**

知识目标　　1. 了解铸铁的石墨化及影响因素。
　　　　　　2. 掌握铸铁组织与性能之间的关系。
　　　　　　3. 掌握铸铁和钢的组织与性能的区别，以及铸铁的牌号、用途。

技能目标　　1. 熟悉常用铸铁的牌号与性能特点。
　　　　　　2. 掌握如何正确选择和合理利用铸铁材料。

思政目标　　通过了解中国古代铸铁历史上铸铁技术的辉煌成就，激发学生的民族自豪感；在铸铁生产过程中，培养学生环保意识和社会责任感。

‹ **案例导入**

球墨铸铁井盖是球墨铸铁产品的一种，球墨铸铁是 20 世纪 50 年代发展起来的一种高强度铸铁材料，其综合性能接近于钢，已成功地用于铸造一些受力复杂，强度、韧性、耐磨性要求较高的零件。球墨铸铁已迅速发展为仅次于灰铸铁的，应用十分广泛的铸铁材料。大家都见过井盖，知道它们为什么有些是圆形的，有些是方形的吗？

‹ **知识模块**

第一节　概述

通常人们把 $2.11\% < \omega_C < 6.69\%$ 的铁碳合金称为铸铁。一般说来铸铁与钢的不同表现为碳、硅以及杂质元素硫、磷的质量分数都比较高。有时为了进一步提高铸铁的力学性能或得到某种特殊性能，还可加入铬、钼、钒、铜、铝等合金元素，或提高硅、锰、磷等元素的质量分数，这种铸铁称为合金铸铁。

虽然铸铁的强度、塑性和韧性比钢差，也不能进行压力加工，但直到目前铸铁仍然是工业生产中最重要的金属材料之一，被广泛地应用于机械制造、交通运输和国防建设等各个部门。在各类机械中，铸铁件约占机器质量的 40%～70%，在机床和重型机械中，甚至高达 80%～90%。铸铁之所以能获得广泛的应用，是由于它所需要的生产设备和熔炼工艺简单，价格低廉并具有优良的铸造性能、切削加工性能、耐磨性及减震性等。工业上应用的铸铁有白口铸铁、灰铸铁、可锻铸铁、蠕墨铸铁和球墨铸铁等。特别是近年来稀土镁球墨铸铁的发展，更进一步打破了钢与铸铁的使用界限，不少过去使用碳钢和合金钢制造的重要零件，如曲轴、连杆、齿轮等，如今已可采用球墨铸铁来制造，在一定程度上实现了"以铁代钢，以铸代锻"。这不仅为国家节约了大量的优质钢材，而且还大大减少了机械加工工时，降低了产品的成本。

一、铸铁的分类

1. 按石墨化程度分类

根据碳在铸铁中存在形式，铸铁可分为以下三类。

（1）白口铸铁

碳几乎全部以 Fe_3C 形式存在，断口呈银白色，故称为白口铸铁。此类铸铁组织中存在大量莱氏体，性能是硬而脆，切削加工较困难。除少数用来制造不需加工的硬度高、耐磨零件外，主要用作炼钢原料。

（2）灰口铸铁

碳主要以石墨形式存在，断口呈浅灰色或暗灰色，故称灰口铸铁，是工业上应用最多最广的铸铁。

（3）麻口铸铁

一部分碳以石墨形式存在，另一部分则以 Fe_3C 形式存在。其组织介于白口铸铁和灰口铸铁之间，断口黑白相间构成麻点，故称为麻口铸铁。该铸铁性能硬而脆，切削加工困难，故工业生产中使用也较少。

2. 按灰口铸铁中石墨形态分类

根据灰口铸铁中石墨存在的形态不同，可将灰口铸铁分为以下四类。

（1）灰铸铁

铸铁组织中的石墨呈片状。这类铸铁力学性能较差，但生产工艺简单，价格低廉，工业上应用最广。

（2）可锻铸铁

铸铁中的石墨呈团絮状。其力学性能优于灰铸铁，但生产工艺较复杂，成本高，故只用来制造一些重要的小型铸件。

（3）球墨铸铁

铸铁组织中的石墨呈球状。此类铸铁生产工艺比可锻铸铁简单，且力学性能较好，在工业生产中得到了广泛应用。

（4）蠕墨铸铁

铸铁组织中的石墨呈短小的蠕虫状。其强度和塑性介于灰铸铁和球墨铸铁之间。此外，它的铸造性、耐热疲劳性比球墨铸铁好，可用来制造大型复杂的铸件，以及在较大温度梯度下工作的铸件。

二、铸铁的石墨化及其影响因素

将铸铁在高温下进行长时间加热时，其中的渗碳体便会分解为铁和石墨（$Fe_3C \longrightarrow 3Fe+G$）。铸铁组织中碳以石墨形态析出的过程称为"石墨化"。

1. 铁碳合金双重相图

碳在铸件中存在的形式有渗碳体（Fe_3C）和游离状态的石墨（G）两种。渗碳体是铁和碳组成的金属化合物，它具有较复杂的晶格结构。石墨的晶体结构是简单六方晶格，如图 7-1 所示。晶体中碳原子呈层状排列，同一层上的原子间为共价键结合，原子间距为 1.42 Å，结合力强。层与层之间为分子键结合，而间距为 3.40 Å，结合力较弱，石墨受力时容易沿层面间滑移，故其强度、塑性、韧性都极低，接近于零，硬度仅为 3HBW。

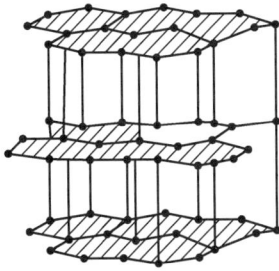

图 7-1　石墨的晶体结构图

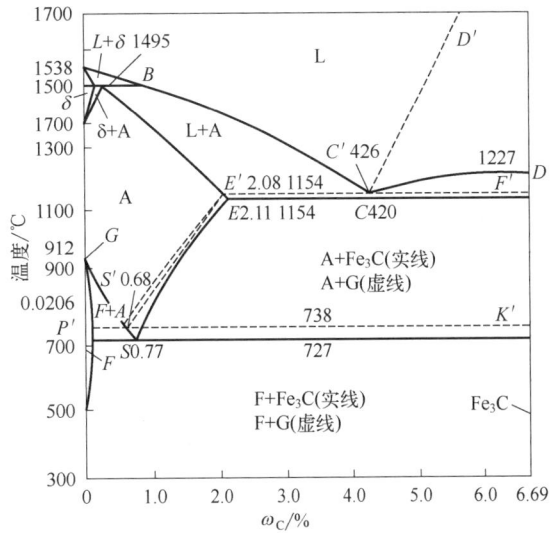

图 7-2　铁碳合金双重相图

若将渗碳体加热到高温，则可分解为铁素体（奥氏体）与石墨，即 $Fe_3C \longrightarrow F(A)+G$。这表明石墨是稳定相，而渗碳体仅是亚稳定相。成分相同的铁水在冷却时，冷却速度越慢，析出石墨的可能性越大；冷却速度越快，析出渗碳体的可能性越大。因此，描述铁碳合金结晶过程的相图应有两个，即前述的 Fe-Fe₃C 相图（它说明了亚稳定相 Fe₃C 的析出规律）和 Fe-G 相图（它说明了稳定相石墨的析出规律）。为了便于比较和应用，习惯上把这两个相图合画在一起，称为铁碳合金双重相图，如图 7-2 所示。图中实线表示 Fe-Fe₃C 相图，虚线表示 Fe-G 相图，凡虚线与实线重合的线条都用实线表示。

由图可见，虚线均位于实线的上方，与渗碳体相比，石墨在奥氏体和铁素体中的溶解度比较小，且同一成分的铁碳合金，石墨析出的温度比渗碳体析出的温度要高一些。

2. 石墨化过程

（1）铸铁的石墨化方式

① 按照 Fe-G 相图，从液态和固态中直接析出石墨。在生产中经常出现的石墨飘浮现象，就证明了石墨可从铁液中直接析出。

② 按照 Fe-Fe₃C 相图结晶出渗碳体，随后渗碳体在一定条件下分解出石墨。在生产中，白口铸铁经高温退火后可获得可锻铸铁，证实了石墨也可由渗碳体分解得到。

（2）石墨化过程

现以过共晶合金的铁液为例，当它以极缓慢的速度冷却，并全部按 Fe-G 相图进行结晶时，铸铁的石墨化过程可分为三个阶段：

第一阶段（液相-共晶阶段）　从液体中直接析出石墨，包括过共晶液相沿着液相线 $C'D'$ 冷却时析出的一次石墨 G_1，以及共晶转变时形成的共晶石墨 $G_{共晶}$，其反应式可写成：

$$L \longrightarrow L_{C'}+G_1$$

$$L_{C'} \longrightarrow A_{E'}+G_{共晶}$$

第二阶段（共晶-共析阶段）　过饱和奥氏体沿着 $E'S'$ 线冷却时析出的二次石墨 G_{II}，其反应式可写成：

171

$$A_{E'} \longrightarrow A_{S'} + G_{II}$$

第三阶段（共析阶段）　在共析转变阶段，由奥氏体转变为铁素体和共析石墨 $G_{共析}$，其反应式可写成：

$$A_{S'} \longrightarrow F_{P'} + G_{共析}$$

上述成分的铁液若按 Fe-Fe₃C 相图进行结晶，然后由渗碳体分解出石墨，则其石墨化过程同样可分为三个阶段。

第一阶段：一次渗碳体和共晶渗碳体在高温下分解而析出石墨；

第二阶段：二次渗碳体分解而析出石墨；

第三阶段：共析渗碳体分解而析出石墨。

石墨化过程是原子扩散过程，所以石墨化的温度愈低，原子扩散愈难，因而愈不易石墨化。显然，由于石墨化程度的不同，将获得不同基体的铸铁。

3. 影响石墨化的因素

影响铸铁石墨化的主要因素是化学成分和结晶过程中的冷却速度。

（1）化学成分的影响

① 碳和硅　碳和硅是强烈促进石墨化的元素。在砂型铸造且铸件壁厚一定的条件下，碳、硅的质量分数高低对铸件组织的影响如图 7-3 所示。由图可见，铸铁中碳和硅的质量分数越高，石墨化越充分。这是因为随着含碳量的增加，液态铸铁中石墨晶核数目增多，所以促进了石墨化。

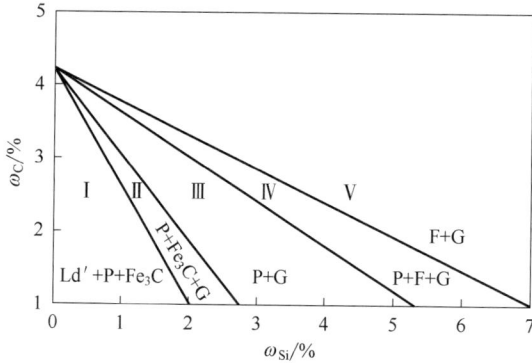

图 7-3　碳、硅含量对铸铁组织的影响（铸件壁厚 50mm）

② 硫　硫是强烈阻碍石墨化的元素，硫不仅增强铁、碳原子的结合力，而且形成硫化物后，常以共晶体形式分布在晶界上，阻碍碳原子的扩散。

③ 锰　锰是阻碍石墨化的元素。但锰与硫能形成硫化锰，减弱硫的有害作用，结果又间接地起着促进石墨化的作用，有利于形成珠光体，提高基体性能，因此，铸铁中锰含量要适当。

④ 磷　磷是微弱促进石墨化的元素，同时它能提高铁液的流动性，但形成的 Fe₃P 常以共晶体形式分布在晶界上，增加铸铁的脆性，使铸铁在冷却过程中易于开裂，所以一般铸铁中磷含量也应严格控制。

（2）冷却速度的影响

生产实践证明，在同一成分的铸铁件中，可以具有不同的铸铁组织，比如铸铁件的表面和薄壁部分常常容易出现白口组织，而内部和厚壁部分则容易得到灰口组织。冷却速度越慢，原子扩散时间越充分，也就越有利于石墨化的进行。冷却速度主要决定于浇注温度、铸件壁厚和铸型材料。浇注温度越高，铁水凝固前铸型吸收的热量越多，铸件冷却就越缓慢；铸件壁越厚，冷却速度也越缓慢；铸型材料不同，其导热性是不同的，铸件在金属型中的冷却比在砂型中快,在湿砂型中的冷却比在干砂型中快。

根据上述分析可知,要得到所需的铸铁组织,必须根据铸件壁厚来选择适当的铸铁成分,即主要是选择适当的碳的质量分数和硅的质量分数。图 7-4 表示在一般砂型铸造条件下,铸铁成分、冷却速度对铸铁组织的影响。生产中就是利用这一关系,对于不同壁厚的铸铁件通过调整其碳和硅的质量分数以保证得到所需要的灰口铸铁组织。

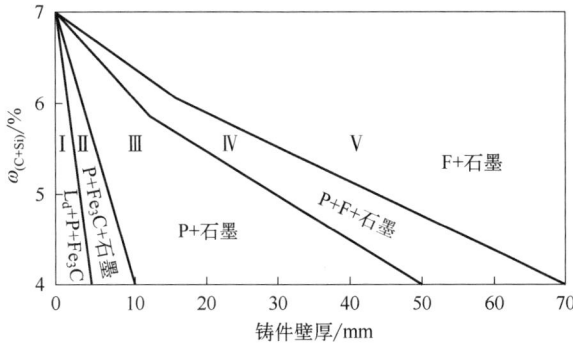

图 7-4　冷却速度和化学成分对铸铁组织影响

三、铸铁的组织与石墨化的关系

在实际生产中,由于化学成分、冷却速度以及孕育处理、铁水净化情况的不同,各阶段石墨化过程进行的程度也会不同,从而可获得各种不同金属基体的铸态组织。灰铸铁、球墨铸铁、蠕墨铸铁、可锻铸铁的铸态组织与石墨化进行程度之间的关系如表 7-1 所示。

表 7-1　铸铁组织与石墨化进行程度之间的关系

铸铁名称	铸铁显微组织	石墨化进行的程度	
		第一阶段石墨化	第二阶段石墨化
灰铸铁	F+G 片 F+P+G 片 P+G 片	完全进行	完全进行 部分进行 未进行
球墨铸铁	F+G 球 F+P+G 球 P+G 球	完全进行	完全进行 部分进行 未进行
蠕墨铸铁	F+G 蠕虫 F+P+G 蠕虫	完全进行	完全进行 部分进行
可锻铸铁	F+G 团絮 P+G 团絮	完全进行	完全进行 未进行

第二节　灰铸铁及热处理

一、灰铸铁的成分、组织与性能

1. 灰铸铁的化学成分和组织

灰铸铁的化学成分是:ω_C=2.7%～3.6%,ω_{Si}=1.0%～2.5%,ω_{Mn}=0.5%～1.3%,$\omega_P \leq 0.3\%$,

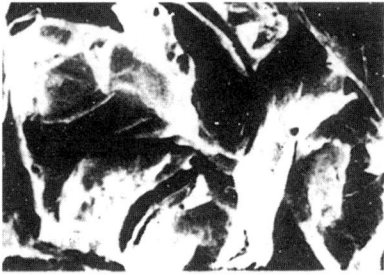

图 7-5 扫描电子显微镜下的片状石墨形态

$\omega_S \leq 0.15\%$。在灰铸铁中，碳、硅、锰是调节组织的元素，磷是控制使用的元素，硫是应限制的元素。灰铸铁是第一阶段和第二阶段石墨化过程都能充分进行时形成的铸铁，它的显微组织特征是片状石墨分布在各种基体组织上。

从灰铸铁中看到的片状石墨，实际上是一个立体的多枝石墨团。由于石墨各分枝都长成翘曲的薄片，在金相磨片上所看到的仅是这种多枝石墨团的某一截面，因此呈孤立的长短不等的片状（或细条状）石墨，其立体形态如图 7-5 所示。由于第三阶段石墨化程度的不同，可以获得三种不同基体组织的灰铸铁。

① 铁素体灰铸铁：其组织为铁素体+片状石墨 [图 7-6（a）]；
② 珠光体灰铸铁：其组织为珠光体+片状石墨 [图 7-6（b）]；
③ 铁素体+珠光体灰铸铁：其组织为铁素体+珠光体+片状石墨 [图 7-6（c）]。

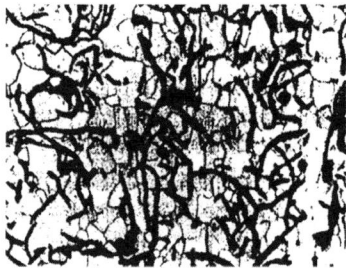

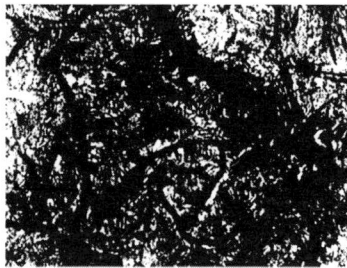

(a) 铁素体灰铸铁　　　　　　　　(b) 珠光体灰铸铁　　　　　　　(c) 铁素体+珠光体灰铸铁

图 7-6 灰铸铁的显微组织

2. 灰铸铁的性能特点

（1）力学性能

灰铸铁的性能主要取决于基体组织的性能和石墨片的数量、尺寸及分布情况。灰铸铁组织相当于以钢为基体加片状石墨，而片状石墨的抗拉强度、塑性、韧性几乎为零，可近似地把它看成是一些孔洞和裂纹。它不仅割裂了基体的连续性，缩小了承受载荷的有效截面面积，而且在石墨片的尖角处易造成应力集中。故灰铸铁的抗拉强度、塑性、韧性远比同基体的碳钢低。石墨片的数量愈多，尺寸愈大，分布愈不均匀，对基体的割裂作用和应力集中现象愈严重，则铸铁的强度、塑性与韧性就愈低。

7.1　GB/T 9439—2023 灰铸铁件

由于灰铸铁的抗压强度、硬度与耐磨性主要取决于基体，石墨的存在对其影响不大，故灰铸铁的抗压强度一般是其抗拉强度的 3～4 倍。同时，珠光体基体比其他两种基体的灰铸铁具有更高的强度、硬度与耐磨性。

（2）其他性能

石墨虽然会降低铸铁的抗拉强度、塑性和韧性，但也正是石墨的存在，才使铸铁具有一系列其他优良性能。

① 铸造性能良好　由于灰铸铁的碳当量接近共晶成分，故与钢相比，它不仅熔点低、流动性好，而且铸铁在凝固过程中会析出比容较大的石墨，部分地补偿了液态收缩，从而降低了灰铸铁的收缩率，所以灰铸铁具有良好的铸造性能。

② 减摩性好 灰铸铁中石墨本身具有润滑作用，而且当它从铸铁表面掉落后，所遗留下的孔隙具有吸附和储存润滑油的能力，使摩擦面上的油膜易于保持而具有良好的减摩性。

③ 减振性强 石墨比较松软，能阻止震动的传播，起缓冲作用，并把震动能量转变为热能。

④ 切削加工性良好 由于石墨割裂了基体的连续性，铸铁切削时容易断屑和排屑，且石墨对刀具具有一定润滑作用，故可减少刀具磨损。

⑤ 缺口敏感性小 钢常因表面有缺口（如油孔、键槽、刀痕等）造成应力集中，使力学性能显著降低，故钢的缺口敏感性大。灰铸铁中石墨本身已使金属基体形成了大量缺口，致使外加缺口的作用相对减弱，因此灰铸铁具有较小的缺口敏感性。

由于灰铸铁具有上述一系列的优良性能，而且价廉，易于获得，故在目前工业生产中，它仍然是应用最广泛的金属材料之一。

二、灰铸铁的孕育处理

为了提高灰铸铁的力学性能，生产上常进行孕育处理。孕育处理就是在浇注前往铁水中加入少量孕育剂，改变铁液的结晶条件，从而细化石墨片和基体组织的工艺过程。经孕育处理后的铸铁称为孕育铸铁。常用的孕育剂为硅铁或锰铁。因孕育剂增加了石墨结晶的核心，经过孕育处理的铸铁石墨细小、均匀，强度、硬度较普通灰铸铁高。

7.2 GB/T 5612—2008 铸铁牌号表示方法

三、灰铸铁的牌号和应用

灰铸铁的牌号用 HT 和三位数字来表示，其中"HT"表示"灰""铁"汉语拼音字首，三位数字则表示最低抗拉强度值。例如，HT200 表示抗拉强度值大于 200MPa 的灰铸铁。常用的灰铸铁牌号、力学性能及用途如表 7-2 所示。

表 7-2 灰铸铁的牌号、力学性能及用途（部分摘自 GB/T 5612—2008，GB/T 9439—2023）

铸铁类别	牌号	铸件壁厚/ mm		铸件最小抗拉强度 R_m /MPa		用途举例
		>	≤	单铸试棒或并排试棒（≥）	附铸试块（≥）	
铁素体灰口铁	HT100	5	40	100	—	制造低负荷和不重要的零件，如盖、外罩、手轮等
铁素体珠光体灰口铁	HT150	5	10	150	—	制造需承受中等应力的零件，如支柱、底座、齿轮箱等
		10	20		—	
		20	40		125	
		40	80		110	
		80	150		100	
		150	300		90	
	HT200	5	10	200	—	制造需承受较大应力和较重要的零件，如汽缸、齿轮、机座等
		10	20		—	
		20	40		170	
		40	80		155	
		80	150		140	
		150	300		130	

续表

铸铁类别	牌号	铸件壁厚/ mm		铸件最小抗拉强度 R_m /MPa		用途举例
		>	≤	单铸试棒或并排试棒（≥）	附铸试块（≥）	
铁素体珠光体灰口铁	HT225	5	10	225	—	制造需承受较大应力和较重要的零件，如汽缸、齿轮、机座等
		10	20		—	
		20	40		190	
		40	80		170	
		80	150		155	
		150	300		145	
珠光体灰口铁	HT250	5	10	250	—	制造需承受高弯曲应力及抗拉应力的重要零件，如齿轮、凸轮、床身、高压液压筒等
		10	20		—	
		20	40		210	
		40	80		190	
		80	150		170	
		150	300		160	
	HT275	5	10	275	—	
		10	20		—	
		20	40		230	
		40	80		210	
		80	150		190	
		150	300		180	
	HT300	10	20	300	—	
		20	40		250	
		40	80		225	
		80	150		210	
		150	300		190	
	HT350	10	20	350	—	
		20	40		290	
		40	80		260	
		80	150		240	
		150	300		220	

由表可见，灰铸铁的强度与铸件壁厚大小有关，在同一牌号中，随着铸件壁厚的增加，其抗拉强度与硬度要降低。因此，根据零件的性能要求去选择铸铁牌号时，必须注意铸件壁厚的影响，若铸件的壁厚过大或过小，且超出表中所列的尺寸时，要根据具体情况，适当提高或降低灰铸铁强度级别。

四、灰铸铁的热处理

由于热处理只能改变铸铁的基体组织，并不能改变石墨的数量、形状、大小和分布，因此，通过热处理来提高灰铸铁力学性能效果不大，生产中灰铸铁的热处理主要用于消除铸件的内应力和改善切削加工性等。

1. 消除内应力退火

铸件在铸造冷却过程中容易产生内应力，可能导致铸件变形和裂纹，为保证尺寸的稳定，防止变形开裂，对一些大型复杂的铸件，如机床床身、柴油机汽缸体等，往往需要进行消除内应力的退火处理（又称人工时效）。工艺规范一般为：将铸铁加热到 $500\sim550℃$，加热速度一般在 $60\sim120℃/h$，经一定时间保温后，炉冷到 $150\sim220℃$ 出炉空冷。

2. 改善切削加工性退火

灰口铸铁的表层及一些薄的截面处，由于冷速较快，可能产生白口，硬度增加，切削加工困难，故需要进行退火降低硬度，其工艺规程依铸件壁厚而定：厚壁铸件加热至 $850\sim950℃$，保温 $2\sim3h$；薄壁铸件加热至 $800\sim850℃$，保温 $2\sim5h$。冷却方法根据性能要求而定：如果主要是为了改善切削加工性，可采用炉冷或以 $30\sim50℃/h$ 速度缓慢冷却；若需要提高铸件的耐磨性，采用空冷，可得到珠光体为主要基体的灰铸铁。

3. 表面淬火

表面淬火的目的是提高灰铸铁件的表面硬度和耐磨性。其方法除感应加热表面淬火外，还可以采用接触电阻加热表面淬火。图 7-7 为机床导轨进行接触电阻加热表面淬火的示意图。其原理是用一个电极（紫铜滚轮）与欲淬硬的工件表面紧密接触，通以低压（$2\sim5V$）大电流（$400\sim750A$）的交流电，利用电极与工件接触处的电阻热将工件表面迅速加热到淬火温度，操作时将电极以一定的速度移动，于是被加热的表面依靠工件本身的导热而迅速冷却下来，从而达到表面淬火的目的。

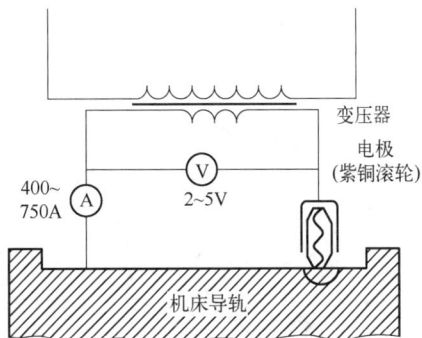

图 7-7　接触电阻加热表面淬火示意图

接触电阻加热表面淬火层的深度可达 $0.20\sim0.30mm$，组织为极细的马氏体（或隐针马氏体）+片状石墨。这种表面淬火方法设备简单、操作方便，且工件变形很小。为了保证工件淬火后获得高而均匀的表面硬度，铸铁原始组织应是珠光体基体上分布细小均匀的石墨。

第三节　球墨铸铁

球墨铸铁是 20 世纪 40 年代末发展起来的一种新型铸铁材料，它的石墨全部或大部分呈球状，对基体的割裂作用小，基体的应力集中倾向也很小，因此，球墨铸铁具有很高的强度，良好的塑性和韧性，而且铸造性能也很好，成本低廉，生产方便，在工业生产中被广泛应用。

一、球墨铸铁的生产方法

球墨铸铁一般生产过程如下：

（1）制取铁水

制造球墨铸铁所用的铁水碳含量要高（$3.6\%\sim4.0\%$），但硫、磷含量要低。为防止浇注温度过低，出炉的铁水温度必须在 $1400℃$ 以上。

（2）球化处理和孕育处理

浇注前，向铁液中加入球化剂和孕育剂进行球化处理和孕育处理。球化剂的作用是使石墨呈球状析出，国外使用的球化剂主要是金属镁，我国广泛采用的球化剂是稀土镁合金。稀土镁合金中的镁和稀土都是球化元素，含量均小于 10%，其余为硅和铁。以稀土镁合金作球化剂，结合了我国的资源特点，其作用平稳，减少了镁的用量，还能改善球墨铸铁的质量。球化剂的加入量一般为铁水质量的 1.0%～1.6%（视铸铁的化学成分和铸件大小而定）。孕育剂的主要作用是促进石墨化，防止球化元素所造成的白口倾向。常用的孕育剂为硅含量 75% 的硅铁，加入量为铁水质量的 0.4%～1.0%。

二、球墨铸铁的成分、组织与性能特点

1. 球墨铸铁的成分

球墨铸铁的化学成分为 ： ω_C=3.6%～4.0%，ω_{Si}=2.0%～3.2%，ω_{Mn}=0.6%～0.9%，ω_S< 0.07%，ω_P<0.1%。与灰铸铁相比，其特点是含碳与含硅量高，含锰量较低，含硫与含磷量低，并含有一定量的稀土与镁。锰有去硫、脱氧的作用，并可稳定和细化珠光体，故要求珠光体基体时，ω_{Mn}=0.6%～0.9%；要求铁素体基体时，ω_{Mn}<0.6%。硫、磷是有害元素，含量愈低愈好。

2. 球墨铸铁的组织

根据基体组织的不同，球墨铸铁有三种：铁素体球墨铸铁、铁素体+珠光体球墨铸铁、珠光体球墨铸铁。如图 7-8 所示。在光学显微镜下观察时，石墨的外观接近球形。

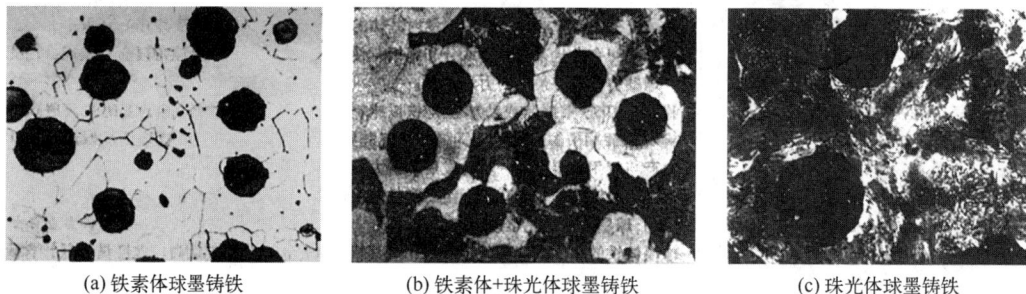

(a) 铁素体球墨铸铁　　　　　(b) 铁素体+珠光体球墨铸铁　　　　　(c) 珠光体球墨铸铁

图 7-8　球墨铸铁的显微组织

3. 球墨铸铁的性能特点

（1）力学性能

由于球墨铸铁中的石墨呈球状，对基体的割裂作用和造成应力集中的倾向比片状石墨小，球墨铸铁的基体强度利用率可高达 70%～90%，而灰铸铁的基体强度利用率仅为 30%～50%。因此球墨铸铁的抗拉强度、塑性、韧性不仅高于其他铸铁，而且可与相应组织的铸钢相媲美，如疲劳极限接近一般中碳钢，而冲击疲劳抗力则高于中碳钢，特别是球墨铸铁的屈强比几乎比钢提高一倍，一般钢的屈强比为 0.35～0.50，而球墨铸铁的屈强比达 0.7～0.8。对于承受静载荷的零件，用球墨铸铁代替铸钢，就可以减轻机器质量。但球墨铸铁的塑性与韧性低于钢。

球墨铸铁中的石墨球愈小、愈分散，球墨铸铁的强度、塑性与韧性愈好，反之则差。球墨铸铁的力学性能还与其基体组织有关。铁素体基体球墨铸铁具有高的塑性和韧性，但强度与硬度较低，耐磨性较差。珠光体基体球墨铸铁强度较高，耐磨性较好，但塑性、韧性较低。铁素体+珠光体基体球墨铸铁的性能介于前两种基体的球墨铸铁之间。经热处理后，具有回火马氏体基体的球墨铸铁硬度最高，但韧性很低；下贝氏体基体球墨铸铁则具有良好的综合力

学性能。

（2）其他性能

球墨铸铁中球状石墨的存在，使它具有近似于灰铸铁的某些优良性能，如良好的铸造性能、减摩性、切削加工性等。但球墨铸铁的过冷倾向大，易产生白口现象，而且铸件也容易产生缩松等缺陷，因而球墨铸铁的熔炼工艺和铸铁工艺都比灰铸铁要求高。

三、球墨铸铁的牌号与应用

我国球墨铸铁牌号的表示方法是用"QT"代号及其后面的两组数字组成。"QT"为"球""铁"二字的汉语拼音字首，第一组数字代表最低抗拉强度值，第二组数字代表最低伸长率值。部分球墨铸铁的牌号、组织、性能和用途举例见表 7-3 所示。

7.3 GB/T 1348—2019 球墨铸铁件

表 7-3 部分球墨铸铁的牌号、组织、性能和用途（部分摘自 GB/T 1348—2019）

牌号	主要基体组织	R_m/ MPa	$R_{p0.2}$/ MPa	A/%	HBW	用途举例
		≥				
QT400-18L	铁素体	400	240	18	120～175	制造需承受冲击、振动的零件，如汽车拖拉机轮毂、农机具零件、中低压阀门等
QT400-18R	铁素体	400	250	18	120～175	
QT400-15	铁素体	400	250	15	120～180	
QT450-10	铁素体	450	310	10	160～210	
QT500-7	铁素体珠光体	500	320	7	170～230	制造机器座架、传动轴、飞轮、电动机架等
QT600-3	珠光体铁素体	600	370	3	190～270	制造承受载荷大、受力复杂的零件，如汽车、拖拉机的曲轴、连杆、凸轮轴、汽缸套、部分磨床、铣床、车床的主轴等
QT700-2	珠光体	700	420	2	225～305	
QT800-2	珠光体或索氏体	800	480	2	245～335	
QT900-2	回火马氏体或屈氏体+索氏体	900	600	2	280～360	制造高强度齿轮，如汽车后桥螺旋锥齿轮、大减速器齿轮、内燃机曲轴、凸轮轴等

由表可见，球墨铸铁通过热处理可获得不同的基体组织，其性能可在较大范围内变化，加上球墨铸铁的生产周期短，成本低（接近于灰铸铁），因此，球墨铸铁在机械制造业中得到了广泛的应用。它成功地代替了不少碳钢、合金钢和可锻铸铁，用来制造一些受力复杂，强度、韧性和耐磨性要求较高的零件。如具有高强度与耐磨性的珠光体球墨铸铁，常用来制造拖拉机或柴油机中的曲轴、连杆、凸轮轴，各种齿轮、机床的主轴、蜗杆、蜗轮；轧钢机的轧辊、大齿轮及大型水压机的工作缸、缸套、活塞等。具有高的韧性和塑性铁素体基体的球墨铸铁，常用来制造受压阀门、机器底座、汽车的后桥壳等。

四、球墨铸铁的热处理

球墨铸铁的热处理原理与钢大致相同，但由于球墨铸铁中含有较多的碳、硅等元素，而且组织中有石墨球存在，因此其热处理工艺与钢相比，具有以下特点：

① 共析转变温度高，因此奥氏体化的加热温度较碳钢高。

② 球墨铸铁的奥氏体等温转变图右移并形成两个鼻尖，淬透性比碳钢好，因而中小铸件可用油作淬火介质，并容易实现等温淬火工艺，获得下贝氏体基体。

③ 可采用控制淬火加热温度和保温时间的方法来调整奥氏体中碳的质量分数。

球墨铸铁常用的热处理方法有退火、正火、等温淬火、调质处理等。

1. 退火

（1）去应力退火

球墨铸铁的弹性模量以及凝固时收缩率比灰铸铁高，故铸造内应力比灰铸铁约大两倍。对于不再进行其他热处理的球墨铸铁铸件，都应进行去应力退火。去应力退火工艺是将铸件缓慢加热到 500～620℃左右，保温 2～8h，然后随炉缓冷。

（2）石墨化退火

石墨化退火的目的是消除白口、降低硬度、改善切削加工性以及获得铁素体球墨铸铁。根据铸态基体组织不同，它分为高温石墨化退火和低温石墨化退火两种。

① 高温石墨化退火。由于球墨铸铁白口倾向较大，因而铸态组织往往会出现自由渗碳体，为了获得铁素体球墨铸铁，需要进行高温石墨化退火。

高温石墨化退火工艺是将铸件加热到 900～950℃，保温 2～4h，使自由渗碳体石墨化，然后随炉缓冷至 600℃，使铸件发生第二和第三阶段石墨化，再出炉空冷。其工艺曲线和组织变化如图 7-9 所示。

② 低温石墨化退火。当铸态基体组织为珠光体+铁素体，而无自由渗碳体存在时，为了获得塑性、韧性较高的铁素体球墨铸铁，可进行低温石墨化退火。

低温退火工艺是把铸件加热至共析温度范围附近，即 720～760℃，保温 2～8h，使铸件发生第二阶段石墨化，然后随炉缓冷至 600℃，再出炉空冷。其退火工艺曲线和组织变化如图 7-10 所示。

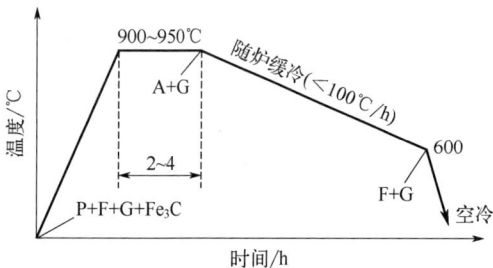

图 7-9　球墨铸铁高温石墨化退火工艺曲线　　图 7-10　球墨铸铁低温石墨化退火工艺曲线

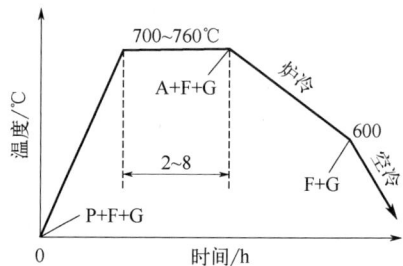

2. 正火

球墨铸铁正火是为了获得珠光体组织，并使晶粒细化、组织均匀，从而提高零件的强度、硬度和耐磨性，并可作为表面淬火的预先热处理。正火可分为高温正火和低温正火两种。

（1）高温正火

高温正火工艺是把铸件加热至共析温度范围以上，一般为 900～950℃，保温 1～3h，使基体组织全部奥氏体化，然后出炉空冷，使其在共析温度范围内由于快冷而获得珠光体基体。对含硅量高的厚壁铸件，则应采用风冷，或者喷雾冷却，以保证正火后能获得珠光体球墨铸铁。其工艺曲线如图 7-11 所示。

（2）低温正火

低温正火工艺是把铸件加热至共析温度范围内，即 820～860℃，保温 1～4h，使基体组织部分奥氏体化，然后出炉空冷，其工艺曲线如图 7-12 所示。低温正火后获得珠光体+分散铁素体球墨铸铁，可以提高铸件的韧性与塑性。

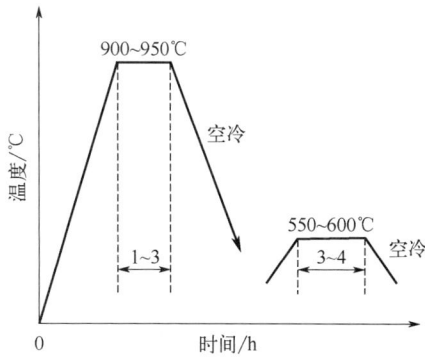

图 7-11　球墨铸铁高温正火工艺曲线　　　　图 7-12　球墨铸铁低温正火工艺曲线

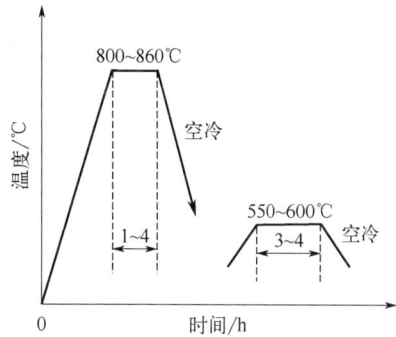

由于球墨铸铁导热性较差，弹性模量又较大，正火后铸件内有较大的内应力，因此多数工厂在正火后，还进行一次去应力退火（常称回火），即加热到 550～600℃，保温 3～4h，然后出炉空冷。

3. 等温淬火

当铸件形状复杂、又需要高的强度和较好的塑性与韧性时，正火已很难满足技术要求，而往往采用等温淬火。

球墨铸铁等温淬火工艺是把铸件加热至 860～920℃，保温一定时间（约是钢的一倍），然后迅速放入温度为 250～350℃ 的等温盐浴中进行 0.5～1.5h 的等温处理，再取出空冷。等温淬火后的组织为下贝氏体+少量残余奥氏体+少量马氏体+球状石墨。有时等温淬火后还进行一次低温回火，使淬火马氏体转变为回火马氏体，残余奥氏体转变为下贝氏体，这样可进一步提高强度、韧性与塑性。球墨铸铁经等温淬火后的抗拉强度 R_m 可达 1100～1600MPa，硬度为 38～50HRC，冲击吸收功 A_k 为 24～64J。故等温淬火常用来处理一些要求有高的综合力学性能、良好的耐磨性且外形又较复杂、热处理易变形或开裂的零件，如齿轮、滚动轴承套圈、凸轮轴等。但由于等温盐浴的冷却能力有限，故一般仅适用于截面尺寸不大的零件。

4. 调质处理

调质处理的淬火加热温度和保温时间，基本上与等温淬火相同，即加热温度为 860～920℃。除形状简单的铸件采用水冷外，一般都采用油冷。淬火后组织为细片状马氏体和球状石墨。然后再加热到 550～600℃ 回火 2～6h。球墨铸铁调质处理工艺曲线如图 7-13 所示。

球墨铸铁经调质处理后，获得回火索氏体和球状石墨组织，硬度为 250～380HBW，具有良好的综合力学性能，故常用来调质处理来处理柴油机曲轴、连杆等重要零件。

一般也可在球墨铸铁淬火后，采用中温或低温回火处理。中温回火后获得回火托氏体基体组织，具有高的强度与一定韧性，例如用球墨铸铁制作的铣床主轴就是采用这种工艺。低温回火后获得回火马氏体基体组织，具有高的硬度和耐磨性，例如用球墨铸铁制作的轴承内外套圈就是采用这种工艺。

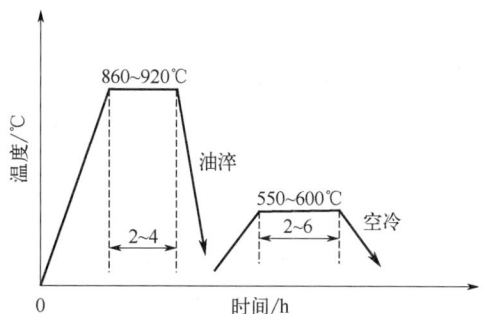

图 7-13　球墨铸铁调质处理工艺曲线

球墨铸铁除能进行上述各种热处理外，为了提高球墨铸铁零件表面的硬度、耐磨性、耐蚀性及疲劳极限，还可以进行表面热处理，如表面淬火、渗氮等。

第四节　可锻铸铁　蠕墨铸铁

一、可锻铸铁

1．可锻铸铁的生产方法

可锻铸铁的生产分为两个步骤：

第一步，浇注出白口铸件坯件。为了获得白口铸件，必须采用碳和硅含量均较低的铁水。为了后面缩短退火周期，也需要进行孕育处理。常用孕育剂为硼、铝和铋。

第二步，石墨化退火。其工艺是将白口铸件加热至900～980℃保温约15h，使其组织中的渗碳体发生分解，得到奥氏体和团絮状的石墨组织。在随后缓冷过程中，从奥氏体中析出二次石墨，并沿着团絮状石墨的表面长大；当冷却至750～720℃共析温度时，奥氏体发生转变生成铁素体和石墨。其退火工艺曲线如图7-14中①所示，如果在共析转变过程中冷却速度较快，如图7-14中的曲线②所示，最终将得到珠光体可锻铸铁。

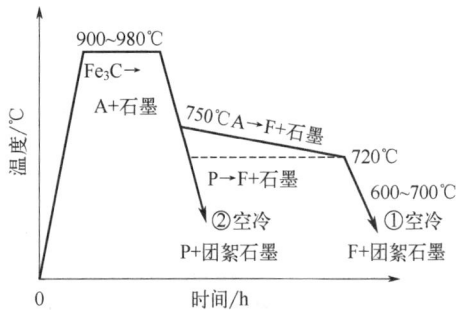

图7-14　可锻铸铁的可锻化退火工艺曲线
①铁素体可锻铸铁退火工艺；②珠光体可锻铸铁退火工艺图

由于球墨铸铁的迅速发展，加之可锻铸铁退火时间长、工艺复杂、成本高，不少可锻铸铁零件已被球墨铸铁所代替。

2．可锻铸铁的成分、组织与性能特点

（1）可锻铸铁的成分

由于生产可锻铸铁的先决条件是先浇注出白口铸铁，故促进石墨化的碳、硅元素含量不能太高，以促使铸铁完全白口化；但碳、硅含量也不能太低，否则使石墨化退火困难，退火周期增长。可锻铸铁的大致化学成分为：ω_C=2.2%～2.8%，ω_{Si}=1.0%～1.8%，ω_{Mn}=0.4%～1.2%，ω_P＜0.2%，ω_S＜0.18%。

（2）可锻铸铁的组织

常用可锻铸铁的组织有两种，一种是铁素体基体+团絮状石墨（按图7-14①所示的生产工艺进行完全石墨化退火后获得的铸铁），其显微组织如图7-15（a）所示，称为铁素体基体可锻铸铁。其断口呈黑灰色，俗称黑心可锻铸铁。另一种为珠光体+团絮状石墨（按图7-14中②所示的生产工艺只进行第一阶段石墨化退火），其显微组织如图7-15（b）所示，称为珠光体基体可锻铸铁。

（3）可锻铸铁的性能特点

可锻铸铁的力学性能优于灰铸铁，并接近于同类基体的球墨铸铁，但与球墨铸铁相比，具有铁水处理简易、质量稳定、废品率低等优点。因此生产中，常用可锻铸铁制作一些截面较薄而形状较复杂、工作时受震动而强度、韧性要求较高的零件，因为这些零件如用灰铸铁制造，则不能满足力学性能要求，如用球墨铸铁铸造，易形成白口，如用铸钢制造，则因铸造性能较差，质量不易保证。

(a) 铁素体可锻铸铁　　　　　　　　(b) 珠光体可锻铸铁

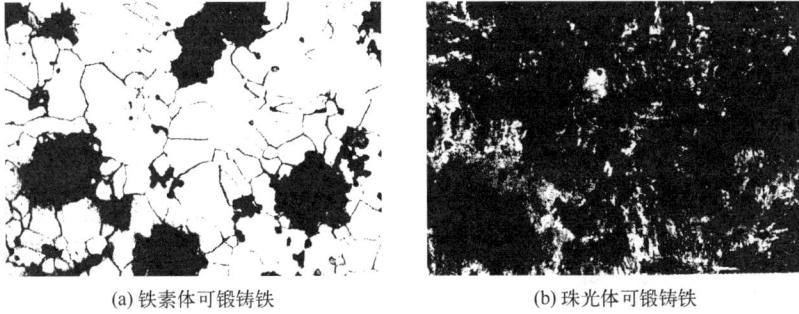

图 7-15　可锻铸铁的显微组织

3. 可锻铸铁的牌号与应用

可锻铸铁的牌号、力学性能及用途见表 7-4。牌号中"KT"是"可""铁"两字汉语拼音的第一个字母，"H"表示黑心可锻铸铁，"Z"表示珠光体可锻铸铁。符号后面的两组数字分别表示其最低抗拉强度值（R_m）和伸长率值（A）。

7.4　GB/T 9440—2010 可锻铸铁件

可锻铸铁常用来制造形状复杂、承受冲击和震动载荷，并且壁厚<25mm的铸件，拖拉机的后桥外壳、机床扳手、低压阀门、管接头、农具等承受冲击、震动和扭转载荷的零件，这些零件用铸钢生产时，因铸造性不好，工艺上困难较大；而用灰铸铁时，又存在性能不满足要求的问题。与球墨铸铁相比，可锻铸铁具有成本低、质量稳定、铁水处理简单、容易组织流水生产等优点。尤其对于薄壁件，若采用球墨铸铁易生成白口，需要进行高温退火，采用可锻铸铁更为实用。

表 7-4　可锻铸铁的牌号和力学性能及用途（部分摘自 GB/T 9440—2010）

种类	牌号及分级	试样直径 d/mm	R_m/MPa	$R_{p0.2}$/MPa	A/%	HBW	用途举例
			≥				
铁素体可锻铸铁	KTH300-06	12 或 15	300	—	6	≤150	制造弯头、三通管件、中低压阀门等
	KTH330-08		330	—	8		制造扳手、犁刀、犁柱、车轮壳等
	KTH350-10		350	200	10		制造汽车、拖拉机前后轮壳、减速器壳、转向节壳、制动器及铁道零件等
	KTH370-12		370	—	12		
珠光体可锻铸铁	KTZ450-06	12 或 15	450	270	6	150～200	制造载荷较高和耐磨损零件，如曲轴、凸轮轴、连杆、齿轮、活塞环、轴套、万向接头、棘轮、扳手、传动链条等
	KTZ550-04		550	340	4	180～230	
	KTZ650-02		650	430	2	210～260	
	KTZ700-02		700	530	2	240～290	

二、蠕墨铸铁

蠕墨铸铁是近年来发展起来的一种新型工程材料。它是在一定成分的铁水中加入适量的蠕化剂和孕育剂促使石墨呈蠕虫状析出，其方法和程序与球墨铸铁基本相同。蠕化剂目前主要采用镁钛合金、稀土镁钛合金或稀土镁钙合金等。

1. 蠕墨铸铁的化学成分和组织特征

蠕墨铸铁的化学成分与球墨铸铁相似，即要求高碳（3.5%～3.9%）、高硅（2.1%～2.8%）、

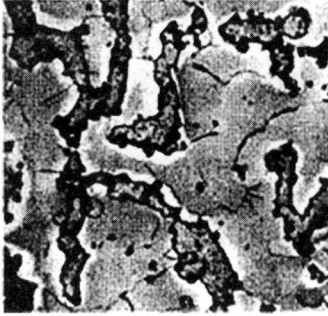

图 7-16　蠕墨铸铁石墨的
显微组织（200×）

低硫（<0.1%）、低磷（<0.1%）。蠕墨铸铁的化学成分一般为：ω_C3.4%～3.6%，ω_{Si} 2.4%～3.0%，ω_{Mn} 0.4%～0.6%，ω_S≤0.06%，ω_P≤0.07%。对于珠光体蠕墨铸铁，要加入珠光体稳定元素，使铸态珠光体含量提高。

蠕墨铸铁中的石墨呈蠕虫状，其对机体的割裂作用和造成的应力集中倾向介于片状和球状石墨之间的中间形态，在光学显微镜下为互不相连的短片，与灰铸铁的片状石墨类似，所不同的是，其石墨片的长厚比较小，端部较钝，如图 7-16 所示。

2. 蠕墨铸铁的牌号、性能特点及用途

蠕墨铸铁的牌号、力学性能及用途如表 7-5 所示。牌号中"RuT"表示"蠕""铁"二字汉语拼音的大写字头，在"RuT"后面的数字表示最低抗拉强度。例如：RuT300 表示最低抗拉强度为 300MPa 的蠕墨铸铁。

由于蠕墨铸铁的组织是介于灰铸铁与球墨铸铁之间的中间状态，所以蠕墨铸铁的性能也介于两者之间，即强度和韧性高于灰铸铁，但不如球墨铸铁。蠕墨铸铁的耐磨性较好，它适用于制造重型机床床身、机座、活塞环、液压件等。蠕墨铸铁的导热性比球墨铸铁要高得多，几乎接近于灰铸铁，高温强度、热疲劳性能大大优于灰铸铁，适用于制造承受交变热负荷的零件，如钢锭模、结晶器、排气管和汽缸盖等。蠕墨铸铁的减振能力优于球墨铸铁，铸造性能接近于灰铸铁，铸造工艺简便，成品率高。

7.5　GB/T 26655—2022 蠕墨铸铁件

表 7-5　蠕墨铸铁的牌号、性能及用途（部分 GB/T 26655—2022）

牌号	R_m/ MPa	$R_{p0.2}$/MPa	A/%	HBW	主要基体组织	用途举例
	≥	≥	≥			
RuT300	300	210	2	140～210	铁素体	制造排气歧管，大功率船用、机车、汽车和固定式内燃机缸盖，增强器壳体，纺织机、农机零件等
RuT350	350	245	1.5	160～220	铁素体+珠光体	制造机床底座，托架和联轴器，大功率船用、机车、汽车和固定式内燃机缸盖，钢锭模、铝锭模、焦化炉炉门、门框、保护板、桥管阀体、装煤孔盖座，变速箱体，液压件等
RuT400	400	280	1.0	180～240	珠光体+铁素体	制造内燃机的缸体和缸盖，机床底座、托架和联轴器，载重卡车制动鼓、机车车辆制动盘、泵壳和液压件，钢锭模、铝锭模、玻璃模具等
RuT450	450	315	1.0	200～250	珠光体	制造汽车内燃机缸体及缸盖、气缸套、载重卡车制动盘、泵壳和液压件、玻璃模具、活塞环等
RuT500	500	350	0.5	220～260	珠光体	制造高负荷内燃机缸体、气缸套等

第五节　合金铸铁

为改善铸铁的性能，在普通铸铁成分的基础上加入一部分合金元素的铸铁称为特殊性能铸铁或合金铸铁。根据其性能的不同，大致可分为：耐磨铸铁、耐热铸铁及耐蚀铸铁等。

一、耐磨铸铁

耐磨铸铁根据组织可分为下面几类：

1. 耐磨灰铸铁

在灰铸铁中加入少量合金元素（如磷、钒、钼、锑、稀土元素等），可以增加金属基体中珠光体数量，且使珠光体细化，同时也细化了石墨，使铸铁的强度和硬度升高，显微组织得到改善，这种灰铸铁具有良好的润滑性和抗咬合抗擦伤的能力（如磷铜钛铸铁、磷钒钛铸铁、铬钼铜铸铁、稀土磷铸铁、锑铸铁等）。耐磨灰铸铁广泛应用于制造机床导轨、汽缸套、活塞环、凸轮轴等零件。

2. 抗磨铸铁

不易磨损的铸铁称为抗磨铸铁。通常通过急冷或向铸铁中加入铬、钨、钼、铜、锰、磷等元素，在铸铁中形成一定数量的硬化相来提高其耐磨性。抗磨铸铁按其工作条件大致可分为两类：减磨铸铁和抗磨白口铸铁。

7.6　GB/T 8263—2010 抗磨白口铸铁件

减磨铸铁是在润滑条件下工作的，如机床导轨、汽缸套、活塞环和轴承等。材料的组织特征应该是软基体上分布着硬的相。珠光体灰铸铁基本上符合要求，其珠光体基体中的铁素体为软基体，渗碳体为硬相组织，石墨本身是良好的润滑剂，并且由于石墨组织的"松散"特点，可储存润滑油，从而达到润滑摩擦表面的效果。

抗磨白口铸铁是在无润滑、干摩擦条件下工作的。白口组织具有高硬度和高耐磨性的特点。加入铬、钼、钒等合金元素，可以促使白口化。含铬大于 12% 的高铬白口铸铁，经热处理后，基体为高强度的马氏体，另外还有高硬度的碳化物，故具有很好的抗磨料磨损性能。抗磨白口铸铁牌号用汉语拼音字母"BTM"表示，后面为合金元素及其含量。GB/T 8263—2010 中规定了 BTMNi4Cr2-DT、BTMNi4Cr2-GT、BTMCr9Ni5、BTMCr2、BTMC8、BTMCr12-DT、BTMCr12-GT、BTMCr15、BTMCr20、BTMCr26 等 10 个牌号，牌号中"DT"和"GT"分别是"低碳"和"高碳"的汉语拼音大写字母，表示该牌号含碳量的高低。抗磨白口铸铁广泛应用于制造犁铧、泵体，各种磨煤机、矿石破碎机、水泥磨机、抛丸机的衬板。

二、耐热铸铁

能在高温下使用，抗氧化或抗生长性能符合使用要求的铸铁称为耐热铸铁。铸铁在反复加热冷却时产生的体积长大的现象称为铸铁的生长。在高温下铸铁产生的体积膨胀是不可逆的，这是铸铁内部发生氧化现象和石墨化现象引起的。因此，铸铁在高温下损坏的形式主要是在反复加热、冷却中发生相变和氧化，从而引起铸铁生长产生微裂纹。提高铸铁的耐热性可通过以下几方面的措施：

7.7　GB/T 9437—2009 耐热铸铁件

① 合金化　在铸铁中加入硅、铝、铬等合金元素进行合金化，可使铸铁表面形成一层致密的、稳定性高的氧化膜，如 SiO_2、Al_2O_3、Cr_2O_3，阻止氧化气氛渗入铸铁内部产生内部氧化，从而抑制铸铁的生长。

② 球化处理或变质处理　经过球化处理或变质处理，使石墨转变成球状和蠕虫状，提高铸铁金属基体的连续性，减少氧化气氛渗入铸铁内部的可能性，从而有利于防止铸铁内部氧化和生长。

③ 加入合金元素　使基体为单一的铁素体或奥氏体，这样使其在工作范围内不发生相变，从而减少因相变而引起的铸铁生长和微裂纹。

常用耐热铸铁的化学成分、使用温度及用途如表 7-6 所示。

表 7-6 几种耐热铸铁的化学成分、使用温度及用途（摘自 GB/T 9437—2009）

铸铁名称	常见牌号	化学成分 ω/%						使用温度/℃	用途举例
		C	Si	Mn	P	S	其他		
					≤				
中硅耐热铸铁	HTRSi5	2.4～3.2	4.5～5.5	0.8	0.1	0.08	Cr0.5～1.0	700	制造炉条、换热器针状管等
中硅球墨铸铁	QTRSi4Mo1	2.7～3.5	4.0～4.5	0.3	0.05	0.015	Mg0.01～0.05 Mo1.0～1.5	800	制造罩式退火炉导向器、加热炉吊梁等
高铝球墨铸铁	QTRAl22	1.6～2.2	1.0～2.0	0.7	0.07	0.015	Al20.0～24.0	1100	制造锅炉用侧密封块、链式加热炉爪等
铝硅球墨铸铁	QTRAl5Si5	2.3～2.8	4.5～5.2	0.5	0.07	0.015	Al5.0～5.8	1050	制造烧结机篦条、炉用件等
高铬耐热铸铁	HTRCr16	1.6～2.4	1.5～2.2	1	0.1	0.05	Cr15.00～18.00	900	制造退火罐、炉栅、煤粉烧嘴等

三、耐蚀铸铁

能耐化学腐蚀、电化学腐蚀的铸铁称为耐蚀铸铁。耐蚀铸铁的化学和电化学腐蚀原理以及提高耐蚀性的途径基本上与不锈耐酸钢相同。即铸件表面形成牢固的、致密而又完整的保护膜，阻止腐蚀继续进行，提高铸铁基体的电极电位。它广泛地应用于化工部门，用来制造管道、阀门、泵类、反应锅及盛贮器等。

7.8 GB/T 8491—2009 高硅耐蚀铸铁件

目前生产中，主要加入硅、铝、铬、镍、铜等合金元素，这些合金元素能使铸铁表面生成一层致密稳定的氧化物保护膜，从而提高耐蚀铸铁的耐腐蚀能力。GB/T 8491—2009 中规定的耐蚀铸铁牌号有四种。高硅耐蚀铸铁的牌号、性能及适用条件举例如表 7-7 所示。

表 7-7 高硅耐蚀铸铁的牌号、性能及适用条件举例

牌号	性能和适用条件	应用举例
HTSSi11Cu2CrR	具有较好的力学性能，可以用一般的机械加工方法进行生产。在浓度大于或等于10%的硫酸，浓度小于或等于46%的硝酸，或由上述两种介质组成的混合酸，浓度大于或等于70%的硫酸加氯、苯、苯磺酸等介质中具有较稳定的耐蚀性能，但不允许有急剧的交变载荷、冲击载荷和温度突变	卧式离心机、潜水泵、阀门、旋塞、塔罐、冷却排水管、弯头等化工设备和零部件等
HTSSi15R	在氧化性酸（例如：各种温度和浓度的硝酸、硫酸、铬酸等）、各种有机酸和一系列盐溶液介质中都有良好的耐蚀性，但在卤素的酸、盐溶液（如氢氟酸和氯化物等）和强碱溶液中不耐蚀。不允许有急剧的交变载荷、冲击载荷和温度突变	各种离心泵、阀类、旋塞、管道配件、塔罐、低压容器及各种非标准零件等
HTSSi15Cr4R	具有优良的耐电化学腐蚀性能，并有改善抗氧化性条件的耐蚀性能。高硅铬铸铁中的铬可提高其钝化性和点蚀击穿电位，但不允许有急剧的交变载荷和温度突变	在外加电流的阴极保护系统中，大量用作辅助阳极铸件
HTSSi15Cr4MoR	适用于强氯化物的环境	—

> 技能模块

试验一　铸铁显微组织观察

一、试验目的

1．了解铸铁及有色金属的显微组织特征。
2．分析这些材料的组织和性能的关系。

二、试验设备、仪器及材料

1．数台光学金相显微镜。
2．数块铸铁的显微组织试样。
3．各类材料的金相图谱及放大照片。

三、试验内容

① 观察本实验所提供的显微组织，了解其组织形态及特征。
观察的试样有：各种基体的灰口铸铁、可锻铸铁、球墨铸铁、蠕墨铸铁的组织。

材料	编号	名称	热处理状态	金相显微组织主要特征
铸铁	1	F 灰铸铁	铸态	铁素体（亮白色基体）+条片状石墨
	2	F+P 灰铸铁	铸态	铁素体（亮白色）+珠光体（暗灰色）+条片状石墨
	3	P 灰铸铁	铸态	珠光体（暗灰色）+条片状石墨
	4	F 可锻铸铁	退火	铁素体（亮白色）+团絮状石墨
	5	F+P 灰铸铁	退火	铁素体（亮白色）+珠光体（暗灰色）+团絮状石墨
	6	P 灰铸铁	退火	珠光体（暗灰色）+团絮状石墨
	7	F 球墨铸铁	铸态	铁素体（亮白色）+球状石墨
	8	F+P 球墨铸铁	铸态	铁素体（亮白色）+珠光体（暗灰色）+球状石墨
	9	蠕墨铸铁	铸态	铁素体（亮白色）+珠光体（暗灰色）+蠕虫状石墨

② 画出铁素体基体灰口铸铁、铁素体基体可锻铸铁、铁素体+珠光体基体球墨铸铁的组织示意图。

> 思维训练模块

一、判断题

1．铸铁组织与力学性能一般是由含碳量的高低来决定。

2. 从组织来看，可以把灰铸铁看成是以碳素钢为基体，增加了片状石墨。

3. 灰铸铁的性能，主要取决于基体组织的性能和石墨的数量、形状、大小及分布情况。

4. 灰铸铁形成的基体组织类型和片状石墨的数量，主要取决于石墨化进行的程度。

5. 灰铸铁零件要求的组织与性能，一般都是通过控制其化学成分和浇注后的冷却速度来实现的。

6. 因灰铸铁具有与碳钢相同的基体组织，所以碳钢采用的热处理，一般都能适用于灰铸铁，从而改善和提高其力学性能。

7. 球墨铸铁的强度、塑性和韧性大大超过了同基体的灰铸铁，这是由于球状石墨比片状石墨削弱基体和造成应力集中的作用更小，基体性能得到了充分发挥。

8. 可锻铸铁因具有良好的塑性和韧性，所以可锻铸铁零件，可通过锻造成型来获得。

二、选择题

1. 同基体的球墨铸铁比灰铸铁的强度、塑性和韧性都高，这是由于球状石墨较片状石墨（　　）。

　　A. 削弱基体作用小　　　　　　　　　　B. 造成应力集中的作用小

　　C. 自身力学性能小　　　　　　　　　　D. 能提高基体组织的机械性

2. 基体组织与碳素钢相同的球墨铸铁，其力学性能（　　）。

　　A. 强度与碳素钢相近　　　　　　　　　B. 塑性、韧性低于碳素钢

　　C. 屈强比高于碳素钢　　　　　　　　　D. 塑性、韧性与碳素钢相近

3. 普通车床床身一般采用（　　）作为毛坯件。

　　A. 锻件　　　　　　　B. 铸件　　　　　　　C. 焊接件　　　　　　D. 型材

4. 灰铸铁中，石墨的形态是（　　）。

　　A. 片状　　　　　　　B. 球状　　　　　　　C. 团絮状　　　　　　D. 蠕虫状

5. 可锻铸铁中，石墨的形态是（　　）。

　　A. 片状　　　　　　　B. 球状　　　　　　　C. 团絮状　　　　　　D. 蠕虫状

6. 为了提高灰铸铁的力学性能，生产上常采用（　　）处理。

　　A. 表面淬火　　　　　　　　　　　　　B. 高温回火

　　C. 孕育　　　　　　　　　　　　　　　D. 固溶

三、填空题

1. 铸铁是含碳量_____的铁碳合金。其与钢的不同表现为_____。有时为了得到某种特殊性能，还加入一些_____，或提高_____，所得到的铸铁称为_____铸铁。

2. 根据碳在铸铁中的存在形式，铸铁分为_____、_____、_____。根据灰口铸铁中石墨存在的形态不同,灰口铸铁分为_____、_____、_____、_____等。

3. 灰铸铁中碳主要以_____的形式存在；可锻炼铁中碳主要以_____形式存在；蠕墨铁中碳主要以_____形式存在。

4. 铸铁中碳以石墨形态析出的过程称为_____。铸铁的石墨化方式：一种是石墨由渗碳体_____而来；另一种是石墨直接从_____析出。

5. 灰铸铁按基体组织的不同，分为三种类型：（1）_____；（2）_____；（3）_____。

6. 由于片状石墨的抗拉强度、塑性和韧性_____，它在灰铸铁中的存在

如同在钢的基体上有了_____和_____一样，所以灰铸铁的抗拉强度和塑性比同样基体的碳钢_____。

7．灰铸铁的性能主要取决于基体组织的_____和石墨片的_____情况。

8．HT250 是_____，其中 HT 表示_____，250 表示其_____。

9．QT420-10 是_____，QT 表_____，420 表示_____，10 表示_____。

10．可锻铸铁的成分中碳和硅的含量_____，可锻铸铁的生产步骤是_____。

11．KTH350-10 是_____，其中 350 表示_____，10 表示_____。

四、回答题

1．为什么可以把石墨在铸铁中的存在看成基体组织上的孔洞和裂纹？并说明石墨的存在使铸铁具有哪些优良特性。

2．铸铁中，为什么含碳量含硅量越高，铸铁的抗拉性强度和硬度越低？

五、应用题

1．铸铁零件生产中，具有三低（碳、硅、锰含量低）一高（硫含量高）成分的铁水易形成白口，在同一铸件表层或薄壁处易形成白口，为什么？

2．有一孕育铸铁件，因抗拉强度不足在使用中提前发生破坏，经金相分析其显微组织为铁素体基体+细小片状石墨，试从组织和成分方面说明抗拉强度不足的原因。

第八章　非铁合金与粉末冶金材料

> **学习目标**

知识目标　1. 掌握铝及铝合金、铜及铜合金、滑动轴承合金以及硬质合金材料的牌号、成分、性能和应用。
　　　　　2. 熟悉铝合金的热处理、铝硅合金材料的变质处理。
　　　　　3. 通过本章的学习，能够正确地选用各种有色金属材料和硬质合金材料。

技能目标　1. 能够解释铝及铝合金、铜及铜合金、滑动轴承合金以及硬质合金材料的典型牌号及牌号中字母、数字的含义。
　　　　　2. 能够正确选用以上四种合金。

思政目标　通过了解我国丰富的有色金属矿产资源优势，激发学生的爱国情怀。

> **案例导入**

常见的汽车轮毂有钢质轮毂及铝合金质轮毂。钢质轮毂的强度高，常用于大型载重汽车，但质量重，外形单一，不符合如今低碳、时尚的理念，正逐渐被铝合金轮毂替代。

A356 合金（美国铝业协会标准牌号，相当于我国的 ZL101 系列，ZAlSi7Mg）是汽车铸造铝合金轮毂的首选材质。A356 是在 Al-Si 二元合金中添加 Mg 形成的 Al-Si-Mg 系三元合金，不仅具有很好的铸造性（流动性好、线收缩小、无热裂倾向），可铸造薄壁和形状复杂的铸件，而且能进行时效强化，强化相为 Mg_2Si，通过热处理可达到较高的强度、良好的塑性和高冲击韧性。

> **知识模块**

金属材料通常可以分为铁基金属和非铁金属（俗称黑色金属和有色金属）两大类。铁基金属主要是指钢和铸铁（黑色金属），除此以外的其他金属，如铝、铜、锌、镁、铅、钛、锡等及其合金统称为非铁金属（有色金属）。

与黑色金属相比，有色金属及其合金具有许多特殊的力学、物理和化学性能，是现代工业中不可缺少的材料，在空间技术、原子能、计算机等新型工业部门中，有色金属材料应用很广泛。例如，铝、镁、钛等金属及其合金，具有比密度小、比强度高的特点，在航空航天工业、汽车制造、船舶制造等方面应用十分广泛；银、铜、铝等金属及其合金，导电性能和导热性能优良，是电器工业和仪表工业不可缺少的材料；钨、钼、铌是制造在 1300℃ 以上使用的高温零件及电真空元件的理想材料。本章介绍机械制造中广泛使用的铝、铜、镁、钛及其合金，轴承合金和粉末冶金材料。

第一节　铝及铝合金

一、铝及铝合金的性能特点

（1）密度小，熔点低，导电性、导热性好，磁化率低

纯铝的密度是 $2.72g/cm^3$，仅为铁的 1/3，熔点是 660.4℃，导电性仅次于 Cu、Au、Ag。铝合金的密度也很小，熔点更低，但导电性、导热性不如纯铝。铝及铝合金的磁化率极低，属于非铁磁材料。

（2）抗大气腐蚀性能好

铝和氧的化学亲和力大，在大气中，铝和铝合金表面会很快形成一层致密的氧化膜，防止内部继续氧化。但在碱和盐的水溶液中，氧化膜易被破坏，因此不能用铝及铝合金制作的容器盛放盐和碱溶液。

（3）加工性能好，比强度高

纯铝为面心立方晶格，无同素异构转变，具有较高的塑性（$A=30\%\sim50\%$，$Z=80\%$），易于压力加工成形，并有良好的低温性能。纯铝的强度低，$R_m=70MPa$，虽经冷变形强化强度可提高到 $150\sim250MPa$，但也不能直接用于制作受力的结构件。而铝合金通过冷成形和热处理，抗拉强度可达到 $500\sim600MPa$，相当于低合金钢的强度，比强度高，故铝合金成了飞机的主要结构材料。

二、提高铝及铝合金强度的主要途径

工业铝合金的二元相图一般如图 8-1 所示。利用铝合金的二元相图可以对其进行分类。

根据合金的成分和生产工艺不同，可将铝合金分为两类：变形铝合金和铸造铝合金。在图 8-1 中，合金元素含量小于 B 点的合金称为变形铝合金；合金元素含量大于 B 点的合金，由于凝固时发生共晶反应，熔点低、流动性好、适于铸造，故称为铸造铝合金。

在变形铝合金中，合金元素含量小于 D 点的合金因不能通过热处理得到强化，故称为不能热处理强化的铝合金；而合金元素含量位于 D 与 B 之间的合金，其固溶体成分随温度而变化，可进行固溶强化和时效强化，因此称为能热处理强化的铝合金。

合金元素对铝的强化作用主要表现为固溶强化、时效强化和细晶强化，对不可热处理强化的铝合金可以进行冷变形强化。固态铝无同素异构转变，因此铝合金不能像钢一样借助相变强化。

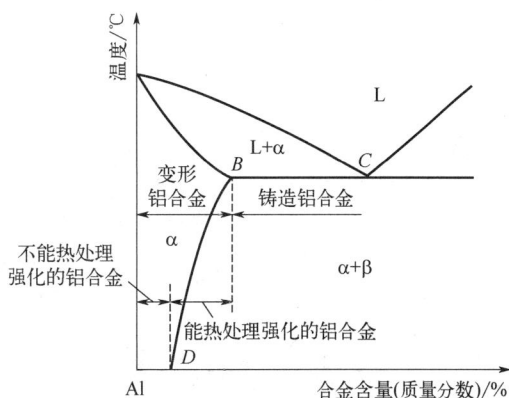

图 8-1　铝合金的二元相图

1. 固溶强化

合金元素加入纯铝中后，形成铝基固溶体，导致晶格发生畸变，增加了位错运动的阻力，由此提高了铝的强度。合金元素的固溶强化能力同其本身的性质及固溶度有关，但在一些铝

的简单二元合金中，如 Al-Zn、Al-Ag 合金系，组元间常常具有相似的物理化学性质和原子尺寸，固溶体晶格畸变程度低，导致固溶强化效果不高。因此，铝的强化不能单纯依靠合金元素的固溶强化作用。

2. 时效强化

时效强化是铝合金强化的一种重要手段，时效强化又称沉淀强化。所谓时效，是指类似于图 8-1 中 D、B 之间成分的铝合金经固溶处理（铝合金加热到单相区保温后，快速冷却得到过饱和固溶体的热处理操作称为固溶处理，也称淬火）后在室温或较高的环境温度下，随着停留时间的延长，其强度和硬度升高、塑性和韧性下降的现象。一般把合金在室温放置过程中发生的时效称为自然时效；而把合金在加热条件下发生的时效称为人工时效。

铝合金的时效强化与钢的淬火、回火本质上不同。钢淬火后得到含碳过饱和的马氏体组织，强度、硬度显著升高而塑性、韧性急剧降低，回火时马氏体发生分解，强度、硬度降低而塑性和韧性提高；铝合金固溶处理（淬火）后虽然得到的也是过饱和固溶体，但强度、硬度并未得到明显提高，塑性韧性却较好，它是在随后的过饱和固溶体发生分解的过程中出现时效现象的。

研究认为，铝合金的时效强化与其在时效过程中所产生的组织有关。下面以 ω_{Cu} 为 4% 的 Al-Cu 合金为例，说明组织变化与时效的关系。如图 8-2 所示为 Al-Cu 合金二元相图，由图可见，铜在铝中有较大的固溶度（548℃时为 5.65%），且固溶度随温度下降而减小（室温时为 0.64%）。

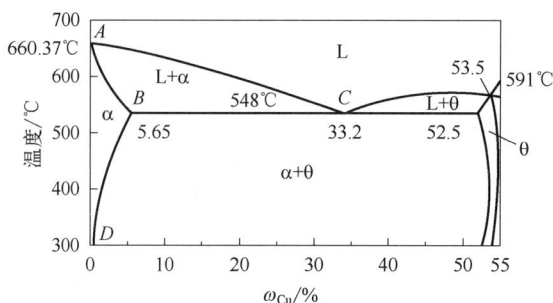

图 8-2 Al-Cu 合金二元相图

该合金在室温时的平衡组织为 α+θ（平衡相 θ 为 $CuAl_2$），加热到固溶线以上，第二相 θ 完全溶入 α 固溶体中，淬火后获得铜在铝中的过饱和固溶体。这种过饱和固溶体是不稳定的，有自发分解的倾向，当给予一定的温度与时间条件时便要发生分解。时效过程基本上就是过饱和固溶体分解（沉淀）的过程，即组织转变过程，它包括以下四个阶段。

① 在时效初期，铜原子逐步自发地偏聚于 α 固溶体的 {100} 晶面上，形成铜原子富集区，称为 GP［Ⅰ］区。GP［Ⅰ］区中铜原子的浓度较高，引起点阵严重畸变，使位错的运动受阻，因此合金的强度、硬度提高。

② 随着时间的延长或温度的提高，在 GP［Ⅰ］区的基础上铜原子进一步偏聚，使 GP 区扩大并有序化，即铝、铜原子按一定方式规则排列，称为 GP［Ⅱ］区。GP［Ⅱ］区可视为中间过渡相，常用 θ′相表示，该相会使其周围基体产生更大的弹性畸变，使合金得到进一步强化。过渡相的数量越多，弥散度越大，强化效果就越大。

③ 随着时效过程的进一步发展，铜原子在 GP［Ⅱ］区继续偏聚，并形成过渡相 θ′。此时，晶格畸变减轻，合金的硬度开始下降。

④ 时效后期，过渡相 θ′完全从母相 α 中脱溶，形成平衡相 θ，使合金的强度、硬度进一

步降低，即所谓的"过时效"。

综上所述，ω_{Cu} 为 4%的 Al-Cu 合金时效的基本过程可以概括为：合金淬火→过饱和 α 固溶体→形成铜原子富集区（GP［Ⅰ］区）→铜原子富集区有序化（GP［Ⅱ］区）→形成过渡相 θ′→析出平衡相 θ（CuAl₂）+平衡的 α 固溶体。

除时效时间外，时效强化效果还受到时效温度、淬火温度、淬火冷却速度等的影响。一般说来，时效温度越高，原子的活动能力越强，沉淀相脱溶的速度越快，达到峰值时效所需的时间越短，峰值硬度较低温时效的低，如图 8-3 所示。淬火温度越高、淬火冷却速度越快，所得到的固溶体过饱和度越大，时效后的强化效果越明显。

图 8-3　Al-Cu 合金 130℃ 和 190℃
时效硬化曲线

3. 细晶强化

纯铝和铝合金在浇铸前应进行变质处理，即在浇铸前向合金熔液中加入变质剂，可有效地细化晶粒，从而提高合金强度，该过程称为细化晶粒强化（简称细晶强化）。

对于纯铝和变形铝合金，常用的变质剂有 Ti、B、Nb、Zr 等元素，它们所起的作用就是形成外来晶核，从而细化铝的晶粒。

对于铸造铝合金，比较典型的是铝硅系合金，这类合金具有优良的铸造性能（熔点低、流动性好、收缩性小）和焊接性能，尤其是 Si 含量为 11%～13%的二元铝硅合金铸造性能最好。如图 8-4 所示，二元铝硅合金铸造后几乎全部得到（α+Si）的共晶体，其中 Si 呈粗大针叶状，铸造后合金变脆，强度和塑性都很低，不宜作为工业合金使用。若对其采用变质处理，在浇铸前向合金中加入合金质量 2%～3%的变质剂（2 份 NaF 和 1 份 NaCl），可将针状 Si 改变为细小粒状 Si，得到细小均匀的共晶体和初生 α 固溶体的亚共晶组织（α+Si）+α（见图 8-5），显著提高了合金的强度和塑性。

图 8-4　ZL102 合金变质前的显微组织　　　图 8-5　ZL102 合金变质后的显微组织

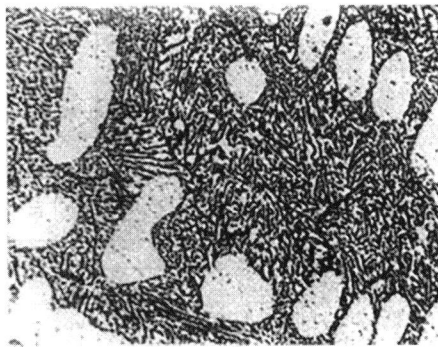

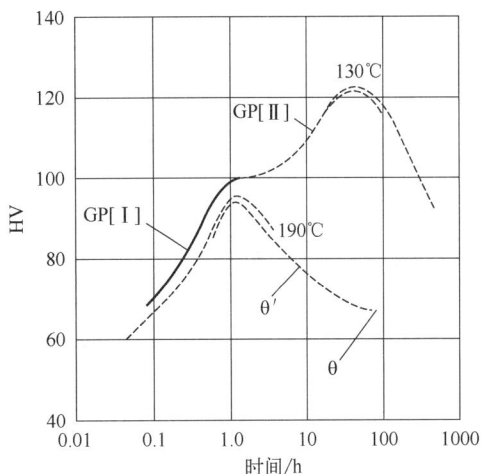

在铸造铝合金中，变质处理细化晶粒的原因一般认为是 Na 等元素能促进 Si 的形核，并吸附在 Si 晶体的表面，阻止 Si 的长大。同时 Na 的存在使液态合金产生 5～10℃的过冷度，并使共晶点向右移动，这样不仅增加了形核率，细化了共晶组织，而且使合金组织中出现了初生 α 固溶体。

4．冷变形强化

对合金进行冷变形，能增加其内部的位错密度，阻碍位错运动，提高合金强度。这为不能热处理强化的铝合金提供了强化的途径和方法。

三、铝及铝合金的分类和用途

1．纯铝

根据纯度不同，纯铝可分为高纯铝、工业高纯铝、工业纯铝三类。高纯铝的铝含量为 99.93%～99.996%，用于科研，代号为 L01～L04；工业高纯铝的铝含量为 99.85%～99.9%，用于制作铝合金原料、铝箔材料，代号为 L00、L0；工业纯铝的铝含量为 98.0%～99.0%，用于制作管、线、棒，代号为 L6～L1，数字越小，纯度越高。

工业纯铝的强度虽可经过加工硬化提高，但最终强度和硬度都很低，难以作为工程结构材料使用。

2．铝合金

（1）铸造铝合金

铸造有色金属的牌号由"Z"+基体金属的化学元素符号+主要合金化学元素符号（其中混合稀土元素符号统一用 RE 表示）表明合金化元素名义百分含量的数字组成。铸造铝合金的牌号命名方式遵守该规则。

8.1 GB/T 1173—2013 铸造铝合金

铸造铝合金的代号用"ZL"+三位数字表示，优质合金在数字后附加"A"。第一位数字是合金系列：1 是 Al-Si 系合金；2 是 Al-Cu 系合金；3 是 Al-Mg 系合金；4 是 Al-Zn 系合金。第二、三位数字是合金的顺序号。例如，ZL102 表示 2 号 Al-Si 系铸造合金。

铸造铝合金要求具有良好的铸造性能，因此，合金组织中应有适当数量的共晶体。铸造铝合金的合金元素含量一般高于变形铝合金。常用的铸造铝合金中，合金元素总量为 8%～25%。

铸造铝合金有铝硅系、铝铜系、铝镁系、铝锌系四种，其中铝硅系合金应用最广。

1）铝硅系铸造铝合金

铝硅系铸造铝合金又称为硅铝明，其特点是铸造性能好、线收缩小、流动性好、热裂倾向小，具有较高的抗蚀性和足够的强度，在工业上应用十分广泛。

这类合金最常见的是 ZL102，硅含量 ω_{Si} 为 10%～13%，铸造后几乎全部为（α+Si）共晶体组织。它最大的优点是铸造性能好，但强度低，铸件致密度不高，经过变质处理后可提高合金的力学性能。ZL102 不能进行热处理强化，主要在退火状态下使用。

为了提高铝硅系合金的强度，满足较大负荷零件的要求，可在该合金成分基础上加入铜、锰、镁、镍等元素，组成复杂硅铝明。这些元素通过固溶实现合金强化，并能使合金通过时效处理进行强化。例如，ZL108 经过淬火和自然时效后，强度极限可提高到 200～260MPa，适用于强度和硬度要求较高的零件，如铸造内燃机活塞，因此 ZL108 也称为活塞材料。

2）铝铜系铸造铝合金

铝铜系铸造铝合金的铜含量不低于 4%。由于铜在铝中有较大的溶解度，且随温度的改变而改变，因此这类合金可以通过时效强化提高强度，并且时效强化的效果能够保持到较高温度，使合金具有较高的热强性。由于合金中只含少量共晶体，故铸造性能不好，抗蚀性和比强度也较优质硅铝明差。此类合金主要用于制造在 200～300℃条件下工作、强度要求较高的零件，如增压器的导风叶轮等。

3）铝镁系铸造铝合金

铝镁系铸造铝合金有 ZL301、ZL303 两种，其中应用最广的是 ZL301。该类合金的特点

是密度小，强度高，比其他铸造铝合金耐蚀性好。但其铸造性能不如铝硅合金好，流动性差，线收缩率大，铸造工艺复杂。这类合金一般用于制造承受冲击载荷、耐海水腐蚀、外形不太复杂、便于铸造的零件，如舰船零件等。

4）铝锌系铸造铝合金

铝锌系铸造铝合金与 ZL102 类似，这类合金铸造性能很好、流动性好、易充满铸型，但密度较大，耐蚀性差。由于在铸造条件下锌原子很难从过饱和固溶体中析出，因此合金铸造冷却时能够自行淬火，经自然时效后就有较高的强度。该合金可以在不经热处理的铸态下直接使用，常用于制作汽车、拖拉机发动机的零件。

（2）变形铝合金

按 GB/T 16474—2011 规定，变形铝合金牌号用四位字符体系表示，牌号的第一、三、四位为阿拉伯数字，第二位为字母"A"。牌号中第一位数字是依主要合金元素 Cu、Mn、Si、Mg、Mg_2Si、Zn 的顺序来表示变形铝合金的组别。例如，2A×× 表示以铜为主要合金元素的变形铝合金。最后两位数字用以标识同一组别中的不同铝合金。

8.2　GB/T 16474—2011 变形铝及铝合金牌号表示方法

按其性能特点不同，变形铝合金可分为铝-锰或铝-镁系、铝-铜-镁系、铝-铜-镁-锌系、铝-铜-镁-硅系等。这些合金常经冶金厂加工成各种规格的板、带、线、管等型材。

1）铝-锰系或铝-镁系合金

铝-锰系或铝-镁系合金又称防锈铝，即 LF。该类合金的时效强化效果较弱，一般只能用冷变形来提高强度。

铝-锰系合金中 3A21 的 ω_{Mn} 为 1%～1.6%。退火组织为 α 固溶体和在晶粒边界上少量的（α+$MnAl_6$）共晶体，所以它的强度高于纯铝。由于 $MnAl_6$ 相的电极电位与基体相近，所以有很高的耐蚀性。

铝-镁系合金中镁在铝中溶解度较大（在 451℃ 时可溶入 ω_{Mg}=15%），但为便于加工，避免形成脆性很大的化合物，一般防锈铝中 ω_{Mg}<8%。在实际生产条件下，因为它为单相固溶体，所以有好的耐蚀性。又因固溶强化，所以比纯铝和 3A21 有更高的强度。含镁量越大，合金强度越高。

防锈铝的工艺特点是塑性及焊接性能好，常用拉延法制造各种高耐蚀性的薄板容器（如油箱等）、防锈蒙皮，以及受力小、质轻、耐蚀的制品与结构件（如管道、窗框、灯具等）。

2）铝-铜-镁系合金

铝-铜-镁系合金又称硬铝，即 LY，是一种应用较广的可热处理强化的铝合金。铜与镁能形成强化相 $CuAl_2$（θ 相）及 $CuMgAl_2$（S 相），而 S 相是硬铝中主要的强化相，它在较高温度下不易聚集，可以提高硬铝的耐热性。硬铝中若含铜、镁量多，则强度、硬度高，耐热性好（可在 200℃ 以下工作），但塑性、韧性低。

这类合金通过淬火时效可显著提高强度，R_m 可达 420MPa，其比强度与高强度钢（一般指 R_m 为 1000～1200MPa 的钢）相近，故称为硬铝。

硬铝的耐蚀性远比纯铝差，更不耐海水腐蚀，尤其是硬铝中的铜会导致其抗蚀性剧烈下降。为此，须加入适量的锰，对硬铝板材还可在其表面包一层纯铝或包覆铝，以增加其耐蚀性，但在热处理后强度稍低。

2A01（铆钉硬铝）有很好的塑性，大量用来制造铆钉。飞机上常用的铆钉材料为 2A10，它比 2A01 含铜量稍高，含镁量更低，塑性好，且孕育期长，还有较高的剪切强度。

2A11（标准硬铝）既有相当高的硬度，又有足够的塑性，退火状态可进行冷弯、卷边、冲压，时效处理后又可大大提高强度。它常用来制造形状较复杂、载荷较低的结构零件，在

仪器制造中也有广泛应用。

2A12（高强度硬铝）经淬火后，具有中等塑性，成形时变形量不宜过大。由于孕育期较短，一般采用自然时效。在时效和加工硬化状态下它的切削加工性能较好，可焊性差，一般只适于点焊。2A12合金经淬火自然时效后可获得较高的强度，因此是目前最重要的飞机结构材料，广泛用于制造飞机翼肋、翼架等受力构件。2A12硬铝还可用来制造200℃以下工作的机械零件。

3）铝-铜-镁-锌系合金

铝-铜-镁-锌系合金又称超硬铝，即LC，其时效强化相除了有θ及S相外，主要还有$MgZn_2$（η相）及$Al_2Mg_3Zn_3$（T相）。在铝合金中，超硬铝时效强化效果最好，强度最高，R_m可达600MPa，其比强度已相当于超高强度钢（一般指$R_m>1400MPa$的钢），故称为超硬铝。

由于$MgZn_2$相的电极电位低，所以超硬铝的耐蚀性也较差，一般也要包铝（常采用ω_{Zn}为0.09%～1.0%的包覆铝作为保护层）来提高耐蚀性。另外，$MgZn_2$的耐热性也较差，工作温度超过120℃就会软化。

目前应用最广的超硬铝合金是7A04，常用于制造飞机上受力大的结构零件，如起落架、大梁等。在光学仪器中，7A04用于制造要求质量轻而受力较大的结构零件。

4）铝-铜-镁-硅系合金

铝-铜-镁-硅系合金又称锻铝，即LD，其主要强化相有θ相、S相及Mg_2Si（β相）。该类合金力学性能与硬铝相近，但热塑性及耐蚀性较高，更适于锻造，故称为锻铝。

由于锻铝的热塑性好，因此其主要用于制造航空及仪表工业中各种形状复杂、比强度要求较高的锻件或模锻件，如各种叶轮、框架、支杆等。

锻铝的自然时效速率较慢，强化效果较低，因此一般采用淬火和人工时效。

铝合金的分类及性能特点如表8-1所示。

表8-1　铝合金的分类及性能特点

分类		合金名称	合金系	性能特点	牌号（代号）举例
铸造铝合金		简单铝硅合金	Al-Si	铸造性能好，不能热处理强化，力学性能较差	ZAlSi12（ZL102）
		特殊铝硅合金	Al-Si-Mg	铸造性能良好，能热处理强化，力学性能较高	ZAlSi7Mg（ZL101）
			Al-Si-Cu		ZAlSi7Cu4（ZL107）
			Al-Si-Mg-Cu		ZAlSi5Cu1Mg（ZL105）、ZAlSi5Cu6Mg（ZL110）
			Al-Si-Mg-Cu-Ni		ZAlSi12Cu1Mg1Ni1（ZL109）
		铝铜铸造合金	Al-Cu	耐热性好，铸造性能与抗蚀性差	ZAlCu5Mn（ZL201）
		铝镁铸造合金	Al-Mg	力学性能高，抗腐蚀性好	ZAlMg10（ZL301）
		铝锌铸造合金	Al-Zn	能自动淬火，易于压铸	ZAlZn11Si7（ZL401）
		铝稀土铸造合金	Al-RE	耐热性能好	—
变形铝合金	不能热处理强化的铝合金	防锈铝	Al-Mn	抗蚀性、压力加工性能与焊接性能好，但强度较低	3A21
			Al-Mg		5A05

续表

分类		合金名称	合金系	性能特点	牌号（代号）举例
变形铝合金	可以热处理强化的铝合金	硬铝	Al-Cu-Mg	力学性能高	2A11、2A12
		超硬铝	Al-Cu-Mg-Zn	室温强度最高	7A04
		锻铝	Al-Mg-Si-Cu	铸造性能好	2A50、2A14
			Al-Cu-Mg-Fe-Ni	耐热性能好	2A80、2A70

第二节 铜及铜合金

铜在地壳中的储量较小，但铜及铜合金却是人类历史上应用最早的金属。现代工业使用的铜及铜合金主要有工业纯铜、黄铜和青铜，白铜应用较少。

一、铜及铜合金的性能特点

（1）纯铜的导电性、导热性、抗磁性好

纯铜具有抗磁性，其突出优点是具有良好的导电性、导热性和极好的塑性，因此纯铜的主要用途是制作电工导体。

（2）纯铜的抗大气和水腐蚀的能力强

纯铜在含有二氧化碳的湿空气中，表面会产生 $CuCO_3 \cdot Cu(OH)_2$ 或 $2CuCO_3 \cdot Cu(OH)_3$ 的绿色铜膜，称为铜绿，能抵抗大气和水的腐蚀。

（3）铜合金加工性能好，面心立方晶格，无同素异构转变，塑性好

某些铜合金具有良好的塑性，故易于冷热压力加工成形。铜合金还有较好的铸造性能。

由于铜及铜合金具有上述特点，故在电气工业、仪表工业、造船业及机械制造业得到了广泛的应用。

二、铜及铜合金的分类和用途

铜是重有色金属，其全世界产量仅次于铁和铝。纯铜的熔点为 1083℃，密度为 $8.9g/cm^3$。工业上使用的纯铜，铜含量 ω_{Cu} 为 99.70%～99.95%，它是玫瑰红色的金属，表面形成氧化亚铜 Cu_2O 膜层后呈紫色，故又称紫铜。

纯铜的强度不高（R_m=230～240MPa），硬度很低（40～50HBW），塑性却很好（A=45%～50%）。冷塑性变形可以使铜的强度 R_m 提高到 400～500MPa，但伸长率 A 急剧下降到 2%左右。为了满足制作结构件的要求，必须制成各种铜合金。

因此，纯铜的主要用途是制作各种导电材料、导热材料及配置各种铜合金。工业纯铜分未加工产品（铜锭、电解铜）和加工产品（铜材）两种。未加工产品代号有 Cu-1、Cu-2 两种；加工产品代号有 T1、T2、T3、T4 四种。代号中数字越大，表示杂质含量越多，导电性越差。

1. 铜合金

（1）铜合金分类

1）按化学成分分类

按化学成分的不同，铜合金可分为黄铜、青铜及白铜（铜镍合金）三大类。机器制造业中，应用较广的是黄铜和青铜。

黄铜是以锌为主要合金元素的铜合金。其中，不含其他合金元素的黄铜称为普通黄铜（或简单黄铜），含有其他合金元素的黄铜称为特殊黄铜（或复杂黄铜）。

青铜是以除锌和镍以外的其他元素作为主要合金元素的铜合金。按其所含主要合金元素种类的不同，青铜可分为锡青铜、铝青铜、铍青铜、铅青铜、硅青铜等。

2）按生产方法分类

按生产方法的不同，铜合金可分为压力加工产品和铸造产品两类。

8.3　GB/T 29091—2012 铜及铜合金牌号和代号表示方法

（2）铜合金牌号表示方法

加工铜合金的牌号由数字和汉字组成，为便于使用，常以代号替代牌号。

1）黄铜代号表示方法

普通加工黄铜代号表示方法为"H"+铜元素含量（质量分数×100）。例如，H68 表示 ω_{Cu}=68%的黄铜。

特殊加工黄铜代号表示方法为"H"+主加元素的化学符号（除锌以外）+铜及各合金元素的含量（质量分数×100）。例如，HPb59-1 表示 ω_{Cu}=59%、ω_{Pb}=1%的加工黄铜。

2）青铜代号表示方法

加工青铜的代号表示方法为"Q"+第一主加元素的化学符号及含量（质量分数×100）+其他合金元素含量（质量分数×100）。例如，QAl5 表示 ω_{Al}=5%的加工铝青铜。

3）铸造铜合金

铸造黄铜与铸造青铜的代号表示方法相同，即"Z"+铜元素化学符号+主加元素的化学符号及含量（质量分数×100）+其他合金元素化学符号及含量（质量分数×100）。例如，ZCuZn38 表示 ω_{Zn}=38%，余量为铜的铸造普通黄铜；ZCuSn10P1 表示 ω_{Sn}=10%，ω_{P}=1%，余量为铜的铸造锡青铜。

8.4　GB/T 8063—2017 铸造有色金属及其合金牌号表示方法

2. 黄铜

（1）普通黄铜

1）普通黄铜的组织

工业中应用的普通黄铜在室温平衡状态下，有 α 及 β′两个基本相。α相是锌溶于铜中的固溶体，塑性好，适宜冷、热压力加工；β′相是以电子化合物 CuZn 为基的固溶体，在室温下较硬脆，但加热到 456℃以上时却有良好的塑性，故含有 β′相的黄铜适宜热压力加工。

按其平衡状态组织的不同，工业中应用的普通黄铜可分为以下两种类型：当 ω_{Zn}<39%时，室温组织为单相 α 固溶体的单相黄铜；当 ω_{Zn} 为 39%～45%时，室温下的组织为 α+β′的双相黄铜。在实际生产条件下，当 ω_{Zn}>32%时，即出现 α+β′组织。黄铜组织如图 8-6 及图 8-7 所示。

图 8-6　α单相黄铜的显微组织（100×）

图 8-7　α+β′双相黄铜的显微组织（100×）

2）普通黄铜的性能

黄铜的强度和塑性与含锌量有密切的关系，如图 8-8 所示。当含锌量增加时，由于固溶强化，黄铜强度、硬度提高，同时塑性也有改善。当 $\omega_{Zn}>32\%$ 后出现 β′ 相，使塑性开始下降，但一定数量的 β′ 相起强化作用，而使强度继续升高；当 $\omega_{Zn}>45\%$ 时，组织中已全部为脆性的 β′ 相，致使黄铜强度、塑性急剧下降，已无实用价值。

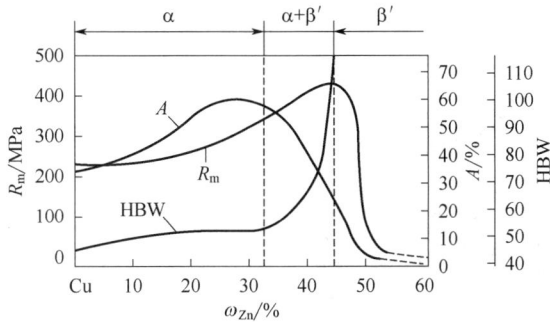

图 8-8　锌对铜力学性能的影响（退火）

普通黄铜的耐蚀性良好，并与纯铜相近。但当 $\omega_{Zn}>7\%$（尤其是 $>20\%$）并经冷压力加工后的黄铜，在潮湿的大气中，特别是在含氨的气氛中，易产生应力腐蚀破裂现象（自裂）。防止应力破裂的方法是在 250～300℃ 进行去应力退火。

（2）特殊黄铜

在普通黄铜基础上，再加入其他合金元素所组成的多元合金称为特殊黄铜，常加入的元素有锡、铅、铝、硅、锰、铁等。特殊黄铜也可依据加入的第二合金元素命名，如锡黄铜、铅黄铜、铝黄铜等。

合金元素加入黄铜后，一般能提高强度。加入锡、铝、锰、硅还可提高黄铜的耐蚀性，减少黄铜应力腐蚀破裂的倾向。某些元素的加入还可改善黄铜的工艺性能，如加入硅可改善铸造性能，加入铅可改善切削加工性能等。

3. 青铜

（1）锡青铜

1）锡青铜的组织

在一般铸造条件下，只有 $\omega_{Sn}<7\%$ 的锡青铜的室温组织才是单相 α 固溶体。α 固溶体是锡在铜中的固溶体，具有良好的冷、热变形性能。$\omega_{Sn}>7\%$ 的锡青铜的室温组织为（α+δ）（δ 为共析体）。δ 相是以电子化合物 $Cu_{31}Sn_8$ 为基的固溶体，是一个硬脆相。

如图 8-9 所示为锡青铜的铸态组织（α+δ），由于锡青铜结晶温度间隔较大，因此 α 相易产生枝晶偏析，先结晶的 α 枝干含锡量较低，后结晶的 α 含锡量较高，致使 α 相的不同部位呈现出明暗不同的颜色。

2）锡青铜的性能

锡对锡青铜的力学性能影响如图 8-10 所示。当 $\omega_{Sn}<7\%$ 时，由于加入锡产生固溶强化，合金强度显著提高；当 $\omega_{Sn}>7\%$ 时，则出现 δ 相，塑性开始下降；当 $\omega_{Sn}=10\%$ 时，塑性已显著降低，少量的 δ 相可使强度提高；当 $\omega_{Sn}>20\%$ 时，由于 δ 相过多，合金变得很脆，强度也迅速下降。因此，工业用锡青铜一般的含锡量 ω_{Sn} 为 3%～14%。

锡青铜结晶温度范围很宽，凝固时体积收缩很小，能获得符合型腔形状的铸件，适用铸造对外形尺寸要求较严格的铸件。但其流动性较差，偏析倾向较大，易形成分散的缩孔，使铸件致密度较差，制成的容器在高压下易渗漏。此外，锡青铜还有良好的减摩性、抗磁性及低温韧性。

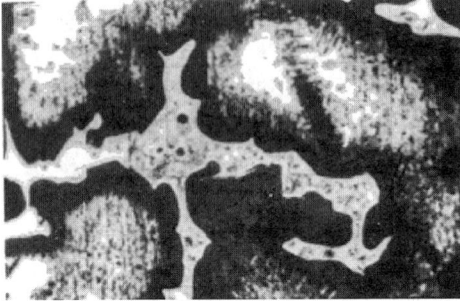

图 8-9　锡青铜（$\omega_{Sn}>7$）的铸造组织（100×）

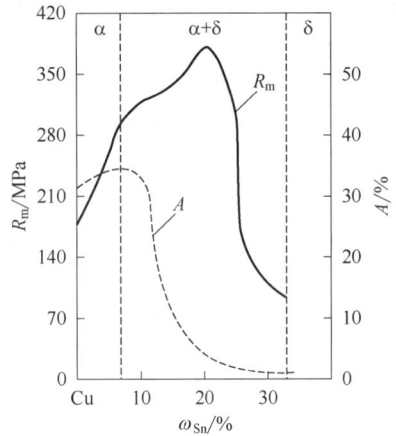

图 8-10　铸造锡青铜的力学性能与含锡量的关系

为了提高锡青铜的某些性能，常加入磷、锌、铅等元素。磷可增加锡青铜的耐磨性；锌改善流动性并可以部分代替贵重的锡；铅主要改善切削加工性。

（2）铝青铜

铝青铜是以铝为主加元素的铜合金，一般铝含量为 5%～11%。

铝青铜的结晶温度范围很窄，收缩率较大，但能获得致密的、偏析小的铸件，故其力学性能比锡青铜高，且铝青铜还可进行热处理强化。铝青铜的耐蚀性高于锡青铜与黄铜，并有较高的耐热性。在铝青铜中加入铁、锰、镍等元素，能进一步提高性能（铸态 R_m 可达 400～500MPa，A 为 10%～20%，并有较好的韧性、硬度与耐磨性）。

铝青铜常用来制造强度及耐磨性要求较高的摩擦零件，如齿轮、蜗轮、轴套等。常用的铸造铝青铜有 ZCuAl10Fe3，ZCuAl10Fe3Mn2 等。加工铝青铜（低铝青铜）用于制造仪器中要求耐蚀的零件和弹性元件。常用的加工铝青铜有 QAl5、QAl7、QAl9-4 等。

（3）铍青铜

铍青铜是以铍为主加元素的铜合金，铍含量为 1.6%～2.5%，是时效强化效果极大的铜合金。经淬火（780℃水冷后，R_m 为 500～550MPa，硬度为 120HBW，A 为 25%～35%）再经冷压成形、时效（300～350℃，2h）之后，铍青铜具有很高的强度、硬度与弹性极限（R_m=1250～1400MPa，硬度为 330～400HBW）。可贵的是，铍青铜的导热性、导电性、耐寒性也非常好，同时还有抗磁、受冲击时不产生火花等特殊性能。

铍青铜主要用来制作精密仪器、仪表中各种重要用途的弹性元件、耐蚀、耐磨零件（如仪表中齿轮）和航海罗盘仪零件及防爆工具。一般铍青铜是以压力加工后淬火为供应状态，工厂制成零件后，只需进行时效即可。但铍青铜价格昂贵，工艺复杂，因此限制了它的应用。

第三节　镁及镁合金

一、纯镁

镁是银白色金属，原子序数为 12，密度为 1.74g/cm³，熔点为 648.8℃，沸点为 1090℃。

纯镁的力学性能较低，导热性和导电性都较差，通常在冶炼球墨铸铁时用作球化剂，在冶炼铜镍合金时用作脱氧剂和脱硫剂，也可以作为化工原料使用。纯镁在燃烧时能够产生高热和强光，因此常用于制造焰火、照明弹和信号弹等。

二、镁合金

镁合金是实际应用中最轻的金属结构材料，但与铝合金相比，镁合金的研究和发展还很不充分，镁合金的应用也还很有限。目前，镁合金的产量只有铝合金的 1%。镁合金作为结构材料的最大用途是铸件，其中 90% 以上是压铸件。

限制镁合金广泛应用的主要问题是：镁元素极为活泼，镁合金在熔炼和加工过程中极易氧化燃烧，因此，镁合金的生产难度很大；镁合金的生产技术还不成熟和不完善，特别是镁合金成形技术有待进一步发展；镁合金的耐蚀性较差；现有工业镁合金的高温强度、蠕变性能较低，限制了镁合金在高温（150～350℃）场合的应用；镁合金的常温力学性能，特别是强度和塑韧性有待进一步提高；镁合金的合金系列相对很少，变形镁合金的研究开发严重滞后，不能适应不同应用场合的要求。

1. 镁合金的分类

镁合金可根据合金化学成分、成形工艺和是否含锆三个方面进行分类。

① 根据合金化学成分不同，镁合金主要划分为 Mg-Al、Mg-Mn、Mg-Zn、Mg-RE、Mg-Zr、Mg-Li、Mg-Th 等二元系，以及 Mg-Al-Zn、Mg-Al-Mn、Mg-Zn-Zr、Mg-RE-Zr 等三元系及其他多组元系镁合金。由于 Th 具有放射性，Mg-Th 目前已很少使用。

8.5　GB/T 5153—2016 变形镁及镁合金牌号和化学成分

8.6　GB/T 1177—2018 铸造镁合金

② 根据成形工艺不同，镁合金可分为铸造镁合金和变形镁合金，两者在成分和组织性能上有很大差别。变形镁合金的牌号以英文字母+数字+英文字母的形式表示。前面的字母是其最主要的合金元素符号，较为常见的主要有：A 代表 Al，C 代表 Cu，E 代表 RE，H 代表 Th，K 代表 Zr，M 代表 Mn，Z 代表 Zn；数字表示其主要的合金元素的大致含量；而后面的字母是标识代号，用以标识含量有微小差别的不同合金。铸造镁合金仍以"ZMg+合金元素符号+百分含量"表示。

③ 根据有无锆，镁合金可分为含锆镁合金和无锆镁合金。许多镁合金既可作铸造合金，又可作变形合金。经锻造和挤压后，变形合金比相同成分的铸造合金有更高的强度，可加工成形状更复杂的部件。此外，还有新发展的快速凝固粉末冶金镁合金。

2. 镁合金的热处理

由于镁合金中原子扩散速度慢，淬火加热后通常在静止或流动空气中冷却即可达到固溶处理目的。另外，绝大多数镁合金对自然时效不敏感，淬火后在室温下放置仍然保持淬火状态的原有性能。但镁合金氧化倾向强烈，当氧化反应产生的热量不能及时释放时，容易引起燃烧。因此，热处理加热炉内应保持一定的中性气氛。镁合金常用的热处理类型有以下几种。

T1：铸造加工变形后，不再单独进行固溶处理，而是直接人工时效。这种处理工艺简单，也能获得不错的时效强化效果。

T2：为了消除铸件残余应力及变形合金的冷作硬化而进行的退火处理。对某些热处理强化效果不显著的镁合金，T2 则是其最终热处理过程。

T4：淬火处理。该过程可以提高合金的抗拉强度和延伸率。

T6：淬火+人工时效。该过程的目的是提高合金的屈服强度，但塑性相应有所降低。T6

处理后的状态主要应用于 Mg-Al-Zn 系及 Mg-RE-Zr 系合金。高锌的 Mg-Zn-Zr 系合金，为充分发挥时效强化效果，也可选用 T6 处理。

T61：热水中淬火+人工时效。一般 T6 为空冷淬火，T61 则采用热水淬火。热水淬火可提高时效强化效果，特别是对冷却速度敏感性较高的 Mg-RE-Zr 系合金效果更加明显。T6 处理使强度提高 40%~50%，T61 处理可提高 60%~70%，而延伸率仍可保持原有水平。

镁合金热处理常见缺陷为淬火不完全、晶粒长大、表面氧化、过烧及变形等。镁合金热处理时，在工艺上应特别注意防止零件在加热过程中发生氧化和燃烧。

3. 镁合金的应用

由于镁及其合金具有密度和熔点低、比强度高、减振性和抗冲击性好、电磁屏蔽能力强等优点，在汽车、通信、电子、航空航天、国防和军事装备、交通、医疗器械、化工等行业得到了广泛的应用。

采用镁合金制造汽车零件具有一系列的优点。例如，可以显著减轻车重、降低油耗、减少尾气排放量，提高汽车设计的灵活性，提高汽车的安全性和可操作性等。

由于镁及其合金的比重低，在航空、航天领域中有非常好的减重效果。早在 20 世纪 20 年代镁合金就用于制造飞机螺旋桨。随着时间的推移，人们还开发出了适用于航空、航天的多种镁合金系列，并广泛用于制造飞机、导弹、飞行器中的许多零部件。

目前，电子器件向轻、薄、小型化方向发展，因此要求其制备材料具有密度小、强度和刚度高、抗冲击性和减振性好、电磁屏蔽能力强、散热性能好、易于加工成形、美观耐用、利于环保等特点，因此，镁及其合金成为理想的材料。近十年来，世界上电子工业发达的国家，特别是日本和欧美一些国家和地区在镁及其合金产品的开发应用上取得了重要进展，一大批重要电子产品使用了镁及其合金，并取得了理想效果。

第四节　钛及钛合金

一、钛及钛合金的性能特点

（1）密度小、熔点高，固态下有同素异构转变

纯钛是纯白色轻金属，密度为 4.507g/cm³，介于 Al 和 Fe 之间，熔点 1668℃，高于铁。钛在 882.5℃会发生同素异构转变，882.5℃以上为 β-Ti（体心立方晶格），882.5℃以下为 α-Ti（密排六方晶格）。钛合金的密度也较小，也有同素异构转变。

（2）加工性能好，比强度高，低温韧性好

纯钛强度低，塑性好，易于压力加工成形。钛合金的强度很高，R_m 最高可达 1400MPa，与某些高强度合金钢相近，还具有良好的低温力学性能。

（3）抗腐蚀性能好

钛及钛合金在大气、海水、含氧酸和湿氯气中极易在表面形成致密的氧化物和氮化物的保护膜，具有优良的抗蚀性。

二、钛及钛合金的分类和用途

钛在地壳中的含量约为 1%。钛及其合金由于具有比强度高、耐热性好、耐蚀性能优异等突出优点，自 1952 年正式作为结构材料使用以来发展极为迅速，目前在航空工业和化工工业中得到了广泛的应用。但钛的化学性质十分活泼，因此钛及其合金的熔铸、焊接和部分热处

理均要在真空或惰性气体中进行，致使生产成本高，价格较其他金属材料昂贵得多。

1. 纯钛

钛中常见的杂质有 O、N、C、H、Fe、Si 等元素，少量的杂质可使钛的强度和硬度上升，而塑性和韧性下降。按杂质含量的不同，工业纯钛可分为 TA0、TA1、TA2、TA3、TA4 五类牌号，其中"T"为"钛"字的汉语拼音首字母，数字为顺序号，数字越大，杂质含量越多，强度越高，塑性越低。

工业纯钛塑性高，具有优良的焊接性能和耐蚀性能，长期工作温度可达 300℃，可制成板材、棒材、线材、带材、管材和锻件等。其中，板材、棒材具有较高的强度，可直接用于飞机、船舶、化工等行业，以及制造各种耐蚀并在 300℃ 以下工作且强度要求不高的零件，如热交换器、制盐厂的管道、石油工业中的阀门等。

2. 钛合金

在钛中加入合金元素形成钛合金，可使工业纯钛的强度获得明显提高。钛合金与纯钛一样，也具有同素异构转变，转变的温度随加入的合金元素的性质和含量而定。按其对钛的同素异构转变温度影响的不同，加入的合金元素通常分为以下三类。

α 相稳定元素：扩大 α 相区，使 α→β 转变温度升高的元素，如 Al、O、N、C 等。

β 相稳定元素：扩大 β 相区，使 β→α 转变温度降低的元素。根据该类元素与钛所形成相图的不同，又将其细分为 β 同晶型元素（如 Mo、V、Nb、Ta 及稀土等）和 β 共析型元素（如 Cr、Fe、Mn、Cu、Si 等）。

中性元素：对相变温度影响不大的元素，如 Zr、Sn 等。

图 8-11 为 α 相稳定元素和 β 相稳定元素对钛同素异构转变温度的影响规律。

上述三类合金化元素中，α 相稳定元素和中性元素主要对 α-Ti 进行固溶强化，β 相稳定元素对 α-Ti 也有固溶强化作用。由图 8-11（b）可以看出，通过调整 β 同晶元素成分可改变 α 和 β 相的组成量，从而控制钛合金的性能，故该类元素是可热处理强化钛合金中不可缺少的。

按退火状态下相组成的不同，钛合金可分为 α 型钛合金、β 型钛合金和 α+β 型钛合金三大类，分别以"TA""TB"或"TC"+顺序号表示其牌号。

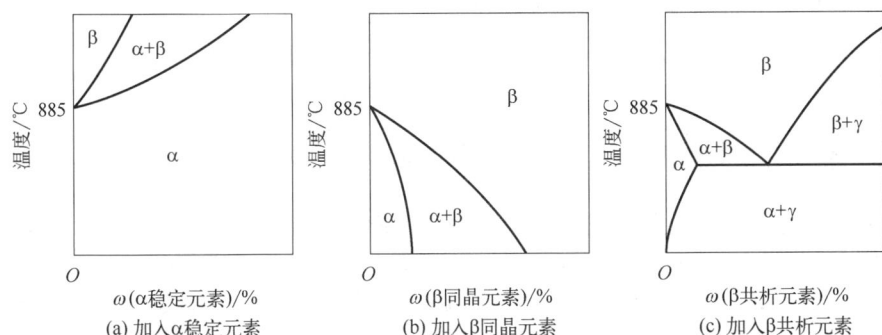

8.7 GB/T 3620.1—2016 钛及钛合金牌号和化学成分

图 8-11 合金元素对钛同素异构转变温度的影响

（1）α 型钛合金

α 型钛合金中主要加入的合金元素是 α 相稳定元素 Al，其次是中性元素 Sn 和 Zr，它们主要起固溶强化作用。这类合金在退火状态下的室温组织是单相 α 固溶体。由于工业纯钛的室温组织也可看作是单相 α 固溶体，因此，α 型钛合金的牌号与工业纯钛相同，均划入 TA 系列，它包括 TA5～TA36 等多个牌号。

α 型钛合金不能通过热处理得到强化，热处理只是为了消除应力或消除加工硬化。该类合金由于含 Al、Sn 量较高，因此耐热性高于合金化程度相同的其他钛合金，在 600℃ 以下具有良好的热强性和抗氧化能力。此外，α型钛合金还具有优良的焊接性能。

（2）β型钛合金

为保证合金在退火或淬火状态下为β单相组织，β型钛合金中加入了大量的多组元β相稳定元素，如 Mo、V、Mn、Cr、Fe 等，同时还加入一定数量的α相稳定元素 Al。目前工业上应用的β型钛合金主要为亚稳的β钛合金，将退火状态下为β两相的组织加热到β单相区后淬火，因α相来不及析出而得到的过饱和的β相，称为亚稳β相。

由于室温组织是单一的具有体心立方晶格的β相，所以该类合金塑性好，易于冷加工成形，成形后可通过时效处理使强度得到大幅度提高。由于含有大量的β相稳定元素，该类合金的淬透性高，能使大截面零部件经热处理后得到均匀的高强度组织。

由于化学成分偏析严重，加入的合金元素又多为重金属，失去了钛合金原来的优势，故β型钛合金只有两个牌号，而实际获得应用的仅有 TB2 一种。不过，目前国内外对β型钛合金的研制极为关注。

（3）α+β型钛合金

α+β型钛合金的退火组织为α+β。这类合金中同时含有α相稳定元素（如 Al）和β相稳定元素（如 Mn、Cr、Mo、V、Fe、Si 等）。合金中组织以α相为主，β相的数量通常不超过 30%。

该类合金可通过淬火及时效进行强化，热处理强化效果随β相稳定元素含量的增加而提高。由于应用在较高温度时，淬火加时效后的组织不如退火后的组织稳定，故多在退火状态下使用。

α+β型钛合金的室温强度和塑性高于α型钛合金，但焊接性能不如α钛合金，组织也不够稳定。α+β型钛合金的生产工艺比较简单，通过改变成分和选择热处理方式又能在很宽的范围内改变合金的性能，因此，α+β钛合金应用比较广泛，其中尤以 TC4（Ti-6Al-4V）合金的用途最广、用量最多，其年消耗量占钛合金总用量的 50% 以上。

第五节　轴承合金

滑动轴承是指支承轴和其他转动或摆动零件的支承件。它是由轴承体和轴瓦两部分构成的。轴瓦可以直接由耐磨合金制成，也可在铜体上浇铸一层耐磨合金内衬制成。用来制造轴瓦及其内衬的合金，称为轴承合金。

一、滑动轴承的工作条件及对轴承合金的性能要求

滑动轴承支承着轴进行工作。当轴旋转时，轴与轴瓦之间产生相互摩擦和磨损，轴对轴承施有周期性交变载荷，有时还伴有冲击等。滑动轴承的基本作用是将轴准确地定位，并在载荷作用下支承轴颈而不被破坏，因此，对滑动轴承的材料有很高要求。为减小滑动轴承对轴颈的磨损，轴承合金应具备以下性能：

① 较高的抗压强度、疲劳强度、足够的塑性和韧性，以承受轴颈所施加的较大单位作用力，并保证与轴配合良好，而且耐受冲击和振动。

② 良好的耐磨性、磨合性（跑合性）和较小的摩擦系数，并能储存润滑油。

③ 良好的耐蚀性和导热性，较小的膨胀系数，抗咬合性好。

④ 良好的工艺性，容易制造，价格便宜。

二、滑动轴承合金的组织特征

为满足上述要求，轴承合金的成分和组织应具备如下特点。

① 轴承材料基体应与钢铁互溶性小　因轴颈材料多为钢铁，为减少轴瓦与轴颈的黏着性和擦伤性，轴承材料的基体应采用对钢铁互溶性小的金属，即与金属铁的晶体类型、晶格常数、电化学性能等差别大的金属，如锡、铅、铝、铜、锌等。这些金属与钢铁配对运动时，与钢铁不易互溶或形成化合物。

② 轴承合金组织应软硬兼备　金相组织应由多个相组成，如软基体上分布着硬质点，或硬基体上嵌镶软颗粒（如图 8-12 所示）。

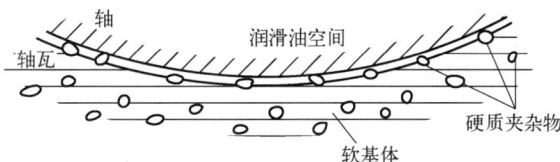

图 8-12　轴承理想表面示意图

机器运转时，软的基体很快被磨损而凹陷下去，减少了轴与轴瓦的接触面积，硬的质点比较抗磨便凸出在基体上，这时凸起的硬质点支撑轴所施加的压力，而凹坑能储存润滑油，可降低轴和轴瓦之间的摩擦系数，减少轴颈和轴瓦的磨损。同时，软基体具有抗冲击、抗振动和较好的磨合能力。此外，软基体具有良好的嵌镶能力，润滑油中的杂质和金属碎粒能够嵌入轴瓦内而不致划伤轴颈表面。

硬基体上分布软质点的组织，也可达到同样的目的，该组织类型的轴瓦具有较大的承载能力，但磨合能力较差。

三、常用的滑动轴承合金

常用的轴承合金有锡基轴承合金、铅基轴承合金、铜基轴承合金、铝基轴承合金等。

8.8　GB /T 1174—2022 铸造轴承合金

轴承合金牌号表示方法为"Z"（"铸"字汉语拼音的字首）+基体元素与主加元素的化学符号+主加元素的含量（质量分数×100）+辅加元素的化学符号+辅加元素的含量（质量分数×100）。例如：ZSnSb8Cu4 为铸造锡基轴承合金，主加元素锑的质量分数为 8%，辅加元素铜的质量分数为 4%，余量为锡；ZPbSb15Sn5 为铸造铅基轴承合金，主加元素锑的质量分数为 15%，辅加元素锡的质量分数为 5%，余量为铅。

1. 锡基轴承合金与铅基轴承合金（巴氏合金）

（1）锡基轴承合金（锡基巴氏合金）

它是以锡为基体元素，加入锑、铜等元素组成的合金。其显微组织如图 8-13 所示。图中暗色基体是锑溶入锡所形成的 α 固溶体（硬度为 24～30HBW），作为软基体；硬质点是以化合物 SnSb 为基体的 β 固溶体（硬度为 110HBW，呈白色方块状）以及化合物 Cu_3Sn（呈白色星状）和化合物 Cu_6Sn_5（呈白色针状或粒状）。化合物 Cu_3Sn 和 Cu_6Sn_5 首先从液相中析出，其密度与液相接近，可形成均匀的骨架，防止密度较小的 β 相上浮，以减少合金的比密度偏析。

锡基轴承合金摩擦系数小，塑性和导热性好，是优良的减摩材料，常用作重要的轴承，如汽轮机、发动机、压气机等大型机器的高速轴承。它的主要缺点是疲劳强度较低，且锡较稀少，因此这种轴承合金价格最贵。

（2）铅基轴承合金（铅基巴氏合金）

它是铅-锑为基体的合金。加入锡能形成 SnSb 硬质点，并能大量溶入铅中而强化基体，故可提高铅基合金的强度和耐磨性。加铜可形成 Cu_2Sb 硬质点，并防止比密度偏析。铅基轴承合金的显微组织如图 8-14 所示，黑色软基体为（α+β）共晶体（硬度为 7～8HBW），α 相是锑溶入铅所形成的固溶体，β 相是以 SnSb 化合物为基的含铅的固溶体；硬质点是初生的 β 相（白色方块状）及化合物 Cu_2Sb（白色针状或晶状）。

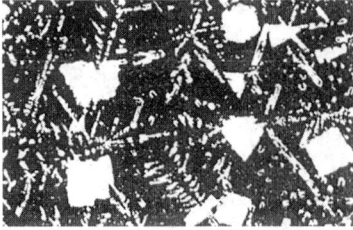

图 8-13　ZSnSb11Cu6 铸造锡基轴承的
显微组织

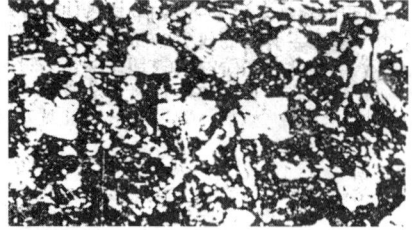

图 8-14　ZPbSb16Sn16Cu2 铸造铅基轴承的
显微组织

铅基轴承合金的强度、塑性、韧性及导热性、耐蚀性均较锡基合金低，且摩擦系数较大，但价格较便宜。因此，铅基轴承合金常用来制造承受中、低载荷的中速轴承。如汽车、拖拉机的曲轴，连杆轴承及电动机轴承。

无论是锡基还是铅基轴承合金，它们的强度都比较低（R_m=60～90MPa），不能承受大的压力，故需将其镶铸在钢的轴瓦（一般为 08 号钢冲压成形）上，形成一层薄而均匀的内衬，才能发挥作用。这种工艺称为"挂衬"，挂衬后就形成所谓双金属轴承。

2. 铜基轴承合金

有许多种铸造青铜和铸造黄铜均可用作轴承合金，其中应用最多的是锡青铜和铅青铜。

铅青铜中常用的有 ZCuPb30，铅含量 ω_{Pb}=30%，其余为铜。铅不溶于铜中，其室温显微组织为 Cu+Pb，铜为硬基体，颗粒状铅为软质点，是硬基体上分布软质点的轴承合金，这类合金可以制造承受高速、重载的重要轴承，如航空发动机、高速柴油机等轴承。

锡青铜中常用 ZCuSn10P1，其成分为 ω_{Sn}=10%，ω_P=1%，其余为 Cu。室温组织为 α+δ+Cu_3P，α 固溶体为软基体，δ 相及 Cu_3P 为硬质点，该合金硬度高，适合制造高速、重载的汽轮机、压缩机等机械上的轴承。

铜基轴承合金的优点是承载能力大、耐疲劳性能好、使用温度高、耐磨性和导热性优良，它的缺点主要是顺应性和嵌镶性较差，对轴颈的相对磨损较大。

3. 铝基轴承合金

铝基轴承合金密度小、导热性好、疲劳强度高、价格低廉，广泛应用于高速负荷条件下工作的轴承上。按化学成分它可分为铝锡系（Al-20%Sn-1%Cu）、铝锑系（Al-4%Sb-0.5%Mg）和铝石墨系（Al-8Si 合金基体+3%～6%石墨）三类。

铝锡系铝基轴承合金具有疲劳强度高、耐热性和耐磨性良好等优点，因此适宜制造高速、重载条件下工作的轴承。铝锑系铝基轴承合金适用于载荷不超过 20MPa、滑动线速度不大于 10m/s 工作条件下的轴承。铝石墨系轴承合金具有优良的自润滑作用和减震作用以及耐高温性能，适用于制造活塞和机床主轴的轴承。

第六节　粉末冶金材料

粉末冶金材料是指用几种金属粉末或金属与非金属粉末作原料，通过配料、压制成形、烧结等工艺过程而制成的材料。粉末冶金法和金属的熔炼法与铸造方法有本质的不同，它不用熔炼和浇铸，而用金属粉末（包括纯金属、合金和金属化合物粉末）作原料，经混匀压制成形和烧结制成合金材料或制品，这种生产过程称为粉末冶金。

粉末冶金法既是制取具有特殊性能金属材料的方法，也是一种精密的无切屑或少切屑的加工方法。它可使制品达到或极接近于零件要求的形状、尺寸精度与表面粗糙度，使生产率和材料利用率大为提高，并可节省切削加工用的机床和生产占地面积。

8.9　GB/T 3500—2008 粉末冶金术语

近年来，粉末冶金材料应用很广。在普通机器制造业中，粉末冶金材料常用于制造硬质合金、烧结减摩材料、烧结结构材料及烧结摩擦材料等。在其他工业部门中，粉末冶金材料用以制造难熔金属材料（如高温合金、钨丝等）、特殊电磁性能材料（如电器触头、硬磁材料、软磁材料等）、过滤材料（如空气过滤材料、水净化材料、液体燃料、润滑油的过滤材料以及细菌的过滤材料等）。特别是当合金的组元在液态下互不溶解，或各组元的密度相差悬殊的情况下时，只能用粉末冶金法制取合金（这种制品称为假合金），如钨-铜电接触材料等。

粉末冶金材料牌号的表示方法为"F"+阿拉伯数字组成的六位符号体系。"F"表示粉末冶金材料，后面数字分别表示材料的类别和材料的状态或特性。由于压制设备吨位及模具制造的限制，粉末冶金法还只能生产尺寸有限与形状不很复杂的工件。

一、硬质合金

硬质合金是以一种或几种难熔、高硬度的碳化物（碳化钨、碳化钛等）为基体，并加入起黏结作用的钴（或镍）金属粉末，用粉末冶金法制得的材料。

1. 硬质合金的性能特点

硬质合金的性能特点主要有以下两个方面：

（1）硬度高、热硬性高、耐磨性好

由于硬质合金是以高硬度、高耐磨、极为稳定的碳化物为基体，在常温下，硬度可达 86～93HRA（相当于 69～81HRC），热硬性可达 900～1000℃。故硬质合金刀具在使用时，切削速度、耐磨性与寿命都比高速钢有显著提高。这是硬质合金最突出的优点。

（2）抗压强度高

抗压强度可达 6000MPa，高于高速钢，但抗弯强度较低，只有高速钢的 1/3～1/2。硬质合金弹性模量很高，约为高速钢的 2～3 倍。但它的韧性很差，K=2～4.8J，约为淬火钢的 30%～50%。

另外，硬质合金还具有良好的耐蚀性（抗大气、酸、碱等）与抗氧化性，线膨胀系数小，导热性差。

硬质合金主要用来制造高速切削刃具和切削硬而韧的材料的刃具。此外，它也用来制造某些冷作模具、量具及不受冲击、振动的高耐磨零件（如磨床顶尖等）。

2. 常用的硬质合金的分类、成分和牌号：

常用的硬质合金按成分与性能特点可分为三类。

① 钨钴类硬质合金

它的主要化学成分为碳化钨及钴。其代号用"硬""钴"两字汉语拼音的字首"YG"加数字表示，数字表示钴的含量（质量分数×100）。例如 YG6，表示钨钴类硬质合金，ω_{Co}=6%，余量为碳化钨。

② 钨钴钛类硬质合金

它的主要化学成分为碳化钨、碳化钛及钴。其代号用"硬""钛"两字的汉语拼音的字首"YT"加数字表示，数字表示碳化钛含量（质量分数×100）。例如 YT15，表示钨钴钛类硬质合金，$\omega_{TiC}=15\%$，余量为碳化钨及钴。

③ 通用硬质合金

它是以碳化钽或碳化铌取代 YT 类合金中的一部分碳化钛。在硬度不变的条件下，取代的数量越多，合金的抗弯强度越高。它适用于切削各种钢材，特别对于不锈钢、耐热钢、高锰钢等难于加工的钢材，切削效果更好。它也可代替 YG 类合金加工铸铁等脆性材料，但韧性较差，效果并不比 YG 类合金好。通用硬质合金又称"万能硬质合金"，其代号用"硬""万"两字的汉语拼音的字首"YW"加顺序号表示。

3. 硬质合金的应用

（1）刀具材料

硬质合金中，碳化物的含量越多，钴含量越少，则合金的硬度、热硬性及耐磨性越高，但强度及韧性越低。当含钴量相同时，YT 类合金由于碳化钛的加入，具有较高的硬度与耐磨性，同时，由于这类合金表面会形成一层氧化钛薄膜，切削时不易粘刀，故具有较高的热硬性。但其强度和韧性比 YG 类合金低。因此，YG 类合金适宜加工脆性材料（如铸铁等），而 YT 类合金则适宜于加工塑性材料（如钢等）。同一类合金中，含钴量较高者适宜制造粗加工刃具，反之，则适宜制造精加工刃具。

（2）模具材料

硬质合金主要用于制造冷作模具，如冷拉模、冷冲模、冷挤模和冷镦模等。YG6、YG8 适用于小拉深模，TG15 适用于大拉深模和冲压模等。

（3）量具和耐磨零件

将量具的易磨损表面镶以硬质合金，可增加耐磨性，延长使用寿命，并且可以提高测量精度，如千分尺的测量头，车床的顶尖等。

以上硬质合金的硬度很高，脆性大，除磨削外，不能进行一般的切削加工，故冶金厂将其制成一定规格的刀片供应。使用前采用焊接、黏接或机械固紧的办法将它们固紧在刀体或模具体上。近年来，用粉末冶金法还生产了另一种新型工模具材料——钢结硬质合金。其主要化学成分是碳化钛或碳化钨以及合金钢粉末。它与钢一样可进行锻造、热处理、焊接与切削加工。它在淬火低温回火后，硬度达 70HRC，具有高耐磨性、抗氧化及耐腐蚀等优点。用作刀具时，钢结硬质合金的寿命与 YG 类合金差不多，大大超过合金工具钢；用作高负荷冷冲模时，由于具有一定韧性，寿命比 YG 类提高很多倍。由于它可切削加工，故适宜制造各种形状复杂的刀具、模具与要求刚度大、耐磨性好的机械零件，如镗杆、导轨等。

二、烧结减摩材料

在烧结减摩材料中最常用的是多孔轴承，它是将粉末压制成轴承后，再浸在润滑油中，由于粉末冶金材料的多孔性，在毛细现象作用下，可吸附大量润滑油（一般含油率为 12%～30%），故又称为含油轴承。工作时由于轴承发热，金属粉末膨胀，孔隙容积缩小。再加上轴旋转时带动轴承间隙中的空气层，降低摩擦表面的静压强，在粉末孔隙内外形成压力差，迫使润滑油被抽到工作表面。停止工作后，润滑油又渗入孔隙中。故含油轴承有自动润滑的作用。它一般用作中速、轻载荷的轴承，特别适宜不能经常加油的轴承，如纺织机械、食品机械、家用电器（电扇、电唱机）等的轴承，在汽车、拖拉机、机床中也广泛应用。

常用的多孔轴承有两类：

（1）铁基多孔轴承

常用的有铁-石墨（$\omega_{石墨}$为 0.5%～3%）烧结合金和铁-硫（ω_S 为 0.5%～1%)-石墨（$\omega_{石墨}$为 1%～2%）烧结合金。前者硬度为 30～110HBW，组织是珠光体（＞40%）+铁素体+渗碳体（＜5%）+

石墨+孔隙。后者硬度为 35～70HBW，除有与前者相同的几种组织外，还有硫化物。组织中石墨或硫化物起固体润滑剂作用，能改善减摩性能，石墨还能吸附很多润滑油，形成胶体状高效能的润滑剂，进一步改善摩擦条件。

（2）铜基多孔轴承

常用的是 ZCuSn5Pb5Zn5 青铜粉末与石墨粉末制成的铜基多孔轴承。它的硬度为 20～40HBW，成分与 ZCuSn5Pb5Zn5 锡青铜相近，但其中有 0.3%～2%的石墨（质量分数），组织是 α 固溶体+石墨+铅+孔隙。它有较好的导热性、耐蚀性、抗咬合性，但承压能力较铁基多孔轴承小，常用于纺织机械、精密机械、仪表中。

近年来，出现了铝基多孔轴承。铝的摩擦系数比青铜小，故工作时温升也低，且铝粉价格比青铜粉低，因此在某些场合，铝基多孔轴承会逐渐代替铜基多孔轴承而得到广泛使用。

三、烧结铁基结构材料（烧结钢）

该材料是以碳钢粉末或合金钢粉末为主要原料，并采用粉末冶金方法制造成的金属材料，可直接制成烧结结构零件。

这类材料制造结构零件的优点是：制品的精度较高、表面光洁（径向精度 2～4 级、表面粗糙度 Ra=1.6～0.20），不需或只需少量切削加工。制品还可以通过淬火+低温回火或渗碳淬火+低温回火提高耐磨性。烧结铁基结构材料制品多孔，可浸渍润滑油，改善摩擦条件，减少磨损，并有减振、消音的作用。长轴类、薄壳类及形状特别复杂的结构零件，则不适宜采用粉末合金材料。

四、烧结摩擦材料

机器上的制动器与离合器大量使用摩擦材料，如图 8-15、图 8-16 所示。它们都是利用材料相互间的摩擦力传递能量的，尤其是在制动时，制动器要吸收大量的动能，使摩擦表面温度急剧上升（可达 1000℃左右），故摩擦材料极易磨损。因此，对摩擦材料性能的要求是：①较大的摩擦系数；②较好的耐磨性；③良好的磨合性、抗咬合性；④足够的强度，以能承受较高的工作压力及速度。

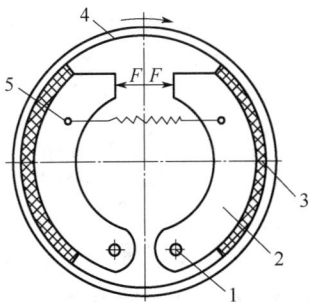

图 8-15　制动器示意图

1—销轴；2—制动片；3—摩擦材料；
4—被制动的旋转体；5—弹簧

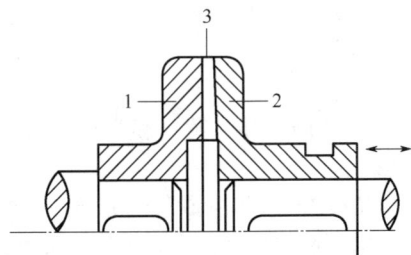

图 8-16　摩擦离合器简图

1—主动片；2—从动片；3—摩擦材料

摩擦材料通常是由强度高、导热性好、熔点高的金属（如用铁、铜）作为基体，并加入能提高摩擦系数的摩擦组分（如 Al_2O_3、SiO_2 及石棉等），以及能抗咬合、提高减摩性的润滑组分（如铅、锡、石墨、二硫化钼等）的粉末冶金材料。因此，它能较好地满足使用性能的要求。其中铜基烧结摩擦材料常用于汽车、拖拉机、锻压机床的离合器与制动器，而铁基的多用于各种高速重载机器的制动器。与烧结摩擦材料相互摩擦的对偶件，一般用淬火钢或铸铁。

> **技能模块**

试验一　有色金属的显微组织观察

一、试验目的

1．了解有色金属的显微组织特征。
2．分析这些材料的组织和性能的关系。

二、试验设备、仪器及材料

1．数台光学金相显微镜。
2．数块有色金属的显微组织试样。
3．各类材料的金相图谱及放大照片。

三、试验内容指导

常用有色金属材料的显微组织特征

（1）铝合金

铝合金的应用十分广泛，它可分为变形铝合金和铸造铝合金两种。在变形铝合金中，按成分还可分为可以热处理强化的铝合金和不能热处理强化的铝合金。

铝硅合金是广泛应用的一种铸造铝合金，俗称硅铝明，$\omega_{Si}=10\%\sim13\%$。从 Al-Si 合金图可知，硅铝明的成分接近共晶成分，铸造性能好，铸造后得到的组织是粗大的针状硅和 α 固溶体组织的共晶体。硅本身很脆，又呈针状分布，因此这种组织的力学性能很差。为了改善合金的质量，工业中常用钠或钠盐于合金浇铸前加入，进行变质处理，变质处理可使硅晶体显著细化。变质处理后得到的组织已不是单纯的共晶组织，而是细小的共晶组织加上初晶 α，即亚共晶组织。

（2）铜合金

最常用的铜合金为黄铜和青铜。黄铜为铜锌合金，其中 Zn 的含量对黄铜的组织和性能有重要影响。

根据 Cu-Zn 合金相图，含 $\omega_{Zn}=39\%$ 的黄铜，其显微组织为单相 α 固溶体，故称单相黄铜，其塑性和抗蚀性都很好，适于做各种深冲变形零件。常用的单相黄铜为 $\omega_{Zn}=30\%$ 左右的 H70，在铸态下的组织特征如图 8-17 所示，经腐蚀后 α 相呈树枝状，变形并退火后则得到多边形的具有退火孪晶特征的 α 晶粒，因各个晶粒位向不同，所以具有不同的深浅颜色。

$\omega_{Zn}=39\%\sim45\%$ 的黄铜，其显微组织为 α+β′（β′是 CuZn 为基的有序固溶体），故称双相黄铜。双黄铜在低温时性能硬而脆，但高温时有较好的塑性，所以适于进行热加工可用于承受大载荷的零件，随 Zn 含量的增加，双黄铜中 β′相量增多。如图 8-18 所示，β′相呈暗黑色，α 相为明亮色。α 相的形态及分布与合金的成分及冷速有关。

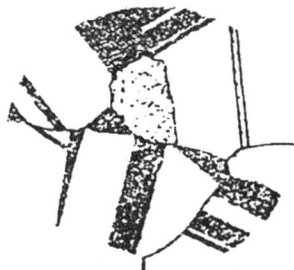

图 8-17　单相黄铜的组织特征

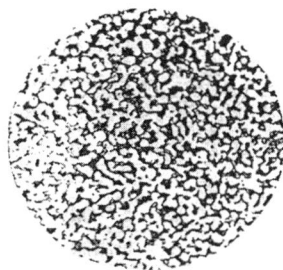

图 8-18　双相黄铜的组织特征

四、试验内容

① 观察本实验所提供的显微组织，了解其组织形态及特征。

② 画出下列组织示意图。

编号	名称	热处理状态	金相显微组织主要特征
1	硅铝明	铸态	初晶硅（针状）+（α+Si）共晶体（亮白色）
2	硅铝明	变质处理	α（枝晶体）+共晶体（细密基体）
3	单项黄铜	退火	α固溶体（具有孪晶）
4	双向黄铜	退火	α（亮白色）+β（暗灰色）
5	轴承合金	铸态	α（暗灰色）+β（白色块状）+化合物（针状星形）

> **思维训练模块**

一、判断题

1. 纯铝和纯铜都是可以采用热处理来强化的金属。

2. 变形铝合金按其性能特点可以分为防锈铝合金、硬铝合金及锻铝合金三种。

3. 单相黄铜比双相黄铜的塑性好，因而适合于冷、热压力加工。

4. 铸造铝合金的铸造性能好，但其塑性较差，所以不适合压力加工。

5. 轴承合金是用来制造轴承的内、外圈及滚动体的材料。

6. 硬质合金制造的刀具，其热硬性要比高速钢好。

7. 使用变质处理的方法，可以有效地提高铸造铝合金的力学性能。

8. 普通黄铜的耐腐蚀性良好，而且当 $\omega_{Zn} > 7\%$ 时，耐海水和大气腐蚀性好。

9. 固溶处理后的铝合金在随后的时效过程中强度明显下降，但其塑性得以提高。

10. 变形铝合金的塑性好，因而适宜压力加工。

11. 时效温度越高，时效速度越快，强化效果越好。

12. 铝合金的耐腐蚀性低于纯铝。

二、选择题

1. 为提高形变铝合金的力学性能，可以采用（　　　）。

A．淬火   B．回火

C．退火   D．固溶处理+时效处理

2．硬质合金的热硬性可达（   ）。

A．200～300℃   B．500～600℃

C．600～800℃   D．900～1000℃

3．防锈铝合金可采用（   ）方法来强化。

A．变质处理   B．形变强化

C．固溶处理+时效处理   D．淬火+回火

4．为了提高铸造铝合金的力学性能，可以采用（   ）。

A．变质处理   B．形变强化

C．淬火   D．固溶处理+时效处理

5．在 ZL203 中"2"表示的是（   ）。

A．Si   B．Mg

C．Cu   D．Zn

6．工业纯铜指的是（   ）。

A．紫铜   B．黄铜

C．青铜   D．白铜

7．硬铝合金的成分是（   ）系合金。

A．Al-Mg   B．Al-Cu-Mg   C．Al-Cu-Mg-Si   D．Al-Cu-Mg-Zn

8．在大气、海水、淡水以及蒸汽中耐腐蚀性最好的是（   ）。

A．纯铜   B．黄铜

C．紫铜   D．锡青铜

9．铆钉硬铝指的是（   ）。

A．2A01   B．2A11   C．2A12   D．2A50

10．切削不锈钢、耐热钢、高锰钢等难以加工的钢材，最适宜选择（   ）。

A．钨钴类硬质合金   B．钨钛钴类硬质合金

C．万能硬质合金   D．高速钢

三、填空题

1．根据成分和生产工艺特点的不同，铝合金可以分为_____和_____。

2．对于可以采用热处理强化的铝合金，其热处理方法为_____。

3．铜合金按化学成分不同可以分为_____、_____和_____三种。

4．常用滑动轴承合金有_____、_____和_____等。

5．根据热处理特点，变形铝合金可以分为_____和_____两种。

6．ZL102 是_____铝合金，表示_____。

7．_____材料适合制作子弹壳；_____材料适合作制作重要的弹性元件；____材料适合制作船舶配件；_____摩擦材料适合制作汽车离合器与制动器；_____材料适合制作含油轴承。

8．常用的硬质合金有_____、_____和_____三种。

9．普通黄铜是_____和_____的二元合金。

10．普通黄铜的强度和塑性与锌的质量分数有关。当锌的质量分数为_____时，其强度最高，当锌的质量分数为_____时，其塑性最好。

四、问答题

1. 变形铝合金有哪几类？其主要性能特点是什么？

2. 对于铝合金，怎样进行热处理来提高其力学性能？

3. 滑动轴承合金必须具备哪些特点？常用滑动轴承合金有哪些？

五、应用题

由于铝合金等非铁金属材料具有许多钢铁材料不具备的特点，如：密度小、耐腐蚀、比强度高、高塑性等，在生产和生活中的应用日益广泛，试列举一些例子来说明。

*第九章　非金属材料

‹ 学习目标

知识目标　1. 了解高分子材料的特点、种类及其应用。
　　　　　2. 了解陶瓷的分类、生产工艺、常用陶瓷材料性能及用途。
　　　　　3. 了解复合材料的分类和增强理论。
　　　　　4. 了解常用复合材料及其用途。

技能目标　能在生活或工程实践中正确辨识非金属材料。

思政目标　通过了解非金属材料在国防、航空航天、新能源等关键领域的应用案例，感悟科技创新在国家发展中的重要作用，培养学生的科技创新意识。

‹ 案例导入

　　碳纤维复合材料在飞机机翼、机身和起落架等结构件中应用，以提高飞机的燃油效率和性能。
　　玻璃纤维增强塑料（GFRP）在火箭发动机外壳和航天器部件中应用，以减轻重量并提高耐高温性能。

‹ 知识模块

　　长期以来，在机械工程中主要使用金属材料，特别是钢铁材料。但是随着生产的发展和科学技术的进步，金属材料已不能完全满足各种不同零件的性能要求，非金属材料正越来越多地应用于各类工程结构中，并且取得了巨大的技术及经济效益。

　　非金属材料是除金属材料以外的其他一切材料的总称。它主要包括：高分子材料、陶瓷材料及复合材料等。它们具有金属材料所不及的一些优异性能，如塑料的质轻、绝缘、耐磨、隔热、美观、耐腐蚀、易成型；橡胶的高弹性、吸震、耐磨、绝缘等；陶瓷的高硬度、耐高温、抗腐蚀等。加上它们的原料来源广泛，自然资源丰富，成型工艺简便，故在生产中的应用得到了迅速发展，在某些生产领域中已成为不可取代的材料。由几种不同材料复合而成的复合材料，不仅保留了各自优点，而且能得到单一材料无法比拟的、优越的综合性能，成为一类很有发展前途的新型工程材料。

第一节　高分子材料

　　由分子量很大（一般在 1000 以上）的有机化合物为主要组分组成的材料，称为高分子材料。高分子材料有塑料、合成橡胶、合成纤维、涂料、胶黏剂等。

由于结构的层次多、状态的多重性，以及对温度和时间较为敏感，高分子材料的许多性能相对不够稳定，变化幅度较大，它的力学、物理及化学性能都具有某些明显的特点，如高弹性、重量轻（高分子材料是最轻的一类材料，一般密度在 $1.0 \sim 2.0 g/cm^3$ 之间，这是高分子材料最大优点之一）、较好的韧性，以及良好的减摩性、耐磨性、绝缘性等。其最大缺点是老化现象。老化是指高分子材料在加工、储存和使用过程中，由于内外因素的综合作用，高分子材料失去原有性能而丧失使用价值的过程。在日常生活中高分子材料的力学、物理、化学性能衰退的老化现象是非常普遍的。有的表现为材料变硬、变脆、龟裂，有的则表现为变软、褪色、透明度下降等。

一、塑料

塑料是以有机合成树脂为主要成分的高分子材料，它通常可在加热、加压条件下塑制成型，故称为塑料。

1. 塑料的组成

塑料是以有机合成树脂为基础，再加入添加剂所组成的。合成树脂是由低分子化合物通过缩聚或加聚反应合成的高分子化合物。如酚醛树脂、聚乙烯等，它们既是塑料的主要组成，也起黏结剂作用。

添加剂是为改善塑料的使用性能和工艺性能而加入的其他成分，主要有：

① 填料或增强材料填料在塑料中主要起增强作用。

② 固化剂可使树脂具有体型网状结构，获得较坚硬和稳定的塑料制品。

③ 增塑剂用以增加树脂可塑性和柔软性。

④ 稳定剂可增强塑料对热、光、氧等老化作用的抵抗力，延长塑料寿命。

2. 塑料的分类

① 根据树脂在加热和冷却时所表现的性质，可分为热塑性塑料和热固性塑料。

a. 热塑性塑料　加热时软化并熔融，可塑造成型，冷却后即成型并保持既得形状，而且该过程可反复进行。这类塑料有聚乙烯、聚丙烯、聚苯乙烯、聚酰胺（尼龙）、聚甲醛、聚碳酸酯等。这类塑料加工成型简便，具有较高的力学性能，但耐热性和刚性比较差。

b. 热固性塑料　初加热时软化，可塑造成型，但固化后再加热将不再软化，也不溶于溶剂。这类塑料有酚醛塑料、环氧塑料、氨基塑料、不饱和聚酯等。它们具有耐热性高、受压不易变形等优点，但力学性能不好。

② 按使用范围可分为以下三类：

a. 通用塑料　应用范围广、生产量大的塑料品种。主要有聚氯乙烯、聚苯乙烯、聚烯烃、酚醛塑料和氨基塑料等，其产量约占塑料总产量的四分之三以上。

b. 工程塑料　综合工程性能（包括力学性能、耐热耐寒性能、耐蚀性和绝缘性能等）良好的各种塑料。主要有聚甲醛、聚酰胺、聚碳酸酯和 ABS（丙烯腈-丁二烯-苯乙烯共聚物）等四种。

c. 耐热塑料　能在较高温度（100～200℃）下工作的各种塑料。常见的有聚四氟乙烯、聚三氟氯乙烯、有机硅树脂、环氧树脂等。

3. 常用的工程塑料

（1）热塑性塑料

1）聚乙烯（PE）

聚乙烯由乙烯单体聚合而成。根据合成方法不同，可分为高压、中压和低压三种。高压聚乙烯分子量、结晶度和密度较低，质地柔软，常用来制作塑料薄膜、软管和塑料瓶等。低压聚乙烯质地刚硬，耐磨性、耐蚀性及电绝缘性较好，常用来制造塑料管、板材、绳索以及承载不高的零件，如齿轮、轴承等。

2）聚丙烯（PP）

聚丙烯由丙烯单体聚合而成。聚丙烯刚性大，其强度、硬度和弹性等力学性能均高于聚乙烯。聚丙烯的密度仅为 $0.90\sim0.91g/cm^3$，是常用塑料中最轻的。聚丙烯的耐热性良好，长期使用温度为 $100\sim110℃$。聚丙烯具有优良的电绝缘性能和耐蚀性能，在常温下能耐酸、碱，所以经常制作成导线外皮。但聚丙烯的冲击韧性差，耐低温及抗老化性也差。聚丙烯可用于制作某些零部件，如法兰、齿轮、风扇叶轮、泵叶轮、把手及壳体等，还可制作化工管道、容器、医疗器械等。

3）聚氯乙烯（PVC）

聚氯乙烯由乙炔气体和氯化氢合成氯乙烯，再聚合而成，具有较高的机械强度和较好的耐蚀性。它可用于制作化工、纺织等工业的废气排污排毒塔、气体液体输送管，还可代替其他耐蚀材料制造贮槽、离心泵、通风机和接头等。当增塑剂加入量达 $30\%\sim40\%$ 时，便制得软质聚氯乙烯，其延伸率高，制品柔软，并具有良好的耐蚀性和电绝缘性，常制成薄膜，用于工业包装、农业育秧和日用雨衣、台布等，还可用于制作耐酸耐碱软管、电缆外皮、导线绝缘层等。

4）聚苯乙烯（PS）

聚苯乙烯由苯乙烯单体聚合而成。聚苯乙烯刚度大、耐蚀性好、电绝缘性好，缺点是抗冲击性差、易脆裂、耐热性不高。它可用以制造纺织工业中的纱管、纱锭、线轴；电子工业中的仪表零件、设备外壳；化工中的储槽、管道、弯头；车辆上的灯罩、透明窗；电工绝缘材料等。

5）ABS 塑料

ABS 塑料是丙烯腈、丁二烯和苯乙烯的三元共聚物。它具有"硬、韧、刚"的特性，综合力学性能良好，同时尺寸稳定，容易电镀和易于成型，耐热性较好，在-40℃的低温下仍有一定的机械强度。它可制造齿轮、泵叶轮、轴承、把手、管道、储槽内衬、电机外壳、仪表壳、仪表盘、蓄电池槽、水箱外壳等；近年来在汽车零件上的应用发展很快，如作挡泥板、扶手、热空气调节导管，以及小轿车车身等；作纺织器材、电信器件都有很好的效果。

6）聚酰胺（PA）

聚酰胺又称尼龙或锦纶，是由二元胺与二元酸缩合而成，或由氨基酸脱水成内酰胺再聚合而得，有尼龙610、尼龙66、尼龙6等多个品种。尼龙具有突出的耐磨性和自润滑性能；良好的韧性，强度较高（因吸水不同而异）；耐蚀性好（如耐水、油、一般溶剂、许多化学药剂），抗霉、抗菌，无毒；成型性能也好。它可制造耐磨耐蚀零件，如轴承、齿轮、螺钉、螺母等。

7）聚碳酸酯（PC）

聚碳酸酯誉称"透明金属"，具有优良的综合性能。其冲击韧性和延性突出，在热塑性塑料中是最好的；弹性模量较高，不受温度的影响；抗蠕变性能好，尺寸稳定性高；透明度高，可染成各种颜色；吸水性小；绝缘性能优良，在 $10\sim130℃$ 间介电常数和介质损耗近于不变。它可制造精密齿轮、蜗轮、蜗杆、齿条等；利用其高的电绝缘性能，可制造垫圈、垫片、套管、电容器等绝缘件，并可作电子仪器仪表的外壳、护罩等；由于透明性好，在航空及宇航工业中，是一种不可缺少的制造信号灯、挡风玻璃、座舱罩、帽盔等的重要材料。

8）氟塑料

氟塑料相比其他塑料的优越性是耐高、低温，耐腐蚀，耐老化和电绝缘性能很好，且吸水性和摩擦系数低，尤以 F-4 最突出。它聚四氟乙烯俗称塑料王，具有非常优良的耐高、低温性能，缺点是强度低、冷流性强。它主要用于制作减摩密封零件、化工耐蚀零件与热交换器，以及高频或潮湿条件下的绝缘材料。

9）聚甲基丙烯酸甲酯（PMMA）

PMMA 俗称有机玻璃。有机玻璃的透明度比无机玻璃还高，透光率达 92%；密度也只有后者的一半，为 1.18g/cm³。它的力学性能比普通玻璃高得多（与温度有关），用于制造仪表护罩、外壳、光学元件、透镜等。

（2）热固性塑料

1）酚醛塑料（PF）

酚醛塑料是由酚类和醛类在酸或碱催化剂作用下缩聚合成酚醛树脂，再加入添加剂而制得的高聚物，一般为热固性塑料。酚醛塑料具有一定的机械强度和硬度，耐磨性好，绝缘性良好，耐热性较高，耐蚀性优良。缺点是性脆、不耐碱。酚醛塑料广泛用于制作插头、开关、电话机、仪表盒、汽车刹车片、内燃机曲轴皮带轮、纺织机和仪表中的无声齿轮、化工用耐酸泵等。

2）环氧塑料（EP）

环氧塑料为环氧树脂加入固化剂后形成的热固性塑料。环氧塑料强度较高，韧性较好；尺寸稳定性高和耐久性好；具有优良的绝缘性能；耐热、耐寒；化学稳定性很高；成型工艺性能好。缺点是有某些毒性。环氧塑料是很好的胶黏剂，对各种材料（金属及非金属）都有很强的胶黏能力。环氧塑料用于制作塑料模具、印刷线路板，灌封电器元件，配制飞机漆、油船漆、罐头涂料。

二、合成纤维

合成纤维是以石油、天然气、煤和石灰石等为原料，经过提炼和化学反应合成高分子化合物，再经过熔融或溶解后纺丝制得的纤维。具有强度高、密度小、弹性好、耐磨性好、耐酸碱性好、不霉烂、不怕虫蛀等特点。除用作衣料等生活用品外，其还用于汽车、飞机轮胎帘子线、渔网、索桥、船缆、降落伞及绝缘布等。

1. 合成纤维的生产方法

合成纤维的制取工艺包括单体制备和聚合、纺丝及后加工三个基本环节。

（1）单体制备和聚合

利用石油、天然气、煤和石灰石等为原料，经分馏、裂化和分离得到有机低分子化合物，如苯、乙烯、丙烯、苯酚等作为单体，在一定温度、压力和催化剂作用下，聚合而成的高聚物，即为合成纤维的材料，又称成纤高聚物。

（2）纺丝

将成纤高聚物的熔体或浓溶液，用纺丝泵（或称计量泵）连续、定量而均匀地从喷丝头（或喷丝板）的毛细孔中挤出，而成为液态细流，再在空气、水或特定的凝固溶液中固化成为初生纤维的过程称作"纤维成形"，或称"纺丝"，这是合成纤维生产过程中的主要工序。合成纤维的纺丝方法主要有两大类：熔体纺丝法（图 9-1）和溶液纺丝法。在溶液纺丝中根据凝固方式不同，又分为湿法纺丝和干法纺丝。

（3）后加工

纺丝成形后得到的初生纤维结构还不完善，物理力学性能较差，如强度低、尺寸稳定性差，还不能直接用于纺织加工，必须经过一系列的后加工。后加工随合成纤维品种、纺丝方法和产品要求而异，其中主要的工序是拉伸和热定型。

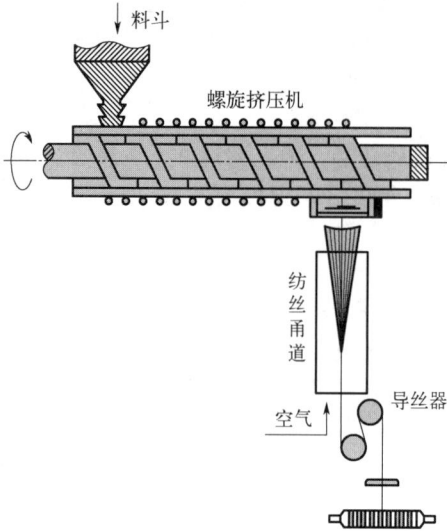

图 9-1 熔体纺丝

2. 常用合成纤维

合成纤维主要有涤纶、锦纶、腈纶、维纶、丙纶和氯纶，通称为六大纶。其中最主要的是涤纶、锦纶和腈纶三个品种，它们的产品占合成纤维总产量的 90%以上。下面简要介绍这六种合成纤维的主要特性和用途。

（1）涤纶

化学名称为聚酯纤维，商品名称为涤纶或的确良，由对苯二甲酸乙二酯抽丝制成。涤纶的主要特点是弹性好，弹性模量大，不易变形，强度高，抗冲击性能高，耐磨性好，耐光性、化学稳定性和电绝缘性也较好，不发霉，不虫蛀。现在除大量地用作纺织品材料外，它在工业上广泛地用于运输带、传动带、帆布、渔网、绳索、轮胎帘子线及电器绝缘材料等。涤纶的缺点是吸水性差、染色性差、不透气、织物穿着感到不舒服、摩擦易起静电，容易把脏物吸附、不宜暴晒。

（2）锦纶

化学名称为聚酰胺纤维，商品名称为锦纶或尼龙。它由聚酰胺树脂抽丝制成，主要品种有锦纶 6、锦纶 66 和锦纶 1010 等。锦纶的特点是质轻、强度高、弹性和耐磨性好、耐碱性和电绝缘性良好。主要缺点是弹性模量低，容易变形，缺乏刚性，耐酸、耐热、耐光性能较差。锦纶纤维多用于轮胎帘子线、降落伞、宇航飞行服、渔网、针织内衣、尼龙袜、手套等工农业及日常生活用品。

（3）腈纶

化学名称为聚丙烯腈纤维，商品名称为腈纶或奥纶。它是丙烯腈的聚合物——聚丙烯腈树脂经湿纺或干纺制成。腈纶质轻，密度为 $1.14\sim1.17g/cm^3$，柔软，保暖性好，犹如羊毛。腈纶不发霉、不虫蛀、弹性好、吸湿小、耐光性能特别好，多数用来制造毛线和膨体纱及室外用的帐篷、幕布、船帆等织物，还可与羊毛混纺，织成各种衣料。腈纶的缺点是耐磨性差，弹性不如羊毛，摩擦后容易在表面产生许多小球，不易脱落，且摩擦、静电积聚小球容易吸收尘土使织物弄脏。

（4）维纶

化学名称为聚乙烯醇纤维，商品名称为维尼纶或维纶，由聚乙烯醇树脂经混纺制成。维纶的最大特点是吸湿性好，具有较高的强度，耐磨性、耐酸、碱腐蚀均较好，耐日晒、不发霉、不虫蛀，其纺织品柔软保暖，结实耐磨，穿着时没有闷气感觉，是一种很好的衣着原料。维纶主要用于帆布、包装材料、输送带、背包、床单和窗帘等。

（5）丙纶

化学名称为聚丙烯纤维，商品名称为丙纶。由丙烯的聚合物——聚丙烯制成。丙纶的特点是质轻强度大，密度只有 $0.91g/cm^3$，比腈纶还轻，能浮在水面上，故是渔网的理想材料，也是军用蚊帐的好材料。丙纶耐磨性优良，吸湿性很小，还能耐酸、碱腐蚀。用丙纶制的织物，易洗快干，经久耐用，故除用于衣料、毛毯、地毯、工作服外，还包括包装薄膜、降落伞、医用纱布和手术衣等。

（6）氯纶

化学名称为聚氯乙烯纤维，商品名称为氯纶，由聚氯乙烯树脂制成。这种纤维的特点是保暖性好，遇火不易燃烧，化学稳定性好，能耐强酸和强碱，弹性、耐磨性、耐水性和电绝缘性均很好，并能耐日光照射，不霉烂，不虫蛀。故常用于化工防腐和防火衣着的用品，以及绝缘布、窗帘、地毯、渔网、绳索等。又因氯纶的保暖性好，静电作用强，可做成贴身内衣。氯纶的缺点是耐热性差。

三、合成橡胶

橡胶是一种具有极高弹性的高分子材料，其弹性变形量可达 100%～1000%，而且回弹性好，回弹速度快。同时，橡胶还有一定的耐磨性，很好的绝缘性和不透气、不透水性。它是常用的弹性材料、密封材料、减震防震材料和传动材料。

1. 橡胶的分类

按照原料的来源，橡胶可分为天然橡胶和合成橡胶两大类。合成橡胶主要有七大品种：丁苯橡胶、顺丁橡胶、氯丁橡胶、异戊橡胶、丁基橡胶、乙丙橡胶和丁腈橡胶。习惯上按用途将合成橡胶分成两类：性能和天然橡胶接近、可以代替天然橡胶的通用橡胶和具有特殊性能的特种橡胶。

2. 橡胶制品的组成

人工合成用以制胶的高分子聚合物称为生胶。生胶要先进行塑炼，使其处于塑性状态，再加入各种配料，经过混炼成型、硫化处理，才能成为可以使用的橡胶制品。配料主要包括：

（1）硫化剂

变塑性生胶为弹性胶的处理即为硫化处理，能起硫化作用的物质称硫化剂。常用的硫化剂有硫黄、含硫化合物、硒、过氧化物等。

（2）硫化促进剂

胺类、胍类、秋兰姆类、噻唑类及硫脲类物质，可以起降低硫化温度、加速硫化过程的作用，称为硫化促进剂。

（3）补强填充剂

为了提高橡胶的力学性能，改善其加工工艺性能，降低成本，常加入填充剂，如炭黑、陶土、碳酸钙、硫酸钡、氧化硅、滑石粉等。

3. 常用合成橡胶

（1）通用合成橡胶

1）丁苯橡胶

丁苯橡胶以丁二烯和苯乙烯为单体共聚而成。它具有较好的耐磨性、耐热性、耐老化性，价格便宜，主要用于制造轮胎、胶带、胶管及生活用品。

2）顺丁橡胶

顺丁橡胶由丁二烯聚合而成。顺丁橡胶的弹性、耐磨性、耐热性、耐寒性均优于天然橡胶，是制造轮胎的优良材料。缺点是强度较低、加工性能差。它主要用于制造轮胎、胶带、弹簧、减震器、耐热胶管、电绝缘制品等。

3）氯丁橡胶

氯丁橡胶由氯丁二烯聚合而成。氯丁橡胶的力学性能和天然橡胶相似，但耐油性、耐磨性、耐热性、耐燃烧性、耐溶剂性、耐老化性能均优于天然橡胶，所以称为"万能橡胶"。它既可作为通用橡胶，又可作为特种橡胶。但氯丁橡胶耐寒性较差（-35℃），密度较大（为 1.23g/cm³），生胶稳定性差，成本较高。它主要用于制造电线、电缆的外皮、胶管、输送带等。

（2）特种橡胶

1）丁腈橡胶

丁腈橡胶是丁二烯和丙烯腈两种单体的共聚物。其主要优点是耐油、耐有机溶剂，丁腈橡胶的耐热、耐老化、耐腐蚀性也比天然橡胶和通用橡胶好，还具有较好的抗水性。缺点是耐寒性低，脆化温度为-20～-10℃；耐酸性差，对硝酸、浓硫酸、次氯酸和氢氟酸的抗蚀能力特别差；电绝缘性能很差；强度很低，只有 3～4MPa，加入补强剂以后，可提高到 25～30MPa。它广泛应用于各种耐油制品，如输油胶管、各种油封制品和贮油容器衬里及隔膜、耐油胶管、印刷胶辊及耐油手套等。

2）硅橡胶

硅橡胶由各种硅氧烷缩聚而成。所用的硅氧烷单体的组成不同，可得到不同品种的硅橡胶，其中以二甲基硅橡胶应用最广，它是由二甲基硅氧烷缩聚而成。硅橡胶的柔顺性较好；既耐高温又耐严寒，橡胶中它的工作温度范围最广（-100～300℃），具有十分优异的耐臭氧老化性能、耐光老化性能和耐候老化性能；良好的电绝缘性能。缺点是常温下其硫化胶的抗拉强度、撕裂强度和耐磨性能比天然橡胶及其他合成橡胶低，价格也比较贵，限制了其应用。硅橡胶用于军事及航空航天工业的密封减震、电绝缘材料和涂料，以及医疗卫生制品。

3）氟橡胶

氟橡胶是以碳原子为主链、含有氟原子的高聚物。它具有很高的化学稳定性，在酸、碱、强氧化剂中的耐蚀能力居各类橡胶之首，耐热性很好；缺点是价格昂贵、耐寒性差、加工性能不好。氟橡胶主要用于高级密封件、高真空密封件、化工设备中的里衬，及火箭、导弹的密封垫圈。

四、胶黏剂

胶黏剂又称黏合剂或黏结剂。它是一类通过黏附作用，使同质或异质材料连接在一起，并在胶接面上有一定强度的物质。

1. 常用胶黏剂

（1）树脂型胶黏剂

1）热塑性树脂胶黏剂

它以线型热塑性树脂为基料，与溶剂配制成溶液或直接通过熔化的方式进行胶接。这类胶黏剂使用方便、容易保存，具有柔韧性、耐冲击性，初黏能力良好。但耐溶剂性和耐热性较差，强度和抗蠕变性能低。

聚醋酸乙烯酯胶黏剂是一种常用的热塑性树脂胶黏剂，它是以聚醋酸乙烯酯为基料的胶黏剂。它具有胶接强度好、黏度低、使用方便、无毒不燃等优点，适宜于胶接多孔性、易吸水的材料，如纸张、木材、纤维织物的黏合，也可用于塑料及铝箔等的黏合。

2）热固性树脂胶黏剂

它以多官能团的单体或低分子预聚体为基料，在一定的固化条件下通过化学反应，交联成体型结构的胶层来进行胶接。胶层呈现刚性，有很高的胶接强度和硬度、良好的耐热性与耐溶剂性、优良的抗蠕变性能。缺点是起始胶接力较小，固化时容易产生体积收缩和内应力。

环氧树脂胶黏剂是一种常用的热固性树脂胶黏剂，其基料是环氧树脂，主要品种为双酚A 缩水甘油醚树脂，又称双酚 A 型环氧树脂。环氧树脂的突出优点是：黏附力强（对金属、陶瓷、塑料、木材、玻璃等都有很强的黏附力，被称为"万能胶"）、内聚力大（树脂固化后，胶层的内聚力很大，以致在被胶物受力破坏时，断裂往往发生在被胶物内）、工艺性能好（胶接时可以不加压或仅使用接触应力，并可在室温或低温快速固化）、收缩率低（一般小于 2%，有的甚至可低至 1% 左右）、耐温性能较好（既具有一定的低温性能，又有一定的耐热性）。

另外，环氧树脂胶黏剂的机械强度高，蠕变性和吸水性小，有较好的化学稳定性和电绝缘性能。主要缺点是耐热性不高，耐紫外线性能较差，部分添加剂有毒，适用期短，即配制后需尽快使用，以免固化。

环氧树脂胶黏剂常用来胶接各种金属和非金属材料，在机械、化工、建筑、航空、电子等工业部门得到广泛应用。

（2）橡胶型胶黏剂

橡胶胶黏剂是以氯丁、丁腈、丁苯、丁基等合成橡胶或天然橡胶为基料配制成的一类胶黏剂。这类胶黏剂具有较高的剥离强度和优良的弹性，但其拉伸强度和剪切强度较低，主要适用于柔软的或膨胀系数相差很大的材料的胶接。

1）氯丁橡胶胶黏剂

其基料为氯丁橡胶。该胶黏剂具有较高的内聚强度和良好的黏附性能，其耐燃性、耐气候性、耐油性和耐化学试剂性能等均较好。主要缺点是稳定性和耐低温性能较差。氯丁橡胶胶黏剂可用于极性或非极性橡胶的胶接，非金属、金属材料的胶接，在汽车、飞机、船舶制造和建筑等方面，均得到广泛应用。

2）丁腈橡胶胶黏剂

其基料为丁腈橡胶。该类胶黏剂的突出特点是耐油性好，并有良好的耐化学介质性和耐热性。丁腈橡胶胶黏剂对极性材料有很强的黏附性，但对非极性材料的胶接稍差。丁腈橡胶胶黏剂适用于金属、塑料、橡胶、木材、织物以及皮革等多种材料的胶接，尤其在各种耐油产品中得到广泛应用。

（3）混合型胶黏剂

混合型胶黏剂又称复合型胶黏剂。它是由两种或两种以上高聚物彼此掺混或相互改性而制得，即构成胶黏剂基料的是不同种类的树脂或者树脂与橡胶。

1）酚醛-聚乙烯醇缩醛胶黏剂

它以甲基酚醛树脂为主体，加入聚乙烯醇缩醛类树脂（如聚乙烯醇缩甲醛、缩丁醛、缩糠醛等）进行改性而成。它适用于金属、陶瓷、玻璃、塑料及木材等的胶接，是目前最通用的飞机结构胶之一，可用于胶接金属结构和蜂窝结构。此外，它还可用于汽车刹车片、轴瓦、印刷线路板及波导元件等的胶接。

2）酚醛-丁腈胶黏剂

它综合了酚醛树脂和丁腈橡胶的优点，胶接强度高、耐振动、抗冲击韧性好，剪切强度随温度变化不大，可以在 $-55\sim180℃$ 下长时间使用，耐水、耐油、耐化学介质以及耐大气老化性能都较好。但是，这种胶黏剂固化条件严格，必须加压、加温才能固化。

酚醛-丁腈胶黏剂可用于金属和大部分非金属材料的胶接，如汽车刹车片的黏合、飞机结构中轻金属的黏合，印刷线路板中铜箔与层压板的黏合以及各种机械设备的修复等。

2．胶黏剂的选用

胶黏剂的选用通常应综合考虑胶黏剂的性能、胶接对象、使用条件、固化工艺和经济成本等各方面的因素，合理地选用。

（1）胶黏剂的性能

首先必须充分把握和了解胶黏剂的品种、组成，特别是性能参数。

（2）胶接对象

仅就强度指标而言，当橡胶与橡胶或橡胶与其他非金属材料胶接时，主要考虑剥离强度；当橡胶与金属胶接时，不仅要考虑剥离强度，还要考虑均匀扯离强度；当金属与金属胶接时，则主要应考虑剪切强度。

（3）使用条件

被胶接件的使用环境和用途要求是选用胶黏剂的重要依据。如果用于受力结构件的胶接，则需选用强度高、韧性好、抗蠕变性能优良的结构型胶黏剂；如果用于一般性的胶接、工艺上的定位或机械设备的修补，则可选用非结构型胶黏剂；如果用于在特定条件下使用（如耐高温、耐低温、导热、导电、导磁等）的被胶接件的胶接，则应选用各类特种胶黏剂。

第二节　陶瓷材料

一、概述

传统意义上的陶瓷主要指陶器和瓷器，也包括玻璃、搪瓷、耐火材料、砖瓦等。这些材料都是用黏土、石灰石、长石、石英等天然硅酸盐类矿物制成的。因此，传统的陶瓷材料是指硅酸盐类材料，主要用于日用、建筑、卫生陶瓷用品，以及工业上应用的低压和高压陶瓷、耐酸陶瓷、过滤陶瓷等。

现今意义上的陶瓷材料已有了巨大变化，许多新型陶瓷已经远远超出了硅酸盐的范畴，不仅在性能上有了重大突破，在应用上也已渗透到各个领域。所以，一般认为，陶瓷材料是各种无机非金属材料的统称。它是以纯度较高的人工化合物为原料（如氧化物、氮化物、硼化物等），经配料、成型、烧结而制得的陶瓷。它具有独特的力学、物理、化学、电、磁、光学性能。现代陶瓷是国防、航天等高科技领域中不可缺少的高温结构材料和功能材料。

陶瓷材料通常分为玻璃、玻璃陶瓷和工程陶瓷（也叫烧结陶瓷）三大类；也可分为普通陶瓷和特种陶瓷两大类，而金属陶瓷通常被视为金属与陶瓷的复合材料；按应用分为结构陶瓷材料与功能陶瓷材料。

1．玻璃

玻璃包括光学玻璃、电工玻璃、仪表玻璃等在内的工业玻璃及建筑玻璃和日用玻璃等无固定熔点的受热软化的非晶态固体材料。

2．玻璃陶瓷

玻璃陶瓷包括耐热耐蚀的微晶玻璃、无线电透明微晶玻璃、光学玻璃陶瓷等。

3．工程陶瓷

工程陶瓷的生产过程如下：

① 原料制备：将矿物原料经拣选、粉碎后配料、混合、磨细得到坯料。

② 坯料成型：将坯料加工成一定形状和尺寸并有一定机械强度和致密度的半成品。包括可塑成型（如传统陶瓷）、注浆成型（如形状复杂、精度要求高的普通陶瓷）和压制成型（如特种陶瓷和金属陶瓷）。

③ 烧成与烧结：干燥后的坯料加热到高温，进行一系列的物理、化学变化而成瓷。烧成是使坯件瓷化的工艺（1250～1450℃）；烧结是指烧成的制品开口气孔率极低而致密度很高的瓷化过程。

衡量陶瓷的质量指标有原料的纯度和细度、坯料混合均匀性、成型密度及均匀性、烧成或烧结温度、炉内气氛、升降温速度等。

陶瓷材料的发展很快，化学组成上由单一的氧化物陶瓷发展到了氮化物等多种陶瓷；品种上由传统的烧结体发展到了单晶、薄膜、纤维等。陶瓷材料不仅做结构材料，而且做性能优异的功能材料，在空间技术、海洋技术、电子、医疗卫生、无损检测、广播电视等领域得到重要应用。

二、陶瓷材料的结构特点

跟金属材料、高分子材料一样，陶瓷材料的性能也是由其化学组成和内部组织结构决定的。但陶瓷内部组织结构比较复杂，一般情况，在烧结温度下，陶瓷内部各种物理、化学转变以及扩散过程都不能充分进行到底，所以陶瓷和金属不同，一般都是非平衡的组织，且组织很不均匀，很复杂，很难从相图上去分析。

在陶瓷内部结构中，主要以离子键和共价键结合，并且通常是由上述两种键混合组成。而以离子键结合的陶瓷材料，一般情况下离子半径很小，离子电价较高，键的结合力大，正负离子的结合非常牢固，抵抗外力弹性变形、刻画和压入的能力很强，所以表现出很高的硬度和弹性模量。部分陶瓷虽然是由共价键组成的共价晶体，但它却与高分子化合物的共价键不同，它们的共价电子分布不对称，往往倾向于"堆积"在负电性大的离子那一边，称为"极化效应"。极化的共价键具有一定的离子键特性，常常使结合更加牢固，具有相当高的结合能，因此也同样表现出硬度高、弹性模量大的性能特点。

陶瓷是一种多晶固体材料，它的内部组织结构较为复杂，一般是由晶相、玻璃相和气相组成。这些相的结构、数量、晶粒大小、形态、结晶特性、分布状况、晶界及表面特征的不同，都会对陶瓷的性能产生重要影响。

1. 晶体相

晶体相是指陶瓷的晶体结构，它是由某些化合物或固溶体组成，是陶瓷的主要组成相，一般数量较大，对性能的影响最大。陶瓷材料和金属材料一样，通常是由多晶体组成。有时，陶瓷材料不止一个晶相，而是多相晶体，即除了主晶相外，还有次晶相、第三晶相……。对陶瓷材料来说，主晶相的性能往往决定着陶瓷的力学、物理、化学性能。例如：刚玉瓷具有机械强度较高、耐高温、抗腐蚀、电绝缘性能好等性能特点，主要原因是其主晶相（α-Al_2O_3、刚玉型）的晶体结构紧密、离子键结合强度大。另外，和其他所有晶体材料一样，陶瓷中的晶体相也存在着各种晶体缺陷。

在陶瓷晶体相结构中，最重要的有氧化物结构和硅酸盐结构两大类。

① 氧化物结构　大多数氧化物结构是由氧离子排列成简单立方、面心立方和密排六方的三种晶体结构，正粒子位于其间隙中。它们大都是以离子键结合的晶体，是大多数典型陶瓷特别是特种陶瓷的主要组成和晶体相。

② 硅酸盐结构　硅酸盐是传统陶瓷的主要原料，同时又是陶瓷组织中的重要晶体相，是由硅氧四面体[SiO_4]为基本结构单元所组成的。[SiO_4]就像高分子化合物大分子链中的基本结构单元——链节一样，既可以孤立地在结构中存在，也可以互成单链、双链或层状连接，如图 9-2 所示，因此，硅酸盐有无机高分子化合物之称。

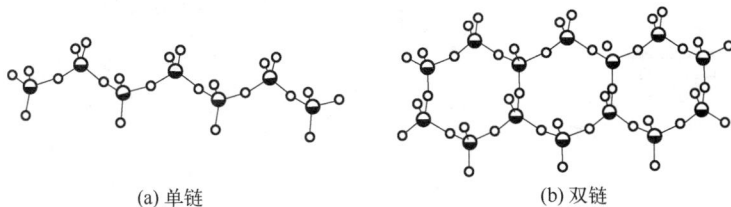

(a) 单链　　　　　　　　　　(b) 双链

图 9-2

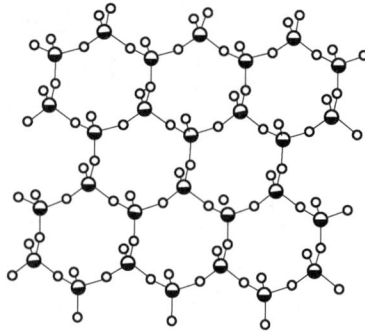

(c) 层状

图 9-2　[SiO₄]四面体连接模型

2. 玻璃相

玻璃相是一种非晶态的低熔点固体相。形成玻璃相的内部条件是黏度，外部条件是冷却速度。一般黏度较大的物质，如 Al_2O_3、SiO_2、B_2O_3 等化合物的液体，当其快速冷却时很容易凝固成非晶态的玻璃体，而缓慢冷却或保温一段时间，则往往会形成不透明的晶体。

玻璃相在陶瓷材料中也是一种重要的组成相，除釉层中绝大部分是玻璃相外，在瓷体内部也有不少玻璃相存在。玻璃相的主要作用是：将分散的晶相黏结在一起，填充气孔空隙，使瓷坯致密；抑制晶体长大，防止晶格类型转变；降低陶瓷烧结温度，加快烧结过程；获得一定程度的玻璃特性等。但玻璃相组成不均匀，致使陶瓷的物理、化学性能有所不同，而且玻璃相的强度低、脆性大、热稳定性差、电绝缘性差，故玻璃相含量应根据陶瓷性能要求合理调整，一般控制在 20%～40%或者更多些，如日用陶瓷的玻璃相可达 60%以上。

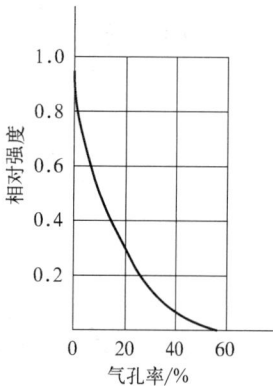

图 9-3　气孔对陶瓷强度的影响

3. 气相

气相是指陶瓷组织结构中的气孔。气相的存在对陶瓷材料的性能有较大的影响，它使材料的强度降低（如图 9-3），热导率、抗电击穿能力下降，介电损耗增大，而且它往往是产生裂纹的原因。同时，气相对光有散射作用而降低陶瓷的透明度。然而要求生产隔热性能好、密度小的陶瓷材料，则希望气孔数量多，分布和大小均匀一些，通常，陶瓷中的残留气孔量为 5%～10%。

陶瓷材料几乎都是由一种或多种晶体组成，晶体周围通常被玻璃体包围着，在晶内或晶界处还分布着大大小小的气孔。由不同种类、不同数量、不同形状和分布的晶体相、玻璃相、气相组成了具有各种物理、化学性能的陶瓷材料。通过对陶瓷材料组织结构的了解和研究，我们可以知道什么样的组织结构的陶瓷材料具有什么样的性能，从而找出改进材料性能的途径，以达到指导生产、调整配料方案、改进工艺措施及合理使用的目的。

三、陶瓷材料的性能

陶瓷材料的性能主要包括力学性能、热性能、化学性能、电性能、磁性能以及光学性能等方面。

1. 力学性能

① 硬度高、耐磨性好　大多数陶瓷的硬度远高于金属材料，其硬度大都在 1500HV 以

上，而淬火钢只有 500~800HV。陶瓷的硬度随温度的升高而降低，但在高温下仍有较高的数值。陶瓷的耐磨性也好，常用来制作耐磨零件，如轴承、刀具等。

② 高的抗压强度、低的抗拉强度　陶瓷由于内部存在大量气孔，致密程度远不及金属高，且气孔在拉应力作用下易于扩展而导致脆断，故抗拉强度低。但在受压时，气孔不会导致裂纹的扩展，因而陶瓷的抗压强度还是较高的。

③ 塑性和韧性极低　由于陶瓷晶体一般为离子键或共价键结合，滑移系要比金属材料少得多，因此大多数陶瓷材料在常温下受外力作用时几乎不产生塑性变形，而是在一定弹性变形后直接发生脆性断裂。又由于陶瓷中存在气相，因此冲击韧性和断裂韧度要比金属材料低得多。如 45 钢的 K_{IC} 约为 90MPa·$m^{1/2}$，而氮化硅陶瓷的 K_{IC} 则仅有 4.5~5.7MPa·$m^{1/2}$。脆性是陶瓷材料的最大缺点，是阻碍其作为工程结构材料广泛使用的主要问题。可通过以下几方面来改善陶瓷的韧性：消除陶瓷表面的微裂纹；使陶瓷表面承受压应力；防止陶瓷中特别是表面上产生缺陷。

2. 热性能

① 熔点高　陶瓷由于离子键和共价键强有力的键合，熔点一般都高于金属，大多在 2000℃以上，有的甚至可达 3000℃左右，因此，它是工程上常用的耐高温材料。

② 优良高温强度和低抗热震性　多数金属在 1000℃以上高温即丧失强度，而陶瓷却仍能在此高温下保持室温强度，并且多数陶瓷的高温抗蠕变能力强。但当温度剧烈变化时，陶瓷易破裂，即它的抗热震性能低。

③ 低的热导率、低的热容量　陶瓷的热传导主要靠原子、离子或分子的热振动来完成，所以，大多数陶瓷的热导率低，且随温度升高而下降。陶瓷的热容量随温度升高而增加，但总的来说较小，且气孔率大的陶瓷热容量更小。

3. 化学性能

陶瓷是离子晶体，其金属原子被周围的非金属元素（氧原子）所包围，屏蔽于非金属原子的间隙之中，形成极为稳定的化学结构。因此，它不但在室温下不会同介质中的氧发生反应，而且在高温下（即使 1000℃以上）也不易氧化，所以具有很高的耐火性能及不可燃烧性，是非常好的耐火材料。并且陶瓷对酸、碱、盐类以及熔融的有色金属均有较强的抗蚀能力。

4. 电性能

陶瓷有较高的电阻率，较小的介电常数和介电损耗，是优良的电绝缘材料。只有当温度升高到熔点附近时，才表现出一定的导电能力。随着科学技术的发展，在新型陶瓷中已经出现了一批具有各种电性能的产品，如经高温烧结的氧化锡就是半导体，可作整流器，还有些半导体陶瓷，可用来制作热敏电阻、光敏电阻等敏感元件；铁电陶瓷（钛酸钡和其他类似的钙钛矿结构）具有较高的介电常数，可用来制作较小的电容器；压电陶瓷则具有由电能转换成机械能的特性，可用作电唱机、扩音机中的换能器以及无损检测用的超声波仪器等。

5. 磁性能

通常被称为铁氧体的磁性陶瓷材料（如 Fe_3O_4、$CuFe_2O_4$ 等）在唱片和录音磁带、变压器铁芯、大型计算机的记忆元件等方面应用广泛。

6. 光学性能

陶瓷作为功能材料，还具有特殊的光学性能。如固体激光材料、光导纤维、光储存材料等，对通信、摄影、激光技术和电子计算机技术的发展有很大的影响。近代透明陶瓷的出现，是光学材料的重大突破，现已广泛用于高压钠灯灯管、耐高温及辐射的工作窗口、整流罩以及高温透镜等工业领域。

四、普通陶瓷

普通陶瓷也叫传统陶瓷，其主要原料是黏土（$Al_2O_3 \cdot 2SiO_2 \cdot 2H_2O$）、石英（$SiO_2$）和长石（$K_2O \cdot Al_2O_3 \cdot 6SiO_2$）。组分的配比不同，陶瓷的性能会有所差别。例如：长石含量高时，熔化温度低而使陶瓷致密，表现在性能上即是抗电性能高、耐热性能及力学性能差；黏土或石英含量高时，烧结温度高而使得陶瓷的抗电性能差，但有较高的热性能和力学性能。普通陶瓷坚硬而脆性较大，绝缘性和耐蚀性极好。由于其制造工艺简单、成本低廉，因而在各种陶瓷中用量最大。普通陶瓷通常分为日用陶瓷和工业陶瓷两大类。

1. 普通日用陶瓷

普通日用陶瓷主要用作日用器皿和瓷器，一般具有良好的光泽度、透明度，热稳定性和机械强度较高。

常用普通日用陶瓷有：

① 长石质瓷　国内外常用的日用瓷，作一般工业瓷制品。

② 绢云母质瓷　我国的传统日用瓷。

③ 骨质瓷　近些年得到广泛应用，主要作高级日用瓷制品。

④ 滑石质瓷　我国发展的综合性能好的新型高质瓷。

⑤ 高石英质日用瓷　最近我国研制成功，石英含量≥40%，瓷质细腻、色调柔和、透光度好、机械强度和热稳定性好。

2. 普通工业陶瓷

（1）建筑卫生瓷

① 用于装饰板、卫生间装置及器具等，通常尺寸较大，要求强度和热稳定性好。

② 用于化工、制药、食品等工业及实验室中的管道设备、耐蚀容器及实验器皿等，通常要求耐各种化学介质腐蚀的能力要强。

（2）电工瓷

它主要指电器绝缘用瓷，也叫高压陶瓷，要求力学性能高、介电性能和热稳定性好。

改善工业陶瓷性能的方法：加入 MgO、ZnO、BaO、Cr_2O_3 等或增加莫来石晶体相，提高机械强度和耐碱抗力；加入 Al_2O_3、ZrO_2 等提高强度和热稳定性；加入滑石或镁砂降低热膨胀系数；加入 SiC 提高导热性和强度。

五、特种陶瓷

特种陶瓷也叫现代陶瓷、精细陶瓷或高性能陶瓷，包括特种结构陶瓷和功能陶瓷两大类，如压电陶瓷、磁性陶瓷、电容器陶瓷、高温陶瓷等。工程上最重要的是高温陶瓷，它包括氧化物陶瓷、碳化物陶瓷、硼化物陶瓷和氮化物陶瓷。

1. 氧化物陶瓷

氧化物陶瓷熔点大多 2000℃以上，烧成温度约 1800℃；单相多晶体结构，有时有少量气相；强度随温度的升高而降低，在 1000℃以下时一直保持较高强度，随温度变化不大；纯氧化物陶瓷任何高温下都不会氧化。

（1）氧化铝（刚玉）陶瓷

氧化铝的结构是 O^{2-} 排成密排六方结构，Al^{3+} 占据间隙位置。根据含杂质的多少，氧化铝呈红色（如红宝石）或蓝色（如蓝宝石）。实际生产中，氧化铝陶瓷按 Al_2O_3 含量可分为 75、95 和 99 等几种。

氧化铝熔点达 2050℃，抗氧化性好，广泛用于耐火材料；较高纯度的 Al_2O_3 粉末压制成型、高温烧结后得到刚玉耐火砖、高压器皿、坩埚、电炉炉管、热电偶套管等；微晶刚玉的硬度极高（仅次于金刚石），红硬性达 1200℃，可作要求高的工具如切削淬火钢刀具、金属拔丝模等。氧化铝具有很高的电阻率和低的热导率，是很好的电绝缘材料和绝热材料；强度和耐热强度均较高（是普通陶瓷的 5 倍），是很好的高温耐火结构材料，如可作内燃机火花塞、空压机泵零件等。单晶体氧化铝可做蓝宝石激光器，氧化铝管坯做钠蒸气照明灯泡。

（2）氧化铍陶瓷

氧化铍陶瓷具备一般陶瓷的特性，导热性极好、热稳定性很高、强度低、抗热冲击性较高；消散高能辐射的能力强、热中子阻尼系数大。

氧化铍陶瓷可制造坩埚，作真空陶瓷和原子反应堆陶瓷，气体激光管、晶体管散热片和集成电路的基片和外壳等。

（3）氧化锆陶瓷

氧化锆陶瓷的熔点在 2700℃以上，耐 2300℃高温，推荐使用温度为 2000～2200℃。它能抗熔融金属的浸蚀，做铂、锗等金属的冶炼坩埚和 1800℃以上的发热体及炉子、反应堆绝热材料等。氧化锆作添加剂大大提高陶瓷材料的强度和韧性，氧化锆增韧陶瓷可替代金属制造模具、拉丝模、泵叶轮和汽车零件如凸轮、推杆、连杆等。

2. 碳化物陶瓷

碳化物陶瓷有很高的熔点、硬度（近于金刚石）和耐磨性（特别是在浸蚀性介质中），缺点是耐高温氧化能力差（约 900～1000℃）、脆性极大。

（1）碳化硅陶瓷

碳化硅陶瓷密度为 $3.2\times10^3kg/m^3$，弯曲强度为 200～250MPa，抗压强度为 1000～1500MPa，莫氏硬度为 9.2，热导率很高，热膨胀系数很小，在 900～1300℃时慢慢氧化。

它主要用于制造加热元件、石墨表面保护层以及砂轮及磨料等。

（2）碳化硼陶瓷

碳化硼陶瓷硬度极高，抗磨粒磨损能力很强；熔点达 2450℃，高温下会快速氧化，与热或熔融黑色金属发生反应，使用温度限定在 980℃以下。

它主要用于作磨料，有时用于制造超硬质工具材料。

（3）其他碳化物陶瓷

碳化钼、碳化铌、碳化钽、碳化钨和碳化锆陶瓷的熔点和硬度都很高，在 2000℃以上的中性或还原气氛作高温材料；碳化铌、碳化钛还可用作 2500℃以上的氮气气氛中的高温材料。

3. 硼化物陶瓷

硼化物陶瓷有硼化铬、硼化钼、硼化钛、硼化钨和硼化锆等。

硼化物陶瓷具有高硬度，同时具有较好的耐化学浸蚀能力。它的熔点范围为 1800～2500℃。比起碳化物陶瓷，硼化物陶瓷具有较高的抗高温氧化性能，使用温度达 1400℃。

硼化物主要用于高温轴承、内燃机喷嘴、各种高温器件、处理熔融非铁金属的器件等。还可用作电触点材料。

4. 氮化物陶瓷

（1）氮化硅陶瓷

氮化硅陶瓷是键能高而稳定的共价键晶体。它的硬度高而摩擦系数低，有自润滑作用，是优良的耐磨减摩材料；氮化硅的耐热温度比氧化铝低，而抗氧化温度高于碳化物和硼化物；1200℃以下具有较高的力学性能和化学稳定性，且热膨胀系数小、抗热冲击，可做优良的高温结构材料；耐各种无机酸（氢氟酸除外）和碱溶液浸蚀，是优良的耐腐蚀材料。

反应烧结法得到的 α-Si_3N_4 用于制造各种泵的耐蚀、耐磨密封环等零件。

热压烧结法得到的 β-Si_3N_4，用于制造高温轴承、转子叶片、静叶片以及加工难切削材料的刀具等。

在 Si_3N_4 中加一定量 Al_2O_3 烧制成的陶瓷可制造柴油机的气缸、活塞和燃气轮机的转动叶轮。

（2）氮化硼陶瓷

六方氮化硼为六方晶体结构，也叫"白色石墨"。它的硬度低，可进行各种切削加工；导热和抗热性能高，耐热性好，有自润滑性能；高温下耐腐蚀、绝缘性好。它用作高温耐磨材料和电绝缘材料、耐火润滑剂等。

在高压和 1360℃时六方氮化硼转化为立方 β-BN，硬度接近金刚石的硬度，用作金刚石的代用品，制作耐磨切削刀具、高温模具和磨料等。

（3）氮化钛陶瓷

它的硬度高（1800HV）、耐磨，用作刀具表面涂层、耐磨零件表面涂层。它呈金黄色，装饰表面。

第三节　复合材料

一、概述

复合材料是指两种或两种以上的物理、化学性质不同的物质，经一定方法得到的一种新的多相固体材料。它通常具有多相结构，其中一类组成物（或相）为基体，起黏结作用；另一类组成物为增强相，起提高强度和韧性的作用。

复合材料最大特点是性能比组成材料的性能优越得多，大大改善或克服了组成材料的弱点，从而使得能够按零件的结构和受力情况并按预定的、合理的配套性能进行最佳设计，甚至可创造单一材料不具备的双重或多重功能，或者在不同时间或条件下发挥不同的功能。

最典型的例子是汽车的玻璃纤维挡泥板：单独使用玻璃会太脆，单独使用聚合物材料则强度低而且挠度满足不了要求；但强度和韧性都不高的这两种单一材料经复合后得到了令人满意的高强度、高韧性的新材料，而且质量很轻。

用缠绕法制造的火箭发动机壳，由于玻璃纤维的方向与主应力的方向一致，所以在这一方向上的强度是单一树脂的 20 多倍，从而最大限度地发挥了材料的潜能。

自动控温开关是由温度膨胀系数不同的黄铜片和铁片复合而成的，如果单用黄铜或铁片，不可能达到自动控温的目的。导电的铜片两边加上两片隔热、隔电塑料，可实现一定方向导电、另外方向绝缘及隔热的双重功能。由此可见，在生产、生活中，复合材料有着极其广泛的应用。

复合材料种类繁多，分类方法也不尽统一。原则上讲，复合材料可以由金属材料、高分子材料和陶瓷材料中任两种或几种制备而成。

二、复合材料的复合原则

1. 纤维增强复合材料的复合原则

纤维增强相是具有强结合键材料或硬质材料（陶瓷、玻璃等），内部含微裂纹，易断裂，因而脆性大。将其制成细纤维可降低裂纹长度和出现裂纹的概率，使脆性降低，极大地发挥增强相的强化作用。高分子基复合材料中纤维增强相有效阻止基体分子链的运动；金属基复合材料中纤维增强相有效阻止位错运动而强化基体。

纤维增强复合材料的复合原则：

① 纤维增强相是主要承载体，应有高的强度和模量，且高于基体材料。

② 基体相起黏结剂作用，应对纤维相有润湿性，基体相应有一定塑性和韧性。

③ 纤维增强相和基体相之间结合强度应适当。结合力过小，受载时容易沿纤维和基体间产生裂纹；结合力过高，会使复合材料失去韧性而发生危险的脆性断裂。

④ 基体与增强相的热膨胀系数不能相差过大。

⑤ 纤维相必须有合理的含量、尺寸和分布。

⑥ 两者间不能发生有害的化学反应。

2．颗粒复合材料的复合原则

对于颗粒复合材料，基体承受载荷时，颗粒的作用是阻碍分子链或位错的运动。增强的效果同样与颗粒的体积含量分布、尺寸等密切相关。

颗粒复合材料的复合原则：

① 颗粒相应高度均匀地弥散分布在基体中，从而起到阻碍导致塑性变形的分子链或位错的运动。

② 颗粒大小应适当：颗粒过大本身易断裂，同时会引起应力集中，从而导致材料的强度降低；颗粒过小，位错容易绕过，起不到强化的作用。通常，颗粒直径为几微米到几十微米。

③ 颗粒的体积分数应在 20%以上，否则达不到最佳强化效果。

④ 颗粒与基体之间应有一定的结合强度。

三、复合材料的性能特点

复合材料是各向异性的非均质材料，与传统材料相比，它具有以下几种性能特点。

1．比强度与比模量高

比强度、比模量是指材料的强度或模量与其密度之比。如果材料的比强度或比模量越高，构件的自重就会越小，或者体积会越小。通常，复合材料的复合结果是密度大大减小，因而高的比强度和比模量是复合材料的突出性能特点。如硼纤维增强环氧树脂复合材料的比强度是钢的 5 倍，比模量是钢的 4 倍。

2．抗疲劳性能好

通常，复合材料中的纤维缺陷少，因而本身抗疲劳能力高；而基体的塑性和韧性好，能够消除或减少应力集中，不易产生微裂纹；塑性变形的存在又使微裂纹产生钝化而减缓了其扩展。这样就使得复合材料具有很好的抗疲劳性能。例如：碳纤维增强树脂的疲劳强度为拉伸强度的 70%～80%，一般金属材料却仅为 30%～50%。

3．减振性能好

基体中有大量细小纤维，较大载荷下部分纤维断裂时载荷由韧性好的基体重新分配到未断裂纤维上，构件不会瞬间失去承载能力而断裂。

4．优良的高温性能

大多数增强纤维有优越的耐高温性能，高温下保持很高的强度。如聚合物基复合材料使用温度 100～350℃；金属基复合材料使用温度 350～1100℃；SiC 纤维、Al_2O_3 纤维陶瓷复合材料在 1200～1400℃范围内保持很高的强度。碳纤维复合材料在非氧化气氛下，在 2400～2800℃范围内长期使用。

5．减摩、耐磨、减振性能好

复合材料有良好的减摩、耐磨性和较强的减振能力。它的摩擦系数比高分子材料本身低得多；少量短切纤维大大提高耐磨性；比弹性模量高，自振频率也高，其构件不易共振；纤维与基体界面有吸收振动能量的作用，产生振动也会很快衰减。

6. 其他特殊性能

复合材料有高韧性和抗热冲击性能（金属基复合材料）；电绝缘性优良，不受电磁作用，不反射无线电波（玻璃纤维增强塑料）；耐辐射性、蠕变性能高以及具有特殊的光、电、磁等性能。

四、非金属基复合材料

1. 聚合物基复合材料

（1）聚合物基复合材料的发展

它是结构复合材料中发展最早、应用最广的材料。第二次世界大战期间的玻璃纤维增强工程塑料（玻璃钢）使机器零件不用金属材料成了现实；20世纪60年代的硼纤维和碳纤维增强塑料改善了玻璃纤维模量低的缺点，大量应用于航空航天等领域；70年代初期的聚芳酰胺纤维增强聚合物基复合材料加快了复合材料发展；80年代初期热固性树脂复合材料基础上产生的热塑性复合材料完善了聚合物基复合材料的工艺及理论，在航空航天、汽车、建筑等各领域得到全面应用。

（2）聚合物基复合材料分类

聚合物基复合材料以基体性质不同分为热固性树脂复合材料、热塑性树脂复合材料和橡胶类复合材料；按增强相类型可以分为纤维增强、晶须增强、层片增强、颗粒增强等聚合物基复合材料。

（3）常用聚合物基复合材料的性能及应用

1）玻璃钢

玻璃钢有热固性玻璃钢和热塑性玻璃钢两种。

热固性玻璃钢是以热固性树脂为黏结剂的玻璃纤维增强材料，如酚醛树脂玻璃钢、环氧树脂玻璃钢、聚酯树脂玻璃钢和有机硅树脂玻璃钢等。热固性玻璃钢成型工艺简单、质量轻、比强度高、耐蚀性能好。热固性玻璃钢的缺点是：弹性模量低（1/10~1/5结构钢）、耐热度低（≤250℃）、易老化，可以通过树脂改性改善性能。酚醛树脂和环氧树脂混溶的玻璃钢既有良好黏结性，又降低了脆性，还保持了耐热性，也具有较高的强度。热固性玻璃钢主要用于机器护罩、车辆车身、绝缘抗磁仪表、耐蚀耐压容器和管道及各种形状复杂的机器构件和车辆配件。如图9-4所示。

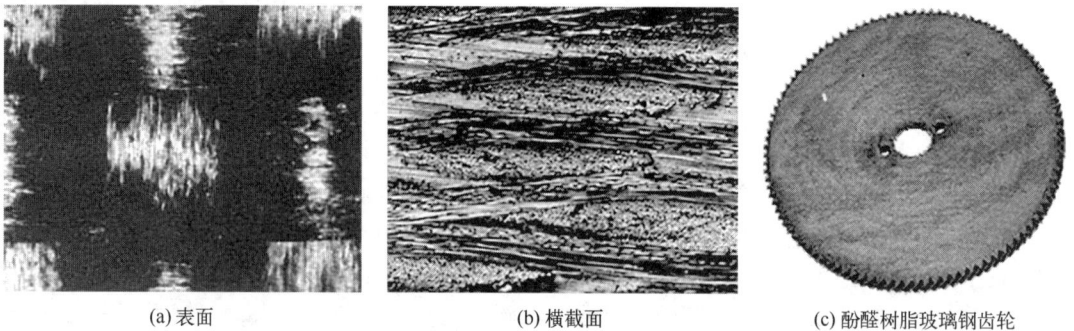

(a) 表面　　　　　　　　　(b) 横截面　　　　　　　(c) 酚醛树脂玻璃钢齿轮

图 9-4　热固性玻璃钢环氧树脂玻璃钢显微组织 [（a）、（b）] 和用途（c）

热塑性玻璃钢是以热塑性树脂为黏结剂的玻璃纤维增强材料，如尼龙66玻璃钢、ABS玻璃钢、聚苯乙烯玻璃钢等。热塑性玻璃钢强度不如热固性玻璃钢，但成型性好、生产率高，且比强度不低。

主要用途：尼龙66玻璃钢刚度、强度、减摩性好，作轴承、轴承架、齿轮等精密件、电工件、汽车仪表、前后灯等；ABS玻璃钢作化工装置、管道、容器等；聚苯乙烯玻璃钢作汽车内装饰、收音机机壳、空调叶片等；聚碳酸酯玻璃钢作耐磨件、绝缘仪表等。

2）碳纤维树脂复合材料

碳是六方结构的晶体（石墨），共价键结合，比玻璃纤维强度更高，弹性模量也高几倍；高温低温性能好；具有很高的化学稳定性、导电性和低的摩擦系数，是很理想的增强剂；脆性大，与树脂的结合力不如玻璃纤维，表面氧化处理可改善其与基体的结合力。

碳纤维环氧树脂、碳纤维酚醛树脂和碳纤维聚四氟乙烯等得到广泛应用，如：宇宙飞船和航天器的外层材料，人造卫星和火箭的机架、壳体，各种精密机器的齿轮、轴承以及活塞、密封圈，化工容器和零件等。

3）硼纤维树脂复合材料

硼纤维树脂复合材料抗压强度和剪切强度都很高（优于铝合金、钛合金），且蠕变小、硬度和弹性模量高、疲劳强度很高、耐辐射及导热性极好（硼纤维比强度与玻璃纤维相近；比弹性模量比玻璃纤维高5倍；耐热性更高）。

硼纤维环氧树脂、硼纤维聚酰亚胺树脂等复合材料多用于航空航天器、宇航器的翼面、仪表盘、转子、压气机叶片、螺旋桨的传动轴等。

2. 陶瓷基复合材料

（1）分类

颗粒增韧复合材料（Al_2O_3-TiC颗粒）、晶须增韧复合材料（SiC-Al_2O_3晶须）和纤维增韧复合材料（SiC-硼硅玻璃纤维）。

（2）特点及应用

陶瓷基复合材料具有高强度、高模量、低密度、耐高温、耐磨、耐蚀和良好的韧性等特点。

它用于制造高速切削工具和内燃机部件。由于这类材料发展较晚，其潜能尚待进一步发挥。目前的研究重点是将其作为高温材料和耐磨耐蚀材料应用，如大功率内燃机的增压涡轮、航空航天器的热部件，以及代替金属制造车辆发动机、石油化工容器、废物垃圾焚烧处理设备等。

3. 碳基复合材料

（1）组成及特点

碳基复合材料主要是指碳纤维及其制品（如碳毡）增强的碳基复合材料。这种复合材料具有许多碳和石墨的特点，如密度小、导热性高、膨胀系数低以及对热冲击不敏感；具有优越的力学性能，强度和冲击韧性比石墨高5～10倍，比强度非常高，随温度升高强度升高；断裂韧性高、蠕变低；化学稳定性高，耐磨性极好，是耐温最高的高温复合材料（达2800℃）。

（2）应用

它主要用于航空航天、军事和生物医学等领域，如：导弹弹头，固体火箭发动机喷管，飞机刹车盘，赛车和摩托车刹车系统，航空发动机燃烧室、导向器、密封片及挡声板等，人体骨骼替代材料。

4. 金属基复合材料

金属基复合材料是以金属及其合金为基体，与一种或几种金属或非金属增强的复合材料。它克服了传统聚合物基复合材料弹性模量低、耐热度低、易老化的缺点。

金属基复合材料的分类方法有两种，即按增强相的种类、形态分类和按金属基体类型分类。

（1）金属陶瓷

金属陶瓷是金属（通常为钛、镍、钴、铬等及其合金）和陶瓷（通常为氧化物、碳化物、硼化物和氮化物等）组成的非均质材料，是颗粒增强型的复合材料。金属和陶瓷按不同配比组成工具材料（陶瓷为主）、高温结构材料（金属为主）和特殊性能材料。

氧化物金属陶瓷多以钴或镍作为黏结金属，热稳定性和抗氧化能力较好，韧性高，作高速切削工具材料，还可作高温下工作的耐磨件，如喷嘴、热拉丝模以及机械密封环等。

碳化物金属陶瓷是应用最广泛的金属陶瓷。通常以 Co 或 Ni 作金属黏结剂，根据金属含量不同可作耐热结构材料或工具材料。碳化物金属陶瓷作工具材料时，通常被称为硬质合金。

（2）纤维增强金属基复合材料

自 20 世纪 60 年代中期硼纤维增强铝基复合材料问世以来，人们又先后开发了碳化硅纤维、氧化铝纤维以及高强度金属丝等增强纤维，基体材料也由铝及铝合金扩展到了镁合金、钛合金和镍合金等。

除了金属丝增强外，硼纤维、陶瓷纤维、碳纤维等增强相都是无机非金属材料，一般它们的密度低、强度和模量高，并且耐高温性能好。所以，这类复合材料有比强度高、比模量高和耐高温等优点。

纤维增强金属基复合材料特别适合于作航天飞机主舱骨架支柱、发动机叶片、尾翼、空间站结构材料；另外在汽车构件、保险杠、活塞连杆及自行车车架、体育运动器械上也得到了应用。

（3）细粒和晶须增强金属基复合材料

这是目前应用最广泛的一类金属基复合材料。这类材料多以铝、镁和钛合金为基体，以碳化硅、碳化硼、氧化铝细粒或晶须为增强相。最典型的代表是 SiC 增强铝合金。

细粒和晶须增强金属基复合材料具有极高的比强度和比模量。广泛应用于军工行业，如制造轻质装甲、导弹飞翼、飞机部件。汽车工业的发动机活塞、制动件、喷油嘴件等也有使用。

‹ 思维训练模块

问答题

1. 何谓高聚物的老化？如何防止高聚物老化？
2. 简述工程材料的种类和性能特点。
3. 简述常用橡胶的种类、性能特点及应用？
4. 什么是陶瓷？陶瓷的组织是由哪些相组成的？它们对陶瓷改性有什么影响？
5. 简述陶瓷材料的力学性能、物理性能及化学性能。
6. 常用工程陶瓷有哪几种？有何应用？
7. 什么是复合材料？有哪些种类？其性能有什么特点？
8. 增强材料包括哪些？简述复合增强原理。
9. 常用的复合材料有哪几种？
10. 简述常用纤维增强金属基复合材料的性能特点及应用。

第十章 典型零件的选材及热处理工艺分析

学习目标

知识目标	1. 了解零件的失效形式与失效分析的方法和防止失效的措施。 2. 掌握零件选材及热处理的一般原则和方法，典型零件的选材及工艺路线设计。
技能目标	1. 掌握零件选材的一般原则、方法，典型零件的选材及应用实例。 2. 掌握常用零部件的选材、热处理及加工工艺。
思政目标	通过分析典型零件的选材和热处理工艺案例，培养学生的实践能力和解决问题的能力。

案例导入

轴承是机械中最常见的零件之一，它们用于支持旋转的轴或零件。如果轴承长期受到过多的负荷或使用环境中有沙子或污垢等，会导致轴承损坏，最终导致机器失效。

知识模块

工程机械都是由各种零件组合而成。所以，零件的制造是生产出合格机械产品的基础。而要生产出一个合格的零件，必须解决以下三个关键的问题：即合理的零件结构设计、恰当的材料选择以及正确的加工工艺。这三个关键环节相互依存，缺一不可。其中任何一个环节出了差错，都将严重影响零件的质量，甚至使零件因不能使用而报废。

当零件有了合理的结构设计后，选材及材料的后续加工就至关重要，它将直接关系到产品的质量及生产效益。因此，掌握各种工程材料的性能、合理地选择材料和使用材料、正确地制定热处理工艺，是从事机械设计与制造的工程技术人员必须具备的知识。

第一节 机械零件失效的概述

一个机械零件无论质量多高，都不可能无限期永久使用，总有一天会因各种原因失效报废。到达或超过正常设计寿命的失效是不可避免的，但也有许多零件，其运行寿命远低于设计寿命而发生早期失效，给生产造成很大影响，甚至酿成重大安全事故。因此，必须给予足够重视。在零件选材的初始，就必须对零件在使用中可能产生的失效方式、原因及对策进行分析，为选材及后续的加工提供参考依据。

一、失效的概念与形式

失效是指零件在使用中，由于形状、尺寸的改变或内部组织及性能的变化，而失去原设计的效能。一般机械零件在以下三种情况下可认为已失效：零件完全不能工作；零件虽能工作，但已不能完成设计功能；零件已有严重损伤，不能再继续安全使用。

一般机械零件失效的常见形式有：

① 断裂失效　零件承载过大或因疲劳损伤等发生破断。

② 磨损失效　零件因过度摩擦而造成磨损过量、表面龟裂及麻点剥落等表面损伤。

③ 变形失效　零件承载过大而发生过量的弹、塑性变形或高温下发生蠕变等。

④ 腐蚀失效　零件在腐蚀性环境下工作而造成表层腐蚀脱落或断裂等。

同一个零件可能有几种不同的失效形式，例如轴类零件，其轴颈处因摩擦而发生磨损失效，在应力集中处则发生疲劳断裂，两种失效形式同时起作用。但一般情况下，总是由一种形式起主导作用，很少以两种形式同时使零件失效。另外，这些失效形式可相互组合成为更复杂的失效形式，如腐蚀疲劳断裂、腐蚀磨损等。

二、零件失效的原因及分析

1. 零件失效的原因

引起零件失效的因素很多且较为复杂，它涉及零件的结构设计、材料的选择、材料的加工、产品的装配及使用保养等方面。

① 设计不合理　零件的尺寸以及几何形状结构不正确，如存在尖角或缺口，过渡圆角不合适等。设计中对零件的工作条件估计不全面，或者忽略了温度、介质等其他因素的影响，会造成零件实际工作能力的不足。

② 选材不合理　设计中对零件失效的形式判断错误，使所选材料的性能不能满足工作条件的要求，或者选材所根据的性能指标不能反映材料对实际失效形式的抗力，从而错误地选择了材料。另外，所用材料的冶金质量太差，会造成零件的实际工作性能满足不了设计要求。

③ 加工工艺不当　零件在成形加工的过程中，由于采用的工艺不恰当，可能会产生种种缺陷。如热加工中产生的过热、过烧和带状组织等；热处理中产生的脱碳、变形及开裂等；冷加工中常出现的较深刀痕、磨削裂纹等。

④ 安装使用不良　安装时配合过松、过紧，对中不准，固定不稳等，都可能使零件不能正常工作，或工作不安全。使用维护不良，不按工艺规程正确操作，也可使零件在不正常的条件下运行，造成早期失效。

零件的失效原因还可能有其他因素，在进行零件的具体失效分析时，应该从多方面进行考查，确定引起零件失效的主要原因，从而有针对性地提出改进措施。

零件的失效形式与其特有的工作条件是分不开的。如齿轮，当载荷大，摩擦严重时常发生断齿或磨损失效；而当承载小，摩擦较大时，常发生麻点剥落失效。

零件的工作条件主要包括：受力情况（力的大小、种类、分布、残余应力及应力集中情况等）；载荷性质（静载荷、冲击载荷、循环载荷等）、温度（低温、常温、高温、变温等）、环境介质（干爽、潮湿、腐蚀性介质等）、摩擦润滑（干摩擦、滑动摩擦、滚动摩擦、有无润滑剂等）以及运转速度、有无振动等。

2. 零件的失效分析及改进措施

一般来说，零件的工作条件不同，发生失效的形式也会不一样。那么，防止零件失效的相应措施也就有所差别。

若零件发生断裂失效，如果是在高应力下工作，可能是零件强度不够，应选用高强度材料或进行强化处理；如果是在冲击载荷下工作，零件可能是韧性不够，应选塑性、韧性好的材料或对材料进行强韧化处理；如果是在循环载荷下工作，零件可能发生的是疲劳破坏，应选强度较高的材料经过表面强化处理，以在零件表层存在一定的残余压应力为好；如果零件处于腐蚀性环境下工作，可能发生的是腐蚀破坏，应选择对该环境有相当强的耐蚀能力的材料。

若零件发生磨损失效，如果是黏着磨损，往往是摩擦强烈、接触负荷大而零件的表层硬度不够，应选用高硬度材料或进行表面硬化处理；如果零件表层出现大面积剥落，则往往是表层出现软组织或存在网状或块状不均匀碳化物等，应改进热处理工艺或重新锻造来均匀组织。

若零件发生变形失效，则往往是零件的强度不够，应选用淬透性好、强度高的材料或进行强韧化处理，提高其综合力学性能；如果是在高温下发生的变形失效，则往往是零件的耐热性不足造成的，应选用化学稳定性好、高温性好的热强材料来制作。

第二节　选材的一般原则、方法和步骤

设计人员在进行零件的选材时，应对该零件的服役条件，应具备的主要性能指标，能满足要求的常用材料的性能特点、加工工艺性及成本高低等，进行全面分析，综合考虑。

合理的选材标准应该是在满足零件工作要求的条件下，最大限度地发挥材料潜力，提高性价比。

一、选材的基本原则

选材的基本原则是材料在能满足零件使用性能的前提下，具有较好的工艺性和经济性，根据本国资源情况，优先选择国产材料。

1. 材料的使用性能应满足工作要求

材料的使用性能是指机械零件在正常工作条件下应具备的力学、物理、化学等性能。它是保证该零件可靠工作的基础。对一般机械零件来说，选材时主要考虑的是其力学性能；而对于非金属材料制成的零件，则还应该考虑其工作环境对零件性能的影响。

零件按力学性能选材时，首先应正确分析零件的服役条件、形状尺寸及应力状态，结合该类零件出现的主要失效形式，找出该零件在实际使用中的主要和次要的失效抗力指标，以此作为选材的依据。根据力学计算，确定零件应具有的主要力学性能指标，能够满足条件的材料一般有多种，再结合其他因素综合比较，选择出合适材料。

2. 材料的工艺性应满足加工要求

材料的工艺性是指材料适应某种加工的特性。零件的选材除了首先考虑其使用性能外，还必须兼顾该材料的加工工艺性能，尤其是在大批量、自动化生产时，材料的工艺性能更显得重要。良好的加工工艺性能保证在一定生产条件下，高质量、高效率、低成本地加工出所设计的零件。

① 铸造性　它是指材料在铸造生产工艺过程中所表现出的工艺性能，其好坏是保证获得合格铸件的主要因素。材料的铸造性能主要包括流动性、收缩性，还有吸气、氧化、偏析等，一般来说，铸铁的铸造性能比铸钢好得多，铜、铝合金的铸造性能较好，介于铸铁和铸钢之间。

② 锻造性　它是指锻造该材料的难易程度。若该材料在锻造时塑性变形大，而所需变形抗力小，那么该材料的锻造性能就好，否则，锻造性能就差。影响材料锻造性的主要是材料的化学成分和内部组织结构以及变形条件。一般来说，碳钢的可锻性好于合金钢，低碳钢好于高碳钢，铜合金可锻性较好而铝合金较差。

③ 焊接性　它是指材料对焊接成形的适应性，也就是在一定的焊接工艺条件下材料获得优质焊接接头的难易程度。一般来说，低碳钢及低合金结构钢焊接性良好，中碳钢及合金钢焊接性较差，高碳高合金钢及铸铁的焊接性很差，一般不作焊接结构。铜、铝合金焊接性较差，一般需采取一些特殊工艺才能保证焊接质量。

④ 切削加工性　它是指材料切削加工的难易程度，一般用切削抗力大小、刀具磨损程度、切屑排除的难易及加工出的零件表面质量来综合衡量。一般来说，硬度适中（160～230HBW）的材料切削加工性好。易切削钢中碳钢、一般有色金属的切削加工性好，而高强度钢、耐热钢、不锈钢的切削加工性较差。

⑤ 热处理工艺性　它是指材料对热处理加工的适应性能，包括淬透性、淬硬性、氧化、脱碳倾向、变形开裂倾向、过热过烧倾向、回火脆性倾向等。一般来说，合金钢的淬透性好于碳钢，高碳钢的淬硬性好于低碳钢。淬火冷却越慢，变形开裂倾向越小，所以合金钢油中淬火的变形开裂比碳钢水中淬火要小。此外，合金钢比碳钢更不易产生过热过烧现象，大多数合金钢会产生高温回火脆性。

⑥ 黏结固化性　高分子材料、陶瓷材料、复合材料及粉末冶金材料，大多数靠黏结剂在一定条件下将各组分黏结固化而成。因此，这些材料应注意在成型过程中，各组分之间的黏结固化倾向，才能保证顺利成型及成型质量。

3. 材料的性能价格比要高

从选材经济性原则考虑，应尽可能选用货源充足、价格低廉、加工容易的材料，而且应尽量减少所选材料的品种、规格，以简化供应、保管等工作。但是，仅仅考虑材料的费用及零件的制造成本并不是最合理的。必须使该材料制成的性价比尽可能高些。如某大型柴油机中的曲轴，以前用珠光体球墨铸铁生产，价格160元左右，使用寿命3～4年，后改为40Cr调质再表面淬火后使用，价格300元，使用寿命近10年。由此可见，虽然采用球墨铸铁生产曲轴成本低，但就性能价格比来说，用40Cr来生产曲轴则更为合理。因为后者的性价比要高于前者。况且，曲轴是柴油机中的重要零件，其质量好坏直接影响整台柴油机的运行安全及使用寿命，因此，为了提高这类关键零件的使用寿命，即使材料价格和制造成本较高，但从全面来看，其经济性仍然是合理的。

二、零件选材中的注意事项

零件选材通常遵循选材的基本原则，一般认为在正常工作条件下，该零件运行应该是安全可靠，生产成本也应该是经济合理的。但是，由于有许多没有估计到的因素会影响到材料的性能和零件的使用寿命，甚至也影响到该零件生产及运行的经济效益。因此，零件选材时还必须注意以下一些问题。

1. 零件的实际工作情况

实际使用的材料不可能绝对纯净，大都存在或多或少的夹杂物及各种不同类型的冶金缺陷，它们的存在都会对材料的性能产生各种不同程度的影响。

另外，材料的性能指标是通过试验来测定的，而试验中的试样与实际工作中的零件无论是在材料、形状尺寸还是在受力状况、服役条件等方面都存在差异。因此，从试验中测出的数值与实际工作的零件可能会不一样，会有些出入。所以，材料的性能指标只有通过与工作条件相似的模拟试验才能最终确定下来。

2. 材料的尺寸效应

用相同材料制成的尺寸大小不一样的零件，其力学性能会有一些差异，这种现象称为材料的尺寸效应。如钢材，由于尺寸大的零件淬硬深度要小，尺寸小的淬硬深度要大些，从而使得零件淬火后在整个截面上获得的组织不均匀一致。对于淬透性低的钢，尺寸效应更为明显。

另外，尺寸效应还会影响钢材淬火后获得的表面硬度。在其他条件一样时，随零件尺寸的增大，淬火后零件获得的表面硬度会降低。

同样，尺寸效应现象在铸铁件以及其他一些材料中同样存在，只是程度不同而已，因此，零件选材，特别是在零件尺寸较大的情况下，必须考虑尺寸效应的影响而适当加以调整。

3. 材料力学性能之间的合理配合

由于硬度值是材料一个非常重要的性能指标，且测定简便而迅速，又不破坏零件，还有材料的硬度与其他力学性能指标存在或多或少的联系。因此，大多数零件在图纸上的技术性能标注的大都是硬度值。

材料硬度值的合理选择应综合考虑零件的工作条件及结构特点。如对强烈摩擦的零件，为提高其耐磨性，应选高硬度材料；为保证有足够的塑性和韧性，应选较低的硬度值。而对于相互摩擦的配合零件，应使两零件的硬度值合理匹配（轴的硬度一般比轴瓦高几个 HRC）。

强度的高低反映材料承载能力的大小，通常机械零件都是在弹性范围内工作的。因此零件的强度设计都是以屈服强度为原始数据（脆性材料为抗拉强度），再以安全系数 N 加以修正，从而保证零件的安全使用。但是，这种安全也不是绝对的。实际工作的零件有时在许用应力以下也会发生脆断，或因短时过载而断裂。这种情况下不能只片面提高强度指标，因为钢材强度提高后，其塑性和韧性指标一般会呈下降趋势。当材料的塑性、韧性很低时，容易造成零件的脆性断裂。所以必须采取一定措施（如强韧化处理），在提高材料强度的同时，保证其有相当的塑性和韧性。

塑性及韧性指标一般不用于材料的设计计算，但它们对零件的工作性能都有很大的影响。一定的塑性能有效地提高零件工作的安全性。当零件短时过载时，能通过材料局部塑性变形，削弱应力峰，产生加工硬化，提高零件的强度，从而增加其抗过载的能力。一定的韧性，能保证零件承受冲击载荷及有效防止低应力脆断。但也不能因此而片面追求材料的高塑性和韧性，因为塑性和韧性的提高，必然是以牺牲材料的硬度和强度为代价，反而会降低材料的承载能力和耐磨性，故应根据实际情况合理调配这些性能指标。

第三节　热处理工艺位置安排

在零件的生产加工过程中，热处理被穿插在各个冷热加工工序之间，起着承上启下的作用。热处理方案的正确选择以及工艺位置的合理安排，是制造出合格零件的重要保证。

根据热处理的目的和各机械加工工序的特点，热处理工艺位置一般安排如下：

1. 预先热处理的工艺位置

预先热处理包括退火、正火、调质等，其工艺位置一般安排在毛坯生产（铸、锻、焊）之后，半精加工之前。

① 退火、正火的工艺位置　退火、正火一般用于改善毛坯组织，消除内应力，为最终热处理作准备，其工艺位置一般安排在毛坯生产之后，机械加工之前。即：毛坯生产（铸、锻、焊、冲压等）→退火或正火→机械加工。另外，还可在各切削加工之间安排去应力退火，用于消除切削加工的残余应力。

② 调质的工艺位置 调质主要是用来提高零件的综合力学性能，或为以后的最终热处理作好组织准备。其工艺位置一般安排在机械粗加工之后，精加工或半精加工之前。即：毛坯生产→退火或正火→机械粗加工→调质→机械半精加工或精加工。另外，调质前须留一定加工余量，调质后工件变形如较大则需增加校正工序。

2. 最终热处理的工艺位置

最终热处理包括淬火、回火及化学热处理等。零件经这类热处理之后硬度一般较高，难以切削加工，故其工艺位置应尽量靠后，一般安排在机械半精加工之后，磨削之前。

① 淬火、回火的工艺位置 淬火的作用是充分发挥材料潜力，极大幅度地提高材料硬度和强度。淬火后及时回火获得稳定回火组织，从而得到材料最终使用时的组织用性能。故其一般安排在机械半精加工之后，磨削之前。即：下料→毛坯生产→退火或正火→机械粗加工→调质→机械半精加工→淬火、回火→磨削。另外，整体淬火前一般不进行调质处理，而表面淬火前则一般须进行调质，用以改善工件心部力学性能。

② 渗碳的工艺位置 渗碳是最常用的化学热处理方法，当工件某些部位不需渗碳时，应在设计图纸上注明，并采取防渗措施，同时在渗碳后淬火前去掉该部位的渗碳层。其工艺位置安排为：下料→毛坯生产→退火或正火→机械粗加工→调质→机械半精加工→去应力退火→粗磨→渗碳→研磨或精磨。另外，零件不需渗碳的部位也应采取防护措施或预留防渗余量。

第四节　典型零件、工具的选材及热处理

一、轴类零件的选材及热处理

轴是机器中的重要零件之一，用来支持旋转的机械零件，如齿轮、带轮等。根据承受载荷的不同，轴可分为转轴、传动轴和心轴三种。这里只就受力较复杂的一种传动轴（机床主轴）为例来讨论其选材和热处理工艺。

1. 机床主轴的工作条件、失效形式及技术要求

① 机床主轴的工作条件 机床主轴工作时高速旋转，并承受弯曲、扭转、冲击等多种载荷的作用；机床主轴的某些部位承受着不同程度的摩擦，特别是轴颈部分与其他零件相配合处承受摩擦与磨损。

② 机床主轴的主要失效形式 当弯曲载荷较大，转速很高时，机床主轴承受着很高的交变应力。而当轴表面硬度较低，表面质量不良时常发生因疲劳强度不足而产生的疲劳断裂，这是轴类工件最主要的失效形式。

当载荷大而转速度高，且轴瓦材质较硬而轴颈硬度不足时，会增加轴颈与轴瓦的摩擦，加剧轴颈的磨损而失效。

③ 对机床主轴的材料性能要求 根据机床主轴的工作条件，失效形式，要求主轴材料应具备以下主要性能：

a. 具有较高的综合力学性能 当主轴运转工作时，要承受一定的变动载荷与冲击载荷，常产生过量变形与疲劳断裂失效。如果主轴材料通过正火或调质处理后具有较好的综合力学性能，即较高的硬度、强度、塑性与韧性，则能有效地防止主轴产生变形与疲劳失效。

b. 主轴轴颈等部位淬火后应具有高的硬度和耐磨性，提高主轴运转精度及使用寿命。

2. 主轴选材及热处理工艺的具体实例

主轴的材料及热处理工艺的选择应根据其工作条件、失效形式及技术要求来确定。

　　主轴的材料常采用碳素钢与合金钢，碳素钢中的 35、45、50 等优质中碳钢，因具有较高的综合力学性能，应用较多，其中以 45 号钢用得最为广泛。为了改善材料力学性能，应进行正火或调质处理。

　　合金钢具有较高的力学性能，但价格较贵，多用于有特殊要求的轴。当主轴尺寸较大，承载较大时可采用合金调质钢如 40Cr、40CrMn、35CrMo 等进行调质处理。对于表面要求耐磨的部位，在调质后再进行表面淬火，当主轴承受重载荷、高转速，冲击与变动载荷很大时，应选用合金渗碳钢如 20Cr、20CrMnTi 等进行渗碳淬火。而对于在高温、高速和重载条件下工作的主轴，必须具有良好的高温力学性能，常采用 27Cr2Mo1V、38CrMoAl 等合金结构钢。此外，合金钢对应力集中的敏感性较高，因此设计合金钢轴时，更应从结构上避免或减少应力集中现象，并减少轴的表面粗糙度值。

　　现以 C616 车床主轴（图 10-1）为例，分析其选材与热处理工艺。该主轴承受交变弯曲应力与扭转应力，但载荷不大，转速较低，受冲击较小，故材料具有一般综合力学性能即可满足要求。主轴大端的内锥孔和外锥体，经常与卡盘、顶尖有相对摩擦，花键部位与齿轮有相对滑动，因此这些部位硬度及耐磨性有较高要求。该主轴在滚动轴承中运转，为保证主轴运转精度及使用寿命，轴颈处硬度为 220～250HBW。

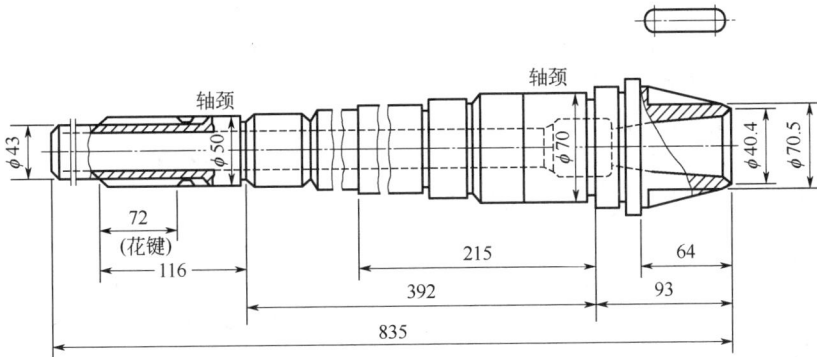

图 10-1　C616 车床主轴简图

　　根据上述工作条件分析，该主轴可选 45 钢。热处理工艺及应达到的技术条件是：主轴整体调质，改善综合力学性能，硬度为 220～250HBW；内锥孔与外锥体淬火后低温回火，硬度为 45～50HRC；但应注意保护键槽淬硬，故宜采用快速加热淬火；花键部位采用高频感应表面淬火，以减少变形并达到表面淬硬的目的，硬度达 48～53HRC。由于主轴较长，而且锥孔与外锥体对两轴颈的同轴度要求较高，故锥部淬火应与花键部位淬火分开进行，以减少淬火变形。随后用粗磨纠正淬火变形，然后再进行花键的加工与淬火，其变形可通过最后精磨予以消除。

二、齿轮类零件的选材及热处理

1. 齿轮的工作条件、失效形式及对材料性能的要求

（1）齿轮的工作条件

齿轮作为一种重要的机械传动零件，在工业上应用十分广泛，各类齿轮的工作过程大致相似，只是受力程度、传动精度有所不同。

① 齿轮工作时，通过齿面接触传递动力，在啮合齿表面存在很高的接触压应力及强烈的摩擦。

② 传递动力时，轮齿就像一根受力的悬臂梁，接触压应力作用在轮齿上，使齿根部承受

较高的弯曲应力。

③ 当啮合不良，启动或换挡时，轮齿将承受较高的冲击载荷。

（2）齿轮的主要失效形式

在通常情况下，齿轮的失效形式主要有：断齿、齿面剥落、磨损及擦伤等。

① 断齿，大多数情况下是齿轮在交变应力作用下齿根产生疲劳破坏的结果，但也可能是超载引起的脆性折断。

② 齿面剥落，是接触应力超过了材料的疲劳极限而产生的接触疲劳破坏。根据疲劳裂纹产生的位置，它可分为裂纹产生于表面的麻点剥落、裂纹产生于接触表面下某一位置的浅层剥落，以及裂纹产生于硬化层与心部交界处的深层剥落。

③ 齿面磨损，是啮合齿面相对滑动时互相摩擦的结果。齿轮磨损主要有两种类型，即黏着磨损和磨粒磨损。黏着磨损产生的原因主要是油膜厚度不够、黏度偏低、油温过高、接触负荷大而转速低，当以上某一因素超过临界值就会造成温度过高而产生断续的自焊现象，形成黏着磨损；磨粒磨损则是由切削作用产生的，其原因是接触面粗糙，存在外来硬质点或互相接触的材料硬度不匹配等。

④ 齿面擦伤，基本上也是一种自焊现象，影响因素主要是表面状况和润滑条件。一般来说，零件表面硬度高对抗擦伤有利。另外，凡有利于降低温度的因素如摩擦小。有稳定的油膜层、热导率高、散热条件好等都有利于减轻擦伤现象。还有，齿轮采用磷化工艺可有效改善走合性能、表面润滑条件，避免擦伤。

（3）对齿轮材料性能要求

根据齿轮的工作条件和主要失效形式，要求齿轮应具备以下主要性能。

① 具有高的弯曲疲劳强度　它使运行中的齿轮不致因根部弯曲应力过大而造成疲劳断裂。因此，齿根圆角处的金相组织与硬度非常重要，一般地，该处的表层组织应是马氏体和少量残余奥氏体。此外，齿根圆角处表面残余压应力的存在对提高弯曲疲劳强度也非常有利。还有，一定的心部硬度和有效淬火层深度对弯曲疲劳强度亦有很大影响，国内外大量试验数据表明，对于齿轮心部硬度最佳控制在 36～40HRC，有效层深为齿轮模数的 15%～20%。

② 具有高的接触疲劳抗力　它使齿面不致在受到较高接触应力时而发生齿面剥落现象。通过提高齿面硬度，特别是采用渗碳、渗氮、碳氮共渗及其他齿面强化措施可大幅度提高齿面抗剥落的能力。一般地，渗碳淬火后齿轮表层的理想组织是细晶粒马氏体加上少量残余奥氏体；不允许有贝氏体、珠光体，因为贝氏体，珠光体对疲劳强度、抗冲击能力、抗接触疲劳能力均不利。心部金相组织应是马氏体和贝氏体的混合组织。另外，齿轮表层组织中含有少量均匀分布的细小的碳化物，这对提高表面接触疲劳强度和抗磨损能力都是有利的。

总之，提高材料的冶金质量及热处理质量，减少钢中非金属夹杂物，细化显微组织，改善碳化物形态、尺寸及分布，减少或避免表面脱碳层及淬火时的表面非马氏体组织，使表面获得残余压应力状态等均可使齿轮的弯曲疲劳强度、接触疲劳强度及耐磨性等得到改善，并提高其使用寿命。

2．齿轮选材及热处理工艺具体实例

（1）机床齿轮选材

机床中齿轮的载荷一般较小，冲击不大，运转较平稳，工作条件较好。机床齿轮的选材主要是根据齿轮的具体工作条件（如运转速度、载荷大小及性质、传动精度等）来确定的，如表 10-1 所示。

表 10-1　机床齿轮的用材及热处理

序号	齿轮工作条件	钢种	热处理工艺	硬度要求
1	在低载荷下工作，要求耐磨性好的齿轮	15	900～950℃渗碳后直接淬火，180～200℃回火	58～63HRC
2	低速（<0.1m/s）、低载荷下工作的不重要的变速箱齿轮及挂轮架齿轮	45	840～860℃正火	156～217HBW
3	低速（<1m/s）、低载荷下工作的齿轮（如车床溜板上的齿轮）	45	820～840℃水冷，500～550℃回火	200～250HBW
4	中速、中载荷或大载荷下工作的齿轮（如车床变速箱中的次要齿轮）	45	高频加热，水冷，300～340℃回火	45～50HRC
5	速度较大或中等载荷下工作的齿轮，齿部硬度要求较高（如钻床变速箱中的次要齿轮）	45	高频加热，水冷，240～260℃回火	50～55HRC
6	高速、中等载荷，齿面硬度要求高的齿轮（如磨床砂轮箱齿轮）	45	高频加热，水冷，180～200℃回火	54～60HRC
7	速度不大，中等载荷，断面较大的齿轮（如立车齿轮）	40Cr、42SiMn	840～860℃油冷，600～650℃回火	200～230HBW
8	中等速度（2～4m/s）、中等载荷下工作高速机床走刀箱、变速箱齿轮	40Cr、42SiMn	调质后高频加热，乳化液冷却，260～300℃回火	50～55HRC
9	高速、高载荷、齿部要求高硬度的齿轮	40Cr、42SiMn	调质后高频加热，乳化液冷却，180～200℃回火	54～60HRC
10	高速、中载荷、受冲击、模数<5 的齿轮（如机床变速箱齿轮）	20Cr、20Mn2B	900～950℃渗碳后直接淬火或800～820℃油淬，180～200℃回火	58～63HRC
11	高速、中载荷、受冲击、模数>6 的齿轮（如立车上的重要齿轮）	20CrMnTi、20SiMnVB	900～950℃渗碳，降温至820～850℃淬火，180～200℃回火	58～63HRC
12	高速、中载荷、形状复杂，要求热处理变形小的齿轮	38CrMoAl、38CrAl	正火或调质后 510～550℃氮化	>850HV
13	在不高载荷下工作的大型齿轮	50Mn2、65Mn	820～840℃空冷	<241HBW
14	传动精度高，要求具有一定耐磨性的大齿轮	35CrMo	850～870℃空冷，600～650℃回火（热处理后精加工齿形）	255～305HBW

由表中可见，机床齿轮常用材料分中碳钢或中碳合金钢及低碳钢或低合金结构钢两大类。中碳钢常选用 45 钢，经高频感应加热淬火，低温或中温回火后，硬度值达 45～50HRC，主要用于中小载荷齿轮，如变速箱次要齿轮、溜板箱齿轮等。中碳合金钢常选用 40Cr 钢或42SiMn 钢，调质后感应加热淬火，低温回火，硬度值可达 50～55HRC，主要用于中等载荷、冲击不大的齿轮，如铣床工作台变速箱齿轮、机床走刀箱、变速箱齿轮等。低碳钢一般选用15 钢或 20 钢，渗碳后直接淬火，低温回火后使用，硬度可达 58～63HRC，一般用于低载荷、耐磨性高的齿轮。低合金结构钢常采用 20Cr、20CrMnTi、12CrNi3 等渗碳用钢，经渗碳后淬火，低温回火后使用，硬度值可达 58～63HRC，主要用于高速、重载及受一定冲击的齿轮，如机床变速箱齿轮、立式车床上重要的弧齿锥齿轮等。

（2）汽车、拖拉机齿轮选材

汽车、拖拉机齿轮主要分装在变速箱和差速器中。在变速箱中，通过它来改变发动机、曲轴和主轴齿轮的转速；在差速器中，通过它来增加扭转力矩，调节左右两车轮的转速，并将发动机动力传给主动轮，推动汽车、拖拉机运行，所以此类齿轮传递功率、承受冲击载荷及摩擦压力都很大，工作条件比机床齿轮要繁重得多。因此，对其疲劳强度、心部强度、冲击韧性及耐磨性等方面都有更高要求。实践证明，合金渗碳钢经渗碳（或碳氮共渗）、淬火及低温回火后使用非常合适。常采用的合金渗碳钢为 20CrMo、20CrMnTi、20CrMnMo 等，这类钢的淬透性较高，通过渗碳、淬火及低温回火后，齿面硬度为 58～63HRC，具有较高的疲劳强度和耐磨性，心部硬度为 33～45HRC，具有较高的强度及韧性，且齿轮的变形较小，完全可以满足其工作条件。要求大批量生产时，齿轮坯宜采用模具生产，既节约金属，又提高了齿轮的力学性能。齿轮坯常采用正火处理，齿轮常用渗碳温度为 920～930℃，渗碳层深一般为 $\delta=(0.2\sim0.3)m$（m 为齿轮模数），表层含碳量 $\omega_C=0.7\%\sim1.0\%$。表层组织应为细针状马氏体和少量残余奥氏体以及均匀弥散分布的细小碳化物。该类齿轮的加工路线通常为：下料→锻造→正火→机械粗加工→渗碳→淬火、低温回火→喷丸→磨齿。

对于运行速度更快、周期长、安全可靠性要求高的齿轮，如冶金、电站设备、铁路机车、船舶的汽轮发动机等设备上的齿轮，可选用 12CrNi2、12CrNi3、12CrNi4、20CrNi3 等淬透性更高的合金渗碳钢。对于传递功率更大、齿轮表面载荷高、冲击更大、结构尺寸很大的齿轮，则可选用 20CrNi2Mo、20Cr2Ni4、18Cr2Ni4W 等高淬透性合金渗碳钢。

另外，对于高精密传动齿轮，可选用渗氮钢经渗氮处理：如一般用途（表面耐磨）的选用 40Cr、20CrMnTi 钢渗氮；在冲击载荷下工作（要求表面耐磨、心部韧性高）的齿轮可选用 18Cr2Ni4W、30CrNi3 等钢；在重载荷下工作（要求表面耐磨、心部强度高）的宜采用 35CrMoV、40CrNiMo 等钢；在重载及冲击下工作（要求表面耐磨、心部强韧性高）的可采用 35CrNiMo、40CrNiMo 等钢；精密传动（要求表面耐磨、畸变小）的齿轮可采用 38CrMoAl 钢渗氮。

三、弹簧类零件的选材及热处理

1. 弹簧的工作条件及失效形式

弹簧是利用材料的弹性变形储存能量，以缓冲震动和冲击作用的零件。它们大多是在冲击、振动或周期性弯曲、扭转等交变应力下工作，利用弹性变形来实现贮存能量、吸振、缓和冲击的功能。因此，用作弹簧类零件的材料应具有高的弹性极限，保证弹簧具有足够的弹性变形能力。要想承受大载荷时不发生塑性变形，材料应具有高的疲劳极限，因弹簧工作时一般承受的是变动载荷。此外，弹簧材料还应具有足够的塑性、韧性，因脆性大的材料对缺口十分敏感，会显著降低疲劳强度。对于特殊条件下工作的弹簧，还有某些特殊性能要求，如耐热性、耐蚀性等。

通常情况下弹簧的失效形式有：弹性丧失、疲劳断裂、变形过大等。

2. 弹簧选材及热处理工艺具体实例

弹簧钢按化学成分可分为碳素弹簧钢与合金弹簧钢两大类。为了保证高的弹性极限和疲劳强度，碳素弹簧钢的 $\omega_C=0.6\%\sim0.9\%$。其一般为高碳优质碳素结构钢，如 60、65、70、75、60Mn、65Mn、75Mn 等。这类钢价格比合金弹簧钢便宜，热处理后具有一定的强度，但淬透性差。水淬时弹簧极易变形和开裂，当弹簧直径＞12～15mm 时，油淬通常不能淬透，使屈服点下降，弹簧寿命显著降低。因此，碳素弹簧钢一般只适宜制作线径较小的不太重要的弹簧（主要承受静载荷及有限次数的循环载荷），如直径小于 $\phi12mm$ 的一般机器上的弹簧、直径小于 $\phi25mm$ 的弹簧发条、刹车弹簧等。

合金弹簧钢的 $\omega_C=0.5\%\sim0.7\%$，钢中加入硅、锰、铬、钒、钨等合金元素，主要目的是提高钢的淬透性、强化铁素体、细化晶粒以及增加回火稳定性。其中硅能显著提高钢的弹性极限和屈强比，但含量过高会使钢在加热时容易脱碳，故常与锰同时加入使用。考虑到锰有较大的过热敏感性，因此，对于性能要求较高的弹簧，还需加入少量的铬、钒、钨等元素，以减少弹簧钢的过热倾向，同时进一步提高弹性极限、屈强比和耐热性，还能细化晶粒，提高钢的强韧性。常用合金弹簧钢有 55Si2MnB、60Si2Mn、50CrV、60Si2CrV 等，这类钢的淬透性较好，热处理后弹性极限高，疲劳强度也较高，广泛应用于制作机械工程中各类重要的弹性零件，如车辆板弹簧，气阀弹簧等。

弹簧的尺寸不同，其成形工艺和热处理方法也有差别。对于线径或板厚大于 10mm 的螺旋弹簧或板弹簧，往往在热态下成形，然后进行淬火、中温回火处理，获得回火托氏体组织，硬度为 35～50 HRC，具有高的弹性极限和较高的韧性；对于线径或板厚小于 10mm 的弹簧，常用冷拉弹簧钢丝或冷轧弹簧钢带在冷态下制成，由于冷加工硬化作用，屈服强度大大提高，这类弹簧一般只进行 200～300℃的去应力回火，以消除内应力、定型弹簧，而不需再经淬火、回火处理。

为了进一步提高弹簧的力学性能及使用寿命，可对弹簧钢进行高温形变热处理，如 60Si2Mn 和 55Si2Mn 钢板簧采用高温形变热处理的具体工艺如下：加热温度为 920～950℃，热轧时形度量为 10%～30%，空冷时间为 10～30s，油淬；再进行 400℃以上的普通回火或高温快速回火。高温形变热处理，可显著提高弹簧的综合力学性能、疲劳性能和抗应力松弛性能，降低钢的韧脆转变温度，减小钢的回火脆性。

喷丸处理是一种表面强化技术，弹簧的喷丸处理一般在成形及热处理后进行。经过喷丸后，不仅可以减轻或消除弹簧表面缺陷（微小裂纹、凹凸缺口及脱碳等）的有害作用，而且可使弹簧表层产生加工硬化和残余压应力，从而有效提高弹簧的疲劳寿命。如 50t 货车用缓冲螺旋弹簧经喷丸处理，其平均使用寿命比未喷丸时提高 5 倍以上。

四、箱体类零件的选材及热处理

箱体类零件一般多为铸件，外部或内腔结构较复杂，如机器底座、汽缸体、液压缸、齿轮箱等。

1. 箱体类零件的工作条件、失效形式及对材料的性能要求

箱体类零件一般起支承、容纳、定位及密封等作用，因此，要求箱体类零件须具备较高的抗压强度，以便有足够的支承力，承托起其他结构和载荷；还应具有高的尺寸、形状精度，才能起到定位准确、密封可靠的作用；另外还须具备较高的稳定性，以便箱体零件在长期使用过程中产生尽可能小的畸度，满足工作性能要求。

箱体类零件在使用中产生的主要失效形式有：变形失效，这多是箱体零件铸造或热处理工艺不当造成尺寸、形状精度达不到设计要求以及承载力不够而产生的过量弹、塑性变形；断裂失效，箱体零件的结构设计不合理或铸造工艺不当造成内应力过大而导致某些薄弱部位开裂；磨损失效，这主要是箱体零件中某些支承部位的硬度不够而造成耐磨性不足，工作部位磨损较快而影响了工作性能。

根据箱体类零件的工作条件及产生的主要失效形式可知，箱体类零件对材料的主要性能要求是：具有较高的硬度和抗压强度，具有较小的热处理变形量，同时还应具有良好的铸造工艺性能。

2. 箱体类零件选材及热处理工艺实例

箱体类零件材料及热处理工艺的选择，主要根据其工作条件要求来确定。制造箱体类零件常用材料有铸铁和铸钢两大类。对于受力小和不重要的箱体可选用低牌号的灰铸铁，如 HT100、HT150 等；对于受力较大和较重要的箱体则应选用高牌号的灰铸铁，如 HT200、HT300

等；对于强度、韧性和耐磨性要求较高的箱体，可采用球墨铸铁来生产，如 QT400-18、QT500-07 等；而对于承受较复杂交变应力和较大冲击载荷以及对焊接性要求高的箱体，则应采用铸钢来生产，如 ZG270-500、ZG310-570。采用灰铸铁生产的箱体，其热处理工艺常采用去应力退火来消除铸造内应力，减少变形，防止开裂；有时还可采用消除铸件白口组织、改善切削加工性的退火；对于箱体中某些要求耐磨的部位，可进行表面淬火。采用球墨铸铁生产的箱体，一般应采用去应力退火来消除较大内应力，还可采用正火或淬火来提高强度和耐磨性。而采用铸钢生产的箱体，须采用去应力退火来消除比铸铁件更大的内应力，再通过调质来提高箱体综合力学性能。

现以普通卧式车床床身为例，分析其选材和热处理工艺。

该床身主要用来支持和安装车床的各个部件，如主轴箱、进给箱、溜板箱、滑板、尾座等。床身上面有精确的导轨，滑板和尾座可沿着导轨移动。

根据上述工作条件分析，制造该床身可选 HT200，因为 HT200 具有较高的抗压强度，能承受其他部件安装所给予的载荷；该材料具有优良的铸造性能，能获得形状和尺寸准确的优质床身铸件，保证主轴箱、尾座等各部件的正确安装；该材料具有良好的减振性能，适宜制作承受压力和振动的机床床身；而且，它还具有较好的切削加工性，方便对床身上某些部位作进一步机械加工。

该床身的热处理工艺为：铸造生产出床身坯件后应进行去应力退火（缓慢加热到 500～560℃，保温 2～3h，然后随炉缓冷到 150～200℃后出炉空冷），消除铸造生产中的内应力。在床身粗加工前，可进行消除白口的退火（加热到 800～900℃，保温 2～5h，然后随炉缓冷到 400～500℃时，再出炉空冷），用以消除铸件白口组织，改善切削加工性。粗加工后床身铸件应进行稳定化处理（可采用振动稳定化，亦可采用热稳定化），将铸造应力和粗加工形成的切削应力一并消除和均匀化，以保证床身的尺寸形状精度和稳定性。半精加工后床身上面的导轨应进行表面淬火（常采用感应加热或电接触加热方式），得到的组织应为隐针马氏体和片状石墨，硬度达 60～64HRC，表面不得有裂纹、烧伤，从而达到提高导轨硬度和耐磨性的目的，然后导轨再进行磨削精加工。最后，为保证导轨及整个床身的精度和稳定性，再进行一次稳定化处理，即可达到要求。

五、常用刀具的选材及热处理

按切削速度的高低可将刀具简单地划分为两大类：低速切削刀具和高速切削刀具。

1. 刀具的工作条件、主要失效形式及对材料性能要求

在切削过程中，刀具切削部分承受切削力、切削高温的作用以及剧烈的摩擦、磨损和冲击、振动。

刀具在使用中发生的最主要失效形式是刀具磨损，即刀具在切削过程中，其前刀面、后刀面上微粒材料被切屑或工件带走的现象。刀具磨损常表现在后刀面上形成后角为零的棱带以及前刀面上形成月牙形凹坑。造成刀具磨损的主要原因是切屑、工件与刀具间强烈的摩擦以及由切削温度升高而产生的热效应。刀具另一种主要失效形式是刀具破损，即刀具受力过大，或因冲击、内应力过大而导致崩刃或刀片突然碎裂的现象。

根据上述的刀具工作条件、失效形式，要求刀具材料应具备以下主要性能：

① 高硬度　刀具材料的硬度必须高于工作材料的硬度，否则切削难以进行，在常温下，一般要求其硬度在 HRC60 以上。

② 高耐磨性　为承受切削时的剧烈摩擦，刀具材料应具有较强的抵抗磨损的能力，以提高加工精度及使用寿命。

③ 高红硬性　切削时金属的塑性变形、弹性变形和强烈摩擦，会产生大量的切削热，造成较高的切削温度，因此刀具材料必须具有高的红硬性，在高温下仍能保持高的硬度、耐磨性和足够的坚韧性。

④ 良好的强韧性　为了承受切削力、冲击和振动，刀具材料必须具备足够的强度和韧性才不致被破坏。

刀具材料除应有以上优良的切削性能外，一般还应具有良好的工艺性和经济性。

2. 刀具选材及热处理工艺实例

（1）低速刀具的选择及热处理工艺

常见低速切削刀具有锉刀、手用锯条、丝锥、板牙及铰刀等。它们的切削速度较低，受力较小，摩擦和冲击都不大。

对于这类刀具，常采用的材料有碳素工具钢及低合金工具钢两大类。碳素工具钢是一种含碳量高的优质钢，淬火、低温回火后硬度可达 60~65HRC，可加工性能好，价格低，刃口容易磨得锋利，适用于制造低速或手动刀具。常用牌号为 T8、T10、T13、T10A 等，各牌号的碳素工具钢淬火后硬度相近，但随含碳量的增加，未溶碳化物增多，钢的耐磨性增加，而韧性降低，故 T7、T8 钢适用于制造承受一定冲击而韧性要求较高的刀具，如木工用斧头，钳工凿子等；T9、T10、T11 钢用于制造冲击较小而要求高硬度与耐磨的刀具，如手锯条、丝锥等；T12、T13 钢硬度及耐磨性最高，而韧性最差，用于制造不承受冲击的刀具，如锉刀、刮刀等。牌号后带"A"的高级优质碳素工具钢比相应的优质碳素工具钢韧性好且淬火变形及开裂倾向小，适于制造形状复杂的刀具。低合金工具钢含有少量合金元素，与碳素工具钢相比有较高的红硬性与耐磨性，淬透性好，热处理变形小，主要用于制造各种手用刀具和低速机用切削刀具，如手铰刀、板牙、拉刀等，常用牌号有 9SiCr，CrWMn 等。

手用铰刀是加工金属零件内孔的精加工刀具。因是手动铰削，速度较低，且加工余量小，受力不大。它的主要失效形式是磨损及扭断。因此，手用铰刀对材料的性能要求是：齿刃部经热处理后，应具有高硬度和高耐磨性以抵抗磨损，硬度为 62~65HRC，刀轴弯曲畸变量要小，约为 0.15~0.3mm，以满足精加工孔的要求。

根据以上条件，手用铰刀可选低合金工具钢 9SiCr，经适当热处理后满足要求。其具体热处理工艺为：刀具毛坯锻压后采用球化退火改善内部组织，机械加工后的最终热处理采用分级淬火 [600~650℃预热，再升温至 850~870℃加热，然后 160~180℃硝盐中冷却（φ3~13）或≤80℃油冷（φ13~50）]，热矫直，再在 160~180℃进行低温回火，柄部则采用 600℃高温回火后快冷。

经过以上热处理，手用铰刀基本上可满足工作性能要求，且变形量很小。

（2）高速刀具的选材及热处理工艺

常见高速切削刀具有车刀、铣刀、钻头、齿轮滚刀等。它们的切削速度高，受力大，摩擦剧烈，温度高且冲击性大。

对于这类刀具，常采用的材料有高速钢、硬质合金、陶瓷以及超硬材料四类。这里只就高速钢作介绍。

高速钢是一种含较多合金元素的高合金工具钢，红硬性较高，允许在较高速度下切削。高速钢的强度和韧性高，制造工艺性好，易于磨出锋利刃口，因而得到广泛应用，适于制造各种复杂形状的刀具。常用高速钢的牌号有 W18Cr4V、W6Mo5Cr4V2、W18Cr4V2Co8、W6Mo5Cr4V2Al 等，其中 W18Cr4V 属典型的钨系高速钢，硬度为 62~65 HRC，具有较好的综合性能，在国内外应用最广；W6Mo5Cr4V2 属钨钼系高速钢，碳化物分布均匀，强度和韧性好，但易脱碳、过热，红硬性稍差，适于制造热轧刀具，如热轧麻花钻头等；W18Cr4V2Co8 属含钴超硬系高速钢，硬度高，耐磨性和红硬性好，适于制造特殊刀具，用来加工难以切削的金属材料，如高温合金、不锈钢等；W6Mo5Cf4V2Al 属含铝超硬系高速钢，硬度可达 68～69HRC，耐磨性与红硬性均很高，适用于制造切削难加工材料的刀具以及要求耐用度高、精度高的刀具，如齿轮滚刀、高速插齿刀等。

车刀是一种最简单也是最基本最常用的刀具，用来夹持在车床上切削工件外圆或端面等。车削的速度不是很高，且一般是连续进行，冲击性不大，但粗车时载荷可能较大。它的主要失效形式是刀刃和刀面的磨损。因此，车刀对材料的性能要求是：高的硬度和耐磨性，经热处理后切削部分的硬度≥64HRC；红硬性较高，应≥52HRC，使刀具能担负较高的切削速度；足够的强度及韧性，使刀具能承受较大的切削力及一定的冲击性。

根据以上条件，车刀可选取最常用的钨系高速钢 W18Cr4V 即可满足其性能要求。其具体热处理工艺为：为了改善刀具毛坯的机械加工性能，消除锻造应力，为最终热处理作为组织准备，其预先热处理采用等温球化退火（即在 850～870℃保温后，迅速冷却到 720～740℃等温停留 4～5h，再冷到 600℃以下出炉），退火后，组织为索氏体及细小粒状碳化物，硬度为 210～255HBW。机械加工后进行淬火、回火的最终热处理，因车刀的切削载荷通常不大，承受冲击较小，而切削热量较大，形状简单，所以宜采用较高淬火温度，通常为 1290～1320℃。因高速钢的塑性和导热性较差，为了减少热应力，防止刀具变形和开裂，必须进行（850±10）℃的中温预热，淬火冷却可采用油冷或在 580～620℃的盐浴中等温冷却。对厚度小、刃部长的车刀可在 240～280℃保温 1.5～3h 进行分级淬火，以减少畸变，同时改善刀具性能。回火常采用 560℃×（1～1.5）h 回火三次，以尽量减少钢中残余奥氏体量，产生二次硬化，获得最高硬度≥64HRC。经过上述热处理，W18Cr4V 制车刀完全能满足工作性能要求。

‹ 思维训练模块

一、判断题

1. 在选择材料时，不仅要考虑材料能否满足零件的使用性能，而且还要考虑材料的工艺性以及经济性。
2. 为了降低零件的成本，零件在选材时应尽量考虑采用铝合金材料。
3. 当材料的硬度在 50～60HRC 的时候，其切削加工性最好。
4. 当零件在交变载荷作用下工作时，其主要的破坏形式是疲劳断裂。
5. 汽车、拖拉机的变速箱齿轮由于要承受较大的冲击力以及要求具有较高的耐磨性，常选用低碳合金钢经渗碳，然后再淬火并低温回火处理。
6. 箱体类零件的选材一般优先考虑选择低碳钢。
7. 箱体类零件在切削加工前，应先进行去应力退火或者时效处理。
8. 轴类零件主要的失效形式是疲劳断裂、磨损以及过量变形。
9. 若零件发生变形失效，往往是零件的韧性不够。
10. 在机械工程中，目前所使用的材料都是金属材料。

二、选择题

1. 机床的主轴要求具有良好的综合力学性能。制造时应选择的材料以及应采取的热处理工艺为（　　）。

　　A. T8 钢，淬火+高温回火　　　　　　B. 20 钢，淬火+高温回火
　　C. 45 钢，淬火+高温回火　　　　　　D. 45 钢，正火+轴颈淬火+低温回火
2. 在制造锉刀、模具时，应选择的材料以及应采取的热处理的工艺为（　　）。

　　A．45 钢，淬火+高温回火　　　　　　　B．T8 钢，淬火+高温回火

　　C．T12 钢，淬火+低温回火　　　　　　　D．T12 钢，淬火

3．制造汽车变速箱齿轮时，应选择以下哪种材料（　　　）。

　　A．T12　　　　　　B．20Mn2B　　　　　C．Cr12　　　　　　D．W18Cr4V

4．齿轮、弹簧等在交变载荷作用下工作的零件，在选材时主要考虑材料的（　　　）。

　　A．硬度　　　　　　B．塑性　　　　　　C．韧性　　　　　　D．疲劳强度

5．制造锉刀时，应考虑选择下列哪种材料（　　　）。

　　A．45　　　　　　B．Cr12　　　　　　C．T12　　　　　　D．W18Cr4V

6．从材料的经济性方面考虑，在选用材料时应优先考虑（　　　）。

　　A．高速钢　　　　　　　　　　　　　　　B．不锈钢

　　C．碳素钢和铸铁　　　　　　　　　　　　D．合金钢

7．某重型设备在吊装时，连接吊耳与设备的 16 个螺栓全部突然断裂。经化验，螺栓所用的材料为热轧 20 钢。显然事故的发生是由于（　　　）。

　　A．脆性断裂　　　　B．塑性断裂　　　　C．疲劳断裂　　　　D．蠕变断裂

8．轴承的滚珠应选用的材料为（　　　）。

　　A．45　　　　　　B．T10　　　　　　C．GCr15　　　　　D．9SiCr

9．滚动轴承的滚珠的最终热处理方法为（　　　）。

　　A．淬火+低温回火　　　　　　　　　　　B．淬火+中温回火

　　C．淬火+高温回火　　　　　　　　　　　D．退火

10．机床的床身在选材时，应优先考虑选用（　　　）。

　　A．T10　　　　　　B．HT200　　　　　C．45　　　　　　D．Q95

三、填空题

1．失效是指零件在使用中，由于＿＿＿＿＿＿＿＿＿＿＿＿＿＿的变化，而失去原设计的效能。

2．零件的失效形式主要有＿＿种类型。它们分别为＿＿＿＿、＿＿＿＿、＿＿＿＿、＿＿＿＿＿。

3．齿轮常见的失效形式有＿＿＿＿＿＿＿＿、＿＿＿＿＿＿＿＿、＿＿＿＿＿＿＿＿、＿＿＿＿＿＿＿＿。

4．制造箱体类零件常用材料有＿＿＿＿＿＿和＿＿＿＿＿＿两大类。

5．按切削速度的高低可将刀具简单地划分为两大类；＿＿＿＿＿＿和＿＿＿＿＿＿。

6．常用低速刀具的选材为＿＿＿＿＿＿＿＿和＿＿＿＿＿＿＿＿两大类。

7．主轴的材料常采用＿＿＿＿＿＿与＿＿＿＿＿＿。

8．通常情况下弹簧的失效形式有：＿＿＿＿＿＿、＿＿＿＿＿＿和＿＿＿＿＿＿等。

四、问答题

1．零件选材应考虑什么原则？注意哪些问题？

2．什么是失效？零件常见的失效形式有哪几种？

五、应用题

　　某拖拉机上重载齿轮，要求齿面硬度达到 60HRC，心部要有较好的综合力学性能，材料选用 20CrMnTi 制造，试分析该齿轮的加工工艺路线。

参考文献

［1］张艳．金属材料与热处理［M］．北京：北京理工大学出版社，2023．

［2］王书田．金属材料与热处理［M］．大连：大连理工大学出版社，2017．

［3］罗军明．工程材料及热处理［M］．北京：航空工业出版社，2023．

［4］丁文溪．工程材料及应用［M］．北京：中国石化出版社，2013

［5］丁仁亮．金属材料及热处理［M］．北京：机械工业出版社，2021．．

［6］王学武．金属材料与热处理［M］．北京：机械工业出版社，2020．

［7］崔忠圻，覃耀春．金属学与热处理［M］．北京：机械工业出版社，2007．

［8］张秀芳．机械工程材料与热处理［M］．北京：电子工业出版社，2014．

［9］史文．金属材料及热处理［M］．上海：上海科学技术出版社，2011．

［10］王毅坚，索忠源．金属学及热处理［M］．北京：化学工业出版社，2014．

［11］傅宇东，崔秀芳，高玉芳．工程材料［M］．北京：化学工业出版社，2014．

［12］高聿为，刘永．金属学与热处理实验教程［M］．北京：北京大学出版社，2013．